四川旅游气候

袁东升　毛文书　钱妙芬 等　编著

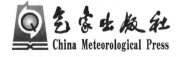

气象出版社
China Meteorological Press

内 容 简 介

本书作者有几十年的气象教育经历且一直在气象工作第一线,并在气候为旅游服务中有多方向的研究成果。本书以四川省为旅游目的地,运用30年的气候资料,多角度进行旅游气候研究,体现理论性、实用性。研究和分析了四川省旅游资源及其区划、四川省气候变化与气象灾害、四川省气象指数等与旅游相关的气象问题。以此为基础,分析了四川省自然遗产景区、文化旅游景区、生态旅游景区、休闲农业与乡村旅游、城市旅游等旅游目的地的气候背景、气候变化和旅游适宜季,研究了登山、滑雪、漂流等休闲体育旅游与气象条件的关系,简单介绍了如何看懂天气预报,多学科、多研究方向结合,力求多学科交融,突出交叉学科特色。

本书是一本研究四川旅游气候学的专著,包括了基础理论研究和应用研究及分析,可供旅游部门、气象部门、广大读者学习使用,也可作为应用气象专业、旅游专业、旅游管理专业教学参考用书。

图书在版编目(CIP)数据

四川旅游气候 / 袁东升等编著. — 北京 :气象出版社,2018.11

　　ISBN 978-7-5029-6849-6

　　Ⅰ.①四… Ⅱ.①袁… Ⅲ.①旅游-气候资源-四川 Ⅳ.①P468.271

中国版本图书馆 CIP 数据核字(2018)第 243233 号

Sichuan Lüyou Qihou

四川旅游气候

袁东升　毛文书　钱妙芬 等　编著

出版发行:气象出版社	
地　　址:北京市海淀区中关村南大街 46 号	邮政编码:100081
电　　话:010-68407112(总编室)　010-68408042(发行部)	
网　　址:http://www.qxcbs.com	**E-mail**: qxcbs@cma.gov.cn
责任编辑:张　媛　王　迪	终　　审:吴晓鹏
责任校对:王丽梅	责任技编:赵相宁
封面设计:博雅思企划	
印　　刷:北京中石油彩色印刷有限责任公司	
开　　本:787 mm×1092 mm　1/16	印　　张:23.5
字　　数:602 千字	
版　　次:2018 年 11 月第 1 版	印　　次:2018 年 11 月第 1 次印刷
定　　价:120.00 元	

本书编委会

主　编　袁东升　毛文书　钱妙芬

编　委　刘琰琰　张　波　王会兵　苏鹏程　袁　艺　陈雨潇
　　　　贾　荣　罗正琴　王毓梅　闫海莹　张净雯　高兴艾
　　　　毛　睿　罗竟成　景　艳　李翔煜　石　路　何　超
　　　　赵洪青　李海鹏　赵　芮　彭育云　高楷祥　王劲松
　　　　何　珊　欧阳欣　马湘宜　陈　倩　曾　妮　陈继全
　　　　苏红娟　邓棋文　刘静达　李鑫焱　拉　珍　林　楠
　　　　寺　辉　张　敏　王　钰　梁　垚　孙永高　席　琪
　　　　张明雪　邓思盟　袁　觅　王玲清　梅智涵　彭育华
　　　　沈程锋　刘　洋　多杰桑珠　余双雄　玄睿雯

前　言

　　四川盆地自古享有"天府之国"之美誉,地势自西向东急剧下降,相对高差在 2000～3000 m 以上。其西半部属于"四川西部高山高原区";东半部是"四川东部盆地山地区",偏北为丘陵地形为主的高原,海拔 4000 m 以上;中部、南部高山林立,盆地底部丘陵起伏,海拔在 200～750 m;盆地四周山脉海拔一般在 1500～2200 m。四川独特的地形地势形成立体气候多样性:大面积区域内地带性气候和垂直方向变化十分明显,东部和西部差异很大,高原山地气候和亚热带季风气候并存,东部冬暖、春早、夏热、多云雾、少日照、生长季长;西部则寒冷、冬长、基本无夏、日照充足、降水集中、干雨季分明,气候类型多,有利农、林、牧综合发展。独特的地形、地势造就多姿多彩气候类型,在我国是一个旅游资源极丰富的省份。

　　四川旅游资源得天独厚,特别是藏区具有众多世界级高品质旅游资源,具唯一性、不可替代性和复制性。自然风光雄奇壮美,巴蜀文化积淀深厚,民族文化灿烂夺目,生态气候立体多变,是中国乃至全球最具代表性的旅游胜地之一。四川省政府规划全省高速公路从 2009 年的 8600 km 到 2030 年将增至 12000 km,通过全省 158 个县,98.3％的人直接受益,100％行政村通电话。预计 2020 年宽带网覆盖每个乡村。

　　2011 年 4 月 19 日"中国四川国际文化旅游节"在汶川县水磨镇开幕。高规格、大规模展示四川旅游新形象,把旅游业作为灾后重建的先导产业和优势产业来抓,实施战略统筹,从块状发展到线状挺进的成功经验,推出 60 条旅游线路。旅游业成为四川省灾后重建中增长最快的产业之一。世界旅游组织执行主席索丹·索莫基代表世界旅游组织为本次国际文化旅游节致词:"这里有无处不在的世界旅游目的地潜力。中国在世界旅游业中所扮演的角色越来越重要,其中四川旅游也处于难得的机遇发展期,将成为未来经济高速增长点……"。

　　旅游业和天气、气候、环境关系十分密切。随着全球气候变化的加剧和旅游业的快速发展,气候变化对旅游业的影响必然引起社会、气象专家、旅游者的关注。气象专家研究气候对旅游业的影响,从单纯的理论研究上升为众多国际组织和国家的重大行动计划。联合国世界旅游组织(UNWTO)以及政府间气候变化专门委员会(IPCC)等连续召开多次国际气候变化和旅游会议。

　　城乡一体化进程加快,使旅游业迅速发展。人们对回归自然充满渴望,对旅游期望值和满意度有所提升,并把旅游当作是充实新知识的过程。旅游市场的提档升级是旅游业发展的动力,气象景观、气候条件,既是人类赖以生存的自然条件,优势旅游环境的重要组成部分,也是一种重要的旅游资源,促使气象工作者逐步从理论研究转变为对经济实体的关注:从景观设计的创意、创新,旅游景区生态环境建设与可持续发展,出游季节决策,衣食住行与气候,旅游产品特色的地方性,体验旅游差异化,旅游地舒适度等方面,均与气候密切相关并进行应用性研究。同时气象部门为旅游产业服务已成为常态。

　　在旅游业高速发展中,我国诸多高校设置的旅游学院、旅游专业或旅游管理专业应运而生。各省相继成立旅游局、旅游协会、休闲农业协会,均与高校联合研究旅游项目。高等院校旅游人才培养如火如荼,与企业结合使当地旅游业发展成绩斐然。旅游是一门综合学科,旅游业是一项涉及众多传统行业和社会多部门的综合产业,旅游专业是应用性专业。随着经济全球化的推进,世界旅游业在新世纪进入了"无国境旅游"时代。因此,在办学特色、专业结构、课程设置、实践环节等方面与时俱进、各放异彩。其中教材建设是最基本建设,具有创新的当地特色的教材应该是专业差异化发展的特点。因此,旅游气候的研究已成为气象学的一个分支,成为旅游专业的一门专业基础课、必修课。

本书力求多学科交融,突出交叉学科特色。作者具有几十年的气象教育经历或一直在气象工作第一线,在气候为旅游业服务研究中有多方向研究成果。本书对四川省各不同类型的主要旅游景点运用当地 30 年以上的气候资料,多角度进行旅游气候研究。对旅游人才掌握四川旅游气候的基本理论、实用气象原理具有一定指导作用。本书作为旅游专业、旅游管理专业教科书、导游培训教材在我国是开创性工作。

全书共 10 章,第 1 章、四川省旅游资源及其区划(刘琰琰、高兴艾编写);第 2 章、四川省气候变化与气象灾害(毛文书、苏鹏程、景艳、毛睿、罗竟成、何超、赵洪青、李海鹏、赵芮编写);第 3 章、气象指数(张波、张净雯编写);第 4 章、四川省自然遗产景区气候特征与适宜旅游季节(袁东升、罗正琴、王会兵、袁艺、王劲松、何珊、欧阳欣、马湘宜、陈倩、曾妮、陈继全编写);第 5 章、四川省文化遗产景区气候特征与适宜旅游季节(袁东升、闫海莹、袁艺、陈雨潇、苏红娟、邓棋文、刘静达、李鑫焱、拉珍、林楠编写);第 6 章、四川省生态旅游景区气候特征与适宜旅游季节(钱妙芬、袁艺、王毓梅、寺辉、张敏编写);第 7 章、四川省休闲农业与乡村旅游资源特色及适宜旅游季节(钱妙芬、贾荣、王钰、梁垚、孙永高、多杰桑珠编写);第 8 章、四川省城市旅游与适宜旅游季节(毛文书、彭育华、彭育云、李翔煜、石路、高楷祥编写);第 9 章、体育旅游与气候(钱妙芬、席琪、余双雄编写);第 10 章、学会看懂天气预报(袁东升编写)。另外,玄睿雯、张明雪、袁觅、王玲清、梅智涵、沈程锋、刘洋、邓思盟参与校稿。

本书在编写过程中,得到成都信息工程大学范广洲副校长的鼎力支持和帮助,在此表示衷心感谢!借鉴了相关的资料、科研成果,其相关作者无法一一列出,表示深深的谢意!另外,旅游气候学是一门交叉学科,涉及领域较宽,目前有些相关研究成果并不多见,因时间紧迫、限于作者学识和水平,书中难免存在不当之处,恳请专家学者和广大读者批评指正。

作者

2018 年 9 月 18 日

目　　录

前言

第1章　四川省旅游资源及其区划 ……………………………………………………（1）

1.1　四川省旅游资源概况 ………………………………………………………（1）

1.2　气候舒适性评价方法 ………………………………………………………（4）

1.3　四川省旅游气候舒适性评价 ………………………………………………（5）

1.4　四川省旅游气候区划分析 …………………………………………………（10）

参考文献 ………………………………………………………………………………（15）

第2章　四川省气候变化与气象灾害 …………………………………………………（16）

2.1　四川省气温变化特征 ………………………………………………………（16）

2.2　四川省降水量变化特征 ……………………………………………………（23）

2.3　四川省暴雨灾害 ……………………………………………………………（42）

2.4　四川省干旱灾害 ……………………………………………………………（49）

2.5　气象地质灾害 ………………………………………………………………（58）

参考文献 ………………………………………………………………………………（69）

第3章　气象指数 ………………………………………………………………………（70）

3.1　气象指数概念 ………………………………………………………………（70）

3.2　四川省气象指数 ……………………………………………………………（73）

3.3　其他气象指数 ………………………………………………………………（89）

参考文献 ………………………………………………………………………………（90）

第4章　四川省自然遗产景区气候特征与旅游适宜季 ………………………………（91）

4.1　四川世界自然遗产景区 ……………………………………………………（91）

4.2　四川省大熊猫栖息地气候特征与旅游适宜季 ……………………………（99）

4.3　黄龙景区的气候特征与旅游适宜季 ………………………………………（108）

4.4　九寨沟气候特征与旅游适宜季 ……………………………………………（115）

4.5　达古冰川气候特征与适宜旅游季 …………………………………………（121）

4.6　海螺沟气候特征与旅游适宜季 ……………………………………………（132）

4.7　光雾山气候特征与旅游适宜季 ……………………………………………（138）

4.8　米亚罗气候特征与旅游适宜季 ……………………………………………（146）

4.9　峨眉山日出的气象条件分析 ………………………………………………（151）

　　参考文献 ………………………………………………………………………（155）

第5章　四川省文化遗产景区气候特征与旅游适宜季 ……………………………（156）

　5.1　四川省文化遗产景区 ……………………………………………………（156）

　5.2　四川省文化遗产景区气候特征与旅游适宜季 …………………………（162）

　5.3　四川十大古镇旅游适宜季 ………………………………………………（169）

　5.4　成都市十大古镇气候特征与旅游适宜季 ………………………………（176）

　5.5　四川省红色旅游景区气候特征与旅游适宜季 …………………………（183）

　5.6　四川省黑色旅游景区与旅游适宜季 ……………………………………（191）

　　参考文献 ………………………………………………………………………（202）

第6章　四川省生态旅游景区气候特征与旅游适宜季 ……………………………（203）

　6.1　生态旅游的由来 …………………………………………………………（203）

　6.2　生态旅游的概念及其内涵 ………………………………………………（204）

　6.3　四川生态旅游分区评价 …………………………………………………（208）

　6.4　四川省生态旅游资源分类及主要景区 …………………………………（211）

　6.5　四川省生态旅游主要景区气候特征 ……………………………………（218）

　6.6　四川省主要生态景区旅游适宜季 ………………………………………（227）

　　参考文献 ………………………………………………………………………（234）

第7章　四川省休闲农业与乡村旅游资源特色及旅游适宜季 ……………………（235）

　7.1　休闲农业与乡村旅游概况 ………………………………………………（235）

　7.2　四川省"全国休闲农业与乡村旅游示范县"资源特色与舒适度评价 …（239）

　7.3　四川省"全国休闲农业与乡村旅游示范点"资源特色与舒适度评价 …（248）

　7.4　四川省"中国美丽田园"景观资源特色与舒适度评价 …………………（259）

　7.5　四川省"中国最美休闲乡村"资源特色与舒适度评价 …………………（279）

　7.6　四川省休闲农业与乡村旅游可持续发展能力探讨 ……………………（283）

　　参考文献 ………………………………………………………………………（294）

第8章　四川省城市旅游与旅游适宜季 ……………………………………………（295）

　8.1　雅安市气候特征与旅游适宜季 …………………………………………（295）

　8.2　西昌市气候特征与旅游适宜季 …………………………………………（302）

　　参考文献 ………………………………………………………………………（316）

第9章　体育旅游与气候 ……………………………………………………………（317）

　9.1　体育旅游概述 ……………………………………………………………（317）

　9.2　气象条件与体育运动 ……………………………………………………（321）

　9.3　滑雪体育旅游季与气象条件关联分析 …………………………………（323）

　9.4　漂流体育旅游与气候、气象指数评价 …………………………………（332）

　9.5　登山体育旅游资源特色与气象指数评价 ………………………………（341）

9.6　水上体育运动气象条件利弊的季节特征 …………………………（351）

参考文献………………………………………………………………………（359）

第 10 章　学会看懂天气预报 ………………………………………………（360）

10.1　天气预报 ……………………………………………………………（360）

10.2　预报分类概念 ………………………………………………………（362）

10.3　预报过程 ……………………………………………………………（364）

10.4　常用术语 ……………………………………………………………（364）

10.5　四川省天气预报 ……………………………………………………（365）

参考文献………………………………………………………………………（366）

第1章 四川省旅游资源及其区划

1.1 四川省旅游资源概况

1.1.1 特殊的地形地貌形成的旅游资源特点

四川地处中国西南腹地、长江上游,其西部是青藏高原,东部为四川盆地(见图1.1),经数亿年的地质运动,沧桑巨变,造就了瑰丽险峻的巴蜀风光。四川也因地势西高东低,由西北向东南倾斜,形成了无数山水秀丽,人杰地灵,物华天宝的旅游资源;更因位于中国民族东西交融、南北过渡的走廊,吸收长江黄河两大流域文明的精华,哺育出博大奇绝的巴蜀文化。

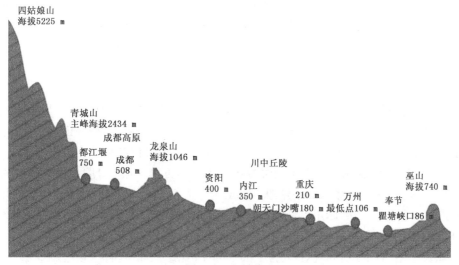

图 1.1 四川盆地

占据着约 26 万余平方千米面积的四川盆地,正是西依青藏高原和横断山脉,北近秦岭,与黄土高原相望,东接湘鄂西山地,南连云贵高原,盆地北缘米仓山,南缘大娄山,东缘巫山,西缘邛崃山,西北边缘龙门山,东北边缘大巴山,西南边缘大凉山,东南边缘相望于武陵山。这样复杂多样的地形地貌使得四川地跨中国地势的第一、第二级阶梯,不仅包含了四川盆地、青藏高原、横断山脉、云贵高原、秦岭-大巴山山地等几大地貌单元,也涵盖了高山、峡谷、雪山、瀑布、草甸、湖泊、森林等多种类型的地貌。

拥有着"紫色盆地"美称的四川盆地,按其地理差异,分为盆西平原、盆中丘陵和盆东平行岭谷三部分。其中,盆西平原位于龙泉山和龙门山、邛崃山之间,系断裂下陷由河流冲积而成,面积约 8000 km^2,是我国西南最大的平原,因四川省会成都市位于平原之中,故也称成都市平原。成都市平原海拔在 460~750 m,地势由西北向东南倾斜,地表平坦,相对高差一般不超过 30~50 m。盆中丘陵位于龙泉山和华蓥山之间,地势低矮,海拔大多在 300~500 m,相对高度在 50~150 m,地势由北向南倾斜。由于这里岩层近于水平,在流水的长期侵蚀切割作用下,形成台阶状的方山丘陵,故南部多浅丘,北部多深丘。盆东平行岭谷位于华蓥山以东,是今川渝交接处,是中国东北-西南走向山脉组合最整齐的地区,它由多条近东北-西南走向的条状背斜山地与向斜宽谷组成,山地陡而窄,这里山岭间的谷地宽而缓,海拔 300~500 m,其间丘陵、平坝交错分布,而山地顶部的石灰岩被雨水溶蚀后,常成凹槽,故山地大多具有"一山二岭一槽"或"一山三岭二槽"的特色。

如此特殊地形地貌的四川,其旅游资源呈现出数量多、类型全、分布广的特点,其山水名胜、文物古迹、民族风情兼备:如有"世界自然与文化遗产"5 处,列入世界《人与生物圈保护网络》保护区 4 处,国家级重点风景名胜 15 处,省级风景名胜 75 处,A 级旅游景区共 292 家(其中,5A 级旅游景区 9 家,4A 级旅游景区 126 家,3A 级旅游景区 64 家,2A 旅游景区 91 家,A 级旅游景区 2 家),中国优秀旅游城市 21 座,8 个国家级和 27 个省级历史文化名城、128 个全国重点文物保护单位和 1061 处省级重点文物保护单位,国家级自然保护区 27 处,省级自然保护区 70 处,国家级森林公园 31 处,省级森林公园 54 处,世界级地质公园 2 处,国家地质公园 14 处,国家水利风景区 16 处。除此之外,在四川这片土地上生活着藏、羌、彝和摩梭等民族文化、宗教文化、饮食文化、酒文化;还有现代西昌市卫星发射基地、红军长征路、古代南方丝绸之路等,它们和这些罗列出的数据一起构成了旅游资源异彩纷呈、得天独厚的"天府之国",而这也正是四川复杂的地质构造,类型多样的地貌,独特的地理环境造就的结果。

1.1.2 独特的四川盆地气候形成的旅游资源优势

四川处于亚热带,受复杂的地形和不同季风环流的交替影响,气候复杂多样。其东部盆地属亚热带湿润气候,西部在高原地形的作用下,以垂直气候带为主,从南部山地到北部高原,由亚热带演变到亚寒带,垂直方向上有亚热带到永冻带的各种气候类型。

在地理纬度和地貌的影响下,四川气候的地带性和垂直方向变化十分明显,东部和西部的差异很大。如果根据水、热和光照条件的差异,大致可分为三大气候区:亚热带温润气候区、亚热带半湿润气候区、高寒气候区。其中,四川盆地及周围山地属温润的亚热带季风气候,具有冬暖、春旱、夏热、秋雨的特点,年均气温 16~18 ℃,气温日较差小,年较差大,冬暖夏热;无霜期为 230~340 d,盆地云量多,晴天少,全年日照时间较短,仅为 1000~1400 h,雨量充沛,年降水量达 1000~1200 mm,造成盆地湿气重,雾多、日照少的气候特色。川西南山地属亚热带半湿润气候区,年均气温为 12~20 ℃,年较差小,日较差大,早寒午暖,四季不明显,但干湿季分明;降水量较少,全年有 7 个月为旱季,年降水量 90~1200 mm,多集中在 5~10 月;云量少,晴天多,日照时间长,年日照时数多为 2000~2600 h;河谷地区形成典型的干热河谷气候,山地形成显著的立体气候。川西北高山高原属高寒气候区,气候立体变化明显,从河谷到山脊依次出现亚热带、暖温带、中温带、寒温带、亚寒带、寒带和永冻带。总体上以寒温带气候为主,河谷干暖,山地冷湿,冬寒夏凉,水热不足,年均温 4~12 ℃,年降水量 500~900 mm。天气晴朗,日照充足,年日照时数 1600~2600 h。

这些复杂多样的气候类型也正是影响四川旅游资源丰富性、多样性、独特性的直接条件,是孕育出四川名胜奇景、灿烂文化的直接原因。四川受盆地气候影响,旅游资源独具特色和优势,以旅游资源中的自然资源名山为例,位于川西的"蜀山之王"贡嘎山,在方圆 30 km 范围内高差达 6000 余米,形成九个自然景观垂直带谱,山上冰川发育,形成罕见的晶莹剔透的固体水景观;而峨眉山不仅因断裂活动强烈形成了重重山岳,奇峰突起,绝壁千丈的奇景,还因高差悬殊的立体气候条件形成了云海、佛光等千万景象;青城山也是山峦起伏,奇秀异常,翠柏参天,其年平均气温 15.2 ℃,环境优美,气候宜人,夏无酷暑,冬无严寒,不失为避暑的好地方。

当然,在四川,伴随着川西北高原的地势高亢,气候严寒,河曲蜿蜒,形成了众多的草原湖泊。而四川盆地与川西高原山地之间的过渡地带,层峦叠嶂,高差悬殊,气候复杂多样,不仅拥有着"一山有四季,十里不同天"的美景,也因正当太平洋气流前进的迎风坡,降水丰沛,植物繁多,成为珍稀动植物的乐园。四川的不少市县也因多样的气候呈现出不同的风格,吸引着万千游人来领略别样的旅游,如甘孜作为四川境内日照最多的地方,有"小太阳城"的美称;而石渠年平均气温为 −1.6 ℃,1月平均温达到 −12.5 ℃,极端最低气温 −35.0 ℃,被称为四川的"寒极"。

1.1.3　多元的民族文化形成的旅游资源

四川有中国最大的彝族聚居区,省内人口数量位居第二的藏族聚居区和唯一的羌族聚居区,这是四川民族旅游得天独厚的资源优势。民族历史文化底蕴深厚,自然山水特色鲜明,文化与自然紧密融合,成为融合有格局特色的一个多元文化区,有着很大的吸引力。

四川民族旅游资源"含金量"很高,突出优势在于它的自然风光、历史文化景观、民族栖息地和生态资源环境在地域组合上高度一致。特别是位于川西高原边地的甘孜、阿坝、凉山地区的藏、羌、彝等民族聚居区域,是四川民族旅游资源的黄金地区,其自然环境和民族文化资源组合独具魅力。

(1)历史悠久的羌族文化生态旅游资源

羌族是世界上最古老的民族之一,阿坝藏族羌族自治州是羌族聚居区,汶川是大禹的故乡。司马迁说:"大禹兴于西羌"。著名社会学家费孝通说:羌族是一个向外输血的民族,许多民族都流淌着羌族的血液。自大禹统一天下定九州,千秋万代羌人用勤劳和智慧创造了悠久的古羌文化。羌维城下保存着比三星堆还早的新石器时代的历史遗迹,这些遗迹在当今羌寨生活中依稀可见。

一旦走入羌族村落,悠扬的羌笛声声,绵绵呢喃的情歌小调,动感的莎朗舞步,还有漫山遍野的羊角花,让人流连忘返。当俊朗的羌族小伙捧出清香四溢的咂酒,灵秀的姑娘亮出美丽的刺绣衣裳,让游客们能感受到羌族这个人称"云朵上的民族"传奇般的独特魅力。现在以阿坝为主的川西高原,形成了藏羌文化旅游区,最为著名的是汶川的"西羌第一村"和理县的"桃坪羌寨",已经成为四川重要的羌族旅游目的地。

(2)勤劳古朴的彝族文化生态旅游资源

彝族是一个勤劳勇敢、文化璀璨的民族,凉山彝族自治州是四川省彝族的主要聚居区。彝族把火塘看作是火神居住的神圣之地,严禁触踏或跨越,在每年的阴历六月廿四都将举行盛大的彝族火把节。这天,彝族各村寨要以村为单位宰杀肉牛分与各户,每户还要杀鸡,用新荞面蒸馍,同酒肉一起祭献祖先灵牌。晚上,人们燃起火把边走边唱,在田间地头巡游,然后集中到村寨坝子上,举行盛大的篝火晚会,青年男女尽情歌舞,通宵达旦;老人们则饮酒高谈,讲述往事。彝族祭神、祭田、祈求丰年、送崇驱邪是节目的不衰主题,形成了多彩的民族历史文化风情习俗。

彝族还有丰富的文化艺术。文学内容形式多样,如诗歌、故事、神话、谜语等;彝族的音乐语调丰富,优美动听;舞蹈节奏明快,热情奔放。民族乐器月琴和口弦深受人们的喜爱,青年男女也常用它来抒发感情,表达爱意。

(3)热情奔放的藏族文化生态旅游资源

当你踏上川西高原这片神圣的土地,这儿有梦幻般的自然风光,并遍布着人类文化最为耀目而神奇的藏传佛教文化。这里是我国早期历史上民族频繁迁徙的"民族走廊"地带,古代南、北民族在此留下了大量的历史遗存和文化积淀,形成了既具有与其他藏区文化相同的共性,又具有其自身的多元性的历史印记,这便是"康巴"文化。

藏族人民有尚礼好客的传统习惯,彼此交往,习惯以"哈达"为礼物献给对方,表示敬意和祝贺。送别亲友,要敬青稞酒,唱酒歌,献哈达,致以美好的祝愿。常言道:藏族人是一个"会说话,就会唱歌;会走路,就会跳舞"的民族,正是对该民族风情的真实写照。

此外,平武王朗绮丽的自然风光与独特的白马藏人风情、兴文石海世界地质公园与焚苗文化、盐源泸沽湖与摩梭文化、北川猿王洞自然生态与羌寨风情等,是四川典型的自然和人文景观有机结合的民族文化生态旅游资源(黄萍 等,2005)。

1.2 气候舒适性评价方法

人类要想在大气中存在,就需要一个适宜的温湿环境。影响人体舒适度的气象要素有很多种,这些气象要素主要包括气温、湿度、风速、日照、降水等,不同的气象要素对人体产生的影响不同。本章选择四川省 26 个旅游景点的气象站点(见图 1.2)的气象要素,利用温湿指数(THI)、风寒指数(WCI)、人体舒适度指数(SSD)等对不同气象环境下的人体舒适度进行评价。

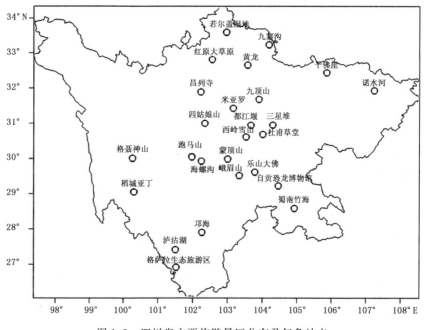

图 1.2   四川省主要旅游景区分布及气象站点

这三个指数各有特点,通过不同气象要素的组合,侧重不同地分析了气候对人体舒适度的影响。温湿指数更适用于评价夏季旅游活动的气候舒适度,因夏季温度和湿度较其他气象要素而言对人体影响更大。风寒指数是广泛采用的冷应激指标,适用于评价冬季旅游活动的气候舒适度,也可以将其说是舒适度指数在秋冬季节的一个细化,由于秋冬两季气温起伏变化较大,人体对风速、湿度等因素的感觉较春夏两季更为敏感。前两个指数只是包含了两种气象要素,而人体舒适度指数则是综合反映湿度、风速、气温这三种气象要素对人体舒适度的影响(黄萍 等,2005)。

1.3　四川省旅游气候舒适性评价

1.3.1　温湿指数舒适度评价与分析

根据温湿指数(THI)计算结果绘出各个地区最适宜旅游(THI 为 55~70)的日数分布图(见图 1.3)。由图 1.3 可见,川西高原全年达到舒适等级的日数大约在 30 d 左右,主要是在夏季。若尔盖县、红原县、稻城县等地的适宜旅游时间大约在 6 月末至 7 月初;川中全年达到舒适等级的日数较多,约在 120~150 d 左右,包括成都市、都江堰市、雅安市、乐山市等地,除去盛夏以及严冬之外,春季和秋季都非常适合旅游,适宜旅游期为 3 月末至 5 月,9 月—11 月初。

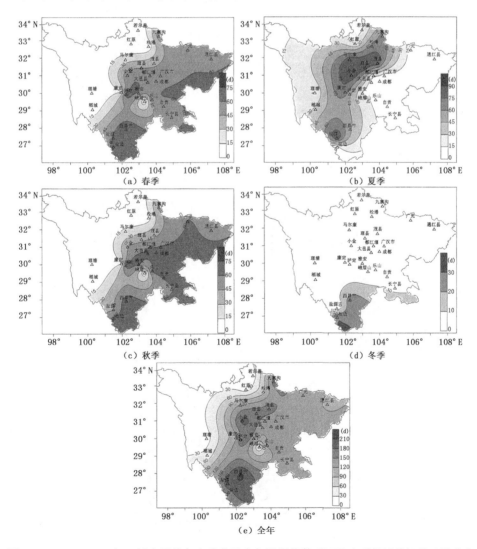

图 1.3　1971—2000 年四川省平均各个季节及全年温湿指数(THI)达到舒适等级的日数分布

小金县、茂县和理县全年达到舒适等级的日数更长,基本上除冬季以外的季节都非常适合旅游。川东则是只有春季和秋季适合旅游,全年达到舒适等级的日数大约在 120～150 d 左右,包括通江县、长宁县、自贡市等地。川南地区的西昌市、盐源县全年达到舒适等级的日数大约在 180～210 d,四季均很适合旅游,最南边的攀枝花市盐边县,全年舒适日数约在 150～180 d 左右,只有夏季不适合旅游。对于峨眉山,由于海拔的影响,全年达到舒适等级的日数约在 30 d 左右,7—8 月非常适合旅游。

1.3.2　风寒指数舒适度评价与分析

根据风寒指数(WCI)计算结果绘出各个地区最适宜旅游(WCI＜400)的日数分布图(见图 1.4)。由图 1.4 可见,川西高原地区 1—3 月和 11—12 月人体感觉很不舒适,非常不适合旅游,6—8 月人体感觉较为舒适,适宜旅游。

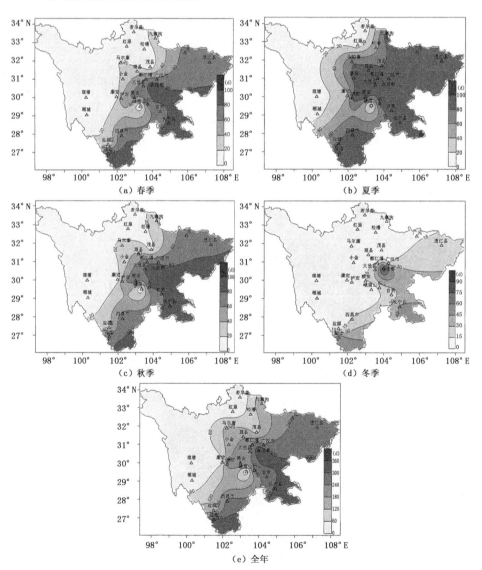

图 1.4　1971—2000 年四川省平均各个季节及全年风寒指数(WCI)达到舒适等级的日数分布

　　盆地地区,因四面环山,全年 12 个月日平均风速均很小,人体感觉较为舒适,全年都很适合旅游。川南与云南交接之地攀枝花市,全年温度、风速适宜,也较适合旅游。川东地区,一年四季温度、风速适宜,人体感觉较舒适,四季均适宜旅游,全年达到舒适等级的日数约 300 d 左右。峨眉山海拔较高,只有 6—8 月才适宜旅游。总体来看,从西北往东南方向达到舒适等级的日数依次递增,越往南,全年达到舒适等级的日数越高。

1.3.3　人体舒适度指数舒适度评价与分析

　　根据人体舒适度指数(SSD)计算结果绘出各个地区最适宜旅游(SSD 为 51～75)的日数分布图(见图 1.5)。川西高原全年达到舒适等级的日数大约在 30 d 左右,主要分布在夏天。

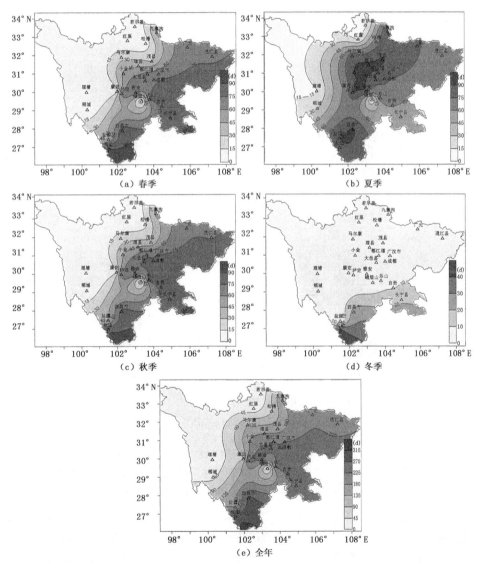

图 1.5　1971—2000 年四川省平均各个季节及全年人体舒适度指数(SSD)
达到舒适等级的日数分布

春秋两季的舒适日数分布特征与温湿指数分布特征类似。春秋两季东南地区达到舒适等级的日数在 75 d 左右,西北地区达到舒适等级的日数在 0~15 d。夏季除去峨眉山之外,达到舒适等级的日数以川北的小金县、理县、茂县、泸定县、雅安市等地和川南的西昌市、盐源县、盐边市三地为中心依次向外圈递减。冬季除盐源县、西昌市、长宁县三地达到舒适等级的日数在 30 d 左右之外,其余地区均不足 15 d,不适合旅游。

1.3.4　综合舒适度评价与分析

为了更加准确地描述各旅游区的适宜旅游阶段,将温湿指数(THI)、风寒指数(WCI)以及人体舒适度指数(SSD)三者综合分析,将三个指数同时达到舒适等级的日数进行统计,绘出各个季节与全年的舒适日数分布图(见图 1.6)。

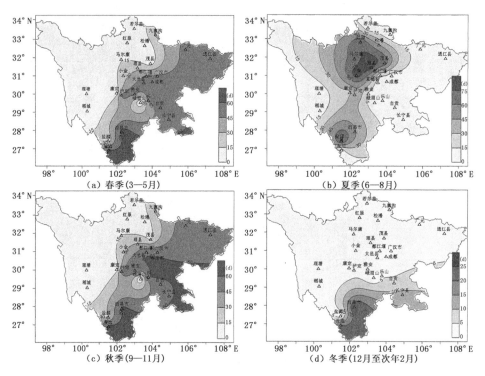

图 1.6　1971—2000 年各季 THI、WCI 以及 SSD 舒适指数同时
达到舒适等级的日数分布

图 1.6a 表明春季各地达到舒适等级的日数差距较大,川西北地区由于高海拔、高纬度,所以位于川西北地区的旅游景区如稻城县亚丁、红原县大草原、康定等在春季人体感觉非常不舒适,极北地区若尔盖县、红原县春季达到舒适等级的日数低至 0 d,非常不适合旅游。往东南方向理县、九寨沟县、小金县一带,为次级旅游区,达到舒适等级的日数约为 30 d。对于川南以及川东地区达到舒适等级的日数均在 60 d 左右,西昌市舒适等级的日数甚至高达 66 d,超过了 2 个月。盆地中部的成都市、雅安市、都江堰市等地达到舒适等级的日数也有 60 d,比较适合旅游。此外,处在盆地边缘的峨眉山,由于海拔较高,达到舒适等级的日数低至 0 d,春季不适合旅游。

图 1.6b 表明,夏季川西北地区由于海拔纬度的因素,温度适宜,不至于非常炎热,红原县、

米亚罗、四姑娘山、茂县、松潘县等地达到舒适等级的日数均超过了 60 d,茂县甚至达到了 84 d,因此和其他地区相比,川西北地区是一个非常好的夏季避暑胜地。但是四川中部、东部以及南部等地夏季达到舒适等级的日数较西北地区就很低,均不到 10 d,所以并不适合旅游。此外,位于四川和云南的边界地带的盐源县泸沽湖景区由于位于高原地区,同时受到湖泊对气候的影响,夏季达到舒适等级的日数有 84 d,也是夏季一个不可多得的旅游景区,再靠南则是攀枝花市地区的盐边县,夏天达到舒适等级的日数为 10 d,不适合旅游。

　　图 1.6c 表明,四川省秋季达到舒适等级的日数分布特征与春季的分布特征类似。川西北地区由于高海拔、高纬度,舒适度较低,所以位于川西北地区的旅游景区稻城县亚丁、若尔盖县湿地、红原县大草原等对于游客来讲秋季并不适合旅游,若尔盖县秋季达到舒适等级的日数低至 0 d,往东南方向理县、九寨沟县、茂县、泸定县一带,为次级旅游区,达到舒适等级的日数约为 30 d。但是川南以及川东地区,舒适度较高,位于盆地的成都市、雅安市、都江堰市,东北部的通江县、广元市以及南部的自贡市、长宁县秋季达到舒适等级的日数约 60 d,比较适合旅游。此外,与春季相仿,处在盆地边缘的峨眉山秋季也并不适合旅游。

　　图 1.6d 表明,四川省冬季绝大多数景区舒适度均很低,达到舒适等级的日数不足 15 d,不适合旅游。西昌市及其以南的地区由于纬度较低,达到舒适等级的日数约 30 d,所以西昌市以及攀枝花市等地是冬季四川省为数不多的避寒圣地。

　　图 1.7 表明,四川省一些旅游景点全年达到舒适等级的日数高达 220 d,占全年的 7 个月之多,分别是西昌市、盐源县的泸沽湖以及小金县的四姑娘山。川西高原的若尔盖县、红原县等全年达到舒适等级的日数约 30 d。茂县、理县、九寨沟县等全年达到舒适等级的日数约为 180 d,再往东南方向的成都市、自贡市、长宁县等地全年达到舒适等级的日数约在 120~150 d,峨眉山全年达到舒适等级的日数约为 30 d。

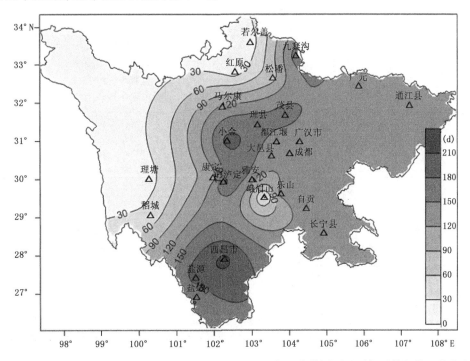

图 1.7　1971—2000 年平均每年 THI,WCI 以及 SSD 舒适指数同时达到舒适等级的日数分布

1.4 四川省旅游气候区划分析

根据四川 26 个旅游区的站点数据,结合温湿指数、风寒指数以及人体舒适度指数三者综合分析,并考虑与行政区相协调的原则,按照适宜旅游月份所处时段作为区划指标,将四川省划分为五大旅游区(见图 1.8):夏季避暑型、春夏秋三季适宜型、春秋适宜型、冬季避寒型、全年适宜型(见表 1.1)。

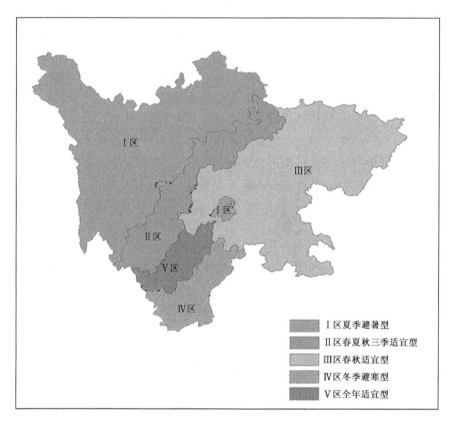

图 1.8　四川省旅游气候区划

表 1.1　四川省旅游区分布

	站点	舒适时间长度 (d)	最佳旅游月份	对应景区
I 夏季避暑型	若尔盖县	1~8	7—8 月	花湖、黄河九曲
	峨眉山	1~6	7—8 月	峨眉山
	红原县	1~10	7—8 月	红军过草地纪念馆
	稻城县	1~19	6—8 月	亚丁自然保护区
	理塘县	1~10	6—8 月	格聂神山、理塘县寺
	康定	11~81	5 月末至 9 月初	贡嘎山、木格措、跑马山
	松潘县	29~84	6—8 月	黄龙风景名胜区

	站点	舒适时间长度 (d)	最佳旅游月份	对应景区
Ⅱ春夏秋 三季适宜型	茂县	69～105	4—10月	九顶山、牟托羌寨
	小金县	103～168	3月末至10月初	四姑娘山、海子沟
	九寨沟县	101～157	3月末至10月初	九寨沟县
	马尔康	80～134	5—9月	昌列寺、大藏寺
	理县	116～161	3—10月	杂谷脑镇、米亚罗镇
	泸定县	136～175	3—11月	泸定桥、海螺沟、二郎山
Ⅲ春秋适宜型	成都市	107～152	3月末至5月,9—11月初	武侯祠、杜甫草堂等
	雅安市	105～136	3月末至5月,9—11月初	蒙顶山、碧峰峡等
	都江堰市	85～143	3月末至5月,9—11月初	都江堰市
	大邑县	106～132	3月末至5月,9—11月初	西岭雪山、安仁古镇
	自贡市	93～135	3月末至5月,9—11月初	恐龙博物馆、自贡市灯会
	长宁县	97～140	3月末至5月,9—11月初	蜀南竹海、竹石林等
	通江县	90～130	3月末至5月,9—11月初	诺水河风景名胜区
	广汉市	99～123	3月末至5月,9—11月初	三星堆遗址、金雁湖公园
	广元市	93～135	3月末至5月,9—11月初	皇泽寺、千佛崖、昭化古城
	乐山市	101～140	3月末至5月,9—11月初	乐山市大佛、黑竹沟、嘉定坊
Ⅳ冬季避寒型	延边市	128～190	10月至次年4月	格萨拉生态旅游区、九道竹林 原始森林生态旅游区
Ⅴ全年适宜型	西昌市	144～216	全年	邛海、螺髻山
	盐源县	109～163	全年	泸沽湖、公母山

1.4.1　夏季避暑型旅游区(Ⅰ型)

夏季避暑型旅游区包含的站点主要有若尔盖县、红原县、康定、松潘县、理塘县、稻城县、峨眉山。该地区的海拔均很高,除了峨眉山之外,其他站点位于川西北高原的甘孜藏族自治州、阿坝藏族羌族自治区境内,海拔均在 3000～4000 m 左右,大部分地区年均气温 0～6 ℃,冬长夏凉,春秋相连,为四川热量最低地区,属于大陆性高原寒温带季风气候。峨眉山气候垂直分布明显,从山脚的亚热带气候过渡到山顶的亚寒带气候,其间风光各有不同,全年舒适的日子大多在夏天,主要在 6—8 月。全年达到舒适等级的日数最短站点是若尔盖县,日数不到 15 d,最长是松潘县,有 84 d。因此,此区是夏季最佳的避暑胜地,春秋冬三季则非常不适合旅游。

由图 1.9 可以看出,1971—2000 年四川省夏季避暑型旅游区的年平均达到舒适等级的日数与年份成正相关,相关系数为 0.2184,有着显著上升的趋势,从 1971 年的 24 d 到 2000 年的 34 d,不断波动上升。由各个季节来看(图略),近 30 a,春夏秋三季达到舒适等级的日数总体呈增加趋势,相关系数分别为 0.1159,0.4504,0.1273,冬季达到舒适等级的日数近 30 a 来一直为 0。整体而言,近 30 a 夏季避暑型旅游区达到舒适等级的日数呈上升趋势,原因可能是受到全球变暖的影响。

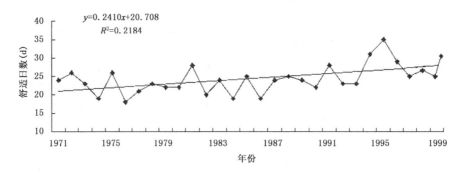

图 1.9　1971—2000 年（Ⅰ型）全年 THI、WCI 以及 SSD 同时达到舒适等级的日数趋势

1.4.2　春夏秋三季适宜型旅游区（Ⅱ型）

春夏秋三季适宜型旅游区包含的站点主要有茂县、九寨沟县、马尔康、理县、泸定县、小金县，位于甘孜藏族自治州、阿坝藏族羌族自治区境内，属于亚热带季风气候，海拔在 2000～3000 m 左右，全年达到舒适等级的日数在 69～175 d，春夏秋三季均很适合旅游，冬季达到舒适等级的日数不足 15 d，较不适宜旅游。该地区旅游资源丰富，不同的季节有着不同的景观，因其处于川西高原之中，所以此区夏季仍是一个不可多得的避暑圣地。

由图 1.10 可以看出，1971—2000 年以来四川省春夏秋三季适宜型旅游区年平均达到舒适等级的日数与年份成正相关，相关系数为 0.3645，同样也有显著上升趋势。从各个季节来看（图略），近 30 a，春夏秋三季达到舒适等级的日数呈增加趋势，相关系数分别为 0.2254，0.0641，0.2267，冬季达到舒适等级的日数呈下降趋势，相关系数是 0.0034。所以近 30 a 春夏秋三季适宜型旅游区达到舒适等级的日数总体上是增加了。

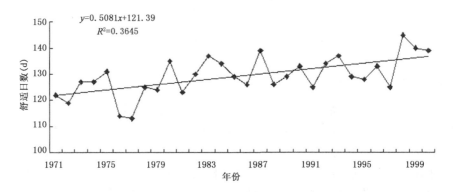

图 1.10　1971—2000 年（Ⅱ型）全年 THI，WCI 以及 SSD 同时达到舒适等级的日数趋势

1.4.3　春秋适宜型旅游区（Ⅲ型）

春秋适宜型旅游区包含的站点主要有成都市、大邑县、都江堰市、乐山市、雅安市、广汉市、广元市、自贡市、长宁县、通江县，位于四川盆地内与盆地边缘的川东地区。平均海拔在 1000 m 左右，属于亚热带季风气候。四季分明、降水充沛、气候舒适。该旅游区全年达到舒适等级的日数在 90～152 d 左右。冬季因为寒冷，达到舒适等级的日数不超过 15 d，夏季因为炎热，达到舒适等级的日数也不超过 15 d，这两季均不适合旅游，只有春秋两季气候舒适，适合旅

游。旅游的最佳时段在 3 月末至 5 月和 9 月至 11 月初。

由图 1.11 可以看出,1971—2000 年以来春秋适宜型旅游区年平均达到舒适等级的日数与年份成负相关,相关系数为 0.0223,下降趋势并不明显。由各个季节来看(图略),近 30 a,春夏冬三季达到舒适等级的日数均略有下降,秋季达到舒适等级的日数近 30 a 基本保持不变,所以近 30 a 春秋适宜型旅游区达到舒适等级的日数总体上呈下降趋势。

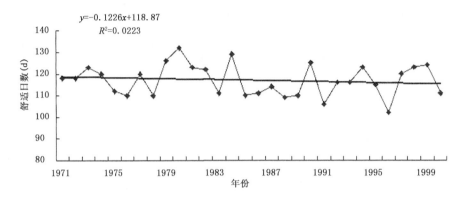

图 1.11　1971—2000 年(Ⅲ型)全年 THI,WCI 以及 SSD 同时达到舒适等级的日数趋势

1.4.4　冬季避寒型旅游区(Ⅳ型)

冬季避寒型旅游区包含的站点主要包括盐边县,盐边县位于凉山州西部,所处纬度较低,属于南亚热带干河谷气候区,具有典型的南亚热带干旱季风气候特点,冬季温暖,春夏秋温度很高,全年达到舒适等级的日数在 128~190 d 左右,其中冬季达到舒适等级的日数在 30 d 左右,春秋两季达到舒适等级的日数也有 60 d,而夏季达到舒适等级的日数则不到 15 d,因而旅游的最佳时段在 10 月至次年 4 月。

由图 1.12 可以看出,1971—2000 年以来冬季避寒型旅游区年平均达到舒适等级的日数与年份成负相关,相关系数为 0.0032,下降趋势不明显。由各个季节来看(图略),春秋略有增加,夏季略有减少,冬季减少较为明显。所以,近 30 a 冬季避寒型游区达到舒适等级的日数总体上呈下降趋势。

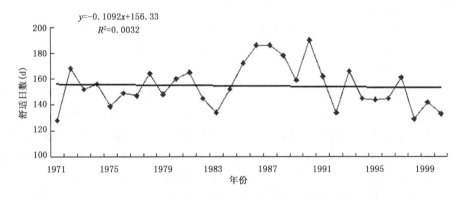

图 1.12　1971—2000 年(Ⅳ型)全年 THI,WCI 以及 SSD 同时达到舒适等级的日数趋势

1.4.5　全年适宜型旅游区(Ⅴ型)

全年适宜型旅游区包含的站点主要包括盐源县、西昌市,位于凉山彝族自治州,属于热带高原季风气候,气候温暖,四季如春,冬可避寒,夏可祛暑,全年达到舒适等级的日数在109～216 d,该地区冬季达到舒适等级的日数有30 d左右,与同时期省内的其他地方相比,较为温暖,而夏季因为没有酷暑,达到舒适等级的日数也有30 d以上。春秋两季达到舒适等级的日数更是有60～90 d之久。所以一年之内,几乎所有时间段都适合旅游。

由图1.13可以看出,1971—2000年以来四川省全年适宜型旅游区年平均达到舒适等级的日数与年份呈正相关,相关系数为0.0806,有上升趋势。

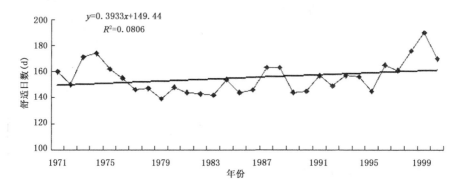

图1.13　1971—2000年(Ⅴ型)全年THI,WCI以及SSD同时达到舒适等级的日数趋势

由各个季节来看(图略),近30 a来,春秋冬三季达到舒适等级的日数随年份均有显著增加趋势,相关系数分别为0.0276,0.1245,0.1116,夏季达到舒适等级的日数有不明显下降趋势,相关系数是0.0015。近30 a全年适宜型旅游区达到舒适等级的日数总体上呈增加趋势。

四川省旅游气候整体适宜性较好,各个季节均有相适应的旅游资源可供游览,有些景观的风景随着季节的变化而变化。绝大多数旅游景区全年达到舒适等级的日数在3个月以上,主要旅游季节为春季、夏季、秋季,冬季则只有少部分地区适宜旅游。

1.4.6　四川旅游气候区划小结

依据三个舒适指数的计算结果,将四川省划分为五大旅游区,依次为夏季避暑型旅游区、春夏秋三季适宜型旅游区、春秋适宜型旅游区、冬季避寒型旅游区、全年适宜型旅游区。夏季避暑型旅游区最佳旅游季节大约在6—8月,春夏秋三季适宜型旅游区最佳旅游季节大约在3—11月,春秋适宜型旅游区最佳旅游季节大约在3月初至5月和9月至11月初,冬季避寒型旅游区最佳旅游季节大约在10月至次年4月,全年适宜型旅游区一年四季均适合旅游。

从近30 a四川省各个旅游区年平均达到舒适等级的日数变化趋势来看,夏季避暑型旅游区近30 a达到舒适等级的日数正在不断增加,少数年份略有减少,各个季节来看,春夏秋三季呈增加趋势,冬季保持不变。春夏秋三季适宜型旅游区近30 a达到舒适等级的日数同样也有显著上升趋势,春夏秋呈增加趋势,冬季呈下降趋势。春秋适宜型旅游区近30 a达到舒适等级的日数呈下降趋势,但下降趋势并不明显,春夏冬日数略有下降,秋季基本保持不变。冬季避寒型旅游区近30 a达到舒适等级的日数呈不明显下降趋势,春秋略有增加,夏季略有减少,冬季减少较为明显。全年适宜型近 30 a 达到舒适等级的日数呈上升趋势,春秋冬有显著增加趋势,夏季有不明显下降趋势。因此,旅游气候区划并不是一劳永逸的,要想为旅游事业更好的服务,更加准确地把握当地旅游走向,就要时刻关注气候的变化,不断完善气候区划。

参考文献

黄萍,杜通平,李贵卿,等,2005. 文化生态村:四川民族旅游可持续发展的有效模式[J]. 农村经济,(1):106-109.

第2章 四川省气候变化与气象灾害

2.1 四川省气温变化特征

近百年来全球气温不断升高,气候变暖已经成为一个不争的事实(王绍武 等,2005),且日益深刻地影响人类社会的可持续发展。IPCC 的第五次评估报告中提到,1880—2012 年,全球海陆表面平均温度呈线性增长趋向,增长了 0.85 ℃,并且 2003—2012 年比 1850—1900 年平均气温升高了 0.78 ℃。升温的现象在我国各地表现均非常显著,并且对我国四川盆地的生态环境造成了一定影响。

对于我国气温的时空分布特征,气温季节性差异以及其气候成因等问题,很多学者都做过相关方面的研究,得出中国气温的具体变化过程呈现明显的地域性差异(王绍武,2001;向辽元等,2006;丁一汇 等,1994;陈隆勋 等,1991)。潘建华通过对四川盆地气温空间分布和时间分布的特征进行分析和研究,得出了四川盆地气温的时间以及气温的空间演变特征(潘建华,2006)。苑跃等(2012)利用四川省 1961—2010 年的 156 个台站的平均气温资料分析,得出四川省近 50 a 来平均气温的区域和季节差异及年代和年际演变特征(苑跃 等,2012)。部分研究表明,近 50 a 来四川盆地年平均气温呈不断升高趋势,但气温升高的幅度低于全国平均,气温高的年份多发生在 20 世纪 90 年代以后,气温偏低年份集中在 80 年代。秋、冬季气温增高的趋势明显大于春、夏季。夜间气温升高幅度大于白天(陈超 等,2010)。同时研究发现,1960—2010 年期间四川年均最高气温、最低气温在时间尺度上呈非对称性升温趋势,0.131 ℃/(10 a)和 0.185 ℃/(10 a)分别是年均最高气温和年均最低气温的气候倾向率,后者气温升高的幅度约为前者的 1.4 倍(赵静 等,2012)。在春夏秋冬四个不同季节里,四川盆地气温场呈一致性的正值,这反映出了四川盆地的气温存在大范围位相一致的变化现象,表现为全盆地性冷或全盆地性暖,而且气温场在不同的季节,其分布特征也存在较大的相似性与稳定性(潘建华,2006)。目前对于我国气温气候变化的研究很多,但对具体的四川盆地气温变化的研究相对较少。四川盆地位于我国西南部,地处青藏高原东部,北部靠近青海、甘肃、陕西三个省,东邻湖北、湖南,南部接云贵高原,盆地地形复杂多样,是全国地势起伏最为显著的地区之一。研究该区域近 50 a 的气温变化特点,对了解全球变暖背景下四川盆地的区域气候变化具有重要意义。四川盆地气候变化相对于其他地区滞后,经历了 20 世纪 70,80 年代气温偏低的时期后,90 年代四川盆地逐渐进入明显的增温阶段。本章根据四川盆地 1963—2013 年 27 个气象台站的月平均气温、月平均最高气温、月平均最低气温资料,详细分析了四川地区气温的年代际变化和季节性差异,同时结合时间和空间两个方面分析气温时空演变规律。了解四川盆地气温变化的基本特征,并对各区域的气温变化相关性进行分析,为进一步揭示四川盆地气候变化特征作一些探索。

图 2.1 为四川省站点分布及海拔高度图,分析研究选取包括石渠、若尔盖、德格、甘孜、色达、道孚、马尔康、红原、小金、松潘、都江堰、绵阳、新龙、雅安、乐山、木里、九龙、越西、昭觉、雷波、宜宾、盐源、凉山(西昌)、会理、万源、阆中、南充高坪区等 27 个测站,并使用其 1963—2013年 27 个测站月平均气温、月平均最低气温、月平均最高气温资料,按照春季(3 月、4 月、5 月)、夏季(6 月、7 月、8 月),秋季(9 月、10 月、11 月),冬季(12 月、1 月、2 月)进行研究。

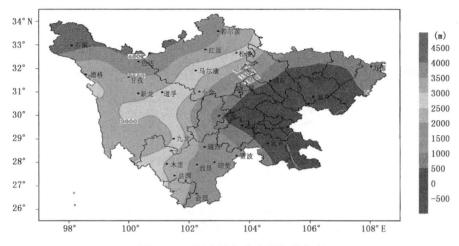

图 2.1　四川省站点分布及海拔高度

2.1.1　四川省气温空间变化特征

2.1.1.1　年气温空间变化特征

图 2.2 是四川省 1963—2013 年年均、年均最高、年均最低气温的空间分布,对其中三幅图的对比分析发现:气温冷暖中心大致相同,四川省最暖的区域主要位于四川盆地东南部,是因

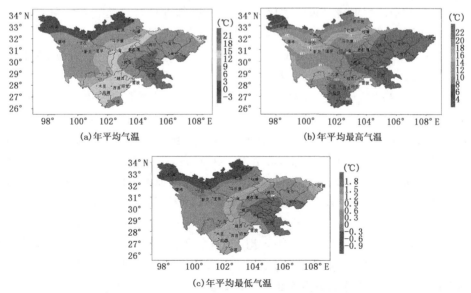

图 2.2　1963—2013 年四川省年平均气温、年平均最高气温和年平均最低气温空间分布

此处海拔高度是四川省海拔高度最低的区域,并且此区域以盆地地形为主。暖区中心平均气温为 20 ℃左右,平均最高气温大致为 23 ℃左右,平均最低气温大致为 1.8 ℃左右。四川省寒冷中心位于四川盆地西北部,冷区呈东西向带状分布,主要与此地的海拔高度和地形有关。此地靠近青藏高原,海拔高,地形主要以高原为主。冷中心平均气温大致为 −5 ℃,平均最高气温大致为 4 ℃,冬季最低大致为 −1 ℃。

2.1.1.2　四季气温的空间变化特征

图 2.3 是四川省 1963—2013 年春季年均、年均最高、年均最低气温空间分布。

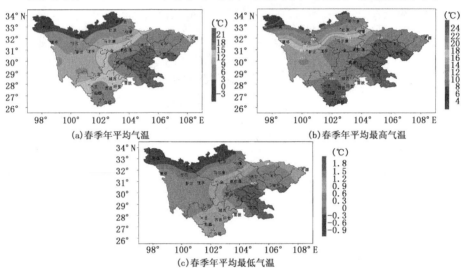

图 2.3　1963—2013 年四川省春季年均、年均最高、年均最低气温空间分布

对图 2.3 中三幅图对比分析发现,年均气温和年均最低气温冷暖中心大致相同,暖的区域主要位于四川盆地东南部,是因此处海拔高度是四川省海拔高度最低的区域,并且此区域以盆地地形为主。年均最高气温暖区位于盆地南部,主要受纬度位置影响。暖区中心平均气温为 20 ℃左右,年均最高气温为 24 ℃左右,年均最低气温为 1.8 ℃左右。春季冷中心位于四川盆地西北部,冷区呈东西向带状分布,此地靠近青藏高原,海拔高,地形主要以高原为主。冷中心平均气温大致为 −3 ℃,夏季最高大致为 5 ℃,冬季最低大致为 −1 ℃。

图 2.4 是四川省 1963—2013 年夏季年均、年均最高、年均最低气温空间分布,对三幅图对比分析发现:年均气温、年均最高气温和年均最低气温冷暖中心大致相同,暖区主要位于盆地东南部,是因海拔高度低,并且此区域以盆地地形为主。夏季暖区中心年均气温为 29 ℃左右,年均最高气温为 33 ℃左右,年均最低气温为 2.5 ℃左右。夏季冷中心位于四川盆地西北部,冷区呈东西向带状分布,主要是纬度位置、海拔高度及地形原因,此地靠近青藏高原,海拔高,地形主要以高原为主。夏季冷中心平均气温大致为 5 ℃,夏季最高大致为 13 ℃,冬季最低大致为 0 ℃。

图 2.5 是四川省 1963—2013 年秋季年均、年均最高、年均最低气温空间分布图。从图中可以看出,年均、年均最高、年均最低气温冷暖中心大致相同,秋季四川省最暖的区域主要位于四川盆地东南部,是因受此处海拔高度和纬度位置的影响,此区域地形也多以盆地为主。秋季暖区中心年均气温 20 ℃左右,年均最高气温为 23 ℃左右,年均最低气温为 2 ℃左右。秋季

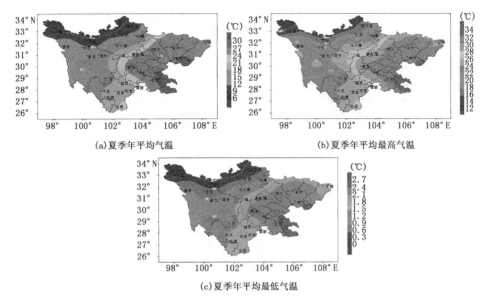

图 2.4　1963—2013 年四川省夏季年均、年均最高、年均最低气温空间分布

寒冷中心位于四川盆地西北部,冷区呈东西向带状分布,主要与此地的海拔高度和纬度位置有关。此地靠近青藏高原,海拔高,地形主要以高原为主。秋季冷区中心年均气温大致为 −3 ℃,年均最高气温大致为 4 ℃,年均最低气温大致为 −1 ℃。

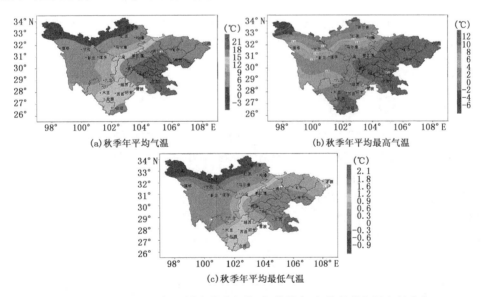

图 2.5　1963—2013 年四川省秋季年均、年均最高、年均最低气温空间分布

图 2.6 是 1963—2013 年四川省冬季年均、年均最高、年均最低气温空间分布。从图中可以看出,冬季年均气温和年均最低气温冷暖中心大致相同,冬季暖区主要分布于四川盆地东南部,这是因为此处海拔高度是四川省海拔高度最低的区域,并且此区域以盆地地形为主,纬度位置也是影响的原因之一。年均最高气温暖区位于盆地南部,主要受纬度位置影响。冬季暖区中心年均气温为 10 ℃左右,年均最高气温为 17 ℃左右,年均最低气温大致为 1 ℃左右。冬

季冷区中心年均气温大致为－12 ℃,年均最高气温大致为－4 ℃,年均最低气温大致为－2 ℃。

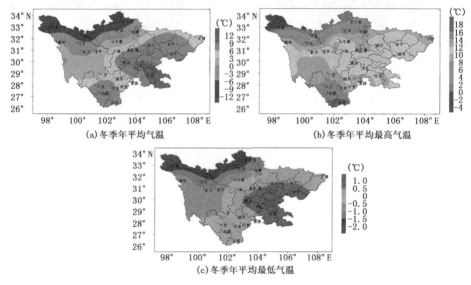

(a)冬季年平均气温

(b)冬季年均最高气温

(c)冬季年平均最低气温

图 2.6　1963—2013 年四川省冬季年均、年均最高、年均最低气温空间分布

综上所述:四川省年均、年均最低、年均最高气温的空间分布大致相同,温度暖中心主要位于四川省东南部,冷中心主要位于四川省西北部,冷区呈东西向带状分布。造成纬度冷暖区域分布的主要原因是四川地区的海拔高度、地形的影响。暖中心海拔高度低,地形大部分为盆地地形;冷中心海拔高度高,靠近青藏高原,地形多以高原地形为主。

2.1.2　四川省气温时间演变特征

2.1.2.1　四川省年平均气温时间变化特征

图 2.7 表明:1963—2013 年四川省年平均气温,年均月平均最高气温的变化趋势显著的相似,20 世纪 60 年代中期前气温较低,随后气温逐年升高,70 年代中期后气温不断下降,80年代中后期气温不断升高,年平均气温 21 世纪初比 60 年代升高了 10.5 ℃。年均月平均最高气温 21 世纪初比 60 年代升高了 10 ℃。四川省年均月平均最低气温大体上呈上升趋势,70年代初期较低,过后不断升高,21 世纪后距平为正值并持续升高。年均月平均气温 21 世纪初比 60 年代升高了 14.8 ℃。

2.1.2.2　四川省年平均气温季节变化特征

图 2.8 表明:1963—2013 年四川省春季年平均气温,年均月平均最高气温的变化趋势显著相似,20 世纪 70 年代中期后气温不断呈下降趋势,21 世纪初期之后温度大体上呈上升趋势。年均月平均最低气温大体呈上升趋势,60 年代末为最低值,90 年代末期距平为正值并持续升高,相比于最低的 60 年代,21 世纪初期夏季平均最低气温升高了 6.2 ℃。

图 2.9 表明:1963—2013 年四川省夏季年平均气温,年均月平均最高气温的变化趋势显著相似,20 世纪 60 年初期为最低,之后气温不断呈上升趋势,70 年代初期呈下降趋势,之后温度大体上呈上升趋势。夏季年平均气温和年均月平均最高气温 21 世纪初比 20 世纪 60 年代分

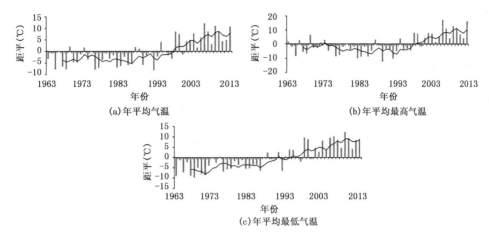

图 2.7　1963—2013 年四川盆地年均、年均最高、年均最低气温距平时间序列

（柱为逐年变化，实线为 5 年滑动平均变化）

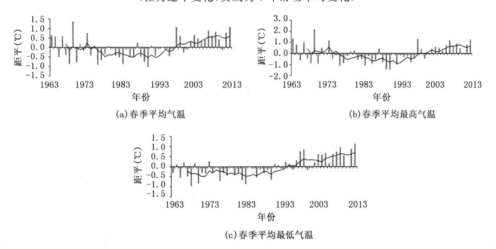

图 2.8　1963—2013 年四川盆地春季年均、年均最高、年均最低气温距平时间序列

（柱为逐年变化，实线为 5 年滑动平均变化）

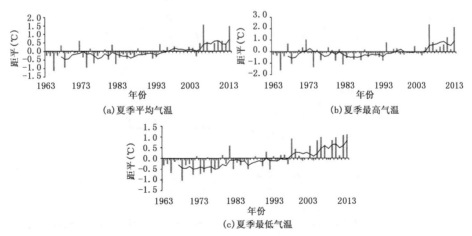

图 2.9　1963—2013 年四川盆地夏季年均、年均最高、年均最低气温距平时间序列

（柱为逐年变化，实线为 5 年滑动平均变化）

别升高了5.6 ℃和6.9 ℃。年均月平均最低气温大体呈上升趋势,20 世纪 60 年代末为最低值,21 世纪后距平为正值并持续升高,相比于最低的 20 世纪 60 年代,21 世纪初期夏季平均最低气温增加了 6.6 ℃。

图 2.10 表明:1963—2013 年四川省秋季年平均气温,年均月平均最高气温的变化趋势显著相似,20 世纪 70 年代初期气温有所升高,70 年代末开始到 90 年代初期变化呈明显的 W 型变化,90 年代末期气温不断升高。年均月平均最低气温从 60 年代中期到 80 年代中期呈 W型变化趋势,之后逐渐呈上升趋势,90 年代末期距平为正值并持续升高。

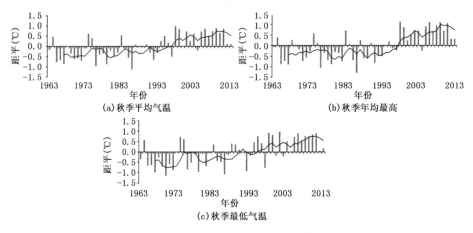

图 2.10　1963—2013 年四川盆地秋季年均、年均最高、年均最低气温距平时间序列

(柱为逐年变化,实线为 5 年滑动平均变化)

图 2.11 表明:1963—2013 年四川省冬季年平均气温,年均月平均最高气温的变化趋势显著相似,20 世纪 60 年代中期后气温有所升高,80 年代初到 90 年代末变化呈明显的 W 型变化,21 世纪初又不断升高。年平均气温和年均月平均最高气温 21 世纪初相比 20 世纪 60 年代分别升高了 9.8 ℃和7.8 ℃。年均月平均最低气温大体上呈上升趋势,20 世纪 60 年代初期较低,过后起伏不大,80 年代末期距平为正值并持续升高。

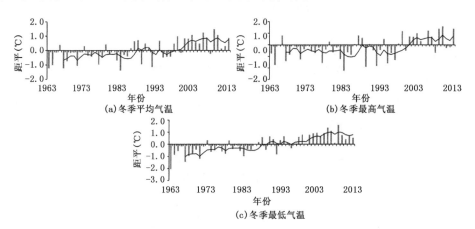

图 2.11　1963—2013 年四川盆地冬季年均、年均最高、年均最低气温距平时间序列

(柱为逐年变化,实线为 5 年滑动平均变化)

综上所述,在全球气候变暖的大背景下,四川省 1963—2013 年平均气温、月平均最高气温、月平均最低气温均为增高的趋势,呈非对称性变化,月平均最低气温增加的趋势要比月平均最高气温和平均气温更加明显,1963—2013 年平均温度的增加主要是月平均最低气温做的贡献,比较年平均气温、月平均最高气温、月平均最低气温季节变化,冬季的增温明显大于夏季。

2.2　四川省降水量变化特征

根据 IPCC 的研究报告,近一个世纪以来,大气中二氧化碳浓度的增多,致使全球气温升高 0.48~0.85 ℃,从而引起全球降水的变化。降水量的增加或减少,极易形成洪涝或干旱、泥石流等极端天气现象,给人们的日常生活生产,社会经济发展等带来直接的影响。因此,降水是影响气候变化的重要气象要素。我国对全球气候变暖的响应主要体现在降水呈下降的变化趋势,尤其是我国西部地区近 50 a 来降水显著减少,逐渐趋于干旱化。

四川省西接青藏高原,东邻湘、鄂平原,北靠秦岭,南接云贵高原。川西为高原地形,川东则多处盆地,丘陵地带。地形的复杂多样是造成四川省气候变化具有显著的区域性差异的重要因素之一。另外,四川气候变化不仅受青藏高原的热力及动力作用影响,还受东亚季风、印度西南季风的影响。利用四川省 36 个台站的降水资料主要分析四川降水的时空分布特征,近53 a 年降水趋势变化和突变检验以及四川省降水的周期性特征,有利于全面认识和了解四川降水的气候变化特征,特别是对四川省洪涝、干旱等极端天气出现的研究和预报具有一定的现实意义。

利用四川省 36 个站点(其中都江堰、绵阳、雅安、成都、峨眉山、乐山、雷波、宜宾、越西、昭觉位于四川盆地中部地区,常年雨量充沛,气候宜人;广元、南充、阆中、巴中、万源、遂宁、叙永位于四川盆地东部地区;若尔盖、马尔康、石渠、德格、甘孜、红原、小金、松潘、巴塘、新龙、西昌、稻城、木里、九龙、色达、盐源、道孚、会理、康定位于四川西部地区,属于高原地形)1961—2013年共 53 a 的逐月降水资料,主要研究了四川省降水的时空分布特征,各区域和各季节降水分布的差异性特征及降水长期演变特征。

2.2.1　四川省降水量的空间分布特征

2.2.1.1　年降水量的空间分布

在对四川省降水量进行 EOF 时空分离之前,首先做出四川省年降水量的空间分布(见图 2.12),以便对四川省降水情况有整体的了解和认识。从图中可以明显看出,四川省多年平均降水量自西北向东南呈逐渐增多的分布特征。这与季风、四川地形和山脉走向有关。其中降水量最大值中心位于峨眉山、雅安和都江堰一带,达 1500 mm 以上。巴中和万源一带的降水量仅次于前者。降水的最小值区位于巴塘、新龙一带,约 600 mm 左右。两者相差 900 mm。从降水大小值分布可看出,降水大值区主要分布在盆地中部地区,而小值区中心主要分布在川西高原地区,表明四川独特的地形分布直接影响降水的分布。另外,由于盆地中部纬度低、海拔低,受平原、丘陵地形和东亚季风影响较大,故降水量最多。与该地区常年雨量充沛的事实相符。

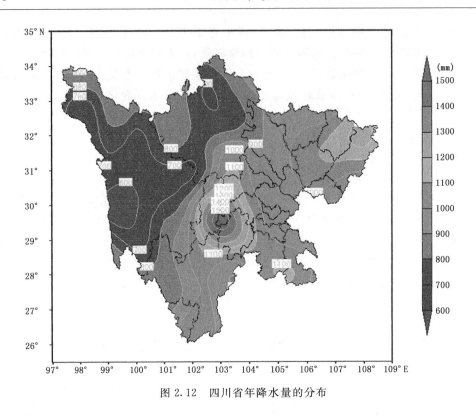

图 2.12　四川省年降水量的分布

2.2.1.2　年降水量的 EOF 分解

通过经验正交函数(EOF)对四川省 36 个站点的标准化年降水量距平进行时间系数和空间特征向量场的分解。表 2.1 列出了 EOF 分解出的前十个特征向量的方差贡献率和累积贡献率。其中,前三个特征向量的方差累积贡献率为 48.23%。特征向量的高、低值中心与时间系数相配合,可反映出该区域雨区和旱区的位置及强度。另外,考虑到 EOF 时空分离的稳定性问题,运用 North 等提出的 north 准则进行检验,年降水距平和四季降水距平的前三个特征向量均已通过检验,表明此经验正交函数有意义。

第一特征向量的空间分布反映出四川省年降水量距平自东向西具有“+—+”型的空间分布特征(见图 2.13),方差贡献率为 19.99%。表明四川中部及东北部盆地地区降水较多(少)时,四川西部及东南部的降水较少(多)。其中负值区中心位于成都、都江堰、广元和绵阳一带。正值区中心位于川西地区,主要集中在九龙、道孚和康定一带。零线走向与盆地位置基本契合,证明地形是影响降水分布的主要原因之一。

表 2.1　年降水各主分量的方差贡献率及累积贡献率

主分量	1	2	3	4	5	6	7	8	9	10
特征量	381.3	302.2	236.6	156.1	108.5	87.8	71.9	68.0	54.4	49.9
方差贡献率(%)	19.99	15.84	12.40	8.18	5.69	4.60	4.04	3.57	2.85	2.61
累积贡献率(%)	19.99	35.83	48.23	56.41	62.10	66.7	70.4	74.0	76.2	79.50

第二特征向量的空间分布反映出四川省降水量距平呈北正、西南负的分布特征(见图

2.13b),方差贡献率为 15.84%。表明四川西南部和北部地区降水呈反位相变化关系。正值区中心位于绵阳、巴中、成都和南充一带,负值区中心位于稻城、木里一带。零线走向为西北—东南向。

　　第三特征向量的空间分布反映出四川省降水量距平呈"一十一"的变化特征(见图2.13c),方差贡献率为 12.40%。盆地中部和四川南部地区为正值区,中心位于成都、乐山、雅安和宜宾一带,呈带状分布。川西高原和盆地东部地区为负值区,中心位于道孚、色达、马尔康和巴中一带。

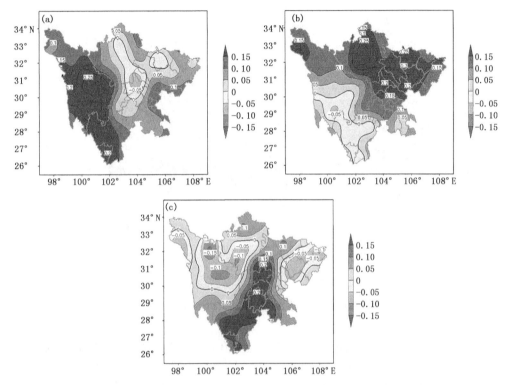

图 2.13　四川省年降水标准化距平各特征向量空间分布场

(a,b,c 分别为第一,第二,第三特征向量)

2.2.1.3　四季降水量的空间分布

　　四川省春季降水量分布具有西部少、中东部多的特征(见图 2.14a)。其中雅安、峨眉山、宜宾和叙永一带春季降水最多,达 260 mm 以上。巴中、广元和南充一带的春季降水量仅次于前者,为次大值区,约 230 mm。最小值中心位于九龙和稻城一带,为 60 mm 左右,不足雅安地区降水量的四分之一。

　　四川省夏季降水量分布具有西北少、中东部多的特征(见图 2.14b)。这和四川省年降水量大小值区分布十分相似。以雅安和峨眉山为中心的盆地中部地区降水仍最多,但大值区范围较春季有所减小,中心值达 850 mm 以上。降水最少的位于若尔盖一带,为 350 mm 左右。两者相差 500 mm。

　　四川省秋季降水量呈西部少、中部和东北部多的特征(见图 2.14c)。盆地中部降水的大值区范围缩小,但降水最大值较春季大,约在 340 mm 以上。秋季降水的最小值区位于稻城、九龙一带,约 120 mm 左右。另外,四川的东南部秋季降水相对偏多。

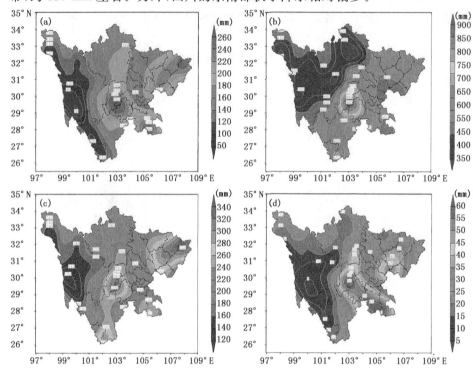

图 2.14　四季降水量的空间分布

四川省冬季降水量分布具有西部少、中东部多的特征(见图 2.14d)。有两个降水量大值区,分别为雅安、峨眉山一带和叙永一带,降水量达 60 mm 左右。稻城一带的降水仍为最少,约 5 mm 左右。

总之,四川省近 53 a 来降水量分布特征具有明显的季节性差异,夏季降水最多。这主要受青藏高原动力和热力作用以及东亚夏季风影响,水汽充沛,降水持续时间长,强度大,易形成暴雨。降水的大值区中心始终位于盆地中部雅安和峨眉山一带,与该地区被称为"天漏"的事实相符。降水空间分布不均匀会导致洪涝、干旱等极端天气现象的出现(刘学华 等,2006)。

2.2.1.4　四季降水量的 EOF 分解

1. 春季(3—5 月)

表 2.2 列出四川省春季降水量 EOF 分解的前十个特征向量场的方差贡献率和累积贡献率。其中四川省春季降水量 EOF 分解前三个特征向量的方差累积贡献率达 50.52%。

表 2.2　春季降水各主分量的方差贡献率及累积贡献率

主分量	1	2	3	4	5	6	7	8	9	10
特征量	447.9	324.8	191.4	143.9	107.6	88.1	73.0	65.6	57.4	53.2
方差贡献率(%)	23.47	17.02	10.03	7.55	5.64	4.62	3.00	3.44	3.01	2.79
累积贡献率(%)	23.47	40.49	50.52	58.07	63.71	68.33	71.33	74.77	77.78	80.57

四川省春季降水量距平第一特征向量的空间分布反映出四川省春季降水距平具有自西向

东呈"＋－"型的空间分布特征(见图 2.15),方差贡献率为 23.47%。表明四川省春季降水的总体趋势具有东—西反向变化特征。负值区中心位于巴中、成都和绵阳一带。若尔盖及周边地区为另一弱负值区,主要与这一带分布有沼泽有关。正值区中心主要分布在川西地区。

　　第二特征向量的空间分布图显示出四川省春季降水量距平呈西北负,东南正的分布特征(见图 2.15b)。方差贡献率为 17.02%。表明当四川省西北地区降水量较多(少)时,四川东南地区的降水较少(多)。其中正值区中心位于广元、遂宁和南充一带,负值区中心位于马尔康、色达一带。

　　第三特征向量的空间分布图显示出四川春季降水量距平自北向南呈"－＋－"型的分布特征(见图 2.15c)。方差贡献率为 10.03%。正值区中心位于峨眉山和雅安一带。负值区中心位于木里、西昌一带。

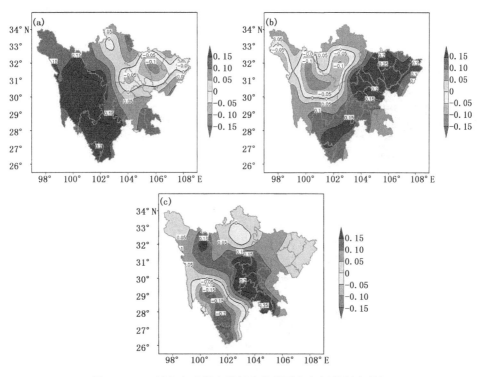

图 2.15　四川省春季降水量标准化距平各空间特征向量场

2. 夏季(6—8 月)

　　表 2.3 列出了四川省夏季降水量 EOF 分解的前十个特征向量场的方差贡献率和累积贡献率。其中四川省夏季降水量 EOF 分解前三个特征向量的方差累积贡献率达 52.24%。由于四川降水量多集中于夏季,与四川省年降水量的总体分布具有高度的一致性,故夏季降水的时空分布最具代表性。

表 2.3　夏季降水各主分量的方差贡献率及累积贡献率

主分量	1	2	3	4	5	6	7	8	9	10
特征量	489.8	263.0	243.8	131.4	92.5	83.5	63.2	60.4	55.9	47.3
方差贡献率(%)	25.67	13.78	12.78	6.89	4.85	4.38	3.31	3.17	2.93	2.48
累积贡献率(%)	25.67	39.46	52.24	59.12	63.97	68.35	71.66	74.83	77.76	80.24

　　四川省夏季降水量第一特征向量的空间分布反映出四川省夏季降水量距平具有自西向东呈"＋—＋"型的空间分布特征(见图2.16a),方差贡献率为25.67%。表明四川盆地中东部夏季降水较少(多)时,盆地以西和四川东部夏季降水较多(少)。零线走向基本与盆地中心契合,说明地形是影响降水分布的原因之一。负值区中心位于绵阳、成都和乐山一带。正值区中心有两个,分别位于九龙、康定和道孚一带以及巴中、南充和遂宁一带。

　　第二特征向量的空间分布反映出四川省夏季降水量距平呈东正西负型的分布特征(见图2.16b)。方差贡献率为13.78%。即四川西部地区降水较多(少)时,东部地区降水较少(多)。正值区中心位于广元、成都乐山和宜宾一带,负值区中心位于康定、道孚一带。

　　第三特征向量的空间分布图显示出四川夏季降水量距平呈南正北负型分布特征(见图2.16c)。方差贡献率为12.78%。即川北多(少)雨时,川南少(多)雨。正值区中心位于西昌、布拖和会理一带,负值区中心位于松潘、马尔康、绵阳和巴中一带。零线横穿四川南北。

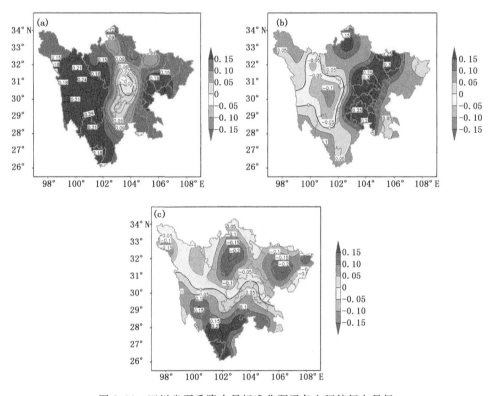

图2.16　四川省夏季降水量标准化距平各空间特征向量场

　　3. 秋季(9—11月)

　　表2.4列出了四川省秋季降水量EOF分解的前十个特征向量场的方差贡献率和累积贡献率。其中四川省秋季降水量EOF分解前三个特征向量的方差累积贡献率达50.29%。

表2.4　秋季降水各主分量的方差贡献率及累积贡献率

主分量	1	2	3	4	5	6	7	8	9	10
特征量	396.8	387.0	175.7	170.8	120.7	86.5	69.3	64.6	54.5	44.6
方差贡献率(%)	20.80	20.28	9.21	8.95	6.33	4.53	3.64	3.38	2.86	2.33
累积贡献率(%)	20.80	41.08	50.29	59.24	65.57	70.10	73.74	71.12	79.98	82.31

　　四川省秋季降水量第一特征向量场的空间分布图反映出四川秋季降水量全省分布具有高度的一致性,均为负值(见图 2.17a)。方差贡献率为 20.8%。负值区中心主要集中在四川东南部成都、雅安、宜宾和叙永一带。

　　第二特征向量场的空间分布图反映出四川秋季降水量距平具有东北—西南反位相变化的分布特征(见图 2.17b)。即东北地区秋季降水偏少(多)时,西南地区秋季降水偏多(少)。方差贡献率为 20.28%。正值区中心位于巴中、广元和若尔盖一带,负值区中心位于康定、九龙和稻城一带。

　　第三特征向量场的空间分布图反映出四川秋季降水量距平呈西北正—东南负的分布特征(见图 2.17c)。方差贡献率为 9.28%。相比于前两个特征向量的方差贡献,第三个特征向量降水空间分布不具有很好的代表性。正值区中心位于巴中、南充和叙永一带,负值区中心位于马尔康、甘孜和色达一带。

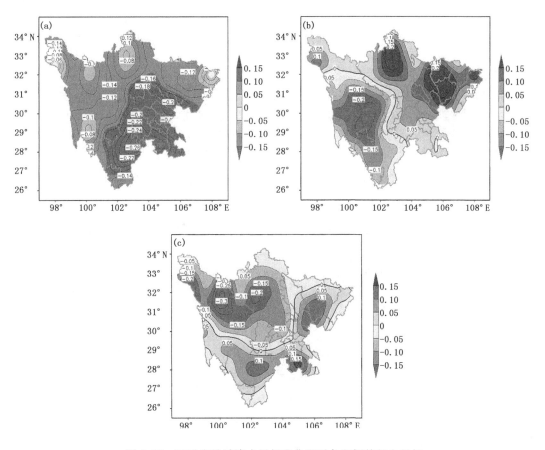

图 2.17　四川省秋季降水量标准化距平各空间特征向量场

　　4. 冬季(12 月至次年 2 月)

　　表 2.5 列出了四川省冬季降水量 EOF 分解的前十个特征向量场的方差贡献率和累积贡献率。从表 2.5 中可看出,四川省冬季降水量 EOF 分解前三个特征向量的方差累积贡献率达 48.07%。

表 2.5　冬季降水各主分量的方差贡献率及累积贡献率

主分量	1	2	3	4	5	6	7	8	9	10
特征量	525.5	197.2	177.1	136.6	109.7	82.0	78.9	62.7	59.8	50.6
方差贡献率(%)	28.07	10.54	9.46	7.30	5.86	4.38	4.21	3.38	3.35	2.71
累积贡献率(%)	28.07	38.61	48.07	55.37	61.23	65.61	69.82	73.2	76.55	79.26

　　四川省冬季降水量第一特征向量场的空间分布图反映出四川冬季降水量距平全省分布具有高度的一致性,均为正值,且自西向东逐渐增大(见图 2.18a)。以成都、宜宾为中心的盆地中部地区降水量最多。第一特征向量方差贡献率为 28.07%,基本可以代表四川省冬季降水的分布特征。

　　第二特征向量的空间分布图反映出四川省冬季降水量距平自西向东呈"一十一"型分布特征(见图 2.18b)。方差贡献率为 10.54%。正值区中心位于成都、雅安和宜宾一带,负值区中心位于巴塘、稻城和盐源一带。表明盆地中部降水较多(少)时,川西和川东地区降水较少(多)。

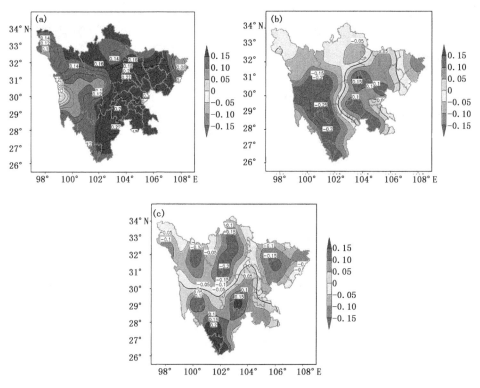

图 2.18　四川省冬季降水量标准化距平各空间特征向量场

　　第三特征向量的空间分布图反映出四川省冬季降水量距平分布为北负南正型(见图 2.18c)。方差贡献率为 9.46%。四川北部降水较多(少)时,南部降水则较少(多)。正值区中心分别位于马尔康和巴中一带,负值区中心位于木里、盐源一带。零线走向横穿四川省。

　　综上分析,四川省降水量空间分布不均匀,具有显著的区域性差异,主要表现为四种形式,分别为:川西、东—盆地中部反位相变化型;南北反向型;东北—西南反向型;东南—西北反向型。

2.2.1.5　年降水量的客观分区

为了更严谨地分析四川省降水量在不同区域的变化特征,根据 EOF 时空分解得出的降水量空间分布特征,结合四川省地形分布特征,将四川省大致分为三个区(见图 2.19)(毛文书等,2010),分别为川西高原区,盆地东部区和盆地中部区。其中川西地区为高原地形,年降水量很少,属于温带气候;盆地中部地区为丘陵地形,属于中亚热带亚湿润型气候;盆地东部区为平原地形,属于中亚热带湿润气候,降水具有四季分明的特征(徐裕华,1991)。因受季风和西太平洋副热带高压影响较大,盆地东部在 9—10 月会出现"华西秋雨",使得该区域降水明显比同时期其他区域的降水多。

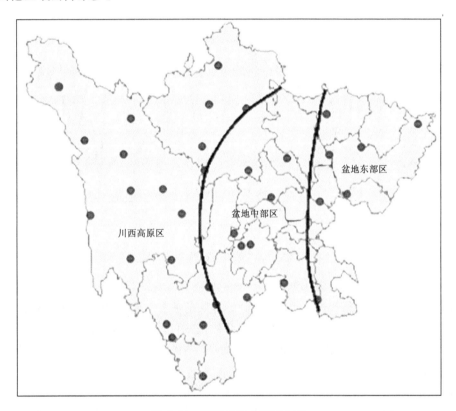

图 2.19　四川省降水区域划分

2.2.2　四川省降水量的时间演变特征

为了尽可能全面研究四川省降水量的变化特征,结合前述分区情况,首先给出四川省年降水量、季降水量和各区域降水量的长期演变特征分析,再分别对比分析年降水量和季降水量 EOF 分离的时间系数变化。

2.2.2.1　年降水量的长期演变特征

1. 年降水量的趋势变化

近 53 a 来四川省降水量随时间序列整体呈下降的变化趋势(见图 2.20)。降水量减少幅度较盆地中部地区小,气候倾向率为 −7.9 mm/(10 a)。5 年滑动平均曲线表明:20

世纪 60 年代四川省降水量普遍偏多,为多雨期。20 世纪 70 年代降水量普遍偏少,为少雨期。20 世纪 80—90 年代中期,降水量又呈增多的变化趋势。20 世纪 90 年代中期至今,降水量相对减少,又进入少雨期。其中,1998 年降水最多,达 1030 mm 左右;2006 年降水最少,为 760 mm 左右。总体而言,四川省近 53 a 来年降水量经历了增加—减少—增加—减少的变化过程。

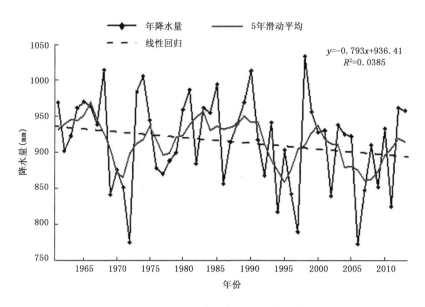

图 2.20　四川省降水量的趋势变化

2. 年降水量的 EOF 时间系数变化

将四川省年降水量的趋势变化和 EOF 分解得到的前三个特征向量的时间系数相对比,通过对比发现 EOF 分解的第一特征向量的时间系数基本可反映出四川省降水量年际及年代际的变化特征。前面 EOF 分解出的空间特征向量的正值区降水量与时间系数变化相一致,而负值区降水量与时间系数变化相反。

四川省年降水量 EOF 分解的第一特征向量的时间系数变化与年降水量趋势变化相似,且总体呈弱下降变化趋势(见图 2.21a)。20 世纪 60 年代期间,只有两年的时间系数为正,其余年份均为负。表明 60 年代四川盆地中部降水量普遍偏多,而川西和川东部分地区降水量偏少。结合年降水的趋势变化(见图 2.20):60 年代四川省降水量整体偏多,说明盆地中部降水对四川全省降水量的贡献最大,而其他地区降水量相对较少,贡献不大。其中 1998 年的时间系数最大,表明 1998 年盆地地区降水量明显减少,而川西地区降水量明显增多。从年降水量的趋势变化可看出,1998 年四川省降水量达近 53 a 来的最大值,表明在此期间川西地区降水对四川全省降水的贡献最大。进入 21 世纪以来,时间系数为负的年份增多,表明除盆地外四川大部分地区降水量呈减少的趋势。时间系数最小的发生在 2011 年,表明除盆地外四川省大部分降水量偏少,易发生干旱。

第二特征向量的时间系数表明,大部分地区降水量整体呈下降的变化趋势(见图 2.21b),特别是 20 世纪 90 年代到 21 世纪初,时间系数为负的年份较多。而在盆地及川北地区降水量则相对偏多。20 世纪 70—80 年代前期,四川省大部分地区降水量呈上升趋势。从 20 世纪 80

年代后期开始至今,时间系数为负的年份明显增多,表明四川盆地以及川北地区降水量增多。

　　从第三特征向量的时间系数可以看出,20 世纪 60—90 年代时间系数多为正,表明四川中部盆地地区降水量较多,而川西和川东地区降水量较少(见图 2.21c)。与 90 年代后趋势不符。

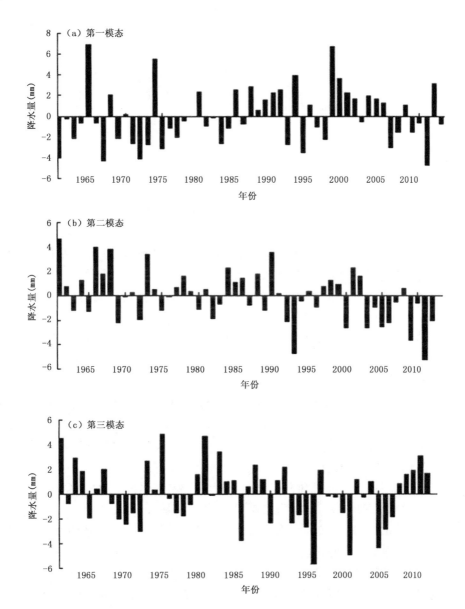

图 2.21　四川省年降水量标准化距平各特征向量的时间系数

2.2.2.2　四季降水量的长期演变特征

1. 四季降水量的趋势变化

　　图 2.22 表明:四川省夏季降水量最多,占全年降水的 55.22%,约为 505.4 mm。秋季降水占全年降水的 23.69%,仅次于夏季降水量的百分比。其原因主要是 9—10 月,西太平洋副

热带高压开始南撤,西太副高南侧的东南气流将来自于太平洋和南海大量的水汽带到四川地区,与北方南下的弱冷空气相遇,形成"华西秋雨"。春季降水量为全年降水量的18.21%。冬季降水量最少,约为26.4 mm,占全年降水的2.89%。秋季降水普遍多于夏季降水,这是四川省降水的特点之一。

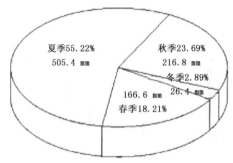

图2.22　四季降水量的百分比

近53 a来四川省春季降水量整体呈弱上升的变化趋势(见图2.23a),并有明显的波动性。气候倾向率为1.7 mm/(10 a)。其中1979年春季降水最少,为121 mm。2004年春季降水最多,达到201 mm。从1995年开始降水逐年增多的趋势十分显著,且降水量高于多年平均值。表明近20 a来四川省春季雨量增多,但增幅相对来说并不明显。

近53 a来四川省夏季降水量整体变化较为平缓,呈微弱下降的状态(见图2.23b)。气候倾向率为−1.1 mm/(10 a)。其中夏季降水在1998年最大,达到541 mm。在2006年最少,为346.5 mm。在1961—1978年,夏季降水量表现为减少的变化趋势。从20世纪80年代开始降水明显增多。而在近十几年夏季降水量低于多年平均值的年份增多,表明近年来四川夏季降水量普遍减少,但变化幅度很小。

近53 a来四川省秋季降水量整体呈下降的变化趋势(见图2.23c)。降水量的变化幅度较春季和夏季明显。气候倾向率为−8.0 mm/(10 a)。秋季降水量在1975年达到最大值,为303.3 mm。在1984年达到最小值,为157.8 mm。近10 a来四川省秋季降水量的年际变化相对较小,且明显低于多年平均值。

近53 a来四川省冬季降水量的年际变化呈波动性减少,降水减少幅度微弱(见图2.23d)。气候倾向率为−0.3 mm/(10 a)。冬季降水在1994年达到最大值,为37.8 mm,在2012年达到最小值,为14.2 mm。1961—1967年冬季降水量持续升高,到1968年达到谷值。可以看出冬季降水量随时间序列呈明显的正负交替变化。

表2.6表明四川省四季降水量的气候倾向率,即四川省秋季降水量的气候倾向率最大,且通过了0.05的置信度检验,表明近53 a来四川省秋季降水量变化十分显著。而其他季节的降水量均未通过0.05置信度检验,表明这三个季节的降水量变化趋势并不显著。

表2.6　四川省各季节降水量气候倾向率　　　　　　　　单位:mm/(10 a)

季　节	春季	夏季	秋季	冬季
气候倾向率	1.7	−1.1	−8.0*	−0.3

注:* 表示已通过0.05的置信度检验。

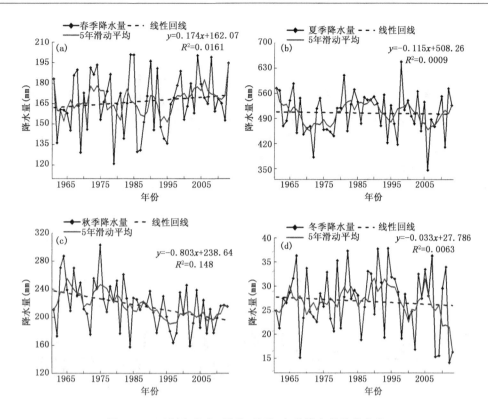

图 2.23 四川省春季、夏季、秋季、冬季降水量趋势变化

2. 四季降水量的 EOF 时间系数变化

(1)春季(3—5 月)

从 EOF 分离得到第一特征向量的时间系数,图 2.24a 表明:时间系数呈上升变化趋势,与前文趋势分析相一致。结合前文第一空间特征向量分析得出:20 世纪 60 年代,川西地区春季降水量普遍偏少,而盆地中东部地区降水量相对较多。70 年代到 80 年代,川西地区降水量偏多,且增长幅度较大。从 90 年代开始到现在,西部地区降水量偏多,中东部的降水量则有所减少。

第二特征向量的时间系数(见图 2.24b)分析表明:1961—1975 年,时间系数为正的年份居多,表明四川省西北地区春季降水量普遍偏少,而东南部的春季降水量相对较多。其中 1995 年时间系数最小,表明四川省西北地区 1995 年春季降水量明显增多。

第三特征向量的时间系数(见图 2.24c)分析表明:20 世纪 60 年代时间系数波动幅度很小,即此期间四川省春季降水量变化趋势不明显,降水量偏多的年份居多。21 世纪以来,四川省盆地降水量偏少。其中,2008 年时间系数达到近 50 a 来的最小值,表明 2008 年盆地地区春季降水量减少,且变化幅度很明显。

(2)夏季(6—8 月)

第一特征向量的时间系数(见图 2.25a)分析表明:四川省夏季降水量近 53 a 来保持平缓的趋势,无明显变化。20 世纪 60—70 年代末,时间系数为负的年份较多,表明四川盆地中部夏季降水量普遍较多,而川西及川东地区夏季降水量相对较少。20 世纪 80 年代到 21 世纪

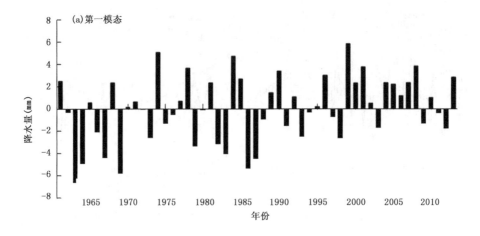

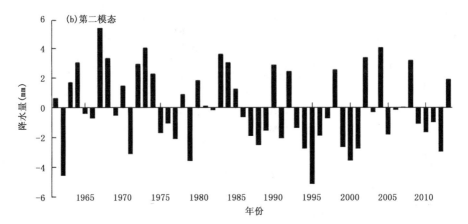

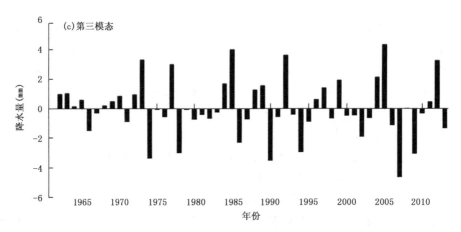

图 2.24　四川省春季降水量标准化距平各特征向量的时间系数

初,时间系数为正的年份居多,表明 20 世纪 80 年代以来四川盆地中部地区夏季降水量偏少,而川东和川西地区则相反。其中 1997 年的时间系数最大,表明除盆地中部地区外四川大部分地区降水量明显偏多。

　　第二特征向量的时间系数(见图 2.25b)分析表明:20 世纪 60—90 年代,时间系数呈波动型正负交替变化。结合前文第二特征向量的空间特征向量场分析出:川西地区夏季降水量偏多的趋势趋于平缓。

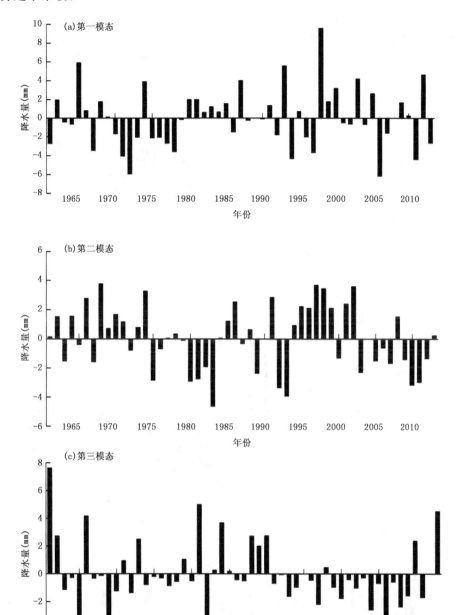

图 2.25　四川夏季降水量标准化距平各特征向量的时间系数

第三特征向量的时间系数(见图 2.25c)分析表明:1960—1975 年川北夏季降水量偏少,而川东夏季降水量偏多。1975—1985 年夏季降水变化与前者相反。20 世纪 80 年代后期到 21 世纪初,川北降水量偏少,川东降水量偏多。近 10 a 来,川北夏季降水量偏多的机会较多。

（3）秋季（9—11月）

　　第一特征向量的时间系数（见图2.26a）分析表明：时间系数呈明显上升趋势，结合前文第一特征向量的空间特征向量场分析得出：四川省秋季降水量呈显著的下降趋势。20世纪60—80年代，时间系数为负值的年份很多。表明四川省秋季降水量整体偏多。20世纪90年代到21世纪初，时间系数为正的年份明显增多，表明四川秋季降水量普遍减少。

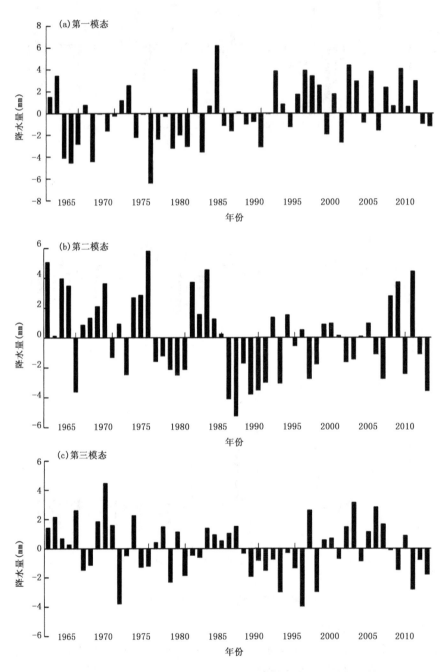

图2.26　四川秋季降水量标准化距平各特征向量的时间系数

　　第二特征向量的时间系数(见图 2.26b)分析表明:1961—1985 年,时间系数呈波动型下降,表明四川秋季降水量的年际变化较大,且降水量偏多的年份偏多。从 1985 年开始到现在,四川秋季降水量仍呈下降的变化趋势。但在近几年有弱增多的趋势,但不影响整体变化特征。

　　第三特征向量的时间系数(见图 2.26c)分析表明:时间系数大致呈先减小后增大再减小的变化趋势。其中,1971 年四川省东南部秋季降水量明显偏多。但在 1996 年降水量则明显偏少。

　　(4)冬季(12 月至次年 2 月)

　　第一特征向量的时间系数(见图 2.27a)分析表明:时间系数总体呈平缓上升的变化趋势。1961—1981 年间时间系数为负的年份较多,表明在此期间四川冬季降水量普遍减少,盆地中、东部地区表现更为明显。从 20 世纪 80 年代开始到 90 年代后期,时间系数为正的年份明显增多,表明冬季降水量由此前的减少趋势变为增多的趋势。1998—2003 年时间系数基本均为负值,可看出冬季降水量呈普遍减少的状态。其中,1966 年时间系数最小,则该年四川冬季降水量明显减少,且盆地中、东部减少趋势更显著。

　　第二特征向量的时间系数(见图 2.27b)分析表明:20 世纪 60 年代到 70 年代前期,盆地中部降水量普遍偏多,而川西和川东降水量相对较少。20 世纪 70 年代中后期开始到 80 年代前期结束,盆地中部地区降水量呈减少趋势。80 年代中后期盆地中部降水量普遍增多。20 世纪 90 年代到 21 世纪初,时间系数基本均为负值,表明在此期间盆地中部降水量普遍偏少,且持续时间较长。

　　第三特征向量的时间系数(见图 2.27c)分析表明:20 世纪 60 年代到 80 年代中后期,四川北部降水量普遍偏多,而南部降水量偏少。从 20 世纪 90 年代开始到 21 世纪初,北部降水量减少,南部降水量增多,且变化趋势较明显。其中 1989 年时间系数最小,表明川北地区降水量明显偏少。

2.2.2.3　各区域降水量的长期演变特征

　　经过前节 EOF 降水分区后,本小节分别对四川省三个地区做年降水量的基本统计。

　　近 53 a 来四川省盆地东部地区降水量的年际变化平缓,整体呈弱的下降趋势(见图 2.28a)。降水量减少幅度约为 8.2 mm/(10 a)。其中,1983 年降水最多,达 1413.34 mm,1997 年降水最少,为 756.47 mm。两者相差 656.78 mm。20 世纪 60 年代盆地东部降水量相对偏多,但变化趋势不明显,为弱多雨期。70 年代盆地东部年降水量整体变化呈先正后负的波动型。80 年代盆地东部的年降水量明显高于多年平均值,为多雨期。而在 90 年代降水量则明显较多年平均降水量有所减少,为少雨期。到 21 世纪初,盆地东部年降水量仍保持少雨状态。但从 2010 年开始,盆地东部年降水量变化具有小幅度的上升趋势。

　　近 53 a 来四川盆地中部地区年降水量的年际变化呈显著下降的趋势(见图 2.28b)。降水量减少幅度为 30.7 mm/(10 a)。其中,1990 年降水最多,达 1440.15 mm,2011 年降水最少,为 952.44 mm。两者相差 487.71 mm。从 5a 滑动平均曲线看出:20 世纪 60 年代降水量普遍偏多,而 70 年代初到中期逐渐进入少雨期。1975—1980 年盆地中部降水量变化幅度较小,且呈逐年递减趋势。而 80 年代盆地中部降水量略有增加,但总体变化仍呈下降趋势。20 世纪 90 年代至 2013 年,盆地中部降水量呈逐年减少的变化趋势,且减少幅度显著。

　　近 53 a 来川西高原地区年降水量整体变化呈弱的上升趋势(见图 2.28c),降水量增加幅度为 4.1 mm/(10 a)。其中 1998 年降水最多,达 908.29 mm,1972 年降水最少,为 618.87 mm。两者相差 289.42 mm。该地区年降水量总体比盆地地区降水少。20 世纪 60 年代川西

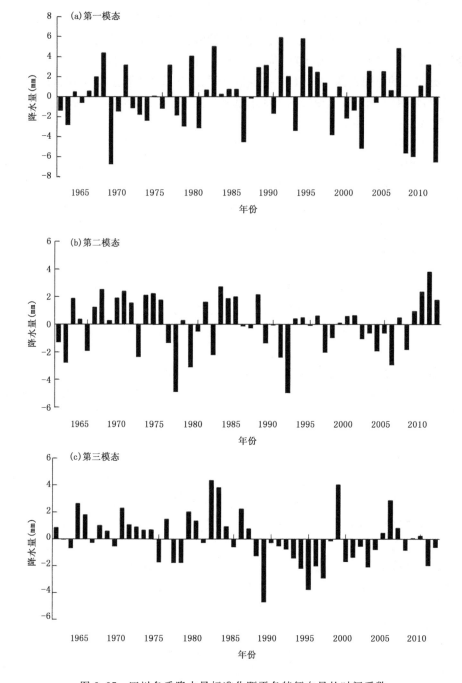

图 2.27　四川冬季降水量标准化距平各特征向量的时间系数

地区降水量偏多,均高于多年平均降水量,为弱多雨期。1985—2005 年降水量具有双峰型的变化特征,为多雨期。从 2006 年开始,川西地区年降水量逐渐减少,进入少雨期。

综上分析得出:四川省降水量变化具有显著的区域性差异。川西高原地区的年降水量呈弱上升趋势,而盆地中部和东部地区的年降水量呈下降趋势。这与很多学者(熊光洁 等,2012;王大钧,2003)的相关研究结果一致。同时由于地形等因素,四川盆地中部和东部地区的

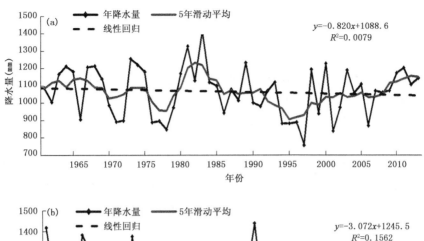

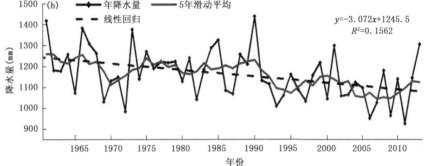

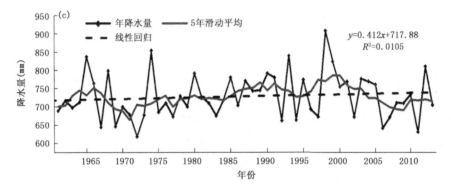

图 2.28　盆地各区年降水量变化

(a)盆地东部区,(b)盆地中部区,(c)川西高原区

降水量明显高于西部高原地区的降水量,且对四川省降水量变化的贡献最大。

表 2.7 反映了盆地东部,盆地中部和川西地区年降水量的气候倾向率,从中可看出,盆地中部地区降水量的气候倾向率最大,且通过了 0.05 的置信度检验,表明盆地中部地区年降水量近 53 a 变化十分显著。川西、盆地东部地区年降水量均未通过 0.05 的置信度检验,表明这些地区年降水量变化不明显。

表 2.7　四川各区域年降水量气候倾向率　　　　　　　单位:mm/(10 a)

地区	盆地东部区	盆地中部区	川西高原区
气候倾向率	−8.2	−30.7*	4.1

注:*表示已通过 0.05 的置信度检验。

2.3　四川省暴雨灾害

暴雨是我国常见的天气之一,其有利有弊,利者为地区提供了水资源,缓解当地的旱情,满足人民生活的需要;弊者为大范围的持续性暴雨或局地的特大暴雨,经常造成山体滑坡、山洪暴发、城市内涝等气象地质灾害,给当地工农业生产、交通运输、人民生命财产安全等带来巨大影响。长江流域 1983,1988,1991,1998,1999 年等都发生过严重的暴雨洪涝灾害。1998 年我国长江流域普降大到暴雨,引发了全流域的特大洪水,给流域所在省(市)带来严重的损失;2010 年我国南方 12 个省(市、区)又因暴雨遭受到洪涝灾害。据统计,在进入 21 世纪的前 5 a 里,我国仅因暴雨造成的洪涝成灾面积就达到 1.92 亿亩[①],受灾人口 1.61 亿,死亡 1510 人,直接经济损失 1006 亿元等(许莉莉,2011)。

四川省处于亚热带,由于地形和不同季风环流的交替影响,气候复杂多样(陈淑全 等,1997)。多年来许多的气象研究者对极端降水、暴雨等的研究结果表明,四川是多暴雨区域。历年来,暴雨对四川造成严重的影响,特别是日降水量达 100 mm 以上的强降水,往往引起洪涝灾害。如 2013 年 7 月四川发生的特大暴雨洪灾,造成了严重的经济损失和人员伤亡。因此,分析四川省暴雨发生的时空分布规律及其突变和气候趋势等,总结暴雨发生的频次在年内的季、月分配及空间分布,对洪涝灾害预报、制定防灾减灾应急预案、水利建设、城市规划和社会发展起到一定的指导作用。

随着全球气候变暖,极端气候事件(如高温、暴雨、低温冰雪天气等)发生越来越频繁,尤其是暴雨过程明显增多且造成了严重的灾害。针对暴雨的预报、分析和研究工作就成为国内外气候研究者关注的重点。

四川位于西南腹地,地处长江上游,东邻重庆,南接云南、贵州,西衔西藏,北连青海、甘肃、陕西;东部丘陵较多,西部山地较多。四川省境内以山地为主,丘陵次之,平原和高原较少。河网密布,水系发达。四川盆地阴雨天气较多,地势比较低平,大江大河流经此地,加上夏季青藏高原的冰雪融水和季风的降水导致河流猛涨,所以暴雨水灾比较严重。

通过对四川省内 32 个气象站 1961—2014 年共 54 a 的逐日降水资料进行统计,分析四川省暴雨时空变化特征的气候背景。

2.3.1　四川省暴雨量和暴雨频次的空间分布特征

2.3.1.1　年暴雨量和暴雨频次的空间分布特征

1. 年均暴雨量的空间分布特征

年均暴雨量综合反映了某地暴雨日雨量总和的大小及暴雨的多寡情况,因四川省特殊的地形及季风区气候的特点,暴雨的空间分布具有明显的地域性(倪允琪 等,2006)。从近 54 a 四川省年均暴雨量的地域分布图(见图 2.29a)可以看出,四川省暴雨量的空间分布大体从东北向西南递减,其中以雅安为中心的四川中部为一显著的高值区,次高值区是以万源为中心的川东北,以会理为中心的川南为一相对的高值区,川西北很少发生暴雨。全省年均暴雨量在 60.60～565.30

---

① 1亩≈666.7 m²,下同。

mm,年均最小值为川南的昭觉站,最大值为川中的雅安站,最大值为最小值的 9.32 倍;川西南、川东北虽与四川盆地中部地处同一纬度,但区域内各站年均暴雨量明显比四川盆地中部偏少。即四川省暴雨总的地域分布特征是川中为全省暴雨高值高频中心区,川东北、川西南次之。

　　2. 年均暴雨频次的空间分布特征

　　近 54 a 来四川省共出现暴雨 3167 站次,从全省年均暴雨频次的空间分布(见图 2.29b)分析可以看出:四川省暴雨频次的空间分布具有和年均暴雨量相一致的分布,即川中为暴雨高频区,川东北为次高频区,川西南为暴雨的低频区。全省各站暴雨的年均频次 1.00～6.50 站次,其中川中的雅安平均一年就会出现 6.50 站次,巴中、乐山、万源、峨眉山等站区平均可出现 4 站次以上,年均发生暴雨次数较少的站区有越西、雷波、昭觉等,年均不到 2 站次,尤其是昭觉年均出现暴雨的频数仅 1.00 站次。

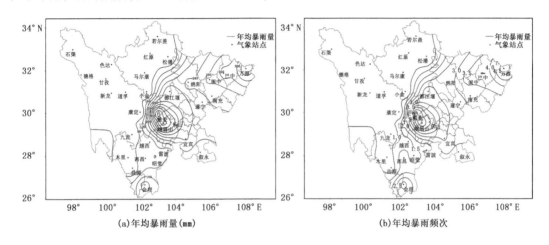

图 2.29　四川年均暴雨的空间分布

2.3.1.2　四季暴雨量和暴雨频次的空间分布特征

　　分析四川省暴雨频次的季节变化可知,夏季是暴雨出现的集中期,占全年的 76.80%,秋季次之,为 16.40%,春季为 6.70%。选择春、夏和秋季为代表分析四川省暴雨的季际空间分布特征。

　　1. 春季暴雨量和暴雨频次的空间分布特征

　　四川省各地春季年均暴雨量平均为 8.65 mm,占全年暴雨量的 5.95%。从春季年均暴雨量分布图(图略)得出,四川省 1961—2014 年年均暴雨量从川东北向川西北递减,从川中向川西南递减。暴雨中心位于阆中,近 54 a 来年均暴雨量为 41.80 mm,其次为峨眉山的 29.00 mm,川西北为暴雨的低值区,很多地方 54 a 的春季中只出现过个别暴雨现象,其次就是小金、雷波等地,春季年均暴雨量仅为 1.00 mm。可见随着北方冷空气与副高的势力交替,雨带的移动给四川省各地区暴雨带来极大的差异。年均暴雨频次的分布(图略)与暴雨量表现出明显的一致性,即从川东北向川西北递减,川中向川西南递减。春季暴雨的高频中心区为万源,高达 0.60 站次,其次为南充、巴中、峨眉山,都为 0.40 站次,川西北较少发生暴雨,其次就是会理和都江堰,为 0.10 站次。

　　2. 夏季暴雨量和暴雨频次的空间分布特征

　　四川省各地夏季的年均暴雨量平均为 114.06 mm,占全年暴雨量的 78.59%。夏季年均暴雨量分布图(见图 2.30 a)表明,夏季四川省暴雨量变化总趋势从四川中部向四面递减。川中地区的雅安、峨眉山为夏季暴雨显著的集中区,近54 a 年均暴雨量为 436.20～496.00 mm,其次为乐山气象站的 339.50 mm,川西北较少发生暴雨,在越西有一个低值中心,仅 64.9 mm。四川省夏季年均暴雨量的高值为低值的 7.64 倍,除川西北,其他地区暴雨差异不大,全省处于暴雨期。四川省近 54 a 来夏季年均暴雨频次的空间分布(见图 2.30b)与年均暴雨量的空间分布有较好的一致性,即暴雨频次有从中部向四面递减的特征。川中地区的雅安、峨眉山、乐山为四川省夏季暴雨的第一高频区,平均频次达 3.9～5.7 站次;第二高频区为万源,年均暴雨频次达 3.40 站次;暴雨的低频区为以红原为中心的川西北地区,年均暴雨频次仅 0.10 站次。

　　3. 秋季暴雨量和暴雨频次的空间分布特征

　　四川省各地秋季年均暴雨量的均值为 22.42 mm,占全年暴雨量的 15.44%。秋季年均暴雨量分布图(图略)表明:暴雨主要集中在以万源、巴中、阆中为中心的川东北,中心值高达 108.90 mm,次集中区在雅安、乐山、峨眉山等川中地区,中心值为 53.40 mm,即四川暴雨中心从川中转移到了川东北。越西依然为一个低值中心,仅 5.5 mm,暴雨的东西差异又一次加大。四川省秋季年均暴雨频次分布(图略)同年暴雨量有较好的一致性,即秋季的暴雨高频区为川东北,其中心值为万源的 1.40 站次,低频中心为木里、九龙等川西地区,均为 0.10 站次,其余的各站均在 0.20～0.50。可见秋季四川省的暴雨东西差异较大。

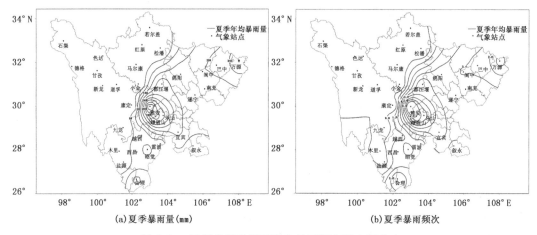

(a) 夏季暴雨量(mm)　　　　　　　　　　　　(b) 夏季暴雨频次

图 2.30　四川省夏季暴雨量和暴雨频次的空间分布

2.3.1.3　各月暴雨量和月暴雨频次的空间分布特征

　　四川省暴雨的集中期为 6—9 月,占全年的 85.32%,特别是 7—8 月更是暴雨的高频时期,分别出现 1075 站次(1961—2014 年 32 个气象站的暴雨频次之和)和 950 站次,各占全年的 33.23% 和 29.36%。以 6—9 月为代表分析四川省暴雨的各月空间分布特征。

　　6 月为四川省暴雨开始明显增多的第一个月,32 个站的年均暴雨频次和为 8.40 站次。分析四川省 6 月暴雨频次分布图(见图 2.31a)可以看出:近 54 a 四川省除了川西北较少发生暴雨以外,其他的气象站点的年均频次大多在 0.40 站次左右,其中会理站高达 0.80 站次,巴中和万源为 0.70 站次,整体呈现出川东大于川西的特征。6 月暴雨量的分布(见图 2.31b)大致和暴雨频次的分布保持一致,整体上也呈现川东大于川西的特征,最大年均暴雨量出现在万源,为 56.30 mm,其次是巴中和会理,分别为 53.60 mm 和 53.30 mm,川西北较少发生暴雨,其余地方的气象站的年均暴雨量大多在 35.00 mm 左右。

　　7月为四川省暴雨最集中的月份,分析四川省7月暴雨频次分布图(见图2.31c)可以看出:其中川中的雅安和川东北的万源为两个暴雨中心,54 a的年均暴雨频次分别高2.2站次和1.6站次,其中川中的暴雨频次较川东北更加密集,川中的峨眉山和乐山分别为1.9站次和1.6站次,都江堰为1.5站次。可见暴雨中心已由6月的川东北转移到川中地区,54 a川西北出现个别暴雨天气,在川南有一个以会理为中心的相对高频区,中心值为1.2站次。暴雨量的分布(见图2.31d)大致和暴雨频次的分布保持一致,最大暴雨量出现在川中的雅安,为185.50 mm,其次是峨眉山的168.90 mm,川东南的暴雨量比川中较小。

　　分析四川省8月暴雨频次的分布图(见图2.31e)可以看出:与7月相比,全省除了川中地区,其余地区的暴雨频次均有下降,川中地区的暴雨频次不降反升,其中雅安的暴雨频次上升到2.8站次,为全省暴雨第一高频区,其次峨眉山和乐山的暴雨频次上升也较明显,川东北和川南暴雨区的暴雨频次均发生明显下降。8月暴雨量的分布(见图2.31f)和暴雨频次的分布保持一致,川中地区的暴雨量较7月也有明显上升,其中雅安的暴雨量上升到263.80 mm,较7月上升近80 mm,峨眉山和乐山均有明显的上升,除了川中地区,其他地区的暴雨量较7月都有比较大的下降。

　　分析四川省9月暴雨频次分布图(见图2.13g)可以看出:与8月相比,川中地区的暴雨频次明显下降,川南地区也有略微的下降,川东北地区没有明显的变化,最大暴雨频次出现在川东北的万源,其次是川东北的阆中和巴中,可见暴雨中心又由川中转移到了川东北地区。暴雨量的分布(见图2.31h)与暴雨频次的分布保持一致,川东北地区的暴雨量明显大于川中地区。

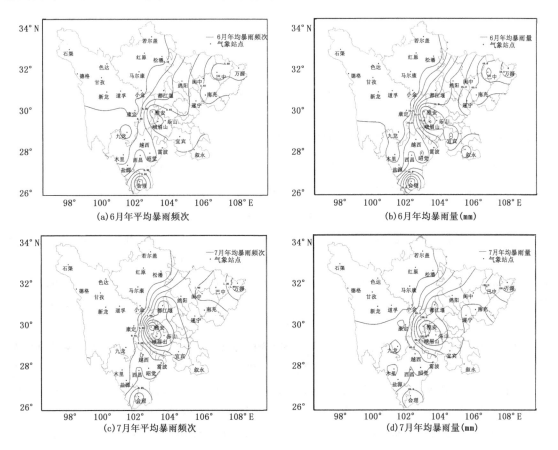

(a)6月年平均暴雨频次　　　　　　　　　　(b)6月年均暴雨量(mm)

(c)7月年平均暴雨频次　　　　　　　　　　(d)7月年均暴雨量(mm)

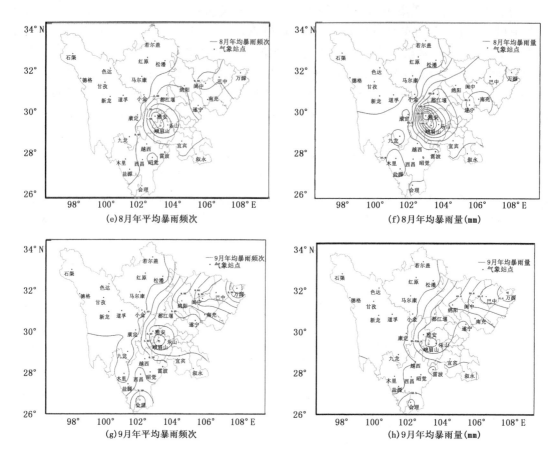

图 2.31　四川省 6—9 月暴雨量和暴雨频次的空间分布

2.3.2　四川省暴雨量和暴雨频次的时间分布特征

根据气候季节的划分标准:春季为 3—5 月,夏季为 6—8 月,秋季为 9—11 月,冬季为 12 至次年 2 月(由于冬季暴雨次数太少,故不作研究)。

2.3.2.1　四川省暴雨量和暴雨频次的年际分布特征

图 2.32a 是四川省年暴雨量的时间分布图。整个线性趋势分析表明,四川省年降水量是增加的。从 20 世纪 60 年代开始,降水就呈减少的趋势,到 70 年代前期,降水又减少,到 1976 年,暴雨量达到最小,之后又呈增加趋势。从 20 世纪 80 年代开始,降水开始逐渐增加。20 世纪 90 年代暴雨量呈减少趋势,但是在 1998 年时暴雨量达到最大。2000 年以后,暴雨量在 2000—2006 年逐渐减小,2006 年后又开始增加。

图 2.32b 是四川年暴雨频次的时间分布图,分析该图表明:54 a 全省 32 个气象站观测到暴雨总日数为 3194 d,54 a 来有 5 个少暴雨年(1972,1976,2006,1997,1999 年),其中暴雨日数最少的是 1972 年和 1976 年,暴雨日数都为 39 d,平均每个站 1.22 d,其次为 2006 年的 42 d 和 1997 年的 45 d。54 a 来四川省有 6 个多暴雨年(1998,1981,2012,1983,1984,1990 年),其中 1998,1983 年暴雨日数最多,平均每站 2.59 d,其次为 1981,2012 年,均为 75 d。分析图的

线性趋势表明,四川省年暴雨日数呈上升趋势。

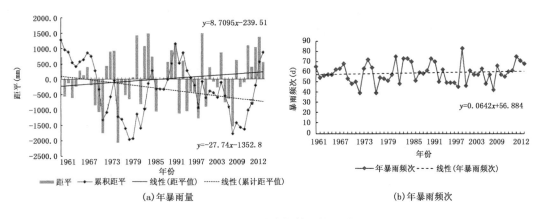

图 2.32　四川省年暴雨的距平

2.3.2.2　四川省暴雨量和暴雨频次季际分布特征

1. 春季暴雨量和暴雨频次的时间分布

分析春季暴雨量距平图(见图 2.33a)表明:春季全省最大暴雨量出现在 1998 年,其次是 1996,1999 年,统计分析 1961—2014 年春季全省暴雨量作年际变化,春季暴雨量呈略微上升趋势。春季暴雨频次距平图(见图 2.33b)表明:春季全省 32 个站 54 a 暴雨日数累计为 214 d,占 54 a 暴雨总日数的 6.7%,平均每站每年 0.12 d。其中 3 月未发生,4 月上、中旬进入雨季,暴雨天气也随之发生并开始逐渐增多,暴雨总日数为 51 d,4 月下旬到 5 月暴雨天气持续增多。进入 5 月,四川省暴雨天气明显增多,暴雨总日数达 163 d。统计分析春季暴雨日数年际变化表明,54 a 来春季暴雨日数呈略微上升趋势。

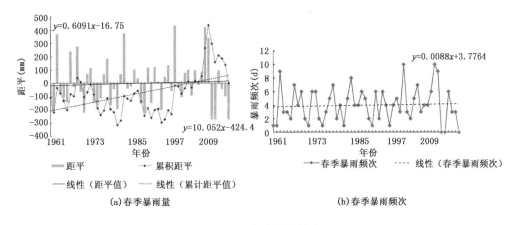

图 2.33　春季暴雨距平

2. 夏季暴雨量和暴雨频次时间分布

夏季暴雨量的距平图(见图 2.34a)表明:夏季全省最大暴雨量出现在 1981 年,其次是 1984,2013 年,统计分析 1961—2014 年夏季全省暴雨量年际变化表明,夏季暴雨量呈上升的趋势。分析夏季暴雨频次距平图(见图 2.34b)表明,夏季全省 32 个站 54 a 暴雨日数累计为 2454 d,占 54 年暴雨总日数的 76.8%,平均每站每年 1.42 d,是全年暴雨日的集中期。其中 7

月暴雨日数为 1075 d,占夏季暴雨日数的 43.8%,平均每站每年 0.62 d,是夏季和全年暴雨日
最集中月份,6 月暴雨日数为 458 d,8 月的暴雨日数为 921 d,是除了 7 月以外暴雨日数最多的
月份。统计分析夏季暴雨日数年际变化,54 a 夏季暴雨日数呈上升趋势。

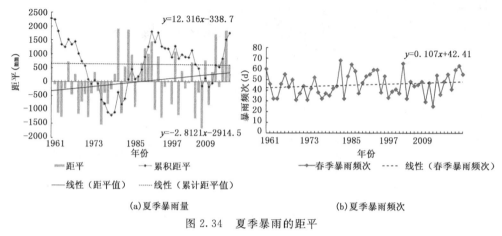

(a)夏季暴雨量　　　　　　　　　　　(b)夏季暴雨频次

图 2.34　夏季暴雨的距平

3. 秋季暴雨量和暴雨频次时间分布

分析秋季暴雨量的距平图(见图 2.35a)表明,秋季全省最大暴雨量出现在 1975 年,其次
是 1973,1964 年,统计分析 1961—2014 年秋季全省暴雨量年际变化表明,秋季暴雨量呈下降
趋势。秋季全省 32 个站 54 a 暴雨日数累计为 526 d,占 54 a 暴雨总日数的 16.4%,平均每站
每年 0.3 d,秋季暴雨日数多于春季少于夏季,9 月暴雨日数为 462 d,比 6 月还多,10 月暴雨日
数为 61 d,略多于 4 月。统计分析秋季暴雨日数年际变化(见图 2.35b)表明,秋季暴雨日数呈
下降趋势。

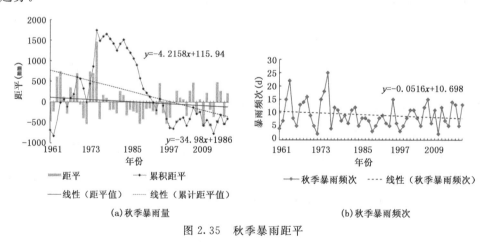

(a)秋季暴雨量　　　　　　　　　　　(b)秋季暴雨频次

图 2.35　秋季暴雨距平

2.3.2.3　四川省暴雨量和暴雨频次的月际分布特征

图 2.36b 表明:四川省 3—11 月暴雨总日数分布趋势类似正态分布,6,7,8,9 月是四川省
暴雨的集中期,其余几个月暴雨日数偏少,3 月没有暴雨日,在 1994 年内 11 月有 3 个暴雨日。
在 1961—2014 年的 54a 中,7 月最多暴雨日数出现在 2013 年。分析图 2.36a 表明:四川省暴
雨量的月变化和暴雨日数的月变化保持一致,其中暴雨量最多是 7 月,32 个站点累计的年均

暴雨量为 1598.6 mm,在 1961—2014 年中,7 月最大的暴雨量出现在 2013 年,其次是 1984,
2010 年。

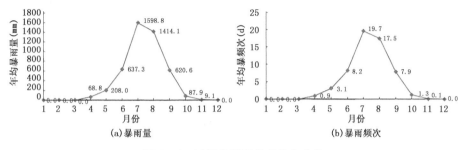

图 2.36 四川省暴雨的月分布曲线

2.4 四川省干旱灾害

近几十年来,在全球变暖的大环境下,随着经济的快速发展和人口的膨胀,水资源短缺现象越来越严重,导致了全球干旱地区的不断扩大与干旱化程度的加重,且造成的经济损失不可估量。

我国各地干旱灾害的形成原因大致可以归结为三个方面:一是降水方面的因素,一般来说,降水量低于平均值就容易出现干旱,不同地区的降水季节变化时形成全国季节性干旱地区分布的基础。长江以南地区,由于夏季风来得早,去得晚,雨季来得早且持续时间长,如 7 月、8 月降水量较少,那么就很容易产生伏旱。华北和东北地区的雨季一般在 6—9 月,春旱和春夏连旱现象特别严重。西南地区则主要依靠西南季风带来的降水,11 月至次年 4 月为旱季。常常干旱以持续时间长、波及范围广等特点而发展成为一种极其严重的自然灾害。干旱可分为相互联系的土壤干旱和气候干旱两个方面。土壤干旱和气候干旱的主要表现都是降水不足。因此,降水不足是干旱问题的症结所在,是干旱发生的根本原因。降水量是直接影响土地是否干旱的关键因素,发生干旱的概率和降水量是成正比的,但是干旱并不完全由降水量决定,还与蒸发等因素有关;二是水资源方面的因素,我国南方地区水多,耕地少,北方地区水少,耕地多,这种地区之间水资源的不平衡状况,也是造成我国干旱灾害的重要因素之一;三是社会经济方面的因素,主要指近几十年来我国工业生产和农业生产用水的增加。

目前,国内外关于干旱指数还没有统一的标准,如用降水、降水量、蒸发量及结合作物生长期需水量的综合指标等。降水量的多少直接反映气候旱涝状况,采用降水距平百分率和 Z 指数进行分析。

利用 1961—2010 年 50 a 降水资料,选取 35 个气象站点,包括石渠、若尔盖、德格、甘孜、色达、道孚、马尔康、红原、小金、松潘、都江堰、绵阳、新龙、雅安、成都、稻城、康定、峨眉山、乐山、木里、九龙、越西、昭觉、雷波、宜宾、盐源、西昌、会理、广元、万源、阆中、巴中、遂宁、南充、叙永等站点,采用降水距平百分率和 Z 指数进行处理分析。

2.4.1 降水量距平百分率的变化特征

2.4.1.1 降水距平百分率

降水距平百分率,其计算公式为:

$$p_a = \frac{p - p_1}{p_1} \times 100\%$$

其中,p 为某时段降水量;p_1 为多年平均同期降水量,可以通过降水资料序列计算求得,计算公式如下:

$$p_1 = \frac{1}{n} \sum_{i=1}^{n} p_i$$

其中,p_i 为时段 i 的降水量,n 为年数。

由于我国各地区各季节的降水量变化差异较大,所以利用降水量距平百分率划分的干旱等级对不同的地区和时间的不同有着比较大的差别,以降水量距平百分率为指标的旱涝等级评判标准如表 2.8 所示。

表 2.8　旱涝等级评判标准

无旱	月尺度	季尺度	年尺度
	$-40 < D$	$-25 < D$	$-15 < D$
轻度干旱	$-60 < D \leqslant -40$	$-50 < D \leqslant -25$	$-30 < D \leqslant -15$
中度干旱	$-80 < D \leqslant -60$	$70 < D \leqslant -50$	$-40 < D \leqslant -30$
严重干旱	$-95 < D \leqslant -80$	$-80 < D \leqslant -70$	$-45 < D \leqslant -40$
特大干旱	$D \leqslant -95$	$D \leqslant -80$	$D \leqslant -45$

2.4.1.2　降水量距平变化特征

由图 2.37 可知,四川省绝大部分时间的年总降水量高于多年平均值 933.09 mm,有 28 a 为正距平,其中,1969 年是 50 a 来年总降水量最多的一年;有 22 a 为负距平,其中,1972 年是 50 a 来年总降水量最少的一年。

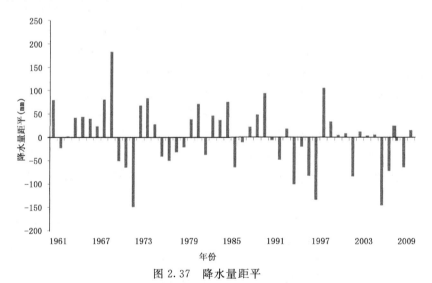

图 2.37　降水量距平

2.4.1.3　降水距百分率的变化特征

根据表 2.8 中的旱涝等级评判标准中的年尺度和年降水量距平百分率,分析图 2.38 可知,在 1961—2010 年 50 a 中,四川省只经历了两次干旱,而且还是轻度干旱,其中第一次发生在 1972 年,另外一次发生在 2006 年。两次干旱发生间隔了 34 a,因此,在 1961—2010 年 50 a

里四川省干旱少发。

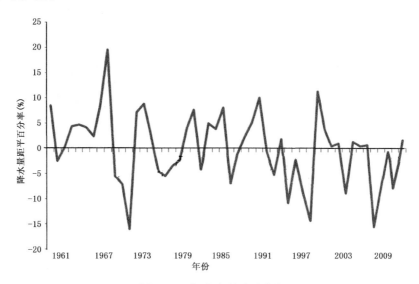

图 2.38　年降水距平百分率

从春季降水量距平百分率图 2.39 分析可知,在 50 a 的春季中,四川省只经历了一次轻度干旱,发生于 1979 年的春季。

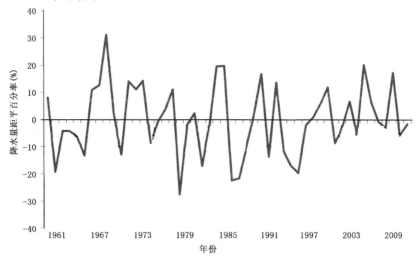

图 2.39　春季降水量距平百分率

从夏季降水量距平百分率图 2.40 分析可知,在 50 a 中,四川省只经历了两次干旱,而且还是轻度干旱,其中第一次发生在 1972 年,另外一次发生在 2006 年,时隔 34 a。

从秋季降水量距平百分率图 2.41 分析可知,在 50 a 中,四川省只经历了两次干旱,而且还是轻度干旱,其中第一次发生在 1984 年,另外一次发生在 2002 年,时隔 18 a。

从冬季降水量距平百分率图 2.42 分析可知,在 50 a 中,四川省只经历了五次干旱,而且还是轻度干旱,其中第一次发生在 1969 年,第二次发生在 1978 年,第三次发生在 1999 年,第四次发生在 2009 年,第五次发生在 2010 年,第一次与最后一次间隔 41 a。

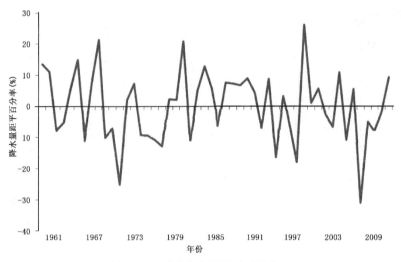

图 2.40　夏季降水量距平百分率

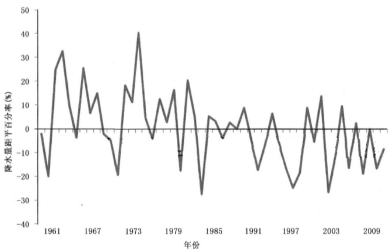

图 2.41　秋季降水量距平百分率

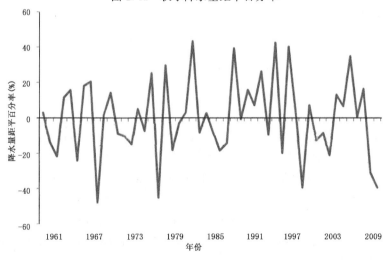

图 2.42　冬季降水量距平百分率

2.4.2　Z 指数的变化特征

2.4.2.1　Z 指数

Z 指数法,其计算公式为:

$$Z = \frac{6}{C_s}\left(\frac{C_s}{2}\varphi_i + 1\right)^{\frac{1}{3}} - \frac{6}{C_s} + \frac{C_s}{6}$$

$$C_s = \frac{\sum_{i=1}^{n}(x_i - \bar{x})^3}{n\sigma^3}$$

$$\varphi_i = \frac{x_i - \bar{x}}{\sigma}$$

$$\bar{x} = \frac{1}{n}\sum_{i=1}^{n}x_i$$

$$\sigma = \sqrt{\frac{1}{n}\sum_{i=1}^{n}(x_i - \bar{x})^2}$$

其中,C_s 为偏态系数,$\bar{x}$ 为平均值,σ 为标准差,φ_i 为标准化距平。

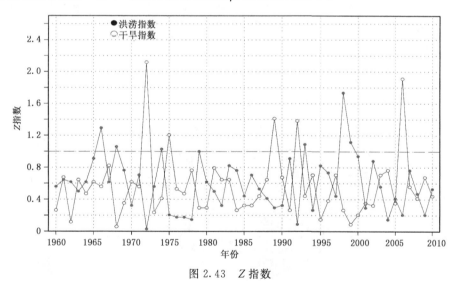

图 2.43　Z 指数

由图 2.43 可知:在 1961—2010 这 50 a 里,发生干旱的年份占 16%,这些年份分别是:1964 年、1966 年、1969 年、1978 年、1994 年、1997 年、2006 年和 2007 年,发生洪涝的年份占 20%,分别是:1965 年、1968 年、1974 年、1981 年、1983 年、1987 年、1993 年、1998 年、2000 年和 2003 年。下面通过对这些发生干旱的年份和发生洪涝的年份的降水量进行处理,分别对年和四季进行分析研究。

2.4.2.2　旱年降水量空间分布

由图 2.44 可知:旱年广元地区的降水量为最多,达 462.5 mm;石渠、德格、甘孜、新龙、道孚、色达、稻城、若尔盖和红原等地降水量较少,都在 150 mm 以下,其中,石渠的降水量最少,为 115.6 mm。

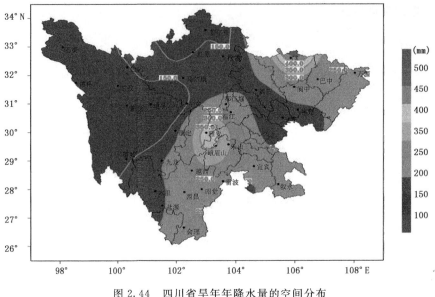

图 2.44　四川省旱年年降水量的空间分布

由图 2.45 可知:春季广元地区的降水量为最多,为 128.3 mm;石渠和稻城两地降水量较少,都在 20 mm 以下,其中,稻城的降水量最少,为 15.6 mm。总之,四川省东部地区的降水量要比四川省西部地区的降水量多。

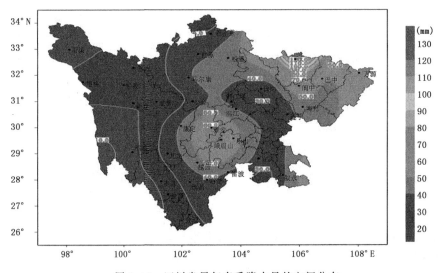

图 2.45　四川省旱年春季降水量的空间分布

由图 2.46 可知:夏季广元地区的降水量为最多,达 279.2 mm;小金的降水量最少,为 59.5 mm。总的来说,四川省西北部地区降水量普遍较少。

由图 2.47 可知:秋季巴中、雅安和峨眉三地降水量较多,都在 80 mm 以上,其中,巴中地区的降水量最多,达 88.9 mm;稻城和石渠两地的降水量较少,均在 30 mm 以下,其中,石渠的降水量最少,为 25.6 mm。总之,四川省西北部地区的降水量要少于四川省的其他地区。

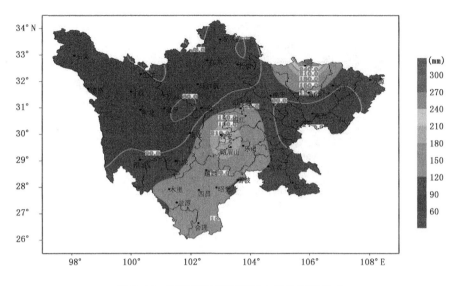

图 2.46　四川省旱年夏季降水量的空间分布

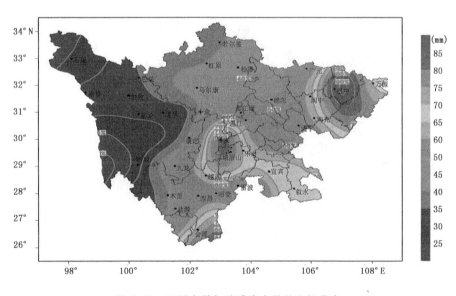

图 2.47　四川省旱年秋季降水量的空间分布

由图 2.48 可知:冬季叙永地区的降水量最多,达 22.6 mm;德格、甘孜、道孚、新龙、马尔康、九龙、小金、稻城、木里和盐源等地的降水量较少,其中,道孚的降水量最少,为 1.12 mm。

2.4.2.3　涝年降水量空间分布

由图 2.49 可知:涝年雅安、峨眉山和万源三地的降水量较多,均在 420 mm 以上,其中,峨眉山地区的降水量最多,为 443.2 mm;石渠的降水量最少,为 173.2 mm。总的来说,四川省西北部的降水量要比东南部的降水量少。

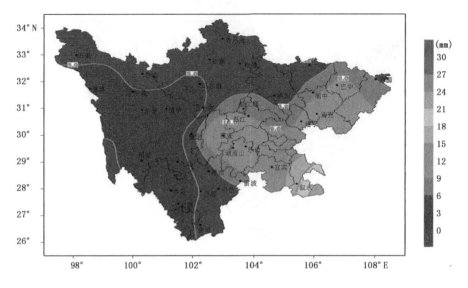

图 2.48　四川省旱年冬季降水量的空间分布

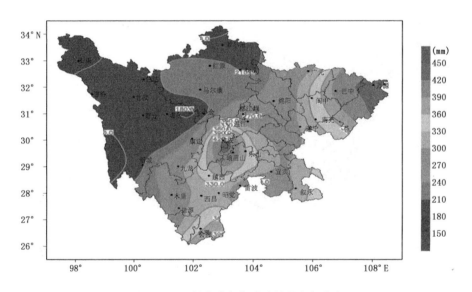

图 2.49　四川省涝年年降水量的空间分布

由图 2.50 可知:涝年春季峨眉山和雅安两地的降水量较多,都在 80 mm 以上,其中,峨眉山地区的降水量最多,为 92.9 mm;稻城的降水量最少,为 13.3 mm。

由图 2.51 可知:涝年夏季雅安和峨眉山两地的降水量较多,均在 240 mm 以上,其中,峨眉山地区的降水量最多,为 249.3 mm;松潘和若尔盖两地的降水量较少,均在 100 mm 以下,其中,小金的降水量最少,为 98 mm。总体上,四川省西北部地区的降水量要比东南部地区的降水量少。

由图 2.52 可知:涝年秋季万源和巴中两地的降水量较多,均在 100 mm 以上,其中,万源地区的降水量最多,为 110.1 mm;石渠、成都、稻城和雷波四地去的降水量较少,均在 40 mm 以下,其中,稻城的降水量最少,为 37 mm。

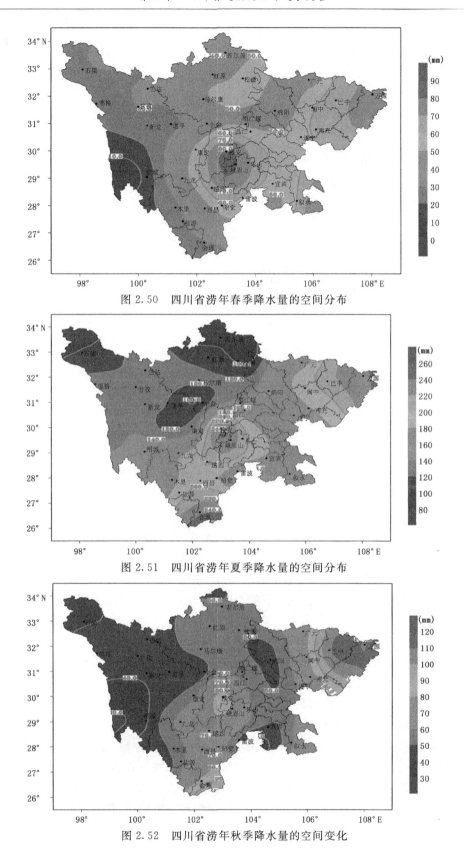

图 2.50　四川省涝年春季降水量的空间分布

图 2.51　四川省涝年夏季降水量的空间分布

图 2.52　四川省涝年秋季降水量的空间变化

由图 2.53 可知:涝年冬季叙永地区的降水量最多,为 32.5 mm;石渠、德格、甘孜、色达、新龙、道孚、稻城、九龙、木里、盐源、小金、马尔康、红原、若尔盖和广元等地的降水量较少,均在 5 mm 以下,其中,稻城地区的降水量最少,为 1 mm。

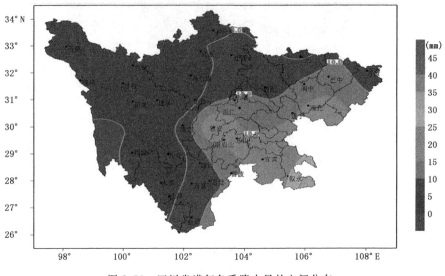

图 2.53　四川省涝年冬季降水量的空间分布

2.5　气象地质灾害

2.5.1　山洪灾害

2.5.1.1　山洪灾害概念

山洪流体是指在山区小流域溪沟中发生的流速快、历时短、暴涨暴落、冲刷力强、破坏力大,且往往携带大量泥沙石块的溪流。由山洪流体产生的灾害称为"山洪灾害"。

山洪灾害的发生、发展和终结有着自身的特点,它是发生山洪灾害的溪沟(简称"山洪沟")流域形状、面积、分区、降水面积及强度、下垫面(坡向、坡度、流域表面性质)、气温等诸多环境因子的综合作用的结果。

1. 山洪沟流域特征

从源头到沟口,山洪沟整体均位于山区,仍可分为上游(集水区)、中游(流通区)和下游(沉积区)。

(1)上游(集水区)形如宽阔的漏斗,逐渐向下游缩窄。集水区内的雨水和溪流具有侵蚀作用,沟道发生侵蚀,沟岸发育有崩塌和滑坡,产生的泥沙被溪流带向中游(流通区)。

(2)中游(流通区)为上游(集水区)和下游(沉积区)的过渡沟段,主要发生溪流输送泥沙作用,黏土、粉砂和云母片等呈悬浮式移动;沙粒、砾石等则以跳跃式运动。

(3)下游(沉积区)常发育有半锥体状的洪积扇,这是流出沟口的溪流因溪沟纵坡减缓、流速变小,挟沙能力减弱,大量泥沙沉积的结果。由于粗粒先沉积、细粒后沉积,溪沟沉积物具有一定的分选性,但远较大江大河洪水(以下简称"江河洪水")堆积物分选性差。

2. 山洪成因类型

（1）暴雨山洪

暴雨山洪是在强烈暴雨作用下,坡面径流迅速向溪沟汇集而形成的洪流。

（2）冰雪山洪

冰雪山洪是因气温回升而引起的高山上的冰雪迅速融化而形成的洪流。

（3）溃决山洪

溃坝山洪是因拦洪、蓄水、天然堰塞坝溃决而形成的溃决洪流。

我国以暴雨山洪分布最广、暴发频率最高,危害最重。其次是冰雪山洪,溃决山洪。

3. 山洪灾害活动规律

（1）季节性

我国主要位于季风气候区。暴雨山洪又是主要的山洪类型。每年汛期(4—9 月),特别是主汛期(6—8 月),是我国山洪灾害多发期。在同一流域,同一年内也有可能发生多次山洪灾害,具有季节性强、频率高的特征。此外,每年春季是我国西部地区冰雪融化季节,也是冰雪融化山洪的多发季节。尤其是早春季节的气温回升早、回升快,冰雪融化山洪灾害事件更易发生。

（2）重发性

对于一条具备陡峻地形条件的溪沟,只要发生一定强度的降水过程,就能引起山洪灾害。因此,在一个汛期期内,一条山洪沟可能发生多次山洪灾害。

（3）突发性

山区小流域因流域面积和沟道调蓄能力小,沟道坡降大,流程短,洪水持续时间较短,溪流水位的上涨速度和下落速度都很快,属陡涨陡落型。尤其是溪流水位的上涨速度又比下落速度更快,成灾非常迅速。因此,山洪灾害来势迅猛、防不胜防。山洪暴发历时很短,一般只有数小时。

（4）夜发性

山洪灾害的夜发性与山洪沟内的夜雨有关。白天坡麓处的空气增温剧烈,上升气流很强,至黄昏时形成云。因夜晚降温很多,使云转化为雨降落。如果局部增温能使不稳定的潮湿气团上升,将使暴雨强度更大。山洪灾害的夜发性大大增加了山洪灾害的危害,应予足够的重视。

（5）易发性

山区经济发展相对落后,预警预报设施不完善,不能及时采取有效措施减少山洪灾害损失。加之对山洪灾害的规律性认识肤浅,尚无定量判别标准,预见性差,山洪灾害防御预案的可操作性较差。因此,较易发生山洪灾害。

（6）转化泥石流可能性

通常溪流源头或溪沟两侧具有较高的临空面,地质结构复杂,岩性较破碎,经常出现崩塌、滑坡。处在暴雨中心范围内的大量坡面松散固体物质在暴雨、坡面径流作用下参与山洪的形成,同时也极容易形成泥石流。

4. 山洪灾害分布特征

中国山地面积大,山洪灾害突出。全国山洪灾害重点防治区主要分布在受东南季风影响的山丘区,以西南高原山地丘陵、秦巴山地以及江南、华南、东南沿海的山地丘陵区分布最为集中。

我国有山洪灾害防治任务的山区(即山洪灾害防治区)面积约为 463 万 km²,约占我国陆地面积的 48%。防治区内共有人口约 5.58 亿人,占全国总人口的 44.2%。在全国山洪灾害防治区中,受山洪及其诱发的泥石流、滑坡直接威胁的区域(即山洪灾害威胁区)面积约为 48 万 km²,全国山洪灾害威胁区内共有人口 7408 万人。全国山洪灾害重点防治区面积 96.93 万 km²,占防治区总面积的 20.94%。

山洪易发区的山洪流体使生产生活难以正常开展,一到汛期人心惶惶,甚至背井离乡迁移他乡。即使留在原地的人们还需首先付出更多的代价应对山洪灾害造成的损失,继而恢复家园。由此可见,山洪灾害对社会环境的影响是巨大的。

2.5.1.2　防御山洪灾害

我国山区面积广,又处于东南季风、孟加拉湾湿热气流及西风带的控制之下,山洪灾害事件常有发生。山洪灾害防御是系统工程,需要自上而下有组织地开展,并需现代科学技术的有力支撑。由当地气象部门和水文部门做好暴雨监测预报(雷达暴雨监测预报、卫星云图暴雨监测预报、天气图暴雨监测预报)和山洪水文预报。

为更有效地防御山洪灾害,我国已先后实施了一系列的举措,并在许多地方上开展配套措施。

1. 山洪灾害气象预警

2015 年 7 月 20 日水利部、中国气象局联合发布山洪灾害气象预警。这是两部门首次联合面向公众发布山洪灾害气象预警。山洪灾害气象预警范围为全国,预警时间为未来 24 h,预警级别分为四级,即 Ⅳ 级(可能发生)、Ⅲ 级(可能性较大)、Ⅱ 级(可能性大)、Ⅰ 级(可能性很大)。公众可在新闻联播后的天气预报节目中看到 Ⅱ 级及以上的山洪灾害气象预警。此外,当 Ⅳ 级及以上的山洪灾害气象预警发布时,公众可通过中国气象局官方网站、中央气象台网站、中国山洪灾害防治网等气象、水利部门的网站获取预警信息。

两部门通过联合发布山洪灾害气象预警,将集各自专业优势为一体,大大增强山洪灾害气象预警信息的准确性与权威性。山洪灾害气象预警将充分利用已建的山洪灾害防治非工程措施,做好实时监测、防汛预警和转移避险等防范工作,提醒公众提前安排生产、生活和出行。

至此,每年汛期(5—9 月),中国气象局与水利部将就山洪灾害气象预警共同会商、分析。中国气象局提供全国未来 24 h 降水格点预报、山洪灾害气象预警产品等。水利部结合日降水实况,充分考虑山洪灾害防治区小流域的地形、地质、植被等特征和预警指标以及人员居住分布等,参考历史山洪灾害发生情况,确定全国未来 24 h 降水覆盖范围内山洪灾害可能发生的区域和预警级别,制作每日预警产品。

2. 建立山洪灾害监测预警系统

山洪灾害分布广泛,且出现在山区丘陵地区。这就为山洪灾害监测预警系统的建立带来了极大的困难。近些年来,国家下大力气建立山洪灾害监测预警系统已取得了显著的成果。

例如,至 2016 年 5 月 11 日,经过 5 a 多建设,四川省已全面建成了山洪灾害监测预警系统,可基本实现对四川 1.1 万个受威胁较重的城镇和村落监测预警全覆盖。四川省山洪灾害监测预警系统共有 5500 个山洪灾害自动监测站、197 个监测预警平台,2016 年汛期将全部投入使用。其中,包括雨情水情采集装置、数据快速汇集处理系统、预警装置和预案体系四个部分,通过对雨情水情全天候监测和相关数据快速处理,服务于山洪灾害预警信息发布、灾害避险等。

四川省从 2010 年开始建设山洪灾害监测预警系统。全省各级防汛部门对山洪发生频率较高的 2.7 万个城镇、自然村落进行了调查梳理,并划定危险区,有针对性地制定了预警指标和 1.5 万个应急预案。截至目前,部分已建成系统累计发布山洪预警信息 1.7 万次,并据此提前安置转移群众 87 万人次。

3. 圈定汛期重点防范区

由地方政府及其相关专业部门依据气象变化及溪沟状况圈定汛期重点防范区。例如,2016年受厄尔尼诺现象的影响,四川汛期暴雨洪涝偏多偏重。成都的主汛期原本在 6,7,8 月,2016 年 5 月初就降了一场暴雨,实属罕见,局势严峻。气象部门预测 6 月下旬、7 月下旬到 8 月上旬、8 月下旬到 9 月上旬等主要出现时段,区域暴雨 4～6 次,并伴有 1～2 次区域洪涝。因此,成都市人民政府通过官方网站公布了重点监测地质灾害隐患点重点防范区,公布了 3438 处地灾点,其中有 54 处为重点地灾隐患点。此外,针对都江堰、彭州、崇州、大邑、邛崃的白沙河、龙溪河,彭州湔江、石匣子沟、白鹿河,崇州文井江、九龙沟,大邑邱江河、雾山河,邛崃火井河等 10 条河流,专门提出了预警防范。对其中部分重点点位汛期禁止经营农家乐接待客人,要求游客和当地居民一定要多加注意。游客在汛期尽量避免前往。当地居民也要主动观测。

4. 捕获山洪灾害前兆

充分利用天气谚语、物象、异常天气征兆,以及溪流浑浊、水文变化等山洪前兆,及时采取措施,避免遭遇山洪灾害。例如,熟知山洪来临前的三个征兆:

(1)当上游降暴雨时,或有徐徐凉风袭来。

(2)溪水水位上涨并伴随溪水变浊、飘来树枝树叶等漂浮物,意味着山洪即将来临。

(3)溪沟中的溪流声较大,上游山洪的洪流声经常被掩盖。若上游传来了明显的流水声,说明山洪已经来临。又因山洪上涨速度迅猛,就需赶快撤离。

2.5.2　泥石流灾害

2.5.2.1　泥石流灾害概念

泥石流是发生在山区溪沟的饱含大量泥沙石块和巨砾、呈现黏性层流或稀性紊流等运动状态的固液两相流体。泥石流灾害遍及全球所有的山区,尤以新近隆升急剧的山系中最为活跃,涉及大约 50 多个国家和地区。我国的泥石流灾害类型多样、危害差别大、灾害规模大、活动频繁、灾情严重、重复成灾,引起国际减灾界的普遍关注。

1. 泥石流成因类型

(1)按发生位置划分

①坡面泥石流

坡面泥石流可发育在具备雏形沟谷的陡峻坡面上。它是介于块体运动与挟沙水流之间的、由固体碎屑物、水和气体组成的混合流体。其规模小、分布广、暴发突然、流动快、过程短、冲击力大。

②沟道泥石流

沟道泥石流专指发育在山区沟道中的泥石流。通常的"泥石流"称谓都是指"沟道泥石流"。本书述及的"泥石流"即专指"沟道泥石流"。

(2)按水源划分

按照参与泥石流的水源类型,可将泥石流划分为暴雨(降雨)泥石流、冰川(冰雪融水)泥石流和溃决(含冰湖溃决)泥石流(见表 2.9)。

表 2.9　按水源类型划分

泥石流类型	分类依据
暴雨泥石流	在充分的前期降雨或暴雨作用下形成或只在高强度暴雨作用下形成
冰川泥石流	冰雪融水冲蚀沟床、侵蚀岸坡而引发泥石流。有时也有降雨的作用
溃决泥石流	由于水流冲刷、地震、拦水堤坝、冰川终碛堤溃决,造成突发性高强度洪水冲蚀而引发泥石流

（3）按组成物质划分

按组成物质可将泥石流划分为泥流、泥石流和水石流（见表 2.10）。

表 2.10　泥石流流体物质组成

类别	特征与指标
泥流	固体物质主要由黏土、粉沙和沙组成,缺少或仅有少量碎石、岩屑。有时出现大量泥球。黏度大,呈稠泥状
典型的泥石流	固体物质级配变幅很宽,小到黏土,大到巨大块石、漂砾
水石流	固体物质主要由沙、砾石、卵石组成。缺少黏土和粉沙

（4）按流体性质划分

按流体性质可将泥石流划分为黏性泥石流和稀性泥石流（见表 2.11）。

表 2.11　泥石流流体性质分类

类别	黏性泥石流	稀性泥石流
黏性	黏土含量>3%;浆体黏度>0.3Pa·s	黏土含量<3%;浆体黏度<0.3Pa·s
容重	>1.7 t/m³。固体物质含量 40%～60%,最高可达 80%	>1.3～1.8 t/m³。固体物质含量 10%～40%
运动状态	水和泥沙石块成整体运动,固液两相物质很少做相对运动,多呈层流运动,具有"流核",大石块、树木漂浮其上,与整个流体速度基本一致。往往有"阵流"现象,一次泥石流可形成几到几十次阵流。阵流前锋高而陡,多由大石块组成（称为"龙头"）。有弯道超高、爬高现象	水与泥沙正常的浆体速度远大于石块运动速度。固液两相物质运动速度有显著差异,为"紊流",无"流核"。其运动速度随粒径而异,多为连续流。运动中不易形成阻塞和阵流。无明显"龙头"
冲淤特征	具有弯道截弯取直、在凸岸（或凹岸）堆积现象。常在沟道中呈垄岗状堆积,形成阻塞。冲刷作用不如稀性泥石流显著	具有强烈下切作用。一次下切深度从几十厘米到十几米。石块有分散堆积现象。在沟床变化处向外侧抛卸石块,形成"半月状"堆积
堆积特征	在堆积扇上运动时不发生散流现象,停止时仍保持运动时的结构。表面形态多呈长舌状、岛状或垄岗状,具有较平坦或中间微突的顶面,两侧呈较陡的斜坡,前缘呈陡坡。大石块多位于前缘和两侧。在剖面上层次不明显。砾石分选性差。大石块上有擦痕,往往有"泥包砾"或"泥球"	在堆积扇上呈扇状散流,岔道交错,改道频繁。扇形地表较平坦,光秃单调。在剖面上堆积物具有沿程分选性。上游粒径大,前端粒径小。砾石定向排列,具有一定的层次性。大石块上擦痕明显。砾石稍有磨圆。基本无"泥包砾"或"泥球"现象

2. 泥石流沟流域特征

一条完整的泥石流沟流域中,不同沟段在泥石流的发生、发展、消亡过程中的作用各不相同。从上游到下游一般由清水汇流区、泥石流形成区、泥石流流通区、泥石流堆积区四个沟段组成。

(1)清水汇流区

清水汇流区位于泥石流沟的源头或上游,一般有较好的植被,坡体比较稳定,土壤侵蚀量很小,基本没有滑坡、崩塌等不良物理地质现象发生,或仅有零星的发生,并且规模很小。这个沟段不提供或极少提供泥石流固体物质,主要为泥石流流体的形成提供水源。

(2)泥石流形成区

泥石流形成区一般位于泥石流沟的上游段。地形呈漏斗状,周沟床陡急(10°~15°),有利于松散固体碎屑物质和水流的汇集,是泥石流的固体物质主要供给地。这里沟坡陡、表层破碎,坡体不稳定,植被覆盖度低,水土流失严重。泥石流流体在此段形成,并向下游流动。

有时,"清水汇流区"与"泥石流形成区"难以划分,常将二者合并在一起,统称"泥石流形成区"。

(3)泥石流流通区

泥石流流通区一般位于泥石流沟流域的中游地段,多为峡谷地形,是连接泥石流形成区和堆积区的中间地段。流通区与形成区沟段的沟床往往为基岩,多发育跌坎。此段沟谷两侧岸坡急陡,沟床比降大,多陡坎或跌水。泥石流在此段以通过为主,流量变化不大。

(4)泥石流堆积区

泥石流堆积区是泥石流体的停积地段,位于泥石流沟的下游,沟床平缓(2°~5°),堆积物形态多呈扇形、三角形或锥形,这里堆积的石块大小混杂,地面坎坷不平,有的还有多条与沟道大致平行的起伏状的垄岗。由于每一次泥石流堆积物的停积部位不一致,受泥石流堆积物阻塞的影响,这里的沟道不稳定,常常发生改道等变化。在泥石流沟下游的平缓开阔的堆积地带,其平面形态往往呈扇形,故称泥石流堆积扇;也有的呈锥形,称为堆积锥。

综上,泥石流流域各区段特征见表 2.12。

表 2.12　泥石流流域各区段特征

区段名称	区段特征
清水区	流域顶部。植被发育。基岩稳固。流域汇水区。沟道较小且顺直。比降通常为 260‰以上
形成区	流域上部。松散固体物质广布,崩塌、滑坡发育,植被分布不均。比降在 260‰以上
流通区	流域中部。发育少量崩塌、滑坡。输移固体物质通道。沟道跌坎发育
堆积区	沟口。堆积大量固体物质。多呈扇形,常被主河切割。沟道相对较宽、弯曲。比降<170‰

3. 泥石流灾害活动特征

(1)突发性

泥石流灾害暴发突然、历时短暂,一般仅几分钟到几十分钟。在流通区的泥石流流速可达 30~100 m/s。这种突发性使得泥石流灾害难于准确预报和有效防御。

正是泥石流灾害的突发性导致泥石流沟遭到强烈侵蚀和滑坡活动相互促进、互为因果的灾变性和毁灭性。使所到之处能在极短时间即可将青山绿水的家园变成石海沙滩。

(2)波动性

我国山区泥石流活动时强时弱,呈现活动期→平静期→活动期的波浪式动态变化特征。

泥石流灾害活动周期性主要取决于激发雨量和松散固体物质补给速度。周期短的泥石流沟每年可发生数十次泥石流。周期长的泥石流沟数十年甚至数百年才发生一次。居住在泥石

四川旅游气候

流发育周期短的地区的人们时常遭到泥石流灾害,每年都会疲于防御泥石流灾害,而居住在泥石流发育周期长的地区的人们的防灾意识却往往淡化。这就无形中加剧了泥石流灾害的突发性、毁灭性。

（3）群发性

泥石流灾害广布于全球各地山区。我国地处季风气候区,又多强烈地震带,泥石流灾害暴发频繁。我国现有的灾害记录的泥石流沟就有 11000 条,危及山区 147 座县级以上的城镇、数以万计的村庄、道路、水利、水电、厂矿、农田、森林、景区、管线等。我国的大部分山区都具备发育大规模暴雨泥石流灾害的环境条件。只要暴雨、地震等诱发因子的活动强化,即可造成泥石流灾害的发生区域连成一片,造成群发性的后果。

（4）低频性

泥石流灾害的低频性是指泥石流首次暴发或间歇较长时间后再度暴发,其规模较大、来势凶猛。这是因为泥石流沟内的固体物质、陡峻的地形坡度和充沛的水源等环境条件都处于最优状态的积累尚需时日。只待诱发因子的激发。

（5）类型差异性

泥石流灾害因其类型不同而差别很大。我国广泛分布的暴雨泥石流规模中等或偏小,单沟的危害性也小;冰川泥石流的流域地形陡峻、固体物质丰富、水源充沛,其规模大,危害也最大。

（6）夜发性

我国泥石流灾害多发生在夏秋季节的傍晚或夜间,具有明显的夜发性。据调查,各类泥石流发生在夜晚的次数占到总数的 52% 以上。其中,暴雨泥石流的夜发率最高,占暴雨泥石流总数的 66%;冰川泥石流夜发次数占总数的 46%。而冰湖溃决型泥石流只发生在午后至夜晚。

4. 泥石流危害方式

1）淤埋

淤埋是泥石流灾害最常见的危害方式,范围广,危害大、受灾部门多,主要有农田、村寨、道路、水利水电工程、城镇和江河湖海等。

2）冲击

泥石流具有强大的冲击能力。大型、中型泥石流暴发时,所经之处的一切设施、道路和农田都被一扫而光,带来严重灾害并形成石海景观。

3）堰塞水流

当泥石流流体规模较大且与主河相交时,往往发生主河被堰塞形成堰塞湖。通常,泥石流堰塞时间较短。堰塞的湖水上涨而过坝溢流。若堰塞严重时,湖洪水淹没上游的农田、村舍和道路,后期坝体溃决,则会酿成更大的危害。

2.5.2.2　气象致灾因子

泥石流灾害的发生主要取决于地质、地貌、水文、气象等条件,以及人类不合理的活动的影响。

参与泥石流灾害发育的水源包括大气降水、地下水和冰雪融水。若以年降水量 500 mm 等值线为界,可将我国划分为东部湿润区和西部干旱区。东部湿润区多发生暴雨型泥石流,且集中在汛期,暴发频次高。西部干旱区和高寒区则多暴发冰雪消融泥石流、冰湖溃决泥石流,以及暴雨型泥石流。其中,冰雪消融泥石流规模大、频次高。

中雨、大雨、暴雨、大暴雨和特大暴雨(它们在 24 h 内降雨量的下限依次为 10,25,50,100,200 mm)均可激发泥石流灾害。据研究,发生泥石流灾害与前期降水量,特别是与 10 min 和 1 h 的短时的强降水量(称"雨强")关系十分密切。暴雨是由中尺度的天气系统作用造成的。暴雨集中的区域要比天气系统的尺度小得多。由暴雨激发的泥石流灾害通常局限在较小范围内,或仅发生在某几条沟谷。大面积的沟谷泥石流灾害共发现象很少见。即使地形、固体物质、植被等环境条件相类似的沟谷,往往其发生的时间也不会在同一时刻。泥石流灾害的发生、发展和停滞全过程是短暂的。从国内外资料来看,一次泥石流过程能经历数十小时的泥石流灾害仅有几次。

我国大部分山区在季风气候影响下所具有的降水和气温特点,普遍有利于各类泥石流灾害的发育。其中,日降水量、1 h 雨强和 10 min 雨强降水及其影响区域,最有利于泥石流灾害的发育,暴发频次也高,成为激发我国泥石流灾害的最重要条件和最活跃的因子。

2.5.2.3　泥石流灾害的防御

泥石流灾害往往与山洪灾害紧密联系的,其至是可以相互转化的两种灾害类型。山洪一般可视为清水或含沙水流,而泥石流则为多相流体。可以认为泥石流是山洪的衍生形式,是含有大量的山体松散物质的特殊洪流。山洪和泥石流都是水沙混合体在沟道中的快速运动过程。因此,山洪灾害和泥石流二者的灾害防御工作总是"捆绑"在一起实施的。

防御泥石流灾害是整合了自然科学、社会科学、公众行为防止和减轻泥石流灾害的过程。即通过工程措施、生物措施、预警预报、避灾搬迁和抢险救灾等系统工程实现减小、减轻泥石流灾害的目的。当前,在应对山洪泥石流灾害方面采取的对策措施主要包括布设防灾工程设施、实施避灾搬迁、完善灾害防治法规和建立灾害监测预警系统等方面。

1. 泥石流灾害分区

按照《全国山洪泥石流灾害防治规划》,以小流域为基本单元,划分出"泥石流灾害危险区""泥石流灾害警戒区"和"泥石流灾害安全区"。

(1)泥石流灾害危险区

"泥石流灾害危险区"是指已发生过滑坡、崩塌和泥石流的区域,受 10 a 一遇山洪及其诱发的泥石流、滑坡威胁的区域,可直接造成房屋、设施的严重破坏以及人员伤亡。对难以通过频率计算山洪及其诱发的泥石流、滑坡威胁范围的无资料或资料短缺地区,可将泥石流、滑坡威胁范围划为危险区。

(2)泥石流灾害警戒区

"泥石流灾害警戒区"是指经监测一旦遇到强降雨时,极有可能发生山体滑坡、崩塌和泥石流的区域,为泥石流危险区以外,受百年一遇山洪及其诱发的泥石流、滑坡威胁的区域。对难以通过频率计算山洪及其诱发的泥石流、滑坡威胁范围的无资料或资料短缺地区,可将历史上曾经发生过的极端山洪及其诱发的泥石流、滑坡威胁范围以内的区域划为警戒区。区内房屋必须要有防护措施,以减轻灾害危险。若降雨将达临界雨量或雨强,区域内人们需能及时接收到预警信号,紧急有序地撤离,往预先划定好的安全地带转移,避免人员伤亡和财产损失。

(3)泥石流灾害安全区

"泥石流灾害安全区"是指不受 100 a 一遇山洪及其诱发的泥石流、滑坡威胁的区域。对难以通过频率计算山洪及其诱发的泥石流、滑坡威胁范围的无资料或资料短缺地区,可将危险区和警戒区以外的其他地区划为安全区。区内地质结构比较稳定,可安全居住和从事生产活动的区域。安全区也是危险区、警戒区内人员能够避让山洪灾害的区域。

2. 泥石流灾害避让策略

(1)永久避让

根据山洪、泥石流的地域分布,通过对泥石流灾害性质、暴发频率、规模、危险范围、危险程度,以及域内的土地利用、居民住房等进行经济技术比对,将受山洪、泥石流威胁的小村落实施迁村并点,集中到相对安全的地方。在大型山洪、泥石流沟和人口稀少,治理工程投入大、效果差的流域,采用"避让"是防范山洪、泥石流的最有效方式。

(2)临灾避让

居住在泥石流安全区的居民在汛期进山活动,或仍留在泥石流灾害警戒区的居民也可能遭遇到超出当地泥石流防护工程设计标准的泥石流,与泥石流灾害不期而遇,亦即存在采取泥石流灾害的临灾避让行动的可能性。

①集体临灾避让

"集体临灾避让"是指当泥石流灾害将要来临之际,安排泥石流灾害警戒区的居民有组织地向泥石流安全区转移的集体行为。

为做好集体临灾避让工作,需事先做好普及防灾救灾知识教育、布置泥石流灾害监测、群测群防系统、选择避险撤离线路、规定预警信号、确定临时避灾场所等一系列基础工作。

②个人临灾避让

"个人临灾避让"是指在山丘地区生产生活的人们如何应对的泥石流灾害问题。

2.5.3 滑坡灾害

2.5.3.1 滑坡灾害概念

"滑坡"系指构成斜坡的岩土体在重力作用下失稳、沿着坡体内部的一个(或几个)软弱面(带发生剪切)而产生整体性下滑现象。

国外一直流行着广义的"滑坡"概念。自 20 世纪 70 年代起,"滑坡"概念逐步被"斜坡移动""块体运动"等概念所代替。它包含了滑动、坠落、崩塌、侧向扩展和流动五大类型。特别需要指出的是,我国采用的狭义的滑坡概念并不完全与广义滑坡类型相对应。也就是说,我们所说的滑动并不局限在滑动类之内,在其他类型的斜坡移动(块体运动)中也能见到我们所认为的滑坡现象。

在自然界,与狭义滑坡相联系的或相过渡的山地灾害类型时有发生。例如,崩塌灾害类型中的滑移类发生机制最终取决于其下伏基座中的剪切作用,实属滑坡灾害。又比如碎屑化的岩体也并非只遵从"流动"形式运动。1991 年云南昭通头寨沟滑坡灾害,就是经历反复转向碰撞而碎屑化的玄武岩地层顺头寨沟快速"滑动"。碎屑物中被裹挟的家藏土豆、玉米棒,甚至小学生的书籍作业本仍能成鸡窝状堆积在一起,而未分散,更未被粉碎消失,从而成为我国少见的碎屑滑动实例。

1. 滑坡灾害特征

(1)分布很广、地域性明显

我国滑坡灾害分布很广,各省区均有分布。总体上,以大兴安岭—太行山—鄂西山地—云贵高原东缘一线为界,东部滑坡分布较稀,西部较密集;以大兴安岭—张家口—榆林—兰州—

昌都一线为界,东南部滑坡较密集,西北部滑坡较稀;两线之间为滑坡密集区。显然,我国发育的滑坡灾害极密集区、密集区作用集中在西南云、贵、川三省,西藏东部、甘肃南部和黄土高原沟壑区;其次分布在喜马拉雅山南麓、浙闽丘陵和台中山地。

(2)季节性强、类型齐全、数量大、频率高

季风气候决定了我国在雨季的降雨量高度集中,致使我国的滑坡灾害有类型多样、齐全、数量大的特点。

(3)滑坡灾害突发性强、预测预报难度大

由降雨诱发的滑坡灾害发育过程,自发生到成灾,历时短者只有几个小时,甚至在 1 h 以内。目前我国山丘区的监测网点稀少、覆盖面又较低,滑坡灾害的预警预报难度很大。

(4)滑坡灾害破坏性强

滑坡灾害具有多种多样的致灾形:①滑坡最主要的危害是摧毁、掩埋农田、房舍、伤害人畜、毁坏田地、森林、工矿、道路以及农业机械设施和水利水电设施等,造成停电、停水、停工,有时甚至造成群死群伤的毁灭性灾害。②滑坡体深入航道,阻碍航行,甚至于堰塞江河,形成堰塞坝,形成灾害链。回水对上游产生淹没危害,溃坝后对下游两岸产生强烈冲刷,暴发越来越频繁、危害越来越严重。

2. 滑坡类型

滑坡灾害的分类方案已有数十种之多,表 2.13 列出了常用的分类方案。

表 2.13　滑坡灾害分类方案

分类依据	滑坡类型(别称)
1. 滑坡体平面形态	圈椅形(马蹄形)、横长形(横展形)、纵长形(条形)、缩口形(葫芦形)、勺形、椭圆形、多边形(角形)
2. 滑坡体厚度	巨厚层滑坡(>50 m)、厚层滑坡($30\sim50$ m)、中层滑坡($15\sim30$ m)、浅层滑坡($6\sim15$ m)表层滑坡(<6 m)
3. 滑坡体积	超巨型($>10^9$ m^3)巨型($10^8\sim10^9$ m^3)超大型($10^7\sim10^8$ m^3) 大型($10^6\sim10^7$ m^3)中型($10^5\sim10^6$ m^3)小型($10^4\sim10^5$ m^3) 较小型($10^3\sim10^4$ m^3)微型($10^2\sim10^3$ m^3)极微型($<10^2$ m^3)
4. 纵剖面上的滑面形状	直线型滑坡、折线形滑坡、圆弧形滑坡
5. 滑动次数	首次滑坡、再次滑坡(二次滑坡)、多次滑坡(复活滑坡)
6. 滑坡力学状态	牵引式滑坡(后退式滑坡) 推动式滑坡(推移式滑坡)
7. 滑坡体物质	岩质滑坡(岩石滑坡、岩层滑坡) 半成岩地层滑坡 土质滑坡(覆盖层滑坡)
8. 主滑段与地层关系	切层滑坡 顺层滑坡
9. 主要诱发因素	地震滑坡、暴雨滑坡、融冻滑坡(融冻滑塌)、液化滑坡、工程滑坡(人为滑坡)、渠道滑坡、水库滑坡、公路滑坡、矿山滑坡
10. 地表水动力条件	陆上滑坡、水边滑坡、水底滑坡

3. 滑坡体特征

滑坡体形态是一个复杂的三维立体概念（见图2.54），包括滑坡体各部位的形态、滑坡地表裂缝。此外，在纵剖面上和横剖面上都有自己的特点。

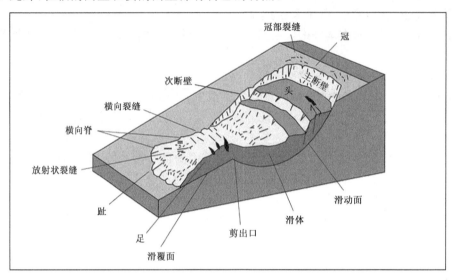

图 2.54　滑坡形态要素（嵇少丞，2014）

（1）滑坡体地貌特征

图2.54显示出了滑坡体的外部地貌形态。许多地貌形态都会随时间推移而变得模糊，直至消失。但是，其中的尚存地貌形态却是识别古老滑坡的宝贵证据。

（2）滑坡地表裂缝

滑坡地表裂缝是滑坡灾害的重要体现。滑坡从开始发生位移时，就在地表形成一系列的地表裂缝。它们严格地反映了滑动力与抗滑力构成的力偶作用。它们与群体成因的地表裂缝大不相同。

4. 气象致灾因子

发育滑坡的环境条件划分为内部因子和外部因子两大类。把坡体本身所具有的内部特征划归内部因子。它们在滑坡中起到决定性的作用。另一类是通过内部因子才能发挥作用的外部因子，如暴雨、绵绵雨、冰雪融水、地表水渗入等能起到液化作用，是外部因子。

2.5.3.2　滑坡灾害避让策略

根据《地质灾害防治条例》《国家突发公共事件总体应急预案》以及《国家突发地质灾害应急预案》，按照"预防为主，以人为本；统一领导、分工负责；分级管理，属地为主"的工作原则，将当地划分出"灾害易发区""灾害危险区"，做好突发地质灾害应急防治工作。

1. 永久避让

"永久避让"是将居住在容易发生灾害、治理难度大、效果差的灾害危险区的群众，按照"自愿申请、政府主导、整体搬迁"的原则，采取"主动避灾"的永久行动。

2. 临灾避让

"临灾避让"是将遭到灾害威胁的隐患点的群众按照防灾预案采取临时疏散、搬离住地的行动。

在建立健全群测群防机制的基础上进行的：

（1）圈定灾害隐患区域和安全区域。

（2）在滑坡两侧边界之外圈定能够安置临灾避让人员的避灾场地。原则上避灾场地不宜选在滑坡的后方坡上或前方坡下地段。在确保安全的前提下，避灾场地地势需开阔，离原居住地距离近，交通和用电、用水方便。

（3）隐患区应设立醒目的警示牌内禁止一切可能引发滑坡灾害的工程活动，例如，不要随意开挖坡脚。坡脚开挖后，应根据需要砌筑挡墙，墙体上要留足排水孔。不随意在斜坡上堆弃土石。管理好引水和排水沟渠等。

（4）预先选定撤离路线。通往避灾场地的转移路线要尽量少穿越危险区。并需设立醒目的路标牌。

（5）预先规定预警信号（如广播、敲锣、击鼓、吹号等），并制定撤离信号管制办法。

（6）在避灾场地预先搭建临时住所，做好必要的物资储备。群众的财产和生活用品也可提前转移到避灾场所。

（7）即使滑坡体已经停止滑动，仍具有继续滑动的可能。因此，已安置在避灾场地的人员不要轻易自作主张，擅自贸然回家，以免遭遇到再次伤害。只有等待得出滑坡体确实停止滑动，近期进入趋稳阶段的结论后，方可返家。

参考文献

陈超，庞艳梅，潘学标，2010.近半个世纪以来四川盆地气温和降水的变化特征[J].中国农业气象，31（增1）：27-31.

陈隆勋，邵永宁，张清芬，1991.近四十年我国气候变化的初步分析[J].应用气象学报，2:164-173.

陈淑全，罗富顺，熊志强，等，1997.四川气候[M].成都：四川科学技术出版社.

丁一汇，戴晓苏，1994.中国近百年来温度变化[J].气象，12:19-26.

潘建华，2006.四川盆地气温的时空分布变化分析[J].四川气象，02.

稽少丞，2014.谈谈山体滑坡[DL].thhp://news.yantuchina.com115309.html

刘学华，季致建，吴洪宝，等，2006.中国近40年极端气温和降水分布特征及年代际差异[J].热带气象学报，12:618-624

毛文书，曾戢，等，2010.川渝地区夏季降水变化气候特征分析[J].成都信息工程学院学报，25（2）：173-178.

倪允琪，周秀骥，张人禾，等，2006.我国南方暴雨的实验与研究[J].应用气象学报，17（6）：690-703.

王大钧，2003.中国西部降水的气候变化特征[D].南京：南京气象学院.

王绍武，2001.现代气候学研究进展[M].北京：气象出版社，82-88.

王绍武，罗勇，赵宗慈，等，2005.关于气候变暖的争议[J].自然科学进展，15（8）：917-922.

向辽元，陈星，2006.近55年中国大陆气温突变的区域特征和季节特征[J].气象，32（6）：44-47.

熊光洁，王式功，等，2012.中国西南地区近50年夏季降水的气候特征[J].兰州大学学报（自然科学版），48（4）：45-51.

许莉莉，2011.湖北省暴雨的变化规律与气候背景分析[D].武汉：华中师范大学.

徐裕华，1991.西南气候[M].北京：气象出版社.

苑跃，赵晓莉，陈中钰，等，2012.四川50年来平均气温变化特征分析[J].安徽农业科学，40（4）：2251-2254.

赵静，陈超，周斌，2012.1960—2010年四川最高、最低气温的非对称性变化特征[J].高原山地气象研究，3:42-45.

第 3 章　气象指数

3.1　气象指数概念

气象指数是将对气象条件敏感的社会经济指标与气象因子的复杂关系,通过数学方法设计简化成各种直观、形象的指数,以便于社会大众或行业用户的理解和运用。它不是某种气象要素,而是针对人们生活和不同行业而制作的涵盖多种气象要素的综合产品,是评价人类生存或各种活动的环境指标,可作为指导人们生活及行业服务的一种参考指标。

按照社会经济指标所属领域的不同,气象指数可划分为许多种类,如生活类、健康类、农业类、商业类、环境类、公用事业类、工程类等。目前分类方法全国没有统一标准,大都根据本地特点和各自对所属领域的理解自行归类划分。每种分类中又包括所属领域的多种指数。如生活类包括旅游气象指数、洗车指数、穿衣指数、晨练指数、紫外线指数、感冒指数、中暑指数等,环境类包括负离子浓度指数、空气污染指数、紫外线指数等。有时各分类之中会有一定交叉,特别是分类比较细的时候。

气象指数预报是气象部门根据公众普遍关心的生产生活问题和各行各业工作性质对气象敏感度的不同要求,运用数理统计等方法,对气温、气压、湿度、风等多种气象要素以及天文、地理和季节等其他因素综合进行计算而得出的量化预测指标。通常采用等级预报,即把气象指数按大小或危害程度划分为若干等级,对每一级给出名称、气象意义、提示用语等。气象指数预报是对天气预报的进一步深化,人们可以通过气象指数的变化来了解气象条件的变化对人体健康、生活环境和各个行业的影响程度,以便人们根据预报提前采取相应措施,合理地安排工作和生活(杨成芳 等,2002)。

3.1.1　气象指数开发的目的和意义

随着社会经济的快速发展,人民生活水平的不断提高,气象与国计民生的关联度越来越高,各种气象灾害或衍生灾害已成为影响国民经济及各行各业发展的重要因素,公众的衣食住行、生活安康乃至一些社会问题都与气象条件休戚相关。因此,人们对气象信息的依赖和要求也越来越高,传统的气象预报已经满足不了社会发展和人民生活的需求(马鹤年,2001),人们需要高质量、多层次、全方位的与自身的工作、学习、生活、健康等密切相关的气象服务,不仅仅想知道出门是下雨还是出太阳,还想知道出门是否会中暑、是否会被紫外线灼伤或受到雾霾的困扰? 小麦赤霉病何时易发,采取什么措施可预防或减少发病率? 如何避免和预防城市、森林火灾? 等等。多样化的社会需求对气象服务提出了“以人为本、无微不至、无所不在”的新要求。为顺应时代需求,更广泛更多层次的气象服务的方式和产品应运而生,气象指数便是其中的一种重要服务产品。它把单一的天气预报结论向前延伸至百姓工作生活和各行各业对气象需求的各个方面,为人们的日常生活提供全方位的气象导航,让气象服务融入经济社会各行各业,融入百姓生产生活,最大限度地满足社会需求,从而达到以人为本、提高人们生活质量和生产力的目的。

20 世纪末,气象部门开始在全国范围推广开发气象指数(骆月珍 等,2000)。经过十几年的发展,从最初只有感冒、穿衣等简单的几个指数,到如今已开发出近百个指数,且各种新奇的指数还在继续层出不穷。气象指数预报服务业务也从起步到逐步走向成熟。许多地方通过现代技术逐步建立了适合本地的气象指数综合业务平台。如北京、武汉利用现代技术实现了气象指数产品制作的高度集成,规范了气象指数的级别和服务用语,建立了气象指数产品数据库,实现了指数产品的自动生成。但总体上来说,气象指数预报服务业务在我国方兴未艾,从预报的范畴、种类、模型到发布流程都没有形成在各个地区均适用的统一模式(费杰 等,2010)。随着社会的发展、人们生活品质的不断提升,个性化、小众化的气象指数需求会愈加旺盛,气象指数的涉及面将会越来越大,研发前景也更为广阔。未来,气象指数一定会成为人们生活中不可或缺的一部分。

3.1.2　气象指数模式的设计思路与研究方法

3.1.2.1　气象指数模式的设计思路

气象指数是反映人们生活以及各行各业对综合气象条件的敏感程度和依从性的气象指标。因此,气象指数的设计是依据气象要素的敏感性和依从性,将各种气象要素进行综合的结果,并用不同的数学或者统计函数来表征(沈树勤 等,2003)。其设计思路的核心是找出具有敏感度的气象要素和气象指数之间的关系。敏感度越大,依从性也就越大,气象指数就越能表征它的真实性和正确性,适用性也越强。要正确反映这些气象条件的敏感度和依从性并不容易,需要深入生活深入各行各业进行大量调查、实验和现场观测试验,在此基础上,收集整理和分析大量的信息资料,利用统计学理论求算统计量,或用图形图表等方法来表征它们之间的关系,同时进行统计检验。某一个气象指数可以与多个气象要素有关,也可以按大小进行排序选取。

不同种类的气象指数函数有不同的表达方式,其一般的表达形式为

$$S_p = f(x_2, x_3, \cdots, x_n) \tag{3.1}$$

其中,S_p 为气象指数,是气象因子 x_i 的函数,其中,气象因子 x_i 是经过严格挑选的。气象指数是统计函数,可用线性或非线性数学式来表示。

环境气象指数设计的数学表达式如下:

$$S_p = f(x_1, x_2, x_3, \cdots x_n) = \begin{cases} [S_{p1}, S_{p2}] \Rightarrow Level_1 \Rightarrow text_1 \\ [S_{p3}, S_{p4}] \Rightarrow Level_2 \Rightarrow text_2 \\ \cdots\cdots \\ [S_{p_n}, S_{p_{n+1}}] \Rightarrow Level_n \Rightarrow text_n \end{cases}$$

其中,S_p 为气象指数值,$f(x)$ 为求算气象指数的函数,区间 $[S_{p_n}, S_{p_{n+1}}]$ 为气象指数值域,$Level_n$ 为气象指数的级别,$text_n$ 为对应级别的建议、措施等。

因为环境气象指数是一个隐式气象因子,不是直接预报对象,而是通过气象因子的预报之后转化为指数的预报对象。这里,为了求气象指数未来变化,可对式(3.1)求时间偏导,即:

$$\frac{\partial s_p}{\partial t} = \frac{\partial}{\partial t}(f(x_1, x_2, x_3, \cdots, x_n)) \tag{3.2}$$

显然将式(3.2)化为差分形式,则 t_0 时和 t_1 时的气象指数可由下式表示:

t_0 时气象指数为:

$$S_{P_{t_0}} = f(x_1, x_2, x_3, \cdots x_n)_{t_0} \tag{3.3}$$

t_1 时气象指数为:

$$S_{P_{t_1}} = f(x_1, x_2, x_3, \cdots, x_n)_{t_1} \tag{3.4}$$

m 时的气象指数可表示为:

$$S_{P_{t_m}} = f(x_1, x_2, x_3, \cdots, x_n)_{t_m}$$

由式(3.3)知 t_0 时刻的气象指数,必存在着与其有直接关系的气象因子,这些气象因子也是在 t_0 时刻,就是说 t_0 时刻所构成气象指数与 t_0 时刻的气象因子对应是具有适时性,但不具有预报性。

如果我们设定这些气象条件对气象指数构成的作用保持不变,那么由式(3.4)可以根据 t_1 (t_0)时刻的气象因子及其条件而求出对应的 t_2 (t_m)时刻气象指数,这就具有预报性,显然 t_1 时刻所涉及的气象因子及其条件是要素预报值。这些要素值的求取依托于基本气象预报系统或数值预报产品及对这些产品的修正来实现气象指数在不同时刻的预报。

3.1.2.2　气象指数预报的研究方法

应用气象学、天气学、统计学、经济学等理论和气象业务技术方法,分析气象条件对各领域社会经济指标的作用和影响机理,寻找关键气象影响因子和指标,建立各领域社会经济指标与气象因子的关系模型(严明良 等,2005),从而进行评估或预报。

常用方法如下:

(1)统计法建立回归方程

这种方法可用于定量化的气象指数(如空气污染指数、紫外线指数、疾病指数等)。

(2)因子加权法

这种方法可用于定性化的气象指数,从大量的调查、实验和观测记录中找出具有相关性的气象因子,再根据不同因子对预报量的影响程度赋予不同的权重,得出无量纲的分值,最后将这些分值累计起来作为预报量,即气象指数(如垂钓气象指数、感冒指数等)。

(3)经验模式法

这种方法是基于国内外已有的研究基础,根据预报量的不同和本地特征,进行必要的修正(如着装厚度气象指数,人体舒适度气象指数、风寒指数等)。

(4)历史资料反查法

有些气象指数与某一要素的相关性非常好,即对这种气象要素具有很好的依从性,则可根据二者的统计关系,直接用这种气象要素值域的变化作为气象指数的级别(如雨具携带气象指数、增减衣气象指数等)。

(5)延伸法

根据已经研制出的气象指数的原理,延伸到其他领域,再进行适当的修正,得出其他气象指数(如登山气象指数、夏季游泳气象指数)。

(6)数值预报法

用于定量化的、精度要求较高的气象指数预报,通过数值预报模式计算求得气象指数值(如空气污染指数、紫外线辐射指数等)。

3.2　四川省气象指数

目前,全国许多城市都开展了气象指数预报服务,但各地对指数的定义、算法、分级方法和关注的重点却有同有异,虽然个别指数已经有国家或行业标准,但至今还没有各个地区均适用的统一国家及行业标准。四川省《生活气象指数》地方标准于 2006 年 3 月出台,该标准是四川省气象局根据《中华人民共和国标准化法》规定,结合四川特殊的地形和气候特点等基本做法制定的,具有强烈的地方特色,为地方性推荐标准(四川省气象局专业气象台,2006)。下面介绍四川省业务工作中用到的一些生活类气象指数。

气象指数主要包括紫外线辐射指数、人体舒适度气象指数、垂钓气象指数、夏季游泳气象指数、着装厚度气象指数、晾晒气象指数、雨具携带气象指数、空调开机气象指数、登山气象指数、增减衣气象指数、高血压发病气象指数、冬季锻炼气象指数、夏季锻炼气象指数、夏季中暑气象指数、冬季风寒气象指数、感冒指数、空气质量指数、洗车指数、旅游指数等。

3.2.1　紫外线辐射指数

3.2.1.1　基本概念和紫外线指数级数

紫外线辐射指数是衡量某地正午前后到达地面的太阳光线中的紫外线辐射对人体皮肤、眼睛等组织和器官可能的损伤程度的指标,分为 6 级,紫外线辐射级数的划分见表 3.1。

3.2.1.2　紫外线辐射指数的划分

紫外线辐射指数的划分见表 3.2。

3.2.1.3　紫外线辐射指数预报方法

(1)紫外线辐射指数预报统计方法

用晴空日期的紫外线实际观测资料与数值预报模式提供的产品来建立紫外线强度预报方程,用来预报紫外线强度。

(2)紫外线指数预报模式方法

表 3.1　紫外线辐射级数的划分

级别	到达地面的紫外线辐射量 W/m²(280～400nm)	紫外线指数	紫外线辐射强度	对人体可能影响(皮肤晒红时间,min)	需采取的防护措施
1 级	<5	0,1,2	最弱	100～180	不需要采取防护措施
2 级	5～9.9	3,4	弱	60～100	可以适当采取一些防护措施。如:涂擦防护霜等
3 级	10～13.9	5,6	中等	30～60	外出时戴好遮阳帽、太阳镜和太阳伞等,涂擦 SPF 指数大于 15 的防晒霜
4 级	15～29.9	7,8,9	强	20～40	除上述防护措施外,10 时至 16 时时段避免外出或尽可能在遮荫处
5 级	≥30	≥10	很强	< 20	尽可能不在室外活动,必须外出时,要采取各种有效的防护措施

注:紫外线辐射级数的划分来自中国气象局下发的《紫外线指数预报业务服务暂行规定》。

表 3.2　紫外线指数的划分（280～400nm）

紫外线辐射量 （W/m²）	0	0.1～2.4	2.5～3.9	5.0～7.4	7.5～9.9	10～12.4
紫外线指数	0	1	2	3	4	5
紫外线辐射量 （W/m²）	12.5～13.9	15.0～19.9	20.0～23.9	25.0～29.9	≥30	
紫外线指数	6	7	8	9	10	

注：W/m² 为瓦每平方米。

晴空紫外线辐射理论计算：

这种理论计算方法，考虑大气分子散射作用、臭氧吸收及气溶胶的削弱作用，没有考虑云量的影响，因此，这种计算模式只适用于研究。

晴空瞬时 UV 总辐射通量密度参数化公式：

$$Q_{uv} = \eta \xi Q(a^2/r^2)$$

其中，Q_{uv} 为晴空紫外线总辐射，Q 为太阳总辐射，η 是 Q_{uv} 与 Q 的比值，通常取值为 0.043，ξ 为臭氧订正系数，通常取 1，a^2/r^2 为日地距离订正值。采用如下公式计算：

$$(a^2/r^2) = 1.00011 + 0.034221\cos d + 0.00128\sin d +$$
$$0.000719\cos 2d - 0.000077\sin 2d$$

$$d = (2m\pi/365)$$

m 为日数（正整数），以 1 月 1 日为零开始，到 12 月 31 日止。由于 1 月 1 日的 $(a/r)=0.9832$，7 月 1 日的 $(a/r)=1.01671$，与 1.0 偏差很小，所以不作日地距离订正也无妨。则紫外线的计算公式为：

$$Q = S_0(C_1 - C_2\tau) \cdot \sin h$$
$$Q_{uv} = 0.043Q$$

其中，S_0 为太阳常数，一般取为 1382 W/m²；C_1，C_2 为经验系数，分别取为 0.994，0.098；τ 为混浊度系数，对于空气污染较重的城市 $\tau \in [3.5,4.5]$，中小城市 $\tau \in [2.5,3.5]$，乡村 $\tau \in [1.5, 2.5]$，h 为太阳高度角。

$$\sin h = \sin\varphi\sin\delta + \cos\varphi\cos\delta\cos\omega$$

其中，φ 为城市纬度，δ 为太阳赤纬，ω 为时角。

任意时段（$\omega_1 \sim \omega_2$）内的 UV 总量：

$$Q_r = \int_{\omega_1}^{\omega_2} Q_{uv} \cdot \mathrm{d}\omega$$

根据晴空紫外线理论计算模型，引入云量，建立如下预报模式：

$$y = CAF \times Q_{uv}/25$$
$$Q_{uv} = 0.043Q$$
$$Q = S_0(C_1 - C_2 \cdot Z) \cdot \sin h$$
$$\sin h = \sin(dblat)\sin(selat) + \cos(dblat)\cos(selat)\cos\omega$$

其中，Q_{uv} 为晴天紫外线总辐射，Q 为太阳总辐射，y 为紫外线指数，S_0 为太阳常数（$S_0 = 1382$ W/m²），$C_1 = 0.944$，$C_2 = 0.063$，$selat$ 为太阳赤纬，$dblat$ 为城市纬度，ω 为时角，Z 为混浊度系数，CAF 为由于云量而引起的紫外线总辐射衰减量：

$0 \leqslant N_t < 1$(晴空)：$CAF = 0.992$

$1 \leqslant N_t < 3$(少云)：$CAF = 0.896$

$3 \leqslant N_t < 8$(多云)：$CAF = 0.726$

$N_t \geqslant 8$(阴天)：$CAF = 0.316$

3.2.2　人体舒适度指数

3.2.2.1　基本概念和指数分级

人体舒适度指数是表征考虑了气温、湿度、风等气象要素对人体的综合作用后，一般人群对外界气象环境感受到的舒适与否及其程度，分为九级，人体舒适度指数分级划分见表 3.3。

表 3.3　人体舒适度指数等级划分

等级	指数范围	服务用语
−4 级	$I < 25$	寒冷，感觉极不舒适
−3 级	$25 \leqslant I < 40$	冷，感觉不舒适
−2 级	$40 \leqslant I < 50$	偏冷或较冷，大部分人感觉不舒适
−1 级	$50 \leqslant I < 60$	偏凉或凉，部分人感觉不舒适
0 级	$60 \leqslant I < 70$	普遍感觉舒适
1 级	$70 \leqslant I < 75$	偏热或较热，部分人感觉不舒适
2 级	$75 \leqslant I < 80$	热，感觉不舒适
3 级	$80 \leqslant I < 85$	闷热，感觉很不舒适
4 级	$I \geqslant 85$	极热，感觉极不舒适

3.2.2.2　人体舒适度指数的计算方法

计算公式

$$I = T - 0.55(1 - RH)(T - 58)$$

其中，I 为人体舒适度；T(℉)为环境温度预报值，T(℉)$= T$(℃)$\times 9/5 + 32$；RH 为相对湿度预报值(精确到 0.01)。

3.2.3　垂钓气象指数

3.2.3.1　基本概念和指数分级

垂钓气象指数是表征季节变化和气象要素对垂钓活动的影响程度，分为 6 级，垂钓气象指数的分级划分见表 3.4。

表 3.4　垂钓气象指数的划分

分级	指数	服务用语
1 级	$C = 5$	气象条件极佳，非常利于垂钓
2 级	$C = 4$	气象条件较好，利于垂钓
3 级	$C = 3$	气象条件尚可，可考虑垂钓
4 级	$C = 2$	气象条件偏差，不太利于垂钓
5 级	$C = 1$	气象条件很差，不利垂钓
6 级	$C = 0$	气象条件极差，不考虑垂钓

3.2.3.2　垂钓气象指数的计算方法

计算公式

$$C = x_1 + x_2 + x_3 + x_4 + x_5$$

其中

x_1 的确定：

春季：最高气温 12～30 ℃，最高气温－最低气温＝4～6 ℃。符合条件：＋1，不符合：0

夏季：最高气温 18～30 ℃，最高气温－最低气温＝6～8 ℃。符合条件：＋1，不符合：0

秋季：最高气温 12～30 ℃，最高气温－最低气温＝4～6 ℃。符合条件：＋1，不符合：0

冬季：最高气温 8～25 ℃，最高气温－最低气温＝2～4 ℃。符合条件：＋1，不符合：0

x_2 的确定：

天气现象：有利条件：晴、小雨、雾转晴、雷阵雨转晴、强冷空气刚影响或影响前。x_2 符合条件：＋1，不符合条件：0

x_3 的确定：

风速：有利条件：1～4 级风。x_3 符合条件：＋1，不符合条件：0

x_4 的确定：

风向：天气晴好：南风、东南风；雾转晴（春、秋季）：北转南风，偏南风；小雨：南风、北风都有利。x_4 符合条件：＋1，不符合条件：0

x_5 的确定：

气压：天气晴好：大于等于 1005 hPa，阴天或下雨：大于等于 1000 hPa。x_5 符合条件：＋1，不符合条件：0

C 为垂钓气象指数的级数判别值；

x_1、x_2、x_3、x_4、x_5 为不同气象因子对垂钓影响的权重值。

3.2.4　夏季游泳气象指数

3.2.4.1　基本概念和指数分级

夏季游泳气象指数是表征气温、湿度、云量、风、降水等气象要素对人体的综合作用后，露天游泳的适合与否及其程度，分为 6 级，夏季游泳气象指数分级划分见表 3.5。

表 3.5　夏季游泳气象指数分级

等级	指数范围	服务用语
1 级	$85 < S$	非常适宜游泳
2 级	$75 < S \leqslant 85$	比较适宜游泳
3 级	$60 < S \leqslant 75$	基本适宜游泳
4 级	$40 < S \leqslant 60$	不太适宜游泳
5 级	$S \leqslant 40$	不适宜游泳

3.2.4.2　夏季游泳气象指数的计算方法

计算公式

$$S = T - 0.55(1 - R_H)(T - 58)$$

其中,S 为夏季游泳气象指数;$T(℉)$ 为环境温度预报值;$T(℉)=T(℃)\times 9/5+32$;R_H 为相对湿度预报值(精确到 0.01)。

3.2.5　着装厚度气象指数

3.2.5.1　基本概念和指数分级

着装厚度气象指数是指根据天空状况、气温、湿度及风等气象要素对人体感觉温度的影响,为了使人的体表温度保持恒定或使人体保持舒适状态所需穿着衣服的标准厚度,分为 9 级,着装厚度气象指数分级见表 3.6。

表 3.6　着装厚度气象指数分级

等级	指数范围	服务用语
1 级	$H\leqslant 1.5$	短薄炎夏装
2 级	$1.5<H\leqslant 4$	短夏装
3 级	$4<H\leqslant 6$	夏装,长袖衬衣/衬衣
4 级	$6<H\leqslant 8$	春秋装,衬衣+马甲/衬衣+夹克
5 级	$8<H\leqslant 11$	春秋装,衬衣+西装/衬衣+薄毛衣
6 级	$11<H\leqslant 14$	晚秋装,薄毛衣+西装/薄毛衣+外套
7 级	$14<H\leqslant 18$	初冬装,毛衣+薄呢外套/毛衣+薄棉衣
8 级	$18<H\leqslant 22$	冬装,厚毛衣+棉衣/厚毛衣+呢外套
9 级	$H>22$	隆冬装,羽绒服等

3.2.5.2　着装厚度气象指数计算方法

计算公式

$$H = 0.61\times(33-T_{max})/(1-0.01165V^2)$$

其中,H 为着装厚度气象指数;V 为环境风力;T_{max} 为最高气温;T_{min} 为最低气温;R_H 为最小相对湿度。

当 $T_{max}\leqslant 18$ 时,且 $R_H\geqslant 60$

$$H_1 = (1.24-0.4R_H/100)\times 0.61\times(33-T_{max})/(1-0.01165V^2)$$

当 $18<T_{max}<26$ 时,或 $T_{max}\leqslant 18$ ℃且 $R_H<60$,或 $T_{max}\geqslant 26$ ℃且 $R_H<60$

$$H_1 = 0.61(33-T_{max})/(1-0.01165V^2)$$

当 $T_{max}\geqslant 26$ 时,且 $R_H\geqslant 60$

$$H_1 = (1.24+0.4R_H/100)\times 0.61\times(33-T_{max})/(1-0.1165V^2)$$

订正值:

1)当 $T_{max}-T_{min}<8$ 时,$H=H_1$;

2)当 $T_{max}-T_{min}>10$ 时,$H=H_1+2$;

3)当 $8\leqslant T_{max}-T_{min}\leqslant 10$ 时,$H=H_1+1$。

3.2.6　晾晒气象指数

3.2.6.1　基本概念和指数分级

晾晒气象指数是指在气温、湿度、风速、总云量、降水等气象要素的影响下,对适宜晾晒衣物的影响程度,分为 5 级,晾晒气象指数分级划分见表 3.7。

表 3.7 晾晒气象指数分级

等级	夏半年(4—9 月)	冬半年(10 月至次年 3 月)	服务用语
1 级	$Y \geqslant 5.7$	$Y \geqslant 3.2$	很适宜晾晒
2 级	$3.9 < Y < 5.7$	$0.9 < Y < 3.2$	适宜晾晒
3 级	$Y \leqslant 3.9$	$Y \leqslant 0.9$	基本适宜晾晒
4 级	阵性小雨(或风 4~5 级)	阵性小雨(或风 4~5 级)	可适时晾晒
5 级	小雨或小雨以上量级的降雨(或风 ≥6 级)	小雨或小雨以上量级的降雨(或风 ≥6 级)	不适宜晾晒

3.2.6.2 晾晒气象指数的计算方法

计算公式

$$Y = 5.85 + 0.17T_{max} - 7.3R_H + 0.08F - 0.09X$$

其中,Y 为晾晒气象指数;T_{max} 为日最高气温;R_H 为日平均相对湿度;F 为日平均风速;X 为总云量。

3.2.7 雨具携带气象指数

3.2.7.1 基本概念和指数分级

雨具携带气象指数是表征在有降水天气现象出现时,外出需要携带雨具的可能性,分为 5 级,雨具携带气象指数级数划分见表 3.8。

表 3.8 雨具携带气象指数级数

等级	指数范围	服务用语
1 级	$Y = 1$	不必带雨具
2 级	$Y = 2$	可以不带雨具
3 级	$Y = 3$	应考虑带雨具
4 级	$Y = 4$	最好带上雨具
5 级	$Y = 5$	一定要带雨具

3.2.7.2 雨具携带气象指数确定方法

Y 值的确定

当天空状况为:晴,晴间少云,晴间多云,多云间晴,晴转多云,多云间晴,多云,晴间阴,多云间阴,阴间多云,多云转阴,阴转多云,阴间晴,阴有短时多云,阴天,阴转晴,晴转阴时,$Y = 1$;

当天空状况为:阴有微雨,阴有零星小雨(雪),有短时阵雨(微雨,小雨),有短时阵雪(小雪)时,$Y = 2$;

当天空状况为:阴有短时阵雨(雪),阴有阵雨(雪),局部小雪(阵雪),有小阵雪时,$Y = 3$;

当天空状况为:小雨(阵雨),部分地区有小雨(阵雨,雷阵雨),小雪(阵雪),部分地区有小雪(阵雪)时,$Y = 4$;

当天空状况为:小到中雨(雪),中雨(雪),中到大雨,大雨(雪),大到暴雨,暴雨,大暴雨,特

大暴雨时, $Y=5$;

3.2.8　空调开机气象指数

3.2.8.1　基本概念和指数分级

空调开机气象指数是指在一定的温度、湿度气象条件对人体的影响下,空调开机的概率,冬、夏季各分 6 级,空调开机气象指数分级划分见表 3.9 和表 3.10。

3.2.8.2　空调开机气象指数的确定方法

1)当 $T_{max} \leqslant 24$ ℃, $I=10$;

2)当 24 ℃ $< T_{max} \leqslant 28$ ℃, $R_{H_{min}} \leqslant 65\%$, $I=10$;

3)当 24 ℃ $< T_{max} \leqslant 28$ ℃, $R_{H_{min}} > 65\%$, $I=20$;

4)当 28 ℃ $< T_{max} \leqslant 30$ ℃, $R_{H_{min}} \leqslant 65\%$, $I=20$;

5)当 28 ℃ $< T_{max} \leqslant 30$ ℃, $R_{H_{min}} > 65\%$, $I=30$;

6)当 30 ℃ $< T_{max} \leqslant 32$ ℃, $R_{H_{min}} \leqslant 65\%$, $I=30$;

7)当 30 ℃ $< T_{max} \leqslant 32$ ℃, $R_{H_{min}} > 65\%$, $I=40$;

8)当 32 ℃ $< T_{max} \leqslant 35$ ℃, $R_{H_{min}} \leqslant 50\%$, $I=40$;

9)当 32 ℃ $< T_{max} \leqslant 35$ ℃, $R_{H_{min}} > 50\%$, $I=50$;

10)当 35 ℃ $< T_{max}$, $I=60$。

T_{max} 为气温最大值; $R_{H_{min}}$ 为相对湿度最小值。

表 3.9　空调开机气象指数分级(冬季)(I 即日最高气温)

等级	指数(I)	服务建议
1 级	>12	暖和,不必开机
2 级	$8 \sim 12$	舒适,极少人需要开机
3 级	$4 \sim 8$	稍冷,少数人需要开机
4 级	$0 \sim 4$	冷,部分人需要开机
5 级	$-5 \sim 0$	很冷,多数人需开机
6 级	< -5	极冷,普遍需开机取暖

表 3.10　空调开机气象指数分级(夏季)(当气温 <24 ℃时,不考虑湿度的影响)

等级	指数(I)	服务建议
1 级	10	凉快,不必开机
2 级	20	舒适,极少人需要开机
3 级	30	稍热,少数人需要开机
4 级	40	热,部分人需要开机
5 级	50	很热,多数人需开机
6 级	60	酷热,普遍需开机降温

3.2.9　登山气象指数

3.2.9.1　基本概念和指数分级

登山气象指数是表征环境温度、相对湿度、降雨(雪)等气象要素对登山活动的影响程度,分为 5 级,登山气象指数分级划分见下表 3.11。

表 3.11 登山气象指数分级

等级	指数范围 D	服务用语
1 级	$60<D\leqslant70$	非常适宜登山
2 级	$50<D\leqslant60$ 或 $70<D\leqslant76$	适宜登山
3 级	$40<D\leqslant50$ 或 $76<D\leqslant79$	基本适宜登山
4 级	$25<D\leqslant40$ 或 $79<D\leqslant90$	不太适宜登山
5 级	$D\leqslant25$ 或 $90<D$	不适宜登山

3.2.9.2 登山气象指数的计算方法

计算公式

$$D = T - 0.55(1-R_H)(T-58)$$

其中,D 为登山气象指数;$T(℉)$为环境温度预报值,$T(℉)=T(℃)\times9/5+32$;R_H 为相对湿度预报值(0.01)。

注:在有降雨(雪)天气产生时,小雨、零星小雨为 4 级,小雨以上量级降水、小雪、雨夹雪为 5 级。

3.2.10 增减衣气象指数

3.2.10.1 基本概念和指数级数

增减衣气象指数是指根据气温的高低和变化幅度对人体的影响,考虑增减衣物的程度,分为 5 级,增减衣气象指数级数划分见表 3.12。

表 3.12 增减衣气象指数级数划分

等级	指数范围	服务用语
1 级	$Z=1$	气温明显升高,请减衣
2 级	$Z=2$	气温有所上升,可考虑减衣
3 级	$Z=3$	温度变化不大,着装厚度可保持不变
4 级	$Z=4$	气温有所下降,可考虑加衣
5 级	$Z=5$	气温明显降低,请加衣

3.2.10.2 增减衣气象指数确定方法

$Z=1$ $TM-TMQ\geqslant9$

$Z=2$ $4<TM-TMQ\leqslant9$

$Z=3$ $-4<TM-TMQ\leqslant4$

$Z=4$ $-9<TM-TMQ\leqslant-4$

$Z=5$ $TM-TMQ\leqslant-9$

其中,TM 为最高温度预报值;TMQ 为最高温度实况值。

3.2.11 高血压发病气象指数

3.2.11.1 基本概念和指数级数

高血压发病气象指数是指气压、气温等气象要素的升降对高血压发病率的影响程度,分为

5 级,高血压发病气象指数分级划分见表 3.13。

表 3.13 高血压发病气象指数分级

级数	指数范围(Y 值)	用语
1 级	1	发病率低
2 级	2	发病率较低
3 级	3	发病率正常
4 级	4	发病率较高
5 级	5	发病率高

3.2.11.2 高血压发病气象指数的计算方法

计算公式

$$Y = (Y_1 + Y_2)/2$$

其中,Y_1 为 24 小时变温的权重(日平均气温);Y_2 为 24 小时变压的权重(日平均气压);Y_1,Y_2 的计算方法:

当 $|\Delta T_{24}| < 2\ ℃$ 时,$Y_1 = 1$;

当 $2\ ℃ \leqslant |\Delta T_{24}| < 5\ ℃$ 时,$Y_1 = 2$;

当 $5\ ℃ \leqslant |\Delta T_{24}| < 8\ ℃$ 时,$Y_1 = 3$;

当 $8\ ℃ \leqslant |\Delta T_{24}| < 10\ ℃$ 时,$Y_1 = 4$;

当 $|\Delta T_{24}| \geqslant 10\ ℃$ 时,$Y_1 = 5$;

当 $|\Delta P_{24}| < 2\ hPa$ 时,$Y_2 = 1$;

当 $2\ hPa \leqslant |\Delta P_{24}| < 4\ hPa$ 时,$Y_2 = 2$;

当 $4\ hPa \leqslant |\Delta P_{24}| < 6\ hPa$ 时,$Y_2 = 3$;

当 $6\ hPa \leqslant |\Delta P_{24}| < 8\ hPa$ 时,$Y_2 = 4$;

当 $|\Delta P_{24}| \geqslant 8\ hPa$ 时,$Y_2 = 5$。

3.2.12 冬季锻炼气象指数

3.2.12.1 基本概念和指数级数

冬季锻炼气象指数是指冬季气温、风力、能见度、降水等气象要素对人体锻炼的影响程度,分为 5 级,冬季锻炼气象指数分级划分见表 3.14。

表 3.14 冬季锻炼气象指数分级

级数	指数范围(Y 值)	用语
1 级	$Y \leqslant 4$	很适宜
2 级	$4 < Y \leqslant 8$	适宜
3 级	$8 < Y \leqslant 12$	基本适宜
4 级	$12 < Y \leqslant 16$	不太适宜
5 级	$Y > 16$	不适宜

3.2.12.2 冬季锻炼气象指数的计算方法

计算公式

$$Y = y_1 + y_2 + y_3 + y_4 \text{(包括早晨和傍晚)}$$

y_1 的确定

1)能见度≥10000 m，$y_1=1$；

2)10000 m＜能见度＜1000 m，$y_1=2$；

3)500 m＜能见度≤1000 m，(即有雾)$y_1=4$；

4)100 m＜能见度≤500 m，(即有雾)$y_1=6$；

5)能见度≤100 m，(即有浓雾)$y_1=8$。

y_2 的确定

1)气温≥20 ℃，$y_2=1$；

2)10 ℃≤气温＜20 ℃，$y_2=2$；

3)0 ℃≤气温＜10 ℃，$y_2=3$；

4)气温＜0 ℃，≥−10 ℃，$y_2=5$。

y_3 的确定

1)风力≤2 级，$y_3=1$；

2)风力为 2～3 级，$y_3=3$；

3)风力为 3 级，$y_3=5$；

4)风力≥4 级，$y_3=8$。

y_4 的确定

1)晴、晴间多云、多云间晴、多云、多云间阴，$y_4=1$；

2)阴间多云、阴(无雨)，$y_4=2$；

3)阴有微雨(基本不会湿衣)，$y_4=4$；

4)阴有可能会湿衣的雨，$y_4=10$。

3.2.13　夏季锻炼气象指数

3.2.13.1　基本概念和指数级数

夏季锻炼气象指数是指气温、风力、湿度、天空状况等气象要素对夏季锻炼的影响程度，分为 5 级，夏季锻炼气象指数分级划分见表 3.15。

表 3.15　夏季锻炼气象指数分级

级数	指数范围(Y值)	用语
1 级	$Y\leqslant4$	很适宜
2 级	$4＜Y\leqslant8$	适宜
3 级	$8＜Y\leqslant12$	基本适宜
4 级	$12＜Y\leqslant16$	不太适宜
5 级	$Y＞16$	不适宜

3.2.13.2　夏季锻炼气象指数的计算方法

计算公式

$$Y = y_1 + y_2 + y_3 + y_4 \text{(包括早晨和傍晚)}$$

y_1 的确定

1)气温<20 ℃,y_1=1;

2)20 ℃≤气温<27 ℃,y_1=2;

3)27 ℃≤气温<35 ℃,y_1=3;

4)气温≥35 ℃,y_1=5。

y_2 的确定

1)相对湿度<50%,y_2=1;

2)50%≤相对湿度<70%,y_2=2;

3)70%≤相对湿度<85%,y_2=3;

4)相对湿度≥85%,y_2=5。

y_3 的确定

1)风力≤2 级,y_3=1;

2)风力为 2~3 级,y_3=2;

3)风力为 3~4 级,y_3=3;

4)风力为 4~5 级,y_3=4;

5)风力≥5 级,y_3=6。

y_4 的确定

1)晴、晴间多云、多云间晴、多云、多云间阴,y_4=1;

2)阴间多云、阴(无雨),y_4=2;

3)阴有微雨(或零星小雨)(基本不会湿衣),y_4=5;

4)阴有可能会湿衣的雨,y_4=15。

3.2.14　夏季中暑气象指数

3.2.14.1　基本概念和指数级数

夏季中暑气象指数是指在高温高湿或强辐射的气象条件下,一般人群发生中暑的概率,分为 5 级,夏季中暑气象指数分级划分见表 3.16。

表 3.16　夏季中暑气象指数分级

级数	指数范围(M 值)	用语
1 级	$M<55$	基本不会中暑
2 级	$55≤M<60$	室外作业者需预防中暑
3 级	$60≤M<65$	比较容易中暑
4 级	$65≤M<70$	容易中暑
5 级	$M≥70$	很容易中暑

3.2.14.2　夏季中暑气象指数 M 的计算方法

计算公式

$$M = 36 \times T/20 + 5 \times R_H \times (T-20)/20 - (33-T)/27 \times F$$

其中,T(℉)为环境温度预报值,T(℉)=T(℃)×9/5+32;R_H 为相对湿度预报值;F 为风的级数。

3.2.15 冬季风寒气象指数

3.2.15.1 基本概念和指数分级

冬季风寒气象指数是表征冬季考虑了冬季气温、风速综合作用对人体舒适度的影响程度，分为9级，冬季风寒气象指数分级划分见表3.17。

表 3.17 冬季风寒气象指数分级

级数	指数范围(h值)	级别	用语
1级	$h<270$	b	暖
2级	$270\leqslant h<490$	A	舒适
3级	$490\leqslant h<580$	B	偏凉
4级	$580\leqslant h<620$	C	偏冷
5级	$620\leqslant h<750$	D	较冷
6级	$750\leqslant h<850$	E	冷
7级	$850\leqslant h<960$	F	很冷
8级	$960\leqslant h<1100$	G	寒冷
9级	$h\geqslant 1100$	H	极其寒冷

3.2.15.2 冬季风寒气象指数的计算方法

计算公式

$$h = (33 - T)/(19 + (9 \times \mathrm{sqr}(F + 0.5)) - F)$$

其中，h为冬季风寒气象指数；F为风速；$T(℉)$为环境温度预报值，$T(℉)=T(℃)\times 9/5+32$。

3.2.16 感冒指数

3.2.16.1 基本概念和指数分级

感冒指数是表征温度、气压、湿度等气象要素及其变化与感冒病人发病率关系的一种量，分为4级，感冒指数分级划分见表3.18。

表 3.18 感冒指数分级

级数	指数范围(CCI值)	用语
1级	$\leqslant 6$	感冒病人偏少
2级	$6<CCI<20$	感冒病人开始增加
3级	$20\leqslant CCI\leqslant 30$	感冒病人明显增加
4级	$30<CCI$	感冒病人急剧增加

3.2.16.2 感冒指数的计算方法

计算公式

$$CCI = TDC + TMM + H + P$$

其中，CCI为感冒指数；TDC为气温日变化对感冒指数大小的贡献；TMM为温度日较差对感冒指数大小的贡献；H 为湿度对感冒指数大小的贡献；P 为气压对感冒指数大小的贡献。

各相关气象要素对感冒指数的贡献值见表 3.19。

表 3.19　相关气象要素对感冒指数分级

TDC	0	5	20	30
最低温度日变化(℃)	$\geqslant -4$	$-7 \sim -4$	$-10 \sim -8$	< -10
TMM	0	5	10	15
气温日较差(℃)	< 7.9	$8 \sim 9.9$	$10 \sim 12.9$	$\geqslant 13$
H	0	3	6	
相对湿度(%)	$\geqslant 50$	$30 \sim 50$	< 30	
P	0	10		
气压(hPa)	< 1030	$\geqslant 1030$		

3.2.17　空气质量指数

3.2.17.1　基本概念和指数分级

空气质量指数(Air Quality Index，简称 AQI)是定量描述空气质量状况的无量纲指数。针对单项污染物的还规定了空气质量分指数(Individual Air Quality Index)。参与空气质量评价的主要污染物为细颗粒物、可吸入颗粒物、二氧化硫、二氧化氮、臭氧、一氧化碳等六项。

2012 年 2 月中华人民共和国环境保护部出台的第 8 号公告规定，将用空气质量指数(AQI)替代原有的空气污染指数(API)。AQI 共分六级，从一级优，二级良，三级轻度污染，四级中度污染，直至五级重度污染，六级严重污染。当 $PM_{2.5}$ 日均值浓度达到 150 $\mu g/m^3$ 时，AQI 即达到 200；当 $PM_{2.5}$ 日均浓度达到 250 $\mu g/m^3$ 时，AQI 即达 300；$PM_{2.5}$ 日均浓度达到 500 $\mu g/m^3$ 时，对应的 AQI 指数达到 500。

空气质量按照空气质量指数大小分为 6 级，相对应空气质量的六个类别，指数越大、级别越高，说明污染的情况越严重，对人体的健康危害也就越大。

根据《环境空气质量指数(AQI)技术规定(试行)》(HJ 633—2012)(环境空气质量指数(AQI)技术规定,2012)规定：空气污染指数划分为 0～50、51～100、101～150、151～200、201～300 和大于 300 六档，对应于空气质量的六个级别，指数越大，级别越高，说明污染越严重，对人体健康的影响也越明显。空气质量指数级别根据表 3.20 规定进行划分。

空气污染指数为 0～50，空气质量级别为一级，空气质量状况属于优。此时，空气质量令人满意，基本无空气污染，各类人群可正常活动。

空气污染指数为 51～100，空气质量级别为二级，空气质量状况属于良。此时空气质量可接受，但某些污染物可能对极少数异常敏感人群健康有较弱影响，建议极少数异常敏感人群应减少户外活动。

空气污染指数为 101～150，空气质量级别为三级，空气质量状况属于轻度污染。此时，易感人群症状有轻度加剧，健康人群出现刺激症状。建议儿童、老年人及心脏病、呼吸系统疾病患者应减少长时间、高强度的户外锻炼。

空气污染指数为 151～200，空气质量级别为四级，空气质量状况属于中度污染。此时，进一步加剧易感人群症状,可能对健康人群心脏、呼吸系统有影响,建议疾病患者避免长时间、高强度的户外锻练,一般人群适量减少户外运动。

空气污染指数为 201～300,空气质量级别为五级,空气质量状况属于重度污染。此时,心脏病和肺病患者症状显著加剧,运动耐受力降低,健康人群普遍出现症状,建议儿童、老年人和心脏病、肺病患者应停留在室内,停止户外运动,一般人群减少户外运动。

空气污染指数大于 300,空气质量级别为六级,空气质量状况属于严重污染。此时,健康人群运动耐受力降低,有明显强烈症状,提前出现某些疾病,建议儿童、老年人和病人应当留在室内,避免体力消耗,一般人群应避免户外活动。

表 3.20　空气质量指数及相关信息

空气质量指数	空气质量指数级别	空气质量指数类别及表示颜色		对健康影响情况	建议采取的措施
0～50	一级	优	绿色	空气质量令人满意,基本无空气污染	各类人群可正常活动
51～100	二级	良	黄色	空气质量可接受,但某些污染物可能对极少数异常敏感人群健康有较弱影响	极少数异常人群应减少户外活动
101～150	三级	轻度污染	橙色	易感人群症状有轻度加剧,健康人群出现刺激症状	儿童、老年人及心脏病、呼吸系统疾病患者减少长时间、高强度的户外锻炼
151～200	四级	中度污染	红色	进一步加剧易感人群症状,可能对健康人群心脏、呼吸系统有影响	儿童、老年人及心脏病、呼吸系统疾病患者避免长时间、高强度的户外锻炼,一般人群适量减少户外运动
201～300	五级	重度污染	紫色	心脏病和肺病患者症状显著加剧,运动耐受力降低,健康人群普遍出现症状	儿童、老年人和心脏病、肺病患者应停留在室内,停止户外运动,一般人群减少户外运动
>300	六级	严重污染	褐红色	健康人群运动耐受力降低,有明显强烈症状,提前出现某些疾病	儿童、老年人和病人应当留在室内,避免体力消耗,一般人群应避免户外活动

3.2.17.2　空气质量分指数的分级方案与计算方法

(1)空气质量分指数级别及对应的污染物项目浓度限值见表 3.21。

(2)污染物项目 P 的空气质量分指数按下式计算:

$$IAQI_p = \frac{IAQI_{Hi} - IAQI_{Lo}}{BP_{Hi} - BP_{Lo}}(C_p - BP_{Lo}) + IAQI_{Lo}$$

其中,$IAQI_p$ 为污染物项目 P 的空气质量分指数;C_p 为污染物项目 P 的质量浓度值;BP_{Hi} 为表 3.21 中与 C_p 相近的污染物浓度限值的高位值;BP_{Lo} 为表 3.21 中与 C_p 相近的污染物浓度限值的低位值;$IAQI_{Hi}$ 为表 3.21 中与 BP_{Hi} 对应的空气质量分指数;$IAQI_{Lo}$ 为表 3.21 中与 BP_{Lo} 对应的空气质量分指数。

(3)空气质量指数及首要污染物的确定方法

空气质量指数按下式计算：

$$AQI = \max[IAQI_1, IAQI_2, IAQI_3, \cdots, IAQI_n]$$

其中，$IAQI_n$ 为空气质量分指数；n 为污染物项目。

首要污染物(primary pollutant)是指 AQI 大于 50 时，$IAQI$ 最大的污染物。若 $IAQI$ 最大的污染物为两项或两项以上时，并列为首要污染物。

超标污染物(non-attainment pollutant)为浓度超过国家环境空气质量二级标准的污染物，即 $IAQI$ 大于 100 的污染物。

表 3.21　空气质量分指数及对应的污染物项目浓度限值

空气质量分指数 ($IAQI$)	污染物项目浓度限值									
	二氧化硫 (SO_2) 24 h平均/ ($\mu g/m^3$)	二氧化硫 (SO_2) 1 h平均/ ($\mu g/m^3$)[1]	二氧化氮 (NO_2) 24 h平均/ ($\mu g/m^3$)	二氧化氮 (NO_2) 1 h平均/ ($\mu g/m^3$)[1]	颗粒物 (粒径小于等于 10 μm) 24 h平均/ ($\mu g/m^3$)	一氧化碳 (CO) 24 h平均/ (mg/m^3)	一氧化碳 (CO) 1 h平均/ (mg/m^3)[1]	臭氧(O_3) 1 h平均/ ($\mu g/m^3$)	臭氧(O_3) 8 h滑动平均/ ($\mu g/m^3$)	颗粒物 (粒径小于等于 2.5 μm) 24 h平均/ ($\mu g/m^3$)
0	0	0	0	0	0	0	0	0	0	0
50	50	150	40	100	50	2	5	160	100	35
100	150	500	80	200	150	4	10	200	160	75
150	475	650	180	700	250	14	35	300	215	115
200	800	800	280	1200	350	24	60	400	265	150
300	1600	(2)	565	2340	420	36	90	800	800	250
400	2100	(2)	750	3090	500	48	120	1000	(3)	350
500	2620	(2)	940	3840	600	60	150	1200	(3)	500
说明	(1)二氧化硫(SO_2)，二氧化碳(NO_2)和一氧化碳(CO)的 1 h平均浓度限值仅用于实时报，在日报中需使用相应污染物的 24 h平均浓度限值。 (2)二氧化硫(SO_2)1 h平均浓度值高于 800 $\mu g/m^3$ 的，不再进行其空气质量分指数计算，二氧化硫(SO_2)空气质量分指数按 24 h平均浓度计算的分指数报告。 (3)臭氧(O_3)8 h平均浓度值高于 800 $\mu g/m^3$ 的，不再进行其空气质量分指数计算，臭氧(O_3)空气质量分指数按 1 h平均浓度计算的分指数报告。									

3.2.18　洗车指数

3.2.18.1　基本概念

洗车指数是考虑过去 12 h 和未来 24 h 内有无雨雪天气，路面是否有积雪和泥水，是否容易使亮车溅上泥水，是否有沙尘天气等条件，给广大爱车族提供是否适宜洗车的建议。

3.2.18.2　指数分级及预报量范围

洗车指数分为 5 级，分级划分见表 3.22。级数越高，就越不适宜洗车。

表 3.22　洗车指数分级及预报量范围

强度	指数	预报量范围	服务用语
适宜	1	3 d 内微风无雨	适宜洗车,蓝天白云将伴随您的交通伴侣连日清新洁净
较适宜	2	2~3 d 内有风无雨	较适宜洗车,但风力较大,擦洗的汽车会蒙上灰尘
一般适宜	3	未来 2~3 d 有短时阵雨	擦洗汽车虽然不是很理想,但勤快的驾驶员仍可擦洗汽车,让交通伴侣干净漂亮
不太适宜	4	未来 2~3 d 雨转晴	擦洗汽车有些影响,司机朋友可以选在转晴后擦洗汽车
不适宜	5	未来 3 d 连阴雨天气	不适宜洗车,请您连续收听洗车气象指数预报,以便选择一理想的擦洗汽车的好天气

3.2.19　旅游指数

3.2.19.1　基本概念和指数分级

旅游指数是气象部门根据天气的变化情况,结合气温、风速和具体的天气现象,从天气的角度出发给市民提供的出游建议。一般天气晴好,温度适宜的情况下最适宜出游;而酷热或严寒的天气条件下,则不适宜外出旅游。旅游指数还综合了体感指数、穿衣指数、感冒指数、紫外线指数等生活气象指数,给市民提供更加详细实用的出游提示。旅游指数分为 4 级,分级划分见表 3.23。级数越高,越不适应旅游。

表 3.23　旅游气象指数分级

等级	指数范围	服务用语
1 级	$50 < Z \leqslant 76$	条件较好,适宜旅游
2 级	$40 < Z \leqslant 50$ 或 $76 < Z \leqslant 79$	条件一般,基本适宜旅游;针对不利气象条件,采取一定的防护措施,或选择室内旅游景点游览
3 级	$25 < Z \leqslant 40$ 或 $79 < Z \leqslant 90$	条件较差,不太适宜旅游;尽量减少外出,一定要外出旅游者,应针对某些不利气象条件做好充分的准备、采取相应措施
4 级	$Z \leqslant 25$ 或 $90 < Z$	条件差,不适宜旅游;一般不要外出旅游

3.2.19.2　旅游指数的计算方法

计算公式

$$Z = T - 0.55(1 - R_H)(T - 58)$$

其中,$T(℉)$ 为环境温度预报值,$T(℉) = T(℃) \times 9/5 + 32$;$R_H$ 为相对湿度预报值(精确到 0.01)。

在有降雨(雪)天气产生时,小雨、零星小雨为 3 级,小雨以上量级降水、小雪、雨夹雪为 4 级。

3.3　其他气象指数

3.3.1　温湿指数

温湿指数的计算式是由俄国学者的有效温度计算式演变而来,它的物理意义是湿度订正以后的温度。温湿指数通过湿度与温度的综合作用来反映人体与周围环境的热量交换。温湿指数分为 9 级,分级划分见表 3.24。

表 3.24　温湿指数分级

级数	范围	感觉状况	级别	数量赋值
1 级	<40	极冷,极不舒适	e	−1
2 级	40～45	寒冷,不舒适	d	0
3 级	45～55	偏冷,较不舒适	c	1
4 级	55～60	清凉,舒适	b	2
5 级	60～65	凉,非常舒适	A	3
6 级	65～70	暖,舒适	B	2
7 级	70～75	偏热,较舒适	C	1
8 级	75～80	闷热,不舒适	D	0
9 级	>80	极其闷热,极不舒适	E	−1

温湿指数(THI)通常采用下列的公式来计算

$$THI = T - 0.55(1 - f) \times (T - 58)$$
$$T = 1.8t + 32$$
$$THI = (1.8t + 32) - 0.55(1 - f) \times (1.8t - 26)$$

其中,t 为摄氏气温(℃);T 为华氏温度;f 为相对湿度。

3.3.2　炎热指数

炎热指数是热应力的舒适指标,是温湿指数的一种表示方法,能准确反映出人体在相对湿度与气温共同作用下的实际感受。炎热指数分为 4 级,分级划分见表 3.25。

表 3.25　炎热指数分级

级数	分级标准	级别
1 级	$IT<92\%$ 且 $34℃<T_{max}\leqslant35℃$ 或 $IT\geqslant92\%$ 且 $33℃<T_{max}\leqslant34℃$	热
2 级	$IT<87\%$ 且 $35℃<T_{max}\leqslant37℃$ 或 $87\%\leqslant IT\leqslant92\%$ 且 $35℃<T_{max}\leqslant36℃$ 或 $92\%\leqslant IT\leqslant96\%$ 且 $34℃<T_{max}\leqslant36℃$ 或 $IT\geqslant96\%$ 且 $34℃<T_{max}\leqslant35℃$	很热
3 级	$IT<87\%$ 且 $37℃<T_{max}\leqslant39℃$ 或 $87\%\leqslant IT\leqslant96\%$ 且 $36℃<T_{max}\leqslant39℃$ 或 $IT\geqslant96\%$ 且 $35℃<T_{max}\leqslant38℃$	炎热
4 级	$IT<96\%$ 且 $T_{max}\geqslant39℃$ 或 $IT\geqslant96\%$ 且 $T_{max}\geqslant38℃$	酷热

炎热指数的计算公式为：

$$IT = 1.8 \times T_{max} - 0.55 \times (1.8 \times T_{max} - 26) \times (1 - RH) + 32$$

其中，T_{max} 为日极端最高气温，单位：℃；RH 为日平均相对湿度，单位：%。

3.3.3　风寒指数（WIC）

奥利弗（J. E. Oliver）于 1987 年提出了风寒指数（WCI），它是指在寒冷条件的环境下风速与气温对裸露人体的影响。风寒指数分级标准见表 3.26。物理意义即体表温度为 33℃时，体表单位面积的散热量，计算公式如下：

$$WCI = (33 - t)(9.0 + 10.9\sqrt{V} - V)$$

其中，t 代表摄氏温度，单位：℃；V 代表风速，单位：m/s。

表 3.26　风寒指数分级标准

风寒指数（WCI）			
范围	感觉状况	级别	数量赋值
<−1000	很冷风	e	−1
−1000~−800	冷风	d	0
−800~−600	稍冷风	c	1
−600~−300	凉风	b	2
−300~−200	舒适风	A	3
−200~−50	暖风	B	2
−50~80	皮感不明显风	C	1
80~160	皮肤感热风	D	0
>160	皮感不适风	E	−1

参考文献

费杰,张继嬴,何宝财,等,2010.葫芦岛市环境气象指数预报方法与业务平台建设研究[J].安徽农业科学,38 (22):11945-11947.

环境保护部,2012.中华人民共和国国家环境保护标准:环境空气质量指数(AQI)技术规定(试行)[S].北京: 中国环境科学出版社.

骆月珍,石蓉蓉,葛小清,2000.国内外环境气象预报服务状况及对浙江省开展此项工作的几点想法[J].浙江 气象科技,(04):26-29.

马鹤年,2001.城市气象服务的专业化、工程化和产业化.全国城市气象服务科学研讨会学术论文集[C].北 京:中国气象学会.

沈树勤,严明良,尹东屏,等,2003.江苏环境气象指数开发技术初探[J].气象,29(2):17-20.

四川省气象局专业气象台,2006.气象生活指数[S].四川省质量技术监督局.

严明良,沈树勤,2005.环境气象指数的设计方法探讨[J].气象科技,(06):583-588.

杨成芳,张飒,2002.济南市环境气象指数综合预报[J].山东气象,(02).16-18.

第4章 四川省自然遗产景区气候特征与旅游适宜季

4.1 四川世界自然遗产景区

四川世界自然遗产景区共有三处，即 1992 年 12 月列入《世界遗产名录》的九寨沟风景名胜区和黄龙风景名胜区，2006 年 7 月列入《世界遗产名录》的大熊猫栖息地，另拥有一处世界文化与自然双重遗产（峨眉山——乐山大佛）将于第 5 章节中详细介绍。

4.1.1 大熊猫栖息地

四川大熊猫栖息地由世界第一只大熊猫发现地宝兴县及中国四川省境内的卧龙自然保护区等七处自然保护区和青城山——都江堰风景名胜区等九处风景名胜区（见图 4.1）组成，地跨成都市所辖都江堰市、崇州市、邛崃市、大邑县，雅安市所辖芦山县、天全县、宝兴县，阿坝藏族羌族自治州所辖汶川县、小金县、理县，甘孜藏族自治州所辖泸定县、康定县等 4 市州的 12 个县或县级市。

四川大熊猫栖息地于 2006 年 7 月 12 日成为世界自然遗产，与此同时，该区域范围内的成都市青城山-都江堰、西岭雪山、鸡冠山-九龙沟和天台山四个风景名胜区也被列为"四川大熊猫栖息地"世界自然遗产。这里拥有丰富的植被种类，是全球最大最完整的大熊猫栖息地，全球 30% 以上的野生大熊猫栖息于此，同时，这里也是小熊猫、雪豹及云豹等濒危物种的栖息地，全球所有温带区域（除热带雨林以外）中植物最丰富的区域，被保护国际（CI）选定为全球 25 个生物多样性热点地区之一，被世界自然基金会（WWF）确定为全球 200 个生态区之一。

大熊猫栖息地是指地跨四市州的 12 个县或县级市的七处自然保护区和 10 处风景名胜区，其适宜旅游季节因地域的不同而有所不同。首先成都市所辖都江堰市、崇州市、邛崃市、大邑县范围内，因均属于亚热带湿润季风气候，气候温和，四季分明，春秋短，冬夏长，年平均气温在 15 ℃左右，最佳的旅游时间为 3—6 月，9—11 月，错开相对炎热的 7，8 月和 12，1，2 月（空气湿度大，相对较冷）。其次，雅安市所辖芦山县、天全县、宝兴县范围内，也均属于亚热带季风性气候，但天全县因位于青藏高原东坡，东西海拔悬殊，气温差异大，具有垂直变化的山地气候特征；其大气环流，受季风控制，形成天全气候类型是以亚热带季风气候为基带的山地气候；而宝兴县因受山地海拔影响，垂直变化明显，具有亚热带到永冻带的垂直气候，故气候温和，四季分明，且雨量充沛，尤集中在每年 6—9 月，以 7，8 月最多，最佳旅游季节为 7—10 月。再次，阿坝藏族羌族自治州所辖汶川县、小金县、理县范围内三地虽所属气候区不一样，但气候特征类似，汶川属青藏高原亚湿润气候区，年均气温为 13.5 ℃；小金属亚热带季风气候区，冬寒夏凉，年平均气温为 12.2 ℃；理县具有山地立体型气候特征，三地的最佳旅游季节为 6—10 月。最后，甘孜藏族自治州所辖泸定县、康定县范围内，泸定县属高原气候区，冬无严寒，夏无酷暑，年平均气温为 16.5 ℃；康定县则根据东部高山峡谷地区和西部山原地貌分属亚热带气候和高原型大陆气候，最佳旅游季节为 5—10 月。

图 4.1　大熊猫栖息地

　　大熊猫栖息地并不是指单一的某一地域，而是因地跨 4 市州的 12 个县或县级市，其气候类型和气候特征呈现迥然不一。大熊猫栖息地由中国四川省境内的 7 处自然保护区和 10 处风景名胜区组成，包含卧龙自然保护区（位于汶川县境内，成立于 1963 年）、蜂桶寨自然保护区（位于宝兴县境内，成立于 1975 年）、四姑娘山自然保护区（位于小金县境内，成立于 1996 年）、喇叭河自然保护区（位于天全县境内，成立于 1963 年）、黑水河自然保护区（位于芦山县和大邑县境内，成立于 1993 年）、金汤—孔玉自然保护区（位于康定县境内，成立于 1995 年）、草坡自然保护区（位于汶川县境内，成立于 2000 年）；青城山—都江堰风景名胜区（位于都江堰市境内，成立于 2000 年）、天台山风景名胜区（位于邛崃市境内，成立于 1989 年）、四姑娘山风景名胜区（位于小金县境内，成立于 1994 年）、西岭雪山风景名胜区（位于大邑县境内，成立于 1994 年）、鸡冠山—九龙沟风景名胜区（位于崇州市境内，成立于 1986 年）、夹金山风景名胜区（位于宝兴县境内，成立于 1995 年）、米亚罗风景名胜区（位于理县境内，成立于 1995 年）、灵鹫山—大雪峰风景名胜区（位于芦山县境内，成立于 1999 年）、二郎山风景名胜区（位于天全县境内，成立于 2000 年）、大风顶自然保护区和风景名胜区（位于芦山县境内，成立于 1999 年）。

　　根据以上自然保护区和风景名胜区的所在地理位置大致可划分为成都市所辖都江堰市、崇州市、邛崃市、大邑县，雅安市所辖芦山县、天全县、宝兴县，阿坝藏族羌族自治州所辖汶川县、小金县、理县，以及甘孜藏族自治州所辖泸定县、康定县。因此，从成都市、雅安市、阿坝藏族羌族自治州、甘孜藏族自治州这四个大范围探讨气候特征，也兼具保护区和名胜区的实际地理位置分析其气候特征。

　　成都位于川西北高原向四川盆地过渡的交接地带，由于东西高低悬殊，热量随海拔高度急增而锐减，出现了东暖西寒的两种气候类型并存的格局，且在西部盆周山地，山上山下同一时间的气温相差较大，甚至呈现暖温带、温带、寒温带、亚寒带、寒带等多种气候类型亚热带季风性湿润气候。其冬季湿冷、春早、无霜期较长，四季分明，热量丰富；年平均气温在 16 ℃左右，冬春雨少,夏秋多雨,雨量充沛,年平均降水量为 900～1300 mm,降水的年际变化不大;光、热、水基本同季,气候资源的组合合理。

雅安市气候类型为亚热带季风性气候,年均气温在 14.1～17.9 ℃;其降雨多,多数县年降雨在 1000～1800 mm 以上,湿度大,日照少,有"雨城""天漏"之称,是四川降雨量最多的区域;除高寒山地外,一般冬无严寒,夏无酷暑,春季回暖早。

阿坝全自治州以高海拔山区为主,气温自东南向西北随海拔由低到高降低,西北部的丘状高原属大陆高原性气候,四季气温无明显差别,冬季严寒漫长,夏季凉爽湿润,年平均气温 0.8～4.3 ℃;山原地带为温凉半湿润气候,夏季温凉,冬春寒冷,干湿季明显,气候呈垂直变化,高山潮湿寒冷,河谷干燥温凉,年平均气温 5.6～8.9 ℃;高山峡谷地带,随着海拔高度变化,气候从亚热带到温带、寒温带、寒带,呈明显的垂直性差异,海拔 2500 m 以下的河谷地带降水集中,蒸发快,成为干旱、半干旱地带,海拔 2500～4100 m 的坡谷地带是寒温带,年平均气温 1～5 ℃,海拔 4100 m 以上为寒带,终年积雪,长冬无夏。

甘孜所处地理纬度属于亚热带气候区,但由于地势强烈抬升,地形复杂,深处内陆,绝大部分区域已失去亚热带气候特征,形成大陆性高原山地型季风气候,复杂多样,地域差异显著。

4.1.2 黄龙风景名胜区

被誉为"人间瑶池"的黄龙风景名胜区(见图 4.2),位于四川省阿坝藏族羌族自治州松潘县境内岷山山脉南段,西距松潘县城 56 km,东离平武县 122 km,与九寨沟毗邻,仅相距 100 km。地理坐标风景区范围为 103°25′～104°8′E,32°30′～32°54′N,属青藏高原东部边缘向四川盆地的过渡地带,总面积 700 km²,外围保护地带面积为 640 km²。其最高峰岷山主峰雪宝峰,海拔 5588 m,终年积雪,是中国存有现代冰川的最东点。

黄龙风景名胜区由黄龙本部和牟尼沟两部分组成。黄龙本部主要由黄龙沟、丹云峡、雪宝顶等景区构成;而牟尼沟是由扎嘎瀑布和二道海两个景区构成。景区主要因佛门名刹黄龙寺而得名,以彩池、雪山、峡谷、森林"四绝"著称于世,是中国唯一的保护完好的高原湿地。主景区黄龙沟,因酷似中国人心目中"龙"的形象而被喻为"中华象征",沟中众多的彩池会随着周围景色变化和阳光照射角度变化而变幻出五彩的颜色,从而被誉为"人间瑶池"。在当地,它更为乡民们所尊崇,藏民称之为"东日·瑟尔峻",意为东方的海螺山(指雪宝山)、金色的海子(指黄龙沟)。

黄龙风景名胜区于 1982 年 10 月,由中华人民共和国国务院审定为国家重点风景名胜区,1992 年,被联合国教科文组织列入《世界自然遗产名录》,1997 年,被联合国列为世界人与生物圈保护区,2001 年,取得"绿色环球 21"认证合格证书。

黄龙风景名胜区其旅游季节也分淡季和旺季,淡季在 11 月 16 日至次年 3 月 31 日,旺季在 4 月 1 日—11 月 15 日,最佳旅游时间为 9—10 月。黄龙景区的海拔在 3000 m 以上,游客到此需要的是做好预防高原反应的准备。同时,由于景区与九寨沟景区毗邻,仅相距 100 km,故旅游者们在观光游玩时,常将两处景区的旅游行程安排在一起,其中黄龙沟游玩适宜时长为 1 d,牟尼沟游玩适宜时长为 2 d,且牟尼沟景区会在 12 月 1 日至次年 3 月 31 日封闭。黄龙景区常年湿润寒冷,冬季漫长,夏日较短,春秋相连,故旅游者需注意备上足够的保暖衣物。

山雄峡峻的黄龙风景名胜区角峰如林,刃脊纵横;峡谷深切,崖壁陡峭;枝状江源,南直北曲。这里的海拔为 1700～5588 m,一般峰谷相对高差千米以上,3700～4000 m 以上多为冰蚀地貌,气势磅礴,雄伟壮观。喀斯特峡谷的黄龙空间多变,崖峰峻峭,水景丰富,植被繁茂。如此特殊复杂的地质地貌是造成黄龙风景名胜区高原温带亚寒带季风气候类型的直接原因,这里常年湿润寒冷,一年中冬季漫长,夏日较短,春秋相连。年平均气温为 5～7 ℃,日照充足,早晚雾多,雨量多集中在每年 5—8 月,最热的 7 月平均气温 17 ℃,最冷的 1 月平均气温 3 ℃。

图 4.2　黄龙景区

4.1.3　九寨沟风景名胜区

被誉为"童话世界""人间仙境"的九寨沟风景名胜区(见图 4.3),位于四川省西北部岷山山脉南段的阿坝藏族羌族自治州九寨沟县漳扎镇境内,距离成都市 400 多千米,地理坐标 100°30′～104°27′E,30°35′～34°19′N,系长江水系嘉陵江上游白水江源头的一条纵深 50 余千米的山沟谷地,总面积 64297 hm²。因沟内有树正、荷叶、则查洼等 9 个藏族村寨而得名,是中国第一个以保护自然风景为主要目的自然保护区,也是中国著名风景名胜区和全国文明风景旅游区示范点。

九寨沟风景名胜区的旅游季节虽分淡季和旺季,淡季在 11 月 16 日至次年 3 月 31 日,旺季在 4 月 1 日至 11 月 15 日,但其四季景色各异,带给人们不同的感受,尤以春末至秋初为宜,9 月底至 10 月为最佳旅游时间。到九寨游玩的旅游者需注意根据天气情况及时更换衣物,夏天气温回升较快且稳定,平均气温在 19～22 ℃,夜晚较凉,可以准备几件薄毛衣,也可轻装上阵,切记带好各种防晒用品。7,8 月则处于典型的雨季,秋季天高气爽、气候宜人,气温多在 7～18 ℃,昼夜温差相对较大,而 10 月后的深秋,因昼夜温差很大,白天虽可穿单衣或两件衣服,夜晚却得穿毛衣甚至防寒服,这时要带好防风保暖衣物、雨具和防晒用品。冬季较寒冷,气温多在 0 ℃以下,天气干冷,旅游者需带够保暖用品和保湿用品。

目前,九寨沟已获得"全国优秀自然保护区""中国旅游胜地四十佳""全国保护旅游消费者权益示范单位""中国 5A 级景区"和"省级文明单位"等多项荣誉,2000 年又被省委、省政府确定为全省旅游精品之首,成为四川六大景区"世界遗产最佳旅游精品线"的龙头,先后获得"世界自然遗产""人与生物圈保护区"等国际桂冠。景区的基础设施日趋完善,服务项目日益齐全,吸引着众多国内外友人。

九寨沟国家级自然保护区于 1978 年建立,属野生动物类型自然保护区,1988 年,经国务院批准成为国家级自然保护区,1992 年,被联合国教科文组织列入《世界自然遗产名录》,1994

图 4.3　九寨沟

年,经国务院批准晋升为国家级自然保护区,1997 年,被联合国教科文组织列入世界生物圈保护区网络,2001 年,取得"绿色环球 21"认证合格证书。

地处青藏高原向四川盆地过渡地带的九寨沟风景名胜区地质复杂,以植物喀斯特钙华沉积为主导,不仅拥有艳丽典雅的群湖、奔泻湍急的溪流、飞珠溅玉的瀑群,还有古木幽深的林莽和连绵起伏的雪峰,是中国唯一、世界罕见的以高山湖泊群和瀑布群以及钙华滩流为主体的风景名胜区。其平均海拔约为 3000 m,气候类型属于高原湿润气候,这里平均气温多在 9～18 ℃,昼夜温差较大,白天阳光明媚,日照充足,而夜晚则气温较低。由于四周群山耸峙,有雪峰数十座,高插云霄,终年白雪皑皑。

九寨沟风景名胜区是大自然鬼斧神工之杰作,其地势南高北低,山谷深切,高差悬殊,主沟长 30 多千米,沟口与中部峰岭海拔相差 2000 m。特殊的地势造就了迥异的气候特征,使得这里四时风情各不相同,"春之浪漫、夏之激情、秋之妩媚、冬之灵韵"均是九寨沟各异而迷人的景色。每逢四时变幻,仲春时节,虽然树绿花艳,气温却较低且变化较大,4 月间仍然还有冻土和残雪。盛夏时节,这里的苍翠欲滴的翠山、欢快的流水、银帘般的瀑布、凉爽的夏风绝对是躲避似火骄阳与粘湿汗水的好地方。金秋,更是九寨最为灿烂的季节,这里水光浮翠、五彩缤纷、斑斓似锦,让九寨沟美得不真实,当然这多彩的梦幻组合也正是演绎着古人所说的"造化钟神秀"。到了冬日,这里宁静得更具诗情画意,不仅山峦与树林银装素裹、湖泊冰清玉洁、瀑布冰塑自然,就连飞舞着的雪花也在装点着这里洁白而高雅的世界。跟随着四时气候变化,更是让九寨的翠湖、叠瀑、彩林、雪峰、藏情、蓝冰这"六绝"美景著称于世。

4.1.4　达古冰川

达古冰川风景名胜区位于中国四川省阿坝藏族羌族自治州黑水县境内,102.44.15°E～102.52.46°E,32.12.30°N～32.17.06°N,系罕见的现代山地冰川。风景游览区总面积约 210 km²、自然保护区整体面积为 632 km²。

景区内有种类众多的生物,其中野生植物就有 1000 余种。景区被评为最具有吸引力新美景、四川最佳度假旅游目的地,最佳红叶观赏目的地,中国彩色冰川—冰雪天堂,摄影天堂等称号。达古雪山的山顶终年积雪,在阳光的照射下银光灿灿,山峰错落有致,气势磅礴,十分壮观。在雪山的南坡和北坡现发育有厚达 60～200 m 的现代山地冰川,其中最为壮观的当属面积约 8.25 km² 的三截冰川,它的形成于亿年之前,可以说的是整个景区的灵魂所在。壮观的雪山冰川并不仅仅是景区里独有的景观,大自然的孕育和环境保护的良好,使整个景区的资源丰富完整,即能欣赏到之前所提的现代山地冰川的壮观,又能看到原始森林、瀑布、湖泊组成的魅力的风光,更有成片的杜鹃林和星罗棋布的草甸的点缀,使景区更加令人心旷神怡。而且景区内合理的管理使野生动物出现的频率的极高(特别是金丝猴较为常见),常常会让游人在欣赏壮丽之景的同时,感受到意想不到的惊喜。尽管达古冰川的形成可以追溯到亿万年前,但一直不为世人所知晓,她就似一位深居阁中的姑娘,直到一位日本科学家在 1992 年通过卫星发现了隐匿于崇山峻岭之中的她,这位科学家为了一探达古冰川的究竟,在 1992 年的 8 月远渡重洋来到四川黑水县,对她进行了为期一周的考察,才发现了达古冰川的众多之最:在全球范围内年纪最轻、面积最大、海拔最低的冰川,也是离中心城市最近的冰川,可以说是冰川领域内至今为止所见的景色最壮丽多姿的冰川,于此达古冰川的神秘面纱才被渐渐揭开,其气势磅礴、壮丽之景才被世人所欣赏。

4.1.5　海螺沟六绝

海螺沟有"一沟有四季,十里不同天"的气候特征,冬暖夏凉,云雾多日照少,年降水量 2000 mm。海螺沟四季可游,不受气候和景观条件的限制,是理想的旅游、度假、疗养、登山、科考、探险的好去处。海螺沟著名的六绝景观为雪山、冰川、温泉、红石滩、云雾、日照金山。

(1)雪山

海螺沟地处横断山系的核心地带,境内延绵着众多终年积雪、冰清玉洁的雪山。贡嘎山以雄浑的身躯屹立于香格里拉腹地,海拔 7556 m,被誉为"山中之王",为横断山系的主峰,周围林立着 45 座海拔 6000 m 以上、100 余座海拔 5000 m 以上的冰峰、雪山,是世界上距离大城市最近的极高山群。极目远眺,群峰簇拥,贡嘎山主峰宛如一座巨大的金字塔,巍峨地屹立于群峰之巅,高大险峻、气势磅礴。

(2)冰川

贡嘎山是我国现代海洋性冰川最发达的地区,有数百条冰川,面积超 300 km²。其中海螺沟一号属典型的海洋性低海拔冰川,长 14.7 km,面积 16 km²,最高海拔 6750 m,最低海拔 2850 m,落差达 3900 m,其末端伸入原始森林达 6 km,是世界上同纬度海拔最低、最大的现代冰川。冰川上形成的冰面湖、冰塔、冰桥、冰洞、冰裂缝、冰宫、冰城门等千姿百态,惊讶璀璨。尤其是大冰瀑布的宽度和高度均超过了 1000 m,由无数巨大而光芒四射的冰块组成,仿佛是从蓝天直泻而下的一道银河,终日冰崩不断,是我国至今发现的最高最大冰瀑布,是黄果树瀑布的十五倍。

海螺沟冰川有"三怪"。第一怪:不冷。冰川之上气候暖和,夏秋季节,你可身着薄衫,脚踏冰川徜徉在这光怪陆离的神奇冰川世界,完全不用担心"冰上不胜寒";第二怪:冰崩。大冰瀑布常年"活动不息",发生着规模不等的冰崩。一次崩塌量可达数百万立方米,此时冰雪飞舞,隆隆响声震彻峡谷,一两千米之外也可听到,场面蔚为壮观;第三怪:构造千奇百怪。冰川表面有数不胜数,绚丽多姿的美妙奇景。冰桌冰椅、冰面湖、冰窟窿、冰蘑菇、冰川城门洞,等等,太多的奇景让人目不暇接,不断会有新的发现,新的惊奇。

（3）温泉

海螺沟温泉位于四川省贡嘎雪峰脚下海螺沟冰川公园内二号营地及一号营地与沟口之间的贡嘎神汤处,与雪山、冰川相对,海螺沟温泉将四季带入永恒的温暖。海螺沟温泉有三处水温:贡嘎神汤,海拔 1530 m,水温 52~66 ℃,流量 24 L/s;一号营地温泉,海拔 1900 m,水温60 ℃,流量 4 L/s;二号营地温泉,海拔 2580 m,水温 50~80 ℃,流量 103 L/s,日流量高达8900 t。沐浴在海螺沟温泉里,身体宛如天上漂浮的暖云,能深切感受到来自海螺沟冰川地底的热力。在花开遍地的春天、烟云缥缈的夏季、枫叶飘落的秋日、雪花飞舞的冬季,温泉里的心境或怡然自得,或超脱尘世、或宁静澄明,或天人合一。

（4）红石滩

海螺沟红石不仅神秘,而且在全世界也是独一无二的奇观。红石是大自然赠送给贡嘎山地区最珍稀的物种之一。在海螺沟、燕子沟、南门关沟、雅家埂等景区里分布着大面积的红石滩,每一块石头上布满的红色物质,是一种微生物,在高山特有的生态环境内得以繁衍,构成生命与历史相融共存的奇特景观。据中科院研究,石头上的红色物质是一种有生命的原始藻类,但这种藻类的生长规律至今没有得到圆满的解释。因为沙滩里的石头都长了一层红色的苔藓,就好象沙滩里的石头都穿上了喜庆的红衣,使得燕子沟成了颜色的世界。据说只有在空气质量很好的情况下,这种苔藓才能够生存,曾经有某研究院的科学家为将这种石头带出去研究,结果刚下飞机,发现石头上的红色褪了,因为空气质量不好,导致石头上的苔藓无法生存。

（5）云雾

"贡嘎山云雾"是海螺沟景区的风光一绝,常出现在每年的夏秋两季。云雾是海螺沟景区最具特色的自然景观,它或是高悬于山峰峭壁,显得峡谷深幽;或是云雾漫山,纵横交错,变幻莫测;或是亲吻冰川,薄雾缭绕,恍如仙境。晚霞、佛光、云海、彩虹等自然景观更是增添了海螺沟美轮美奂的色彩,有时淡云飘渺似薄纱笼罩山峰,有时一阵云流顺陡峭山峰至泻千米,倾注深谷都能让您感受到俊秀浓妆,云雾飘渺的海螺沟宛如天上人间。

（6）日照金山

海螺沟身处山脚,周围有海拔 6000 m 以上的卫士峰 45 座,峰上千年积雪,银光闪烁。每当天气晴朗,东方吐白,灿烂的霞光冉冉而起,万道金光从长空中直射卫士峰。瞬间,数十座雪峰全披上一层金灿灿的夺目光芒,光芒万丈,瑰丽辉煌,这就是著名的"日照金山"。观看海螺沟"日照金山"的最佳时间应为:夏季 06 时 30 分、春秋季 07 时 20 分、冬季 07 时 50 分。

4.1.6　秋季红叶何处寻

"停车坐爱枫林晚,霜叶红于二月花。"每到金秋,一种颜色就占据了人们的心,那就是红色。而四川作为一个旅游大省,红叶资源相当丰富,大面积的红叶林对于游客有很强的吸引力。

四川省发布 2015 年度红叶指数公告中四川省内各主要红叶景区所处的地理位置如表4.1 所示。

表 4.1　四川省内各主要红叶景区

编号	红叶景区	编号	红叶景区
1	海螺沟国家森林公园(泸定县)	13	夹金山国家森林公园(宝兴县)
2	雅克夏国家森林公园(黑水县)	14	美姑大风顶国家级自然保护区(美姑县)
3	黄龙自然保护区(松潘县)	15	康定情歌风景区(康定县)
4	九寨沟国家级自然保护区(九寨沟县)	16	达古冰山风景名胜区(黑水县)
5	米亚罗自然保护区毕棚沟景区(理县)	17	燕子沟风景区(泸定县)
6	米仓山国家森林公园(南江县)	18	栗子坪国家级自然保护区(石棉县)
7	西岭国家森林公园(大邑县)	19	九寨国家森林公园(九寨沟县)
8	唐家河国家级自然保护区(青川县)	20	叠溪—松坪沟风景区(茂县)
9	广元天曌山国家森林公园(广元市利州区)	21	孟屯河谷(理县)
10	米仓山国家级自然保护区(旺苍县)	22	金川县世外梨园景区(金川县)
11	二郎山国家森林公园(天全县)	23	瓦屋山国家森林公园(洪雅县)
12	东拉山大峡谷风景区(宝兴县)		

从表 4.1 可以看出,四川红叶资源丰富,尤其是集中在四川东部、西部、北部地区,其中具有代表性的红叶景区和树种特色如下。

(1)光雾山

著名诗人高平有诗称赞:"九寨看水,光雾看山,山水不全看,不算到四川。"光雾山是一方神奇秀丽的自然山水,地形复杂,峰峦迭嶂,峰林俊美,洞穴幽深,山泉密布,云蒸雾绕,林海浩荡,胜景众多。光雾山的红叶资源丰富,被称为"中国红叶之乡""亚洲大陆上最大的红地毯""亚洲最长的红飘带",光雾山同时还是电视剧《远山的红叶》的拍摄地,有著名诗人梁上泉"巴山一夜风,木叶映天红"的赞誉。光雾山景区有 830 km² 的面积,其中就有 580 km² 的红叶景观;以蓝、绿、黄、橙、红为主,这是其他红叶观赏区无法相比的;光雾山红叶种类多,内容丰富,有水青杠、枫树、椴树、蔷薇科等 40 多个品种。

(2)海螺沟

海螺沟"枫"情万种的姿态,成为众多"红叶迷"观赏红叶、探奇览胜的绝佳去处。位于甘孜州的海螺沟,秋天总是层林尽染、色彩飞扬,有长达两个多月的红叶观赏期。密林中的枫树、连香树、槭树、桦树等百余种植物摇曳身姿,各显其态,放眼望去,红的、黄的、紫的、橙的、绿的,各种色彩错杂其间,美丽至极。

在海螺沟地区观赏红叶的最佳时间是 9 月底到 11 月底,最佳地点是海螺沟景区一号营地(9 月底至 10 月中旬)、二号营地(10 月中旬至 10 月下旬)、草海子(10 月中下旬至 11 月初)、燕子沟景区(10 月中旬至 11 月中旬)和雅家埂(10 月下旬至 11 月下旬)。

(3)米亚罗自然保护区毕棚沟景区

"米亚罗"其实音译自藏语,翻译为汉语意思是"好玩的坝子"。米亚罗最为知名的便是它的秋景。金秋时节那里是一个充满无限惊喜的彩色世界。每当秋风乍起之时,风景区内沿杂谷脑河谷两岸密林中的枫树、槭树、桦树、鹅掌松、落叶松等渐次经霜,树叶被染成为绮丽的鲜红色和金黄色。这时候,万山红遍,层林尽染,3000 km² 的红叶,如春花怒放,红涛泛波,金黄流丹。

4.2　四川省大熊猫栖息地气候特征与旅游适宜季

四川大熊猫栖息地范围内包含小金、汶川、宝兴 3 个站,使用 1984—2013 年逐日地面气温观测资料,详细地分析了四川大熊猫栖息地 1984—2013 年各站的年、月平均气温、降水量、相对湿度特征,并对 1984—2013 年各站温湿指数、风寒指数、人体舒适度指数进行了分析。

4.2.1　四川大熊猫栖息地气候特征分析

4.2.1.1　气温

(1)气温的年内变化特征

根据小金、汶川、宝兴三个站点,1984—2013 年这 30 a 间的同期月平均气温资料分析得出(见图 4.4),四川大熊猫栖息地冬冷夏热,最冷在 1 月,月平均气温在 2.8～4.8 ℃,最热在 7 月和 8 月,月平均气温在 19.7～22.5 ℃范围内,其中小金站最低,温差达到 2 ℃,汶川站与宝兴站气温基本一致。夏季气温变化缓慢,秋季降温幅度较大。综合三个站,四川大熊猫栖息地无高温天气,夏季气温舒适,全年气温均在 0 ℃以上。

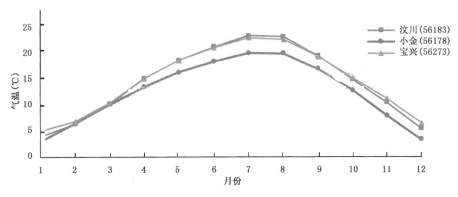

图 4.4　1984—2013 年小金站、汶川站、宝兴站月平均气温

(2)气温的年际变化特征

根据小金、汶川、宝兴三个站点,1984—2013 年这 30 a 间的年平均气温资料分析得出(见图 4.5),三个站这 30 a 平均气温呈上升趋势,增温明显。小金 30 a 平均气温为 12.2 ℃,其中年均气温最高为 2009 年的 13.2 ℃,最低为 2012 年的 11.2 ℃,温差达到 2 ℃。对小金这 30 a 平均气温变化进行线性分析,趋势项 $a=0.0257$,总体增温的趋势比较明显,年平均气温以 0.26 ℃/(10 a)的速率上升。汶川这 30 a 平均气温为 14.2 ℃,其中年均气温最高为 2006 年的 15.1 ℃,最低为 1984 年的 12.9 ℃,温差达到 2.2 ℃。对汶川这 30 a 平均气温变化进行线性分析,趋势项 $a=0.0551$,总体增温的趋势比较明显,年平均气温以 0.55 ℃/(10 a)的速率上升。宝兴这 30 a 平均气温为 14.5 ℃,其中年均气温最高为 2013 年的 15.8 ℃,最低为 1984 年的 12.5 ℃,温差达到 3.3 ℃。对宝兴这 30 a 平均气温变化进行线性分析,趋势项 $a=0.0393$,总体增温的趋势比较明显,年平均气温以 0.39 ℃/(10 a)的速率上升。三个站总体增温的趋势都比较明显,小金站总体气温较汶川站和宝兴站气温偏低 2 ℃,人体感受不明显。由此看来,四川大熊猫栖息地地区气温较为舒适,无酷暑天气,适合人们出行游玩。

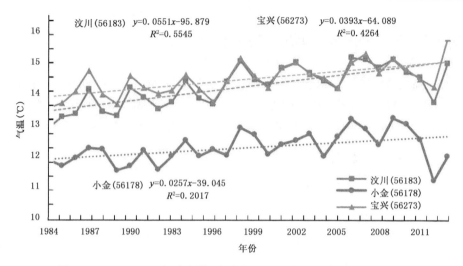

图 4.5　1984—2013 年小金站、汶川站、宝兴站年平均气温变化及趋势

4.2.1.2　降水量

(1)降水量的年内变化特征

根据小金、汶川、宝兴三个站点,1984—2013 年这 30 a 间的同期月降水量资料分析得出(见图 4.6),宝兴站 5—9 月平均降水量在 100 mm 以上,月平均降水量最多的月份为 7,8 月,月平均降水量均在 200 mm 以,1 月、2 月、11 月、12 月平均降水量在 20 mm 以下,其中以 12 月最少,平均降水量为 2.43 mm。小金站月平均降水量最多的月份为 6 月,月平均降水量在 120 mm 以上,1 月、2 月、11 月、12 月平均降水量在 20 mm 以下,其中以 12 月最少,平均降水量为 0.99 mm。汶川站全年月平均降水量均在 80 mm 以上,月平均降水量最多的月份为 7,8 月,月平均降水量均在 200 mm 以上,5—8 月平均降水量均在 70 mm 左右,变化幅度很小,其中以 12 月最少,平均降水量为 1.3 mm。综合三个站,夏季降水充沛,其中宝兴站降水量最大,小金站次之,汶川站最少。

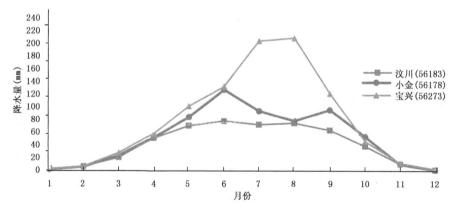

图 4.6　1984—2013 年小金站、汶川站、宝兴站月降水量

(2)降水量的年际变化特征

根据小金、汶川、宝兴三个站点,1984—2013 年这 30 a 间的年降水量资料分析得出(见图

4.7），三个站这 30 a 年降水量总体呈下降趋势，下降趋势不明显。小金 30 a 平均年降水量为
629.2 mm，其中年降水量最高为 2004 年的 805.2 mm，最低为 1992 年的 477.4 mm。对小金
这 30 a 降水量变化进行线性分析，趋势项 $a=-0.5701$，总体降水量下降趋势不明显，年降水
量以 5.7 mm/（10 a）的速率下降。汶川这 30 a 平均年降水量为 492.7 mm，其中年降水量最
高为 1990 年的 648.4 mm，最低为 2007 年的 347.8 mm。对汶川这 30 a 降水量变化进行线性
分析，趋势项 $a=-2.5$，总体下降趋势比较明显，年降水量以 25 mm/10 a 的速率下降。宝兴
这 30 a 平均年降水量为 927.4 mm，其中年降水量最高为 2005 年的 1196.3 mm，最低为 1986
年的 695.2 mm。对宝兴这 30 a 年降水量变化进行线性分析，趋势项 $a=-0.004$，总体变化趋
势不明显，年降水量以 0.04 mm/10 a 的速率下降。三个站中，宝兴站降水量较小金和汶川站
为最多。三个站年降水量变化趋势较为平缓，下降速率低。

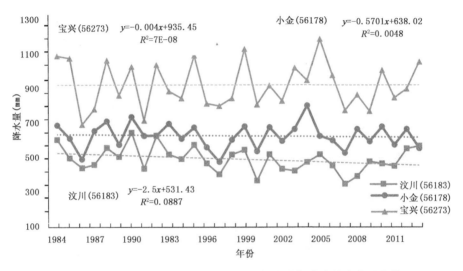

图 4.7　1984—2013 年小金站、汶川站、宝兴站年降水量变化及趋势

4.2.1.3　相对湿度

（1）相对湿度的年内变化特征

从图 4.8 可知，宝兴站全年相对湿度在 70％以上，7—10 月相对湿度均在 80％以上，其中
相对湿度最大的月份为 9 月，相对湿度达到 83.2％，全年相对湿度变化趋势平稳。小金站平
均相对湿度在夏季和秋季偏高，6—10 月相对湿度在 60％上下波动，其中以 2 月最小，平均相
对湿度为 37.18％。汶川站全年月平均相对湿度均在 60％以上，月平均相对湿度最大的月份
为 9 月，月平均相对湿度为 73.36％，全年变化幅度很小。综合三个站，其中宝兴站相对湿度
最大，小金站次之，汶川站最小。

（2）相对湿度的年际变化特征

从图 4.9 上可看出三个站这 30 a 年平均相对湿度总体上呈下降趋势，下降趋势不明显。
小金 30 a 年平均相对湿度为 51.0％，对小金这 30 a 年均相对湿度变化进行线性分析，趋势项
$a=-0.1292$，年平均相对湿度以 0.13％/（10 a）的速率下降。汶川这 30 a 年平均相对湿度为
66.8％，对汶川这 30 a 年均相对湿度变化进行线性分析，趋势项 $a=-0.16$，总体下降的趋势
比较明显，年平均相对湿度以 1.6％/（10 a）的速率下降。宝兴这 30 a 年平均相对湿度为

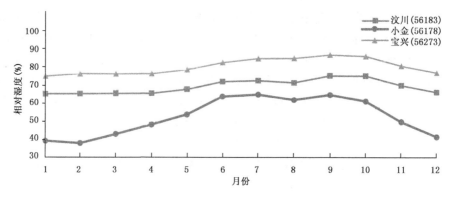

图 4.8　1984—2013 年小金站、汶川站、宝兴站月平均相对湿度

77.3％,对宝兴这 30 a 年均相对湿度变化进行线性分析,趋势项 $a = -0.0493$,总体下降趋势不明显,年平均相对湿度以 0.49％/10 a 的速率下降。三个站年平均相对湿度范围在 45％～80％内,属于人类感受舒适范围内。

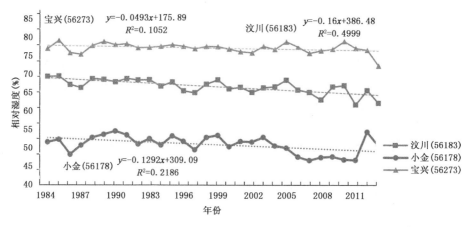

图 4.9　1984—2013 年小金站、汶川站、宝兴站年平均相对湿度变化及趋势

4.2.2　旅游适宜季节分析

4.2.2.1　温湿指数

　　小金站、汶川站、宝兴站三个站点 1984—2013 年旬平均温湿指数变化趋势如图 4.10 所示,由图可知,指数最低出现在年初与年末,8 月指数最高。通过对小金站 1984—2013 年数据计算旬平均温湿指数及对应等级,对比表 4.2 和表 4.3 分析发现,6 月整月和 8 月下旬至 9 月中旬温湿指数等级为非常舒适的 5 级,从温湿指数的整体上看,4 月至 10 月上旬,人体感受在舒适范围内,全年不舒适感受多属于感觉冷,未出现人体感觉热的情况。通过对汶川站、宝兴站 1984—2013 年数据计算旬平均温湿指数及对应等级,对比表 4.2 和表 4.4、表 4.5 分析发现,两个站点基本一致,4 月下旬至 5 月下旬,9 月上旬至 10 月上旬温湿指数等级为非常舒适的 5 级,从温湿指数的整体上看,4 月至 11 月上旬,人体感受在舒适范围内,全年不舒适感受多属于感觉冷,未出现人体感觉热的情况。

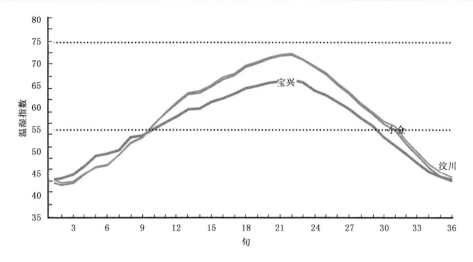

图 4.10　1984—2013 年小金站、汶川站、宝兴站同期旬平均温湿指数

　　综上所述,三个站在 9 月上旬到中旬,温湿指数都为最舒适的 5 级,4 月到 10 月上旬,温湿指数处在舒适范围内。最佳旅游时机为 9 月上旬到中旬。

表 4.2　温湿指数等级划分

级数	指数范围(THI 值)	感觉程度
1 级	<40	极冷,极不舒适
2 级	40~45	寒冷,不舒适
3 级	45~55	偏冷,较不舒适
4 级	55~60	清凉,舒适
5 级	60~65	凉,非常舒适
6 级	65~70	暖,舒适
7 级	70~75	偏热,舒适
8 级	75~80	闷热,不舒适
9 级	≥80	极其闷热,极不舒适

表 4.3　小金站温湿指数及对应等级

月份	1		2		3		4	
上旬	43.6	2 级	46.8	3 级	50.4	3 级	55.2	4 级
中旬	44.0	2 级	49.1	3 级	53.3	3 级	56.7	4 级
下旬	44.9	2 级	49.6	3 级	53.7	3 级	58.1	4 级
月份	5		6		7		8	
上旬	59.7	4 级	62.2	5 级	65.1	6 级	66.5	6 级
中旬	59.9	4 级	63.3	5 级	65.8	6 级	65.9	6 级
下旬	61.4	5 级	64.5	5 级	66.1	6 级	64.1	5 级
月份	9		10		11		12	
上旬	62.9	5 级	57.7	4 级	51.4	3 级	45.4	3 级
中旬	61.3	5 级	56.0	4 级	49.5	3 级	44.3	2 级
下旬	59.7	4 级	53.4	3 级	47.4	3 级	43.4	2 级

表 4.4　汶川站温湿指数及对应等级

月份	1		2		3		4	
上旬	43.1	2 级	44.9	2 级	49.3	3 级	56.3	4 级
中旬	42.3	2 级	46.5	3 级	52.1	3 级	58.8	4 级
下旬	42.8	2 级	47.1	3 级	53.3	3 级	61.0	5 级
月份	5		6		7		8	
上旬	63.2	5 级	66.6	6 级	70.2	7 级	72.1	7 级
中旬	63.5	5 级	67.5	6 级	71.3	7 级	71.0	7 级
下旬	64.9	5 级	69.4	6 级	71.9	7 级	69.4	6 级
月份	9		10		11		12	
上旬	67.7	6 级	60.7	5 级	54.9	3 级	46.3	3 级
中旬	65.3	6 级	58.6	4 级	51.7	3 级	44.4	2 级
下旬	63.3	5 级	56.4	4 级	49.1	3 级	43.8	2 级

表 4.5　宝兴站温湿指数及对应等级

月份	1		2		3		4	
上旬	43.9	2 级	45.1	3 级	49.4	3 级	56.1	4 级
中旬	42.9	2 级	46.4	3 级	51.9	3 级	58.9	4 级
下旬	43.2	2 级	46.9	3 级	53.2	3 级	61.4	5 级
月份	5		6		7		8	
上旬	63.5	5 级	67.1	6 级	70.5	7 级	72.5	7 级
中旬	63.9	5 级	67.9	6 级	71.6	7 级	71.2	7 级
下旬	65.2	6 级	69.7	6 级	72.2	7 级	69.6	6 级
月份	9		10		11		12	
上旬	68.0	6 级	61.2	5 级	55.8	4 级	47.2	3 级
中旬	65.6	6 级	59.1	4 级	52.5	3 级	45.4	3 级
下旬	63.7	5 级	56.9	4 级	49.9	3 级	44.3	2 级

4.2.2.2　风寒气象指数

小金站、汶川站、宝兴站三个站点 1984—2013 年旬平均风寒指数变化趋势如图 4.11 所示,指数最高出现在一年之中的年初和年末,8 月指数最低。通过对小金站 1984—2013 年数据计算旬平均风寒指数及对应等级,从表 4.6 的分析发现,1 月上旬和中旬、2 月中旬、3 月上旬到 6 月上旬、9 月中旬到 12 月下旬风寒指数等级为舒适的 2 级,从风寒指数的整体上看,全年总体上处在舒适和暖的情况下,偏凉只出现在 1 月下旬、2 月上旬和下旬,且 6 月中旬到 9 月上旬风寒指数为一级,人体感受为暖。通过对汶川站 1984—2013 年数据计算旬平均风寒指数及对应等级,从表 4.7 的分析发现,1 月上旬、2 月上旬、2 月下旬至 4 月下旬、10 月上旬至 12 下旬风寒指数等级为舒适的 2 级,从风寒指数的整体上看,全年总体上处在舒适和暖的情况下,偏凉只出现在 1 月中旬到下旬、2 月中旬,5 月上旬到 9 月下旬风寒指数为一级,人体感受为暖。通过对宝兴站 1984—2013 年数据计算旬平均风寒指数及对应等级,从表 4.8 的分析发现,4 月上旬至 6 月上旬、9 月中旬至 11 中旬风寒指数等级为舒适的 2 级,6 月中旬到 9 月上旬风寒指数为一级,人体感受为暖。

　　综合三个站,4 月整月、10 月上旬到 11 月中旬风寒指数均为舒适的 2 级,为最佳旅游时机,6 月中旬到 9 月上旬风寒指数为一级,人体感受为暖。

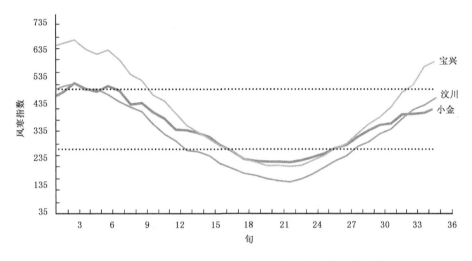

图 4.11　1984—2013 年小金站、汶川站、宝兴站旬风寒指数

表 4.6　小金站风寒指数及对应等级

月份	1		2		3		4	
上旬	458.4	2 级	492.4	3 级	484.9	2 级	406.3	2 级
中旬	478.8	2 级	481.7	2 级	434.0	2 级	382.3	2 级
下旬	511.8	3 级	501.4	3 级	439.3	2 级	342.2	2 级
月份	5		6		7		8	
上旬	339.1	2 级	282.6	2 级	226.8	1 级	221.9	1 级
中旬	328.8	2 级	261.5	1 级	224.2	1 级	228.8	1 级
下旬	314.7	2 级	233.4	1 级	224.2	1 级	240.5	1 级
月份	9		10		11		12	
上旬	253.6	1 级	315.3	2 级	364.4	2 级	403.3	2 级
中旬	273.5	2 级	338.2	2 级	397.7	2 级	421.6	2 级
下旬	285.1	2 级	358.5	2 级	399.6	2 级	429.4	2 级

表 4.7　汶川站风寒指数及对应等级

月份	1		2		3		4	
上旬	483.0	2 级	486.8	2 级	444.0	2 级	362.0	2 级
中旬	500.0	3 级	490.3	3 级	424.7	2 级	324.6	2 级
下旬	510.5	3 级	470.3	2 级	407.8	2 级	300.7	2 级

月份	5		6		7		8	
上旬	265.6	1级	215.1	1级	173.5	1级	149.8	1级
中旬	260.3	1级	197.9	1级	161.2	1级	161.0	1级
下旬	246.1	1级	180.9	1级	153.9	1级	178.6	1级
月份	9		10		11		12	
上旬	202.2	1级	279.3	2级	343.6	2级	432.0	2级
中旬	226.9	1级	296.3	2级	381.7	2级	456.8	2级
下旬	245.2	1级	326.3	2级	414.5	2级	473.2	2级

表 4.8　宝兴站风寒指数及对应等级

月份	1		2		3		4	
上旬	646.1	5级	637.7	5级	598.2	4级	468.3	2级
中旬	659.2	5级	619.6	4级	543.9	3级	446.4	2级
下旬	672.1	5级	635.1	5级	522.4	3级	402.1	2级
月份	5		6		7		8	
上旬	356.6	2级	279.3	2级	222.3	1级	207.1	1级
中旬	332.4	2级	263.6	1级	209.7	1级	210.1	1级
下旬	306.5	2级	233.4	1级	210.1	1级	228.5	1级
月份	9		10		11		12	
上旬	246.3	1级	327.2	2级	424.5	2级	572.3	3级
中旬	273.1	2级	362.1	2级	478.3	2级	592.3	4级
下旬	290.1	2级	388.0	2级	505.2	3级	621.0	5级

4.2.2.3　人体舒适度指数

小金站、汶川站、宝兴站三个站点 1984—2013 年旬平均人体舒适度指数变化趋势如图 4.12 所示,指数最高出现在 8 月,指数最低出现在年初与年末。通过对小金站 1984—2013 年数据计算旬平均风寒人体舒适度指数及对应等级,从表 4.9 的分析发现,4 月下旬至 7 月中旬、8 月中旬至 10 月上旬人体舒适度指数等级为偏凉,部分人感到不舒适的 -1 级,其中 7 月下旬至 8 月上旬是人体舒适度指数等级为舒适的 0 级,从人体舒适度指数的整体上看,全年总体上处在偏冷的情况下。通过对汶川站 1984—2013 年数据计算旬平均人体舒适度指数及对应等级,从表 4.10 的分析发现,6 月上旬至 9 月上旬人体舒适度指数等级为舒适的 0 级,4 月中旬至 5 月下旬、9 月中旬至 10 月中旬人体舒适度指数等级为偏凉,部分人感到不舒适的 -1 级。从人体舒适度指数的整体上看,全年总体上处在舒适和偏冷的情况下。通过对宝兴站 1984—2013 年数据计算旬平均人体舒适度指数及对应等级,从表 4.11 的分析发现,6 月下旬至 8 月下旬人体舒适度指数等级为舒适的 0 级,5 月上旬至 6 月中旬、9 月上旬至 10 月上旬人体舒适度指数等级为偏凉,部分人感到不舒适的 -1 级。从人体舒适度指数的整体上看,全年总体上处在舒适和偏冷的情况下。

综合三个站,7月下旬至8月上旬人体舒适度指数均为舒适的0级,为最佳旅游时机,5月整月、9月中旬至10月上旬人体舒适度指数等级为偏凉,部分人感到不舒适的－1级,且三个站范围内均未出现偏暖,所以总体偏凉爽。

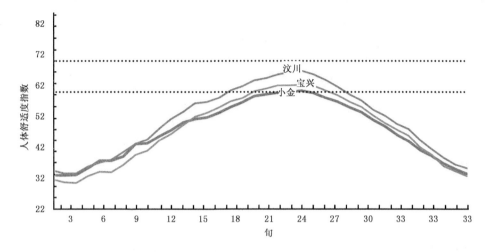

图 4.12 1984—2013 年小金站、汶川站、宝兴站同期旬平均人体舒适度指数

表 4.9 小金站人体舒适度指数及对应等级

月份	1		2		3		4	
上旬	32.9	－3级	35.3	－3级	39.1	－3级	45.6	－2级
中旬	32.9	－3级	37.7	－3级	43.1	－2级	47.5	－2级
下旬	33.0	－3级	37.7	－3级	43.3	－2级	50.0	－1级
月份	5		6		7		8	
上旬	51.2	－1级	55.1	－1级	59.2	－1级	60.3	0级
中旬	51.7	－1级	56.6	－1级	59.8	－1级	59.7	－1级
下旬	53.2	－1级	58.8	－1级	60.0	0级	58.0	－1级
月份	9		10		11		12	
上旬	56.8	－1级	50.8	－1级	44.0	－2级	36.7	－3级
中旬	54.9	－1级	48.8	－2级	41.1	－2级	34.9	－3级
下旬	53.4	－1级	46.0	－2级	39.2	－3级	33.4	－3级

表 4.10 汶川站人体舒适度指数及对应等级

月份	1		2		3		4	
上旬	34.5	－3级	35.9	－3级	40.4	－2级	48.2	－2级
中旬	33.5	－3级	37.1	－3级	43.1	－2级	51.2	－1级
下旬	33.5	－3级	38.0	－3级	44.6	－2级	53.5	－1级
月份	5		6		7		8	
上旬	56.3	－1级	60.5	0级	64.5	0级	66.8	0级
中旬	56.7	－1级	61.9	0级	65.7	0级	65.6	0级
下旬	58.1	－1级	63.7	0级	66.4	0级	63.8	0级
月份	9		10		11		12	
上旬	61.7	0级	54.2	－1级	47.9	－2级	38.6	－3级
中旬	59.2	－1级	52.2	－1级	44.4	－2级	36.4	－3级
下旬	57.2	－1级	49.6	－2级	41.4	－2级	35.2	－3级

表 4.11　宝兴站人体舒适度指数及对应等级

月份	1		2		3		4	
上旬	31.6	−3 级	32.7	−3 级	36.3	−3 级	44.3	−2 级
中旬	30.7	−3 级	34.0	−3 级	39.5	−3 级	46.3	−2 级
下旬	30.5	−3 级	33.9	−3 级	40.9	−2 级	49.2	−2 级
月份	5		6		7		8	
上旬	51.9	−1 级	56.9	−1 级	61.0	0 级	62.3	0 级
中旬	53.2	−1 级	58.0	−1 级	62.1	0 级	62.0	0 级
下旬	54.9	−1 级	60.2	0 级	62.1	0 级	60.5	0 级
月份	9		10		11		12	
上旬	59.0	−1 级	52.2	−1 级	45.7	−2 级	35.9	−3 级
中旬	56.7	−1 级	49.8	−2 级	42.0	−2 级	34.2	−3 级
下旬	55.0	−1 级	47.7	−2 级	39.6	−3 级	32.6	−3 级

4.2.2.4　四川大熊猫栖息地适宜旅游季节评价结果

从温湿指数看,三个站在 9 月上旬到中旬,温湿指数都为最舒适的 5 级,4 月到 10 月上旬,温湿指数处在舒适范围内。最佳旅游时机为 9 月上旬到中旬。

从风寒指数来看,4 月整月、10 月上旬到 11 月中旬风寒指数均为舒适的 2 级,为最佳旅游时机,6 月中旬到 9 月上旬风寒指数为 1 级,人体感受为暖。

从人体舒适度指数来看,7 月下旬至 8 月上旬人体舒适度指数均为舒适的 0 级,为最佳旅游时机,5 月整月、9 月中旬至 10 月上旬人体舒适度指数等级为偏凉,部分人感到不舒适的 −1 级,且三个站范围内均未出现偏暖,所以总体偏凉爽。

综合三个站,四川大熊猫栖息地的旅游适宜季为 7 月上旬至 8 月上旬、9 月上旬至 10 月上旬。其次,4 月整月、5 月整月以及 8 月中旬到下旬较为适宜旅游,其余月份旅游需注意防寒保暖。

4.3　黄龙景区的气候特征与旅游适宜季

利用松潘站 1984—2013 年日平均气温、日降水量、日平均相对湿度三个气象要素,通过线性趋势法分析了各个气象要素的年内和年际变化趋势;计算景区的温湿指数、风寒指数、炎热指数和人体舒适度等气象指数,对比分析出最适宜旅游的季节集中在 6 月下旬至 8 月下旬,时长为 7 个旬。

4.3.1　黄龙景区的气候特征分析

4.3.1.1　气温

(1)气温的年际变化特征

我们利用黄龙站 1984—2013 年的气温资料,以年为时间尺度,计算出 1984—2013 年这 30 a 的年平均气温值,如图 4.13 所示。

从年平均气温及其年际变化趋势(见图 4.13)可以看出,黄龙景区近 30 a 的气温年际变化趋势随时间呈现上升趋势,这与全球变暖的大趋势相符合,黄龙景区气温上升趋势幅度约为 0.37 ℃/(10 a)。

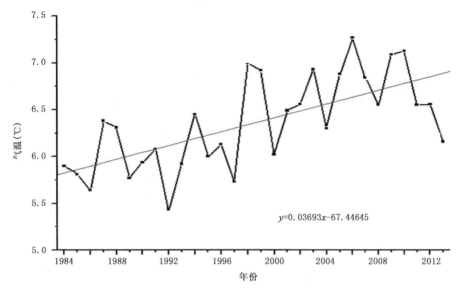

图 4.13　黄龙 1984—2013 年年平均气温及其年际变化趋势

（2）气温的年内变化特征

我们利用黄龙站 1984—2013 年的气温资料，以旬为时间尺度，计算出 1984—2013 年这 30 a 的气温在每个旬上的平均值，如图 4.14 所示。

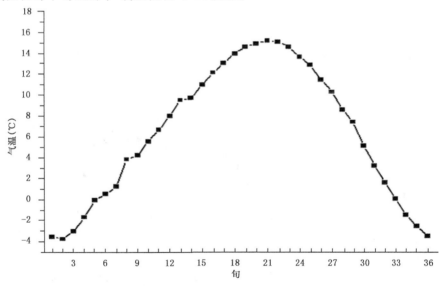

图 4.14　黄龙 1984—2013 年旬平均气温的年内变化

从旬平均气温图 4.14 可以看出：黄龙旅游景区的旬平均气温最低为 1 月中旬，为 −3.76 ℃；最高为 7 月下旬，为 15.20 ℃。气温变化符合北半球冬季温度低，夏季温度高的基本规律。

4.3.1.2　相对湿度

（1）相对湿度的年际变化特征

利用黄龙站 1984—2013 年的相对湿度资料，以年为时间尺度，计算出 1984—2013 年这 30 a 的年平均相对湿度值，如图 4.15 所示。

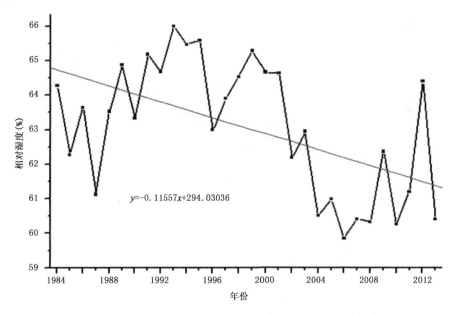

图 4.15 黄龙 1984—2013 年年平均相对湿度及其年际变化趋势

从年平均相对湿度及其年际变化趋势图 4.15 中可以看出,黄龙景区近 30 a 的相对湿度年际变化趋势随时间呈现下降趋势,下降幅度约为 −1.15%/(10 a)。

(2)相对湿度的年内变化特征

利用黄龙站 1984—2013 年的相对湿度资料,以旬为时间尺度,计算出 1984—2013 年这 30 a 的相对湿度在每个旬上的平均值,如图 4.16 所示。

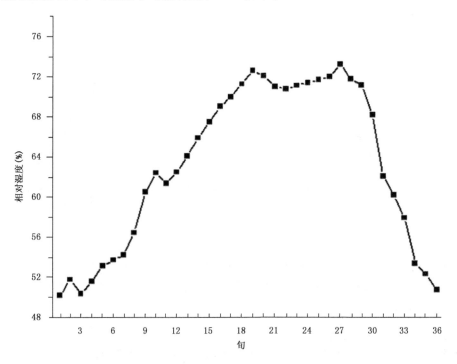

图 4.16 黄龙 1984—2013 年旬平均相对湿度的年内变化

从图 4.16 可以看出:黄龙景区的相对湿度最低值出现在 1 月上旬附近,平均值为50.20%;最高值普遍出现在 9 月下旬,平均值为 73.25%。冬季春季相对湿度较低,夏季秋季相对湿度较高。

4.3.1.3　降水

(1)降水量的年际变化

利用黄龙站 1984—2013 年的降水量资料,以年为时间尺度,计算出 1984—2013 年这 30 a的年平均降水量值,如图 4.17 所示。

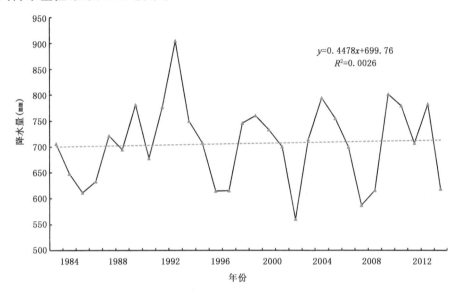

$$y=0.4478x+699.76$$
$$R^2=0.0026$$

图 4.17　黄龙 1984—2013 年年平均降水量及其年际变化趋势

从黄龙景区的近 30 a 年平均降水量及其年际变化趋势分析(见图 4.17)我们可以看出:黄龙景区近 30 a 的降水量年际变化趋势随时间呈增加趋势,增加幅度约为 0.45 mm/10 a。

(2)降水量的年内变化特征

我们利用黄龙站 1984—2013 年的降水量资料,以旬为时间尺度,计算出 1984—2013 年这30 a 的降水量在每个旬上的平均值,如图 4.18 所示。

从图 4.18 可以看出:全年中最大降水量为 5 月下旬的 5.18 mm;最低的是 12 月的中旬,最低降水量仅为 0.12 mm。冬季空气干燥,降水较少。

4.3.2　黄龙景区的旅游适宜季分析

气象领域里以各种气象指数来评判与表征旅游舒适度。本节将采用常用的温湿指数、风寒指数、人体舒适度指数、炎热指数来对比得出黄龙旅游景区的最佳适宜旅游季节。

根据 1984—2013 年的温度、湿度、风速、日最高温度等资料计算出 1984—2013 年 30 a 内每个旬的温湿指数、风寒指数、人体舒适度指数、炎热指数平均值来进行分析。

4.3.2.1　温湿指数

图 4.19 为黄龙景区旬平均温湿指数的年内特征,并从表 4.12 可以看出,以温湿指数为标准,黄龙景区的适宜旅游季节为 6 月中旬到 9 月上旬。

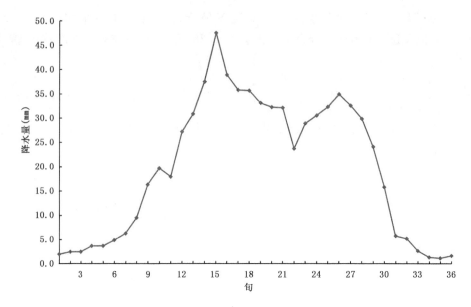

图 4.18　黄龙 1984—2013 年旬平均降水量

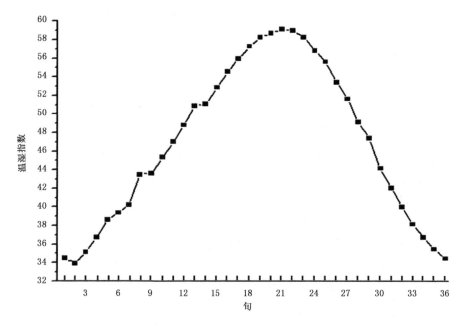

图 4.19　黄龙景区温湿指数的年内特征

表 4.12　黄龙景区各旬温湿指数

月份	1	2	3	4	5	6
上	34.47	36.71	40.23	45.34	50.88	54.56
中	33.92	38.62	43.50	47.02	51.08	55.93
下	35.15	39.38	43.61	48.81	52.86	57.28

月份	7	8	9	10	11	12
上	58.27	58.98	55.61	49.11	42.04	36.71
中	58.72	58.25	53.41	47.38	40.01	35.46
下	59.14	56.81	51.62	44.16	38.14	34.45

4.3.2.2　风寒指数

图 4.20 为黄龙景区风寒指数的年内分布特征，并从表 4.13 可以看出，以风寒指数为标准，黄龙景区的适宜旅游季节为 6 月下旬到 8 月下旬。

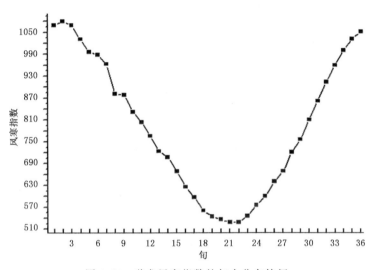

图 4.20　黄龙风寒指数的年内分布特征

表 4.13　黄龙景区各旬风寒指数

月份	1	2	3	4	5	6
上	1068.75	1030.8	962.47	831.23	723.41	625.44
中	1079.39	996.50	880.51	803.38	707.02	597.11
下	1068.98	987.94	878.23	765.41	667.83	560.16
月	7	8	9	10	11	12
上	544.19	528.96	599.37	720.64	861.31	1001.04
中	535.74	545.81	640.19	755.82	913.18	1032.12
下	527.87	574.93	669.05	810.35	959.49	1051.37

4.3.2.3　人体舒适度指数

图 4.21 为黄龙景区的人体舒适度指数的年内分布特征，并从表 4.14 可以看出，以人体舒适度为标准，黄龙景区的适宜旅游旬为 5 月下旬到 9 月下旬。

4.3.2.4　炎热指数

图 4.22 为黄龙景区的炎热指数年内分布特征，并从表 4.15 中可以看出，由于黄龙境内夏季气温相对普遍较低，旬平均最高温度只有 23 ℃，达不到热的标准。因此，从炎热指数来看，黄龙旅游景区基本不存在酷暑的极端天气，少数天数处于"热"其余都是"热"的标准以下的相对适宜天气，可放心出行。

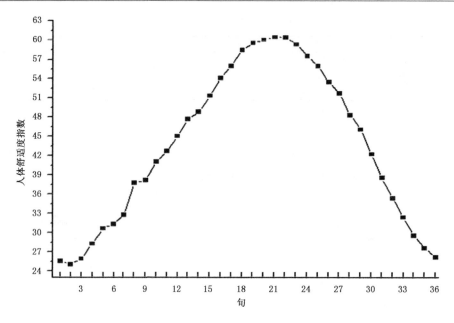

图 4.21　黄龙景区人体舒适度指数的年内分布特征

表 4.14　黄龙景区各旬人体舒适度指数

月份	1	2	3	4	5	6
上	25.49	28.26	32.79	41.06	47.65	54.13
中	25.0	30.64	37.75	42.70	48.83	55.97
下	25.89	31.31	38.17	45.05	51.35	58.47
月	7	8	9	10	11	12
上	59.58	60.39	55.99	48.33	38.58	29.57
中	60.06	59.33	53.45	46.07	35.36	27.61
下	60.46	57.51	51.70	42.22	32.40	26.12

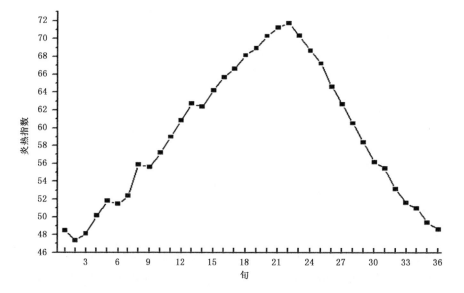

图 4.22　黄龙景区炎热指数的年内分布特征

表 4.15　黄龙景区各旬炎热指数

月份	1	2	3	4	5	6
上	48.49	50.13	52.36	57.2	62.71	65.67
中	47.36	51.82	55.88	58.98	62.36	66.63
下	48.1	51.46	55.58	60.82	64.21	68.13
月	7	8	9	10	11	12
中	68.94	71.71	67.23	60.53	55.46	50.97
下	70.32	70.33	64.62	58.39	53.15	49.39
上	71.24	68.68	62.65	56.14	51.61	48.63

4.3.2.5　综合评价分析

对比黄龙旅游景区的各气象指数可以发现,最适宜旅游季节的指向具有一致性。因此,综合黄龙景区的各气象指数(见表 4.16)得出:黄龙旅游景区的适宜旅游季节集中在 6 月下旬至8 月下旬。结合黄龙风景区属高原温带亚寒带季风气候类型考虑,不难理解该景区的适宜旅游季节集中在夏季。

表 4.16　黄龙景区旅游适宜季

指　数	舒适期	舒适期长度(旬)
温湿指数	6 月中旬至 9 月上旬	9
风寒指数	6 月下旬至 8 月下旬	7
人体舒适度指数	5 月下旬至 9 月下旬	13

4.4　九寨沟气候特征与旅游适宜季

利用九寨沟 1984—2013 年日平均气温、日降水量、日平均相对湿度三个气象要素。通过线性趋势法分析了各个气象要素的年内和年际变化趋势。

通过对温湿指数、风寒指数、人体舒适度指数等分析,可以得出,5—9 月是九寨沟的最佳旅游季。其次是 4 月、10 月和 11 月上旬,较为适宜。1—3 月及 11 月中下旬和 12 月,不适合去九寨沟旅游,若选择在这几个月份出游,需做好一定的防寒保暖措施。

4.4.1　九寨沟气候特征分析

4.4.1.1　气温

(1)气温年际变化

用线性趋势法得到(见图 4.23)九寨沟年平均气温年际变化趋势。从图中可以看出,1984—2013 年这 30 a 间九寨沟地区的年平均气温线性增加,呈 0.5 ℃/(10 a)上升的趋势。升温幅度最高达到了 2.5 ℃。1984—2013 年年平均气温为 13.17 ℃。年平均最高气温为 14.39 ℃,出现在 2006 年。年平均最低气温为 11.97 ℃,出现在 1984 年。整体来说,30 a 间九寨沟地区的年平均气温保持在 12~14.5 ℃的范围内,气温较为适中,适宜人类活动。

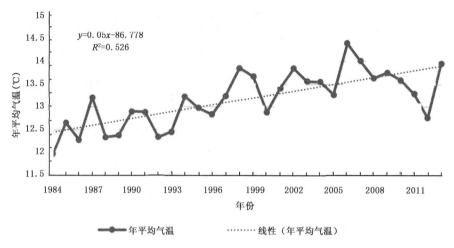

图 4.23　九寨沟年平均气温年际变化趋势

(2)气温年内变化

用线性趋势法得到(见图 4.24)九寨沟各月平均气温变化趋势。从图中可以看出,1—12 月的平均气温呈先增加后减少的趋势。月平均气温的平均值为 13.14 ℃。月平均气温最高值为 22.69 ℃,出现在 7 月。月平均气温最低值为 2.39 ℃,出现在 1 月。最高气温和最低气温之间的差值为 20.30 ℃。

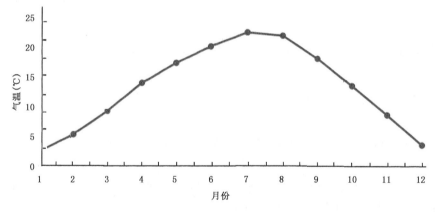

图 4.24　1984—2013 年月平均气温的年内变化特征

4.4.1.2　降水

(1)降水量年际变化

用线性趋势法得到(见图 4.25)九寨沟年降水量年际变化趋势。从图中可以看出,1984—2013 年这 30 a 间九寨沟地区的年降水量线性减少,呈 21 mm/(10 a)下降的趋势。下降幅度最大达 391 mm。年降水量最大值为 750.2 mm,出现在 1990 年。年降水量最低值为 359.2 mm,出现在 1996 年。

(2)降水量年内变化

用线性趋势法得到(见图 4.26)九寨沟各月降水量变化趋势。从图中可以看出,1—12 月的降水量呈先增加后维持在 80 mm 左右小幅波动 4 个月然后再减少的趋势。月降水量的平

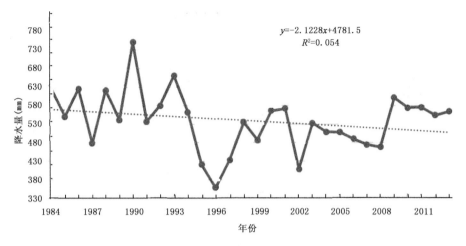

$$y=-2.1228x+4781.5$$
$$R^2=0.054$$

图 4.25　九寨沟年降水量年际变化趋势

均值为 44.92 mm。月降水量最高值为 85.96 mm，出现在 8 月。月降水量最低值为 0.63 mm，出现在 11 月。降水量最高值和最低值之间的差值为 85.33 mm。

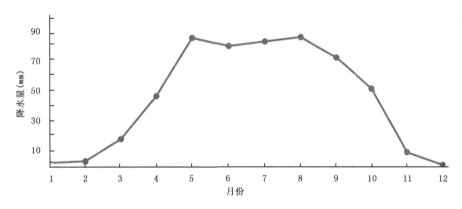

图 4.26　年月降水量的年内变化特征

4.4.1.3　相对湿度

（1）相对湿度年际变化

用线性趋势法得到（见图 4.27）九寨沟年平均风速年际变化趋势。从图中可以看出，1984—2013 年这 30 a 间九寨沟地区的年平均相对湿度整体明显的线性减少，呈 2%/10 a 下降的趋势。下降幅度最高达到了 8.14%。1984—2013 年 30 a 的年平相对湿度为 63.67%。年平均最高相对湿度为 67.75%，出现在 1989 年。年平均最低相对湿度为 59.62%，出现在 2008 年。1984—1987 年间有较明显突变，相对湿度整体来说下降幅度较大，从 66.25% 下降到了 62.08%。1987—1988 年间是 30 a 来相对湿度增加最大的一年，从 62.08% 增加到了 67.75%。

（2）相对湿度年内变化

用线性趋势法得到（见图 4.28）九寨沟各月平均相对湿度变化趋势。从图中可以看出，1—12 月的平均相对湿度呈先增加后减少的趋势。月平均相对湿度的平均值为 63.63%。月

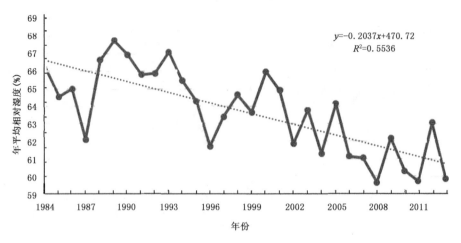

图 4.27　九寨沟年平均相对湿度年际变化趋势

平均相对湿度最高值为 73.21％，出现在 9 月。月平均相对湿度最低值为 54.12％，出现在 1 月。降水量最高值和最低值之间的差值为 19.09％。

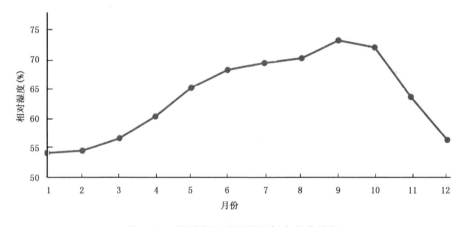

图 4.28　月平均相对湿度的年内变化特征

4.4.2　九寨沟适宜旅游季分析

4.4.2.1　温湿指数

从图 4.29 可以看出，1 月和 12 月为温湿指数最小的时候，即相对于全年来说是人体感觉最不舒服的时候，7 月和 8 月为温湿指数最大的时候。

由表 4.17 温湿指数可以看出，5 月和 9 月中下旬是到九寨沟旅游的最佳季节。其次是温湿指数等级为－1 级和 1 级的时候，人体分别感觉清凉和暖，人体感觉舒适。参考数据可知，4 月、6 月、7 月上旬、8 月中下旬、9 月上旬、10 月中上旬也是到九寨沟旅游的好时候。

1 月、2 月上旬和 12 月温湿指数为－3 级，人体感觉寒冷，不舒适。3 月和 10 月下旬、11 月温湿指数为－2 级，人体感觉偏冷，较不舒适。所以如果选择在这几个月出游的话，需要做好一定的防寒保暖措施。

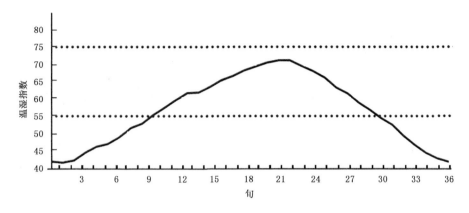

图 4.29　九寨沟温湿指数的年内分布特征

表 4.17　温湿指数及对应等级

月份	1		2		3		4	
上旬	41.737	−3 级	44.379	−3 级	48.766	−2 级	55.393	−1 级
中旬	41.453	−3 级	46.002	−2 级	51.431	−2 级	57.489	−1 级
下旬	42.119	−3 级	46.911	−2 级	52.834	−2 级	59.582	−1 级
月份	5		6		7		8	
上旬	61.701	0 级	65.366	1 级	69.418	1 级	71.126	2 级
中旬	61.923	0 级	66.755	1 级	70.446	2 级	69.601	1 级
下旬	63.545	0 级	68.276	1 级	71.093	2 级	68.122	1 级
月份	9		10		11		12	
上旬	66.219	1 级	58.924	−1 级	52.396	−2 级	44.339	−3 级
中旬	63.402	0 级	56.846	−1 级	49.289	−2 级	42.685	−3 级
下旬	61.548	0 级	54.418	−2 级	46.682	−2 级	41.698	−3 级

4.4.2.2　风寒指数

从图 4.30 可以看出,1984—2013 年 30 a 间旬平均风寒指数的变化。开始两个月呈现较小的上下波动趋势。3—8 月明显的线性减少,呈下降趋势。8—12 月明显的线性增加,呈上升趋势,整体波动幅度较大。1—2 月和 12 月为风寒指数最大的时候,即相对全年来说是人体感觉最不舒服的时候。7—8 月为风寒指数最小的时候,即相对全年来说是人体感觉最舒适的时候。

由表 4.18 数据可以看出,九寨沟一年皆处于风寒指数为 A 或 B 的时刻,由风寒指数分级表可以看出,指数为 A 和 B 时人体感觉都不错,较适合旅游出行。因此就风寒指数来说,九寨沟全年都较适宜旅游观光。当温湿指数等级为 A 时,是人体感觉最舒适的时候。参考数据可知,4—11 月上旬风寒指数等级为 A,是在九寨沟观光旅游的最佳季节。其他月份的风寒指数等级为 B,也可以纳入旅游观光的考虑范围内。

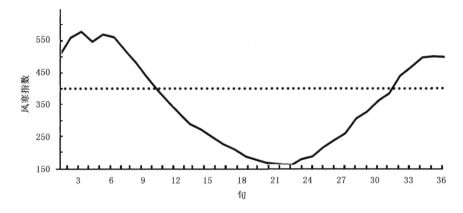

图 4.30 九寨沟风寒指数的年内变化特征

表 4.18 风寒指数及对应等级

月份	1		2		3		4	
上旬	506.823	B级	545.633	B级	520.432	B级	395.867	A级
中旬	558.505	B级	568.490	B级	480.956	B级	356.798	A级
下旬	577.582	B级	561.063	B级	438.212	B级	324.399	A级
月份	5		6		7		8	
上旬	288.684	A级	225.161	A级	176.661	A级	158.302	A级
中旬	272.156	A级	210.833	A级	166.662	A级	178.708	A级
下旬	249.106	A级	187.756	A级	163.617	A级	186.713	A级
月份	9		10		11		12	
上旬	216.198	A级	307.199	A级	385.783	A级	497.185	B级
中旬	237.260	A级	327.650	A级	440.297	B级	501.257	B级
下旬	258.981	A级	361.100	A级	468.012	B级	499.864	B级

4.4.2.3 人体舒适度指数

从图 4.31 可以看出，1—2 月和 12 月为人体舒适度指数最小的时候，即相对全年来说是人体感觉最不舒服的时候，8 月为人体舒适度指数最大的时候。

由表 4.19 人体舒适度指数 6—9 月上旬是到九寨沟旅游的最佳季节。其次是人体舒适度指数等级为 −1 时和 1 的时候，人体分别感觉偏凉和偏热，可能会有部分人会感觉不舒适，但整体来说还是比较适宜出游旅行。参考数据可知，如果错过了 6—9 月的最佳季节，也可以选择 4 月下旬到 5 月，9 月中下旬到 10 月上旬这段时间出行。

3 月中下旬、4 月中上旬、10 月中下旬和 11 月中上旬，人体舒适度指数为 −2 级，人体感觉偏冷，大部分人会感觉到不舒适。在 1 月、2 月、3 月上旬、11 月下旬和 12 月，人体舒适度指数为 −3 级，人体感觉冷，不舒适。因此，若选择在这几个月份出游需做好一定的防寒保暖措施。

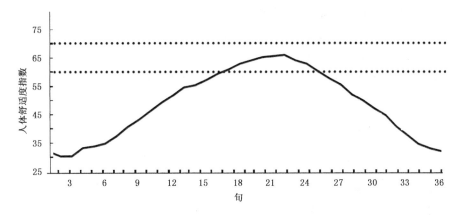

图 4.31　九寨沟人体舒适度指数的年内特征

表 4.19　人体舒适度指数及对应等级

月份	1		2		3		4	
上旬	31.984	−3 级	33.271	−3 级	37.461	−3 级	46.312	−2 级
中旬	30.414	−3 级	34.029	−3 级	40.721	−2 级	49.108	−2 级
下旬	30.462	−3 级	34.940	−3 级	43.103	−2 级	51.686	−1 级
月份	5		6		7		8	
上旬	54.439	−1 级	59.381	0 级	63.995	0 级	65.871	0 级
中旬	55.276	−1 级	60.865	0 级	65.047	0 级	63.910	0 级
下旬	57.253	−1 级	62.853	0 级	65.463	0 级	62.785	0 级
月份	9		10		11		12	
上旬	60.189	0 级	51.938	−1 级	44.687	−2 级	34.746	−3 级
中旬	57.616	−1 级	49.849	−2 级	40.632	−2 级	33.112	−3 级
下旬	55.533	−1 级	47.010	−2 级	37.717	−2 级	32.146	−3 级

4.4.2.4　适宜旅游季分析与总结

从以上分析可以得出,5—9 月是九寨沟的最佳旅游季,三个指数中至少有两个指数都达到了人体最舒适的标准,剩下一个指数也达到了较舒适的标准。

其次是 4 月、10 月和 11 月上旬,若错过了最佳旅游季,也可以考虑选择这几个月出行,整体来说较为适宜,舒适度较高。

1—3 月及 11 月中下旬和 12 月,整体来说,各方面指数情况较差,人体舒适度不高,不适合去九寨沟旅游。若选择在这几个月份出游,需做好一定的防寒保暖措施。

4.5　达古冰川气候特征与适宜旅游季

利用四川省阿坝州黑水县气象站 1984—2013 年逐日气温、降水量、相对湿度等气象资料,分析达古冰川景区的气候特征,并根据计算当地的温湿指数、风寒指数、人体舒适度指数等,对当地的旅游适宜季进行分析评价。研究结果表明:达古冰川地区常年平均气温为 9.2 ℃,降水主要集中在 5—9 月,全年的降水日大概在 167 d 左右,但多为小雨或阵雨,相对湿度常年基本维持在 60%～70%。分析气候生理指标发现:温湿指数最适宜为 6 月下旬到 8 月下旬,风寒指数最舒适为 6 月上旬到 9 月中旬,人体舒适度指数最舒适为 6 月中旬到 9 月上旬,综合几个指数分析,达古冰川适宜旅游时段为 5 月上旬到 10 月上旬,最适宜旅游时段为 6 月下旬到 8 月下旬。

4.5.1　达古冰川气候特征

4.5.1.1　气温

(1)气温年际变化特征

对于人们来说,最直观的形容对一个地区的冷热感受就是当地的气温。利用黑水站 1984—2013 年 30 a 的逐日气温资料,运用对气温求年平均的方法,结合线性趋势,做出达古冰川的年气温的年际变化趋势图(见图 4.32)。

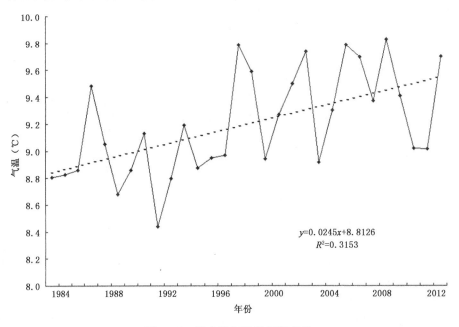

$$y=0.0245x+8.8126$$
$$R^2=0.3153$$

图 4.32　黑水站气温的年际变化

由图 4.32 可知,在 1984—2013 年这 30 a 中,达古冰川最低年平均气温出现在 1992 年,该年温度为 8.4 ℃;达古冰川的最高年平均气温出现在 2009 年,该年温度为 9.8 ℃,2 a 年平均气温温差为 1.4 ℃;从图 4.32 中可以看出,1984—2013 年,年平均气温整体上呈上升趋势,从 1992 年起,年平均气温有更加明显的上升趋势,尤其 1987—1988 年有一个明显的升温,1988 年比 1987 年平均升温 1 ℃。可见从 20 世纪 90 年代起,该地区有个温暖期(李川,2003)。通过这 30 a 的年平均气温变化趋势可以看出,达古冰川地区的年均温度在 8～10 ℃ 进行小幅变动,未见有大幅变动的异常。其中一元线性方程 $y=ax+b$ 所表示的趋势方程中,趋势项 $a=0.0245$,可见整体呈上升趋势,气候倾向率为 0.245 ℃/(10 a)。

(2)气温年内变化特征

图 4.33 为月平均气温变化趋势图,其中的直线为年平均气温 9.2 ℃。从图中可以看出,

整体上看,一年之中温度的变化符合一年四季的温度变化特征,从 1 月开始温度开始逐月上升,到一年之中的 7,8 月升至最高,之后气温开始逐月下降。冬季的平均气温为 0.8 ℃,春季的平均气温为 9.9 ℃,夏季的平均气温为 16.6 ℃,秋季的平均气温为 9.4 ℃。在 1984—2013 年这 30 a 中,月平均气温最低出现在 1 月,温度为 −0.6 ℃;月平均气温最高出现在 7 月,温度为 17.4 ℃;综合图 4.33 上的数据,从 4 月到 10 月,月平均气温均高于年平均气温,平均高出 4 ~5 ℃左右。根据具体的日平均温度数据,筛选出 1984—2013 年之中:日平均气温最高为 24.1 ℃,出现在 2006 年 7 月 16 日;日平均气温最低为 −7.2 ℃,出现在 2008 年 1 月 28 日。且根据日极端气温统计,日最高气温为 33.4 ℃,出现在 2000 年 7 月 26 日,计算这 30 a 的极端高温,结果平均一年 30 ℃以上天气只有 6.6 d。可见达古冰川地区夏季无炎热酷暑天气,冬季无严寒天气。

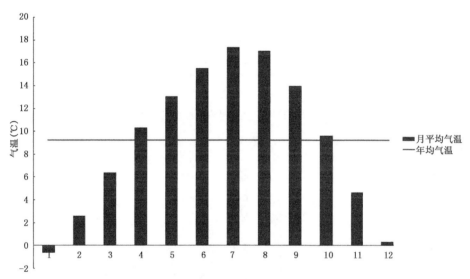

图 4.33　黑水站气温的年内变化特征

4.5.1.2　降水量

(1)降水量年际变化特征

降水量是影响气候特征的一个重要物理量。利用达古冰川地区逐日降水量的资料,制作了图 4.34 的年降水量的年际变化趋势图,图中显示在 1984—2013 年之中,年降水总量最多的一年为 1993 年,共降水 990.3 mm;年降水总量最少的一年为 2002 年,共降水 575.9 mm。据统计,近 30 a 来,达古冰川地区年平均降水量为 813.3 mm,基本上总降水量在 600~1000 mm 变动。其中一元线性方程 $y=ax+b$ 所表示的趋势方程中,趋势项 $a=-1.3939$,可见整体呈下降趋势,气候倾向率为 −13.939 mm/(10 a)。

(2)降水量的年内变化特征

通过图 4.35 月平均降水变化趋势图可以看出,在一年之中达古冰川地区的降水主要集中在夏季和夏季的前后各一个月,即 5—9 月,约占年总降水量的 74.4%。冬季的降水量为 19.7 mm,春季的降水量为 225.6 mm,夏季的降水量为 362.3 mm,秋季的降水量为 205.7 mm。

根据 1984—2013 年逐日降水量的数据,统计出每月的降水天数(见表 4.20)和各等级降

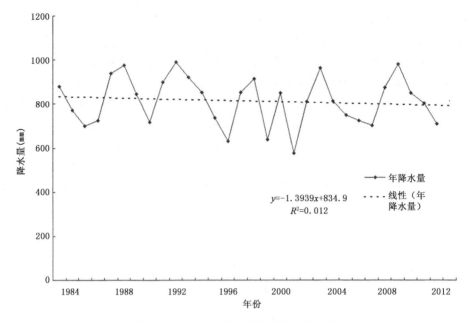

图 4.34　黑水站降水量的年际变化趋势

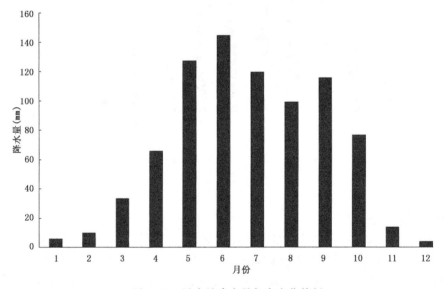

图 4.35　黑水站降水量年内变化特征

水的年均天数(见表 4.21)。由表 4.20 可知,达古冰川地区的降水主要集中在夏季,月降水天数在 20 d 左右,冬季降水量很少,月降水天数均小于 8 d。综合表 4.20 和表 4.21 可以看出,达古冰川地区虽然 5—9 月降水天数多,但是达到暴雨(大于 50 mm)级别降雨量的天数为 0,一年之中达到大雨级别(大于 25 小于 50 mm)降雨量的天数也仅为 3 d,而达到中雨级别(大于 10 小于 25 mm)降水量的天数为 24 d。由此看见,达古冰川地区全年出现降水天气较多,但多数为小雨或者阵雨,因此,降水整体上对该地区旅游活动方面的影响较小,但仍需注意夏季偶尔会出现影响旅游活动的中到大雨的天气。

表 4.20　1984—2013 年各月降水平均天数

月份	1	2	3	4	5	6	7	8	9	10	11	12
降水天数(d)	5	7	12	16	21	22	19	17	19	18	6	3

表 4.21　1984—2013 年降水等级平均天数

降水量(mm)	0.1~10	10~25	25~50	>50
降水天数(d)	140	24	3	0

4.5.1.3　相对湿度

（1）相对湿度年际变化特征

达古冰川地区年均空气相对湿度的年际变化趋势如图 4.36 所示,近 30 a 来,该地区的年平均相对湿度变化大多在 60%~70%,且该地区的气温相对适宜,平均日最高气温未出现过超过 32 ℃的情况,所以该地区的相对湿度适宜开展旅游活动,该地区的相对湿度对人体的舒适度情况基本无影响。其中一元线性方程 $y=ax+b$ 所表示的趋势方程中,趋势项 $a=-0.0427$,可见整体呈下降趋势,气候倾向率为$-0.427 \%/10$ a。

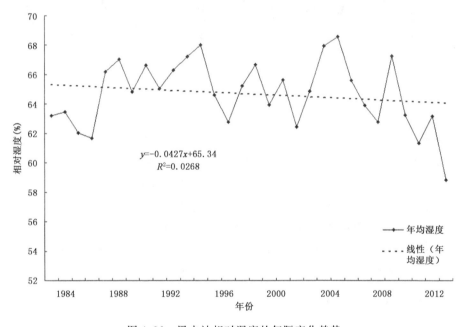

$$y=-0.0427x+65.34$$
$$R^2=0.0268$$

图 4.36　黑水站相对湿度的年际变化趋势

（2）相对湿度的年内变化特征

达古冰川地区平均相对湿度年内变化如图 4.37 所示,全年相对湿度平均水平在 50%~80%,其变化大致与气温的年变化一致,冬季温度低时,相对湿度低,夏季温度高时,相对湿度高。冬季的相对湿度为 52.1%,春季的相对湿度为 60.6%,夏季的相对湿度为 75.4%,秋季的相对湿度为 70.6%。这与我国在季风气候区内有关(吴章文,2001),在冬季气团来自相对干燥的大陆,水汽含量少,相反,在夏季气团来自海洋,水汽充沛。而且对于达古冰川所处的地理位置来说,夏季相对于冬季为雨季,雨量充沛,空气中的水汽含量也就增加,所以导致了相对湿度的年变化与气温的年变化大体一致。相对湿度对人的单一影响其实不大,它是通过综合气温这一气象要素来体现的(可对比后文的温湿、炎热指数)。一般情况下,温度适中,相对湿度对人几乎无影响。但如果气温不适中,尤其是过高的情况下,过高的相对湿度即 80% 以上,会使人体排出的汗液不易蒸发,影响人的热量散失,所以在温度过高的情况下,一般相对湿度在 60%~70% 时,最令人感觉舒适(宋欣,2015)。

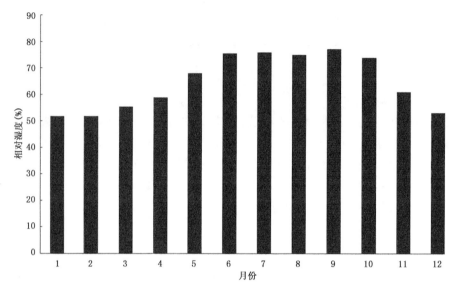

图 4.37　黑水站相对湿度年内变化特征

从以上分析可以看出:

(1)年均温度为 9.2 ℃,在一年之中,各月平均气温最高不超过 20 ℃,最低不超过 -1 ℃,6—9 月平均温度在 14 ℃以上,线性趋势整体呈上升趋势,气候倾向率为 0.245 ℃/(10 a)。

(2)对于降水而言,达古冰川地区年均降水量为 813.3 mm,其中主要降水集中在 5—9 月,尽管在该时段每月降水天数在 20 d 左右,但多为小雨或阵雨,在 30 a 中仅出现过 3 次大雨天气,线性趋势整体呈下降趋势,气候倾向率为 -13.939 mm/(10 a)。

(3)风速在冬季和春季比较大,而夏季、秋季的风速比较稳定,基本维持在 1.5 m/s 左右,线性趋势整体呈下降趋势,气候倾向率为 -0.249 m/s/(10 a)。

4.5.2　达古冰川旅游适宜季分析

评价一个地方是否适合人类活动,从不同的气象要素之中分析气候特征固然重要,但是仅凭单一的气象要素特征,来判断一个地区的气候是否适宜人类开展旅游一类的活动是不够的,因此,我们需要引入适当的旅游气候舒适度进行分析评价。本节通过引入目前比较常用的气候生理指标:温湿指数、风寒指数、炎热指数和人体舒适度指数四个指数,为了更好、更精准地确定适宜旅游时段,以旬为单位进行计算,得出相关的指数等级,综合评价达古冰川地区适宜旅游季节。

4.5.2.1　温湿指数

达古冰川地区 1984—2013 年旬平均温湿指数变化趋势可见图 4.38。从图中可以看出,趋势与气温年变化大体一致,在一年之中的年初和年末指数最低,7,8 月指数最高。在年内变化中,指数在 60～69 范围内、级别为 0 的即人体感觉最舒适的时段为:6 月下旬,7 月整月和 8 月整月共七个旬时段;人体感觉舒适即指数在 50～59 或者 70～75 范围内、级别为 1 或 -1 的时段为:4 月整月,5 月整月,6 月的上旬、中旬,9 月的整月,10 月的上、中旬共十三个旬时段;人体感觉较舒适指数在 40～49 或者 76～80 范围内、级别为 2 或 -2 的时段为:2 月整月,3 月整月,10 月下旬,11 月整月,12 月上旬共十一个旬时段;剩下的即为级别为 3 或 -3、人体感觉不舒适时段:1 月整月,12 月中旬、下旬共五个旬时段。从温湿指数的整体上看,平均水平都在 35～65 范围内,人体感受不舒适的时段占一小部分,且不舒适感受多属于感觉冷,在各个旬平均指数中均未出现人体感觉热的情况,可见达古冰川地区基本无酷暑天气。

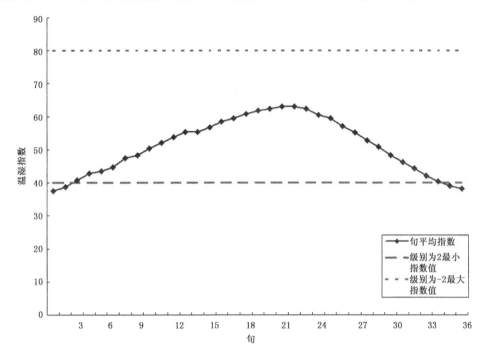

图 4.38　黑水站旬平均温湿指数的年内变化特征

为了更直观地看出在温湿指数单一条件下达古冰川地区的适宜旅游季,本节筛选出温湿指数级别为 -2,-1,0,1,2 的时段,这些级别温湿指数条件下人体感觉包含最舒适、舒适、较舒适,即图中位于上下两条虚线之间的点,将这些时段确定为温湿指数条件下适宜旅游季节,具体数据见表 4.22。

表 4.22　温湿指数条件下适宜旅游季

时间	指数	级别	人体感觉
2 月上旬	40.69	2	微冷 较舒适
2 月中旬	42.81	2	微冷 较舒适
2 月下旬	43.37	2	微冷 较舒适
3 月上旬	44.70	2	微冷 较舒适
3 月中旬	47.45	2	微冷 较舒适
3 月下旬	48.18	2	微冷 较舒适

续表

时间	指数	级别	人体感觉
4 月上旬	50.40	1	凉爽 舒适
4 月中旬	51.99	1	凉爽 舒适
4 月下旬	53.77	1	凉爽 舒适
5 月上旬	55.25	1	凉爽 舒适
5 月中旬	55.31	1	凉爽 舒适
5 月下旬	56.75	1	凉爽 舒适
6 月上旬	58.40	1	凉爽 舒适
6 月中旬	59.48	1	凉爽 舒适
6 月下旬	60.82	0	最舒适
7 月上旬	61.86	0	最舒适
7 月中旬	62.37	0	最舒适
7 月下旬	63.02	0	最舒适
8 月上旬	62.97	0	最舒适
8 月中旬	62.31	0	最舒适
8 月下旬	60.49	0	最舒适
9 月上旬	59.39	1	凉爽 舒适
9 月中旬	56.95	1	凉爽 舒适
9 月下旬	55.16	1	凉爽 舒适
10 月上旬	52.72	1	凉爽 舒适
10 月中旬	50.84	1	凉爽 舒适
10 月下旬	48.22	2	微冷 较舒适
11 月上旬	46.12	2	微冷 较舒适
11 月中旬	44.24	2	微冷 较舒适
11 月下旬	42.16	2	微冷 较舒适
12 月上旬	40.28	2	微冷 较舒适

4.5.2.2　风寒气象指数

图 4.39 所示的为达古冰川地区 1984—2013 年风寒指数旬平均的变化趋势,因为风寒指数主要是研究寒冷环境下的指数,与风速和气温(降温)关联,所以图中风寒指数的折线趋势与气温年变化相反,即 7,8 月指数最低,一年的年初和年末指数最高。结合表 4.25 的等级划分,可以看出人体感觉最舒适,风寒指数小于 400、级别为 0 的时段:6 月整月,7 月整月,8 月整月,9 月的上旬、中旬共十一个旬时段。人体感觉凉爽,风寒指数在 401~650 范围内、级别为 1 的时段为:3 月整月,4 月整月,5 月整月,9 月下旬,10 月整月,11 月整月共十六个旬时段。剩下的时段为 1 月整月,2 月整月,12 月整月共九个时段,均未超过 800,对于人体感觉都在 2 级很凉这一范围内。整体上看达古冰川地区风寒指数平均水平在 800 以下,30 a 之中也仅有 1 天风寒指数超过 1000,可见达古冰川地区无严寒天气,注意适当的防寒保暖,尽量避免选择冬季和临近冬季的月份前往即可。

同样为了更直观地看出在风寒指数单一条件下达古冰川地区的适宜旅游季,本节筛选出风寒指数级别为 0,1 的时段,这些级别风寒指数条件下人体感觉包含舒适、凉爽,即图中小于

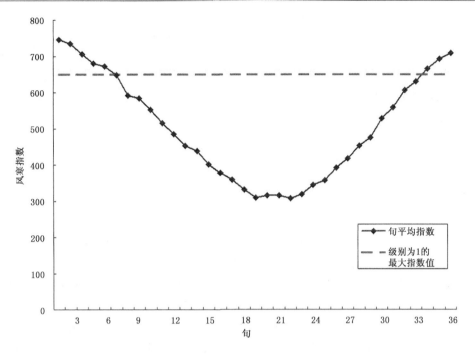

图 4.39　黑水站旬平均风寒指数的年内变化特征

虚线所表示值的点,将这些时段确定为风寒指数条件下适宜旅游季节,具体数据见表 4.23。

表 4.23　风寒指数条件下适宜旅游季

时间	指数	级别	人体感觉
3 月上旬	647.49	1	凉爽
3 月中旬	592.39	1	凉爽
3 月下旬	584.38	1	凉爽
4 月上旬	552.01	1	凉爽
4 月中旬	515.87	1	凉爽
4 月下旬	484.18	1	凉爽
5 月上旬	453.32	1	凉爽
5 月中旬	437.87	1	凉爽
5 月下旬	401.41	1	凉爽
6 月上旬	377.46	0	舒适
6 月中旬	358.37	0	舒适
6 月下旬	331.85	0	舒适
7 月上旬	308.01	0	舒适
7 月中旬	315.37	0	舒适
7 月下旬	314.81	0	舒适
8 月上旬	306.68	0	舒适
8 月中旬	318.97	0	舒适
8 月下旬	343.89	0	舒适
9 月上旬	356.37	0	舒适
9 月中旬	392.56	0	舒适

时间	指数	级别	人体感觉
9月下旬	417.99	1	凉爽
10月上旬	452.84	1	凉爽
10月中旬	475.53	1	凉爽
10月下旬	527.83	1	凉爽
11月上旬	559.01	1	凉爽
11月中旬	607.08	1	凉爽
11月下旬	629.68	1	凉爽

4.5.2.3 人体舒适度指数

达古冰川地区1984—2013年旬平均人体舒适度指数变化趋势如图4.40所示。根据温度、湿度、风速三者的关系结合,一般夏季温度高、风速小、湿度适宜,而人体舒适度指数的定义为指数越高相对应的人体感受越热,指数越低对应的人体感受越冷,所以不难理解人体舒适度指数的年变化趋势尤其与气温的年变化趋势相类似。整体上看,1984—2013年30 a的人体舒适度指数变化范围大致在25~65,可见达古冰川地区不存在过度炎热问题。综合图4.40和表4.24,其中人体感觉最为舒适最可接受、级别为0、指数范围在59~79的时段为:6月中、下旬,7月整月,8月整月,9月上旬共九个旬时段。指数范围在51~58范围内、级别为—1、人体感觉偏凉较为舒适的时段为:5月整月,6月上旬,9月中下旬,10月上旬共七个旬时段。指数范围在39~50范围内、级别为—2、人体感觉较冷不舒适需要注意保暖的时段为:3月中下旬,4月整月,10月中下旬,11月上旬共八个旬时段。剩下的1月整月,2月整月,3月上旬,11月中、

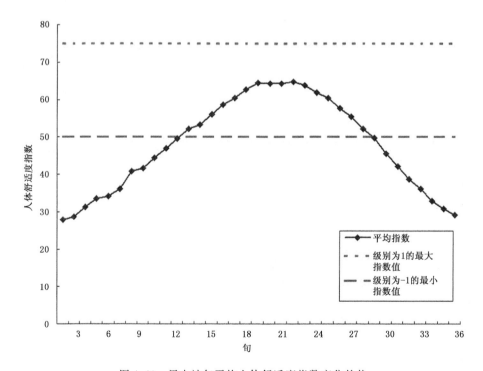

图4.40 黑水站旬平均人体舒适度指数变化趋势

下旬,12月整月共十二个旬时段都在 26～38 范围内,属于级别－3,人体感觉很冷很不舒适,注意防寒保暖的时段。综合起来看,对于达古冰川地区,人们前往主要需要注意防寒保暖。

同理为了更直观的看出在人体舒适度指数单一条件下达古冰川地区的适宜旅游季,本节筛选出风寒指数级别为－1,0,1 的时段,这些级别人体舒适度指数条件下人体感觉包含最为舒适、较为舒适,即图中上下两条虚线之间的点,将这些时段确定为人体舒适度指数条件下适宜旅游季节,具体数据见表 4.24。

根据以上分析中可以得出:

(1)温湿指数最适宜的时段为 6 月下旬到 8 月,风寒指数最适宜的时段为 6 月到 9 月中旬,人体舒适度指数最适宜的时段为 6 月中旬到 9 月上旬。

(2)通过表 4.25 综合三个指数的等级,将三个指数均为 0 等级时设定为最适宜旅游时段,将同时达到温湿指数级别在－2～2;风寒指数、人体舒适度指数两个指数中级别在－1～1 的时段定为适宜旅游时段,则可以初步得出结论:在温湿指数、风寒指数、人体舒适度指数三个指数的综合评价下,达古冰川地区适宜旅游时段为 5 月上旬到 10 月上旬,其中最适宜旅游时段为 6 月下旬到 8 月下旬。

表 4.24　人体舒适度指数条件下适宜旅游季

时间	指数	级别	人体感觉
5 月上旬	52.15	－1	略偏凉,较为舒适
5 月中旬	53.30	－1	略偏凉,较为舒适
5 月下旬	56.01	－1	略偏凉,较为舒适
6 月上旬	58.60	－1	略偏凉,较为舒适
6 月中旬	60.37	0	最为舒适,最可接受
6 月下旬	62.74	0	最为舒适,最可接受
7 月上旬	64.40	0	最为舒适,最可接受
7 月中旬	64.33	0	最为舒适,最可接受
7 月下旬	64.28	0	最为舒适,最可接受
8 月上旬	64.79	0	最为舒适,最可接受
8 月中旬	63.80	0	最为舒适,最可接受
8 月下旬	61.80	0	最为舒适,最可接受
9 月上旬	60.48	0	最为舒适,最可接受
9 月中旬	57.66	－1	略偏凉,较为舒适
9 月下旬	55.41	－1	略偏凉,较为舒适
10 月上旬	52.19	－1	略偏凉,较为舒适

表 4.25　1984—2013 年各指数旬平均数值等级

月	旬	温湿指数	等级	风寒指数	等级	人体舒适度指数	等级
	上	38.00	3	728.37	2	28.25	－3
1	中	37.39	3	744.80	2	27.79	－3
	下	38.59	3	734.54	2	28.62	－3

月	旬	温湿指数	等级	风寒指数	等级	人体舒适度 指数	等级
	上	40.69	2	705.33	2	31.28	−3
2	中	42.81	2	680.47	2	33.46	−3
	下	43.37	2	671.85	2	34.18	−3
	上	44.70	2	647.49	1	36.18	−3
3	中	47.45	2	592.39	1	40.73	−2
	下	48.18	2	584.38	1	41.54	−2
	上	50.40	1	552.01	1	44.39	−2
4	中	51.99	1	515.87	1	46.89	−2
	下	53.77	1	484.18	1	49.48	−2
	上	55.25	1	453.32	1	52.15	−1
5	中	55.31	1	437.87	1	53.30	−1
	下	56.75	1	401.41	1	56.01	−1
	上	58.40	1	377.46	0	58.60	−1
6	中	59.48	1	358.37	0	60.37	0
	下	60.82	0	331.85	0	62.74	0
	上	61.86	0	308.01	0	64.40	0
7	中	62.37	0	315.37	0	64.33	0
	下	63.02	0	314.81	0	64.28	0
	上	62.97	0	306.68	0	64.79	0
8	中	62.31	0	318.97	0	63.80	0
	下	60.49	0	343.89	0	61.80	0
	上	59.39	1	356.37	0	60.48	0
9	中	56.95	1	392.56	0	57.66	−1
	下	55.16	1	417.99	1	55.41	−1
	上	52.72	1	452.84	1	52.19	−1
10	中	50.84	1	475.53	1	49.74	−2
	下	48.22	2	527.83	1	45.53	−2
	上	46.12	2	559.01	1	42.04	−2
11	中	44.24	2	607.08	1	38.64	−3
	下	42.16	2	629.68	1	36.11	−3
	上	40.28	2	666.28	2	32.81	−3
12	中	39.06	3	692.30	2	30.79	−3
	下	38.18	3	708.02	2	29.11	−3

4.6　海螺沟气候特征与旅游适宜季

　　利用海螺沟 1984—2013 年的日平均降水量、日平均气温、日平均相对湿度等资料,采用线性趋势法对海螺沟的气候特征进行分析,并用温湿指数、风寒指数和人体舒适度指数分析海螺沟适宜旅游季,得出:海螺沟的年均降水量总体呈降低趋势,年均气温呈增高趋势,年均相对湿度呈下降趋势。根据对温湿指数、风寒指数和人体舒适度的分析,海螺沟最适宜旅游的季节是6月上旬到8月下旬。

4.6.1　海螺沟气候特征

海螺沟气候特征主要通过对降水量、风、温度和湿度这四种气象要素的分析来实现。

4.6.1.1　气温

(1)气温的年际变化特征分析

海螺沟的气温变化趋势如图 4.41 所示。整体来看,1984—2013 年年平均气温呈上升趋势,在 5.10~6.98 ℃变化。2013 年的年平均温度相比 1984 年年平均气温升高了 0.183 ℃,多年平均气温为 5.855 ℃。30 a 来年平均气温围绕平均温度不断上下波动且有所上升。

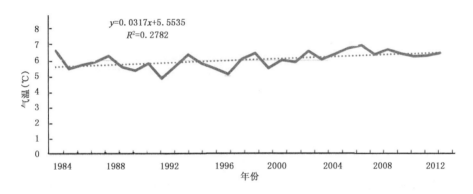

$$y=0.0317x+5.5535$$
$$R^2=0.2782$$

图 4.41　海螺沟气温年际变化特征

(2)气温的年内变化特征分析

图 4.42 是海螺沟景区的气温的年内变化趋势图,从整体看来,1—12 月的气温呈上升趋势。全年气温变化较为平缓,1—7 月呈增大趋势,7—12 月呈上升趋势,7 月达最高为 14 ℃,7—12 月呈减小趋势,全年最低气温出现在 1 月和 12 月,为−4 ℃。

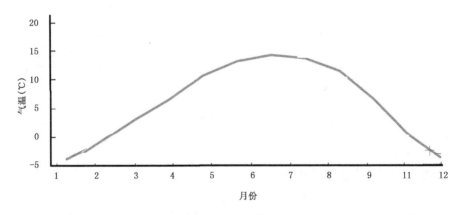

图 4.42　海螺沟气温年内变化特征

4.6.1.2　降水量

(1)降水量的年际变化特征分析

海螺沟景区 1984—2013 年 30 a 的年平均降水量变化趋势如图 4.43 所示。从整体看来，海螺沟景区的年平均降水量整体呈减小趋势，1984—2013 年整体在 450～900 mm 变化。海螺沟的年降水量 30 a 间在平均值 655 mm 附近上下波动，变化趋势基本平稳。

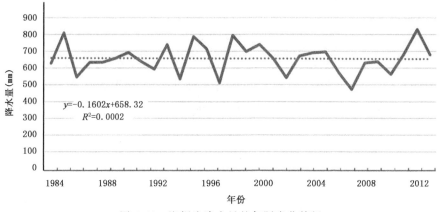

图 4.43　海螺沟降水量的年际变化特征

(2)降水量的年内变化特征分析

海螺沟景区的降水量年内变化趋势情况如图 4.44 所示。从整体看来，1—6 月降水量呈增加趋势，6—12 月呈减小趋势，其中，7,8 月降水量基本保持在 120 mm 左右，9—12 月呈迅速减小趋势；降水量最小的时间段为 11 月至次年 2 月，月平均降水量小于 10 mm，降水量的最大值出现在 6 月，月平均降水量可达到 140 mm。

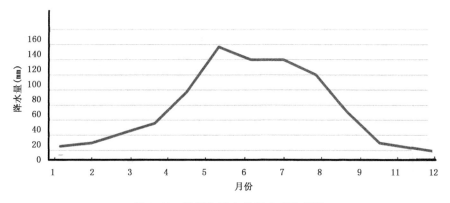

图 4.44　海螺沟降水量年内变化特征

4.6.1.3　相对湿度

(1)相对湿度的年际变化特征分析

海螺沟景区 1984—2013 年的年平均相对湿度变化趋势如图 4.45 所示，整体来看呈下降趋势，年平均变化在 48％～64％变化，2013 年相比 1984 年的年平均相对湿度上升了 1.13％。30 a 来的平均湿度为 56.98％，30 a 间的年平均湿度在平均值附近上下波动且总体呈下降趋势。

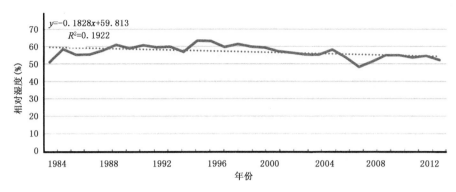

图 4.45　海螺沟相对湿度年际变化特征

（2）相对湿度的年内变化特征分析

海螺沟景区相对湿度年内变化趋势如图 4.46 所示,全年在 40％～70％变化,整体呈升高趋势,湿度最大值出现在 7—9 月,为 70％左右;湿度最小值为 43％,出现在 1—2 月。

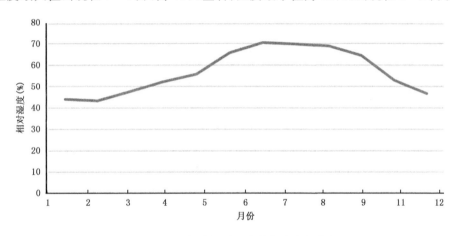

图 4.46　海螺沟相对湿度的年内变化特征

4.6.2　海螺沟景区旅游适宜季分析

4.6.2.1　温湿指数

温湿指数是指通过温度和湿度来共同反映人体自身与周围环境的热量交换情况,是人类对气候感受情况的第一指标。海螺沟景区的 30 a 平均全年温湿指数变化见图 4.47。

由图 4.47 可知:海螺沟景区的温湿指数 1—12 月在 30～60 变化,总体呈现先增大再减小的趋势,并且在 7 月中旬到 8 月中旬达到了最大值。其中,6 月上旬的温湿指数为 55.0,6 月中旬为 56.6,6 月下旬为 57.0,7 月上旬为 57.5,7 月中旬为 57.7,7 月下旬 58.0,8 月上旬为 57.8,8 月中旬为 57.3,8 月下旬为 55.5,以上时间段内人体会感觉清凉且舒适,温湿指数属于 4 级;1 月上旬到 2 月中旬和 11 月中旬到 12 月下旬的时间段内人体会感觉很冷、很不舒适,温湿指数属于 1 级;2 月下旬到 3 月下旬和 10 月下旬到 11 月上旬的时间段内人体会感觉冷、不舒适,温湿指数属于 2 级;4 月上旬到 5 月下旬和 9 月上旬到 10 月中旬人体会感觉较冷、较不

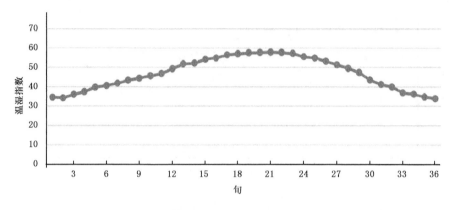

图 4.47　海螺沟旬温湿指数的年内变化特征

舒适,温湿指数属于 3 级,具体数值与级别见表 4.26。根据表 4.26,最舒适旅游为 6 月上旬到 8 月下旬。

表 4.26　温湿指数 30 a 平均量每旬数值

	月份	温湿指数	月份	温湿指数	月份	温湿指数	月份	温湿指数
上旬	1 月	34.7	4 月	45.7	7 月	57.5	10 月	49.6
中旬	1 月	34.3	4 月	46.9	7 月	57.7	10 月	47.4
下旬	1 月	36.0	4 月	49.4	7 月	57.9	10 月	43.5
上旬	2 月	37.5	5 月	51.8	8 月	57.8	11 月	41.4
中旬	2 月	39.8	5 月	52.2	8 月	57.3	11 月	39.9
下旬	2 月	40.7	5 月	54.3	8 月	55.5	11 月	37.0
上旬	3 月	41.8	6 月	55.0	9 月	54.9	12 月	36.3
中旬	3 月	43.5	6 月	56.6	9 月	53.2	12 月	34.9
下旬	3 月	44.5	6 月	57.1	9 月	51.5	12 月	33.9

4.6.2.2　风寒气象指数

风寒指数指的是在不同环境下风速与气温对于裸露人体的影响。物理意义指皮肤温度为 33 ℃时,体表单位面积的散热量。海螺沟景区的平均全年风寒指数变化见图 4.48。

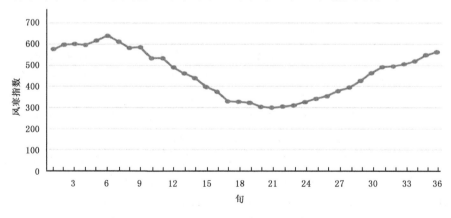

图 4.48　海螺沟风旬寒指数的年内变化特征

　　通过 30 a 来的资料统计发现,1—12 月的风寒指数在 300～700 变化,总体呈现出 1—2 月缓慢增大,2—7 月减小,7—12 月为增大的趋势,其最小值出现在了 7 月中旬到 8 月下旬,最大值出现在 2 月中旬到 3 月上旬。其中,5 月上旬到 10 月下旬的时间段内人体感觉天气舒适,风寒指数为 2 级;1 月上旬、4 月上旬到 4 月下旬和 11 月上旬到 12 月下旬人体感觉天气偏凉,风寒指数属于 3 级;1 月中旬到 3 月下旬人体感觉天气偏冷,风寒指数为 4 级;根据表 4.27 可见最舒适旅游季 5 月上旬到 10 月下旬。

表 4.27　风寒指数 30 a 平均量每旬数值

	月份	风寒指数	月份	风寒指数	月份	风寒指数	月份	风寒指数
上旬	1 月	576.9	4 月	534.9	7 月	323.1	10 月	394.9
中旬	1 月	598.7	4 月	534.7	7 月	303.8	10 月	425.9
下旬	1 月	601.7	4 月	490.7	7 月	299.4	10 月	463.7
上旬	2 月	597.3	5 月	461.7	8 月	304.3	11 月	492.2
中旬	2 月	617.3	5 月	438.9	8 月	310.7	11 月	496.2
下旬	2 月	640.1	5 月	397.2	8 月	326.7	11 月	505.9
上旬	3 月	613.0	6 月	374.5	9 月	342.0	12 月	520.5
中旬	3 月	583.0	6 月	330.2	9 月	354.0	12 月	549.1
下旬	3 月	586.8	6 月	326.9	9 月	378.4	12 月	563.9

4.6.2.3　人体舒适度指数

　　人体舒适度指数是指人体所处环境的温度、湿度和风的共同作用下人体对舒适程度的综合感觉,根据感觉程度可分为八个等级。海螺沟景区的 30 a 平均全年人体舒适度指数变化见图 4.49。

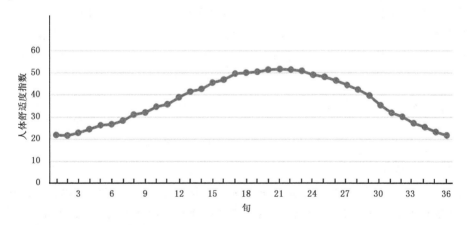

图 4.49　海螺沟人体舒适度指数旬变化特征

　　由表 4.28 可知:1 月到 12 月人体舒适度指数在 20～60 呈先增加再减小的变化。最大值出现在 7 月中旬到 8 月上旬。

　　其中,7 月上旬到 8 月上旬中旬的时间段内人体综合感觉偏凉可能会有少部分人感觉不舒适,人体舒适度指数为一1级;1月上旬到2月上旬和12月中旬到下旬人体综合感觉寒冷且极不舒适,人体舒适度指数为一4级;2月中旬到4月下旬和8月下旬到10月上旬人体综合感觉冷且不舒适,人体舒适度指数为一3级;5月上旬到6月下旬和10月中旬到12月上旬人体综合感觉偏冷且大部分人可能会感觉不舒适,人体舒适度指数为一2级;可见最适宜旅游季7月上旬到8月中旬。

从与适宜旅游季节相关的四种指数来看,海螺沟景区全年最适宜旅游季节为6月上旬到8月下旬。

表 4.28　人体舒适度指数 30 a 平均量每旬数值

	月份	人体舒适度指数	月份	人体舒适度指数	月份	人体舒适度	月份	人体舒适度指数
上旬	1 月	22.0	4 月	34.6	7 月	50.4	10 月	42.4
中旬	1 月	21.6	4 月	35.7	7 月	51.3	10 月	39.7
下旬	1 月	22.8	4 月	38.8	7 月	51.7	10 月	35.2
上旬	2 月	24.5	5 月	41.4	8 月	51.4	11 月	31.9
中旬	2 月	26.3	5 月	42.6	8 月	50.8	11 月	30.1
下旬	2 月	26.7	5 月	45.5	8 月	49.0	11 月	27.3
上旬	3 月	28.4	6 月	46.9	9 月	48.1	12 月	25.5
中旬	3 月	31.0	6 月	49.5	9 月	46.4	12 月	23.4
下旬	3 月	32.1	6 月	50.0	9 月	44.4	12 月	21.8

4.7　光雾山气候特征与旅游适宜季

利用 1984—2013 年南江县气候站 30 a 的气温、降水量和相对湿度资料,采用线性趋势法对光雾山的气候特征进行分析,并利用温湿指数、风寒指数、炎热指数和人体舒适度指数分析了该地的旅游适宜季,得出以下结论:光雾山的年平均气温总体呈增加趋势,年降水量总体呈增加趋势。根据分析发现,光雾山的最适旅游季是 4 月中旬至 5 月中旬,9 月下旬至 10 月中旬。

4.7.1　光雾山的气候特征分析

4.7.1.1　气温

(1)年际变化特征

由图 4.50 可见,1984—2013 年这 30 a 来光雾山地区年平均气温的变化趋势总体上比较一致,都呈线性增高、波动上升趋势。1984—2013 年光雾山的年平均气温为 16.0 ℃。在1984—1987 年间为气温上升期,年平均气温从 15.3 ℃升高到 16.4 ℃;1987—1989 年为气温下降期,年平均气温从 16.4 ℃迅速降低到 15.2 ℃。在 1989—1990 年为气温上升期,年平均气温从 15.2 ℃升高到 16.2 ℃;1990—1992 年为气温下降期,年平均气温从 16.2 ℃迅速降低到 15.5 ℃。在这 30 a 间,光雾山的年平均气温变化趋势如以上所述,先升高,再降低,再升高,再降低,如此往复,所以气温出现多个极大值和极小值。这 30 a 间,年平均气温的最大值为 16.7 ℃,出现在 2013 年;最低气温为 15.2 ℃,出现在 1989 年。从趋势线看出,整体来看,光雾山地区的年平均气温呈增高趋势。

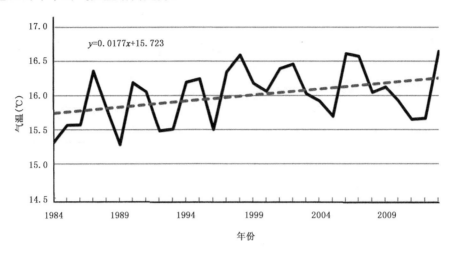

图 4.50　光雾山气温的年际变化特征

(2)年内变化特征

图 4.51 给出的是光雾山地区 30 a 平均气温月际变化规律。由图可知,气温在年内的变化呈单峰型,最冷月是 1 月,最热月是 7 月,最冷月与最热月的温差约为 20.8 ℃。相比较而言,春季增温比较缓慢,秋季降温迅速,夏季 3 个月的气温变化相对较小。就平均状况而言,全年气温均大于 0 ℃。

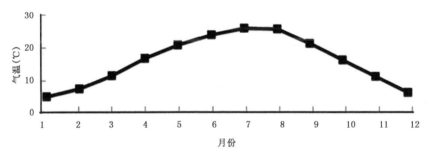

图 4.51　光雾山气温的年内变化特征

4.7.1.2　降水

(1)年际变化特征

由图 4.52 可见,1984—2013 年这 30 a 来光雾山地区年降水量的变化趋势总体上比较一致,都呈线性增高、波动上升趋势,但年变幅比较大,降水主要集中在 4—9 月。1984—2013 年来,光雾山年降水量平均为 1168.2 mm。1984—1998 年这几年的年降水量低于 1168.2 mm,个别年份远远低于 1168.2 mm,1995 年和 1997 年的年降水量只有 727.0 mm,但 1987 年的降水量较大,年降水量达到 1523.7 mm;1998—2013 年这几年的年降水量有所升高,多数年份高于 1168.2 mm,同时也存在年变幅很大的特点。其中 2011 年的降水量达到 1910.1 mm,而 2001 年的降水量只有 830.6 mm。

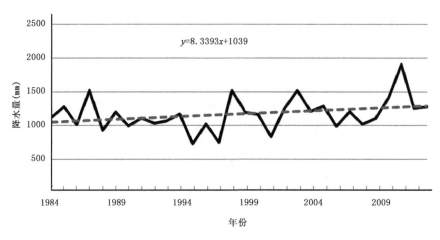

图 4.52 光雾山年降水量的年际变化特征

(2)年内变化特征

图 4.53 给出的是光雾山地区 30 a 平均降水量月际变化规律。由图可知,降水量的年内变化呈双峰型,降水量主要集中在 6—9 月,干季和雨季非常分明。光雾山地区降水量一年四季中夏季的降水量最大,其次是秋季、春季,冬季的降水量最小,它们在 1984—2013 年 30 a 平均值分别是 181.2 mm,129.9 mm,56.0 mm,5.4 mm。

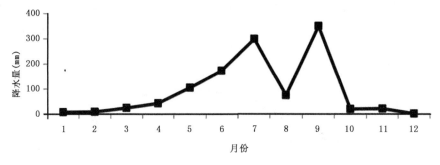

图 4.53 光雾山降水量的年内变化特征

4.7.1.3 相对湿度

(1)年际变化特征

由图 4.54 可以看出,1984—2013 年光雾山地区的年平均相对湿度总体呈递减趋势,这 30 a的平均相对湿度是 74.0%,1984—2000 年的年平均相对湿度变化比较平缓,且大于 74.0%;2000—2013 年的年平均相对湿度变化波动较大,且小于 74.0%;从 2009 年起,光雾山的年平均相对湿度迅速下降,到 2013 年达到最小值 67.0%。2005 年年平均相对湿度达到这 30 a 间的最大值 77.5%。按照这种趋势,预计在未来几年光雾山的年平均相对湿度还会有所减小。

(2)年内变化特征

图 4.55 给出的是光雾山地区 30 a 平均相对湿度月际变化规律。由图可知,相对湿度在年内的变化比较平缓,基本上在 60%～80%,所以就全年来看,光雾山的空气湿度较大。相对湿度的最大值是 79.86% 出现在 10 月,最小值是 66.48% 出现在 3 月。

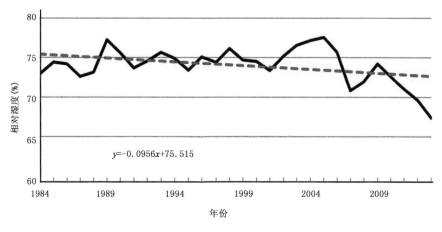

图 4.54　光雾山年平均相对湿度的年际变化特征

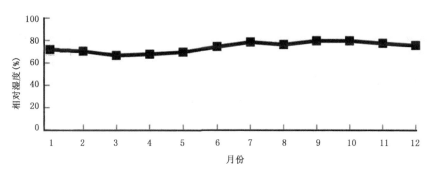

图 4.55　光雾山相对湿度的年内变化特征

4.7.2　光雾山旅游适宜季分析

4.7.2.1　温湿指数

由图 4.56 知：4 月中旬至 5 月上旬，9 月下旬至 10 月中旬，这两段时间光雾山的温湿指数在 60～65。由表 4.29 可知温湿指数为 5 级，人体感觉最舒适。所以在只考虑温湿指数的条件下，这两段时间最适宜旅游；3 月下旬至 11 月上旬，温湿指数在 55～75，温湿指数在 4～7级，人体感觉较舒适，也适宜旅游。

表 4.29　光雾山温湿指数计算结果

月份	1	2	3	4	5	6
上旬	43.75	46.13	51.04	58.52	66.34	70.94
中旬	43.53	47.62	53.83	61.12	67.38	72.38
下旬	44.04	48.77	55.69	64.13	68.75	74.20
月份	7	8	9	10	11	12
上旬	75.03	77.05	71.54	63.37	56.03	47.24
中旬	76.23	75.66	68.63	60.90	52.58	45.38
下旬	77.06	74.02	66.30	58.35	49.87	43.81

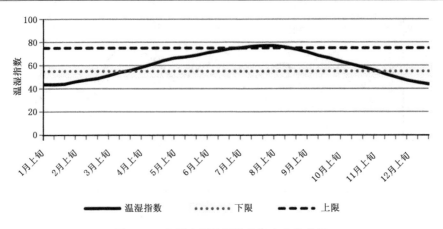

图 4.56　光雾山温湿指数的年内变化特征

4.7.2.2　风寒气象指数

由图 4.57 和表 4.30 可知:3 月中旬至 5 月中旬,9 月下旬至 11 月下旬,这两段时间光雾山的风寒指数在 270~490,对照表 3.17 冬季风寒指数为 2 级,人体感觉舒适,所以在只考虑风寒指数的条件下这两段时间最适宜旅游。

表 4.30　光雾山风寒指数计算结果

月份	1	2	3	4	5	6
上旬	560.5	528.9	509.1	395.1	283.9	206.3
中旬	582.1	547.8	472.6	358	270.8	193.8
下旬	565.4	532.8	441.3	313.8	245.9	172.1
月份	7	8	9	10	11	12
上旬	164.4	130	207.3	304.4	398.2	511.6
中旬	146.1	154.2	248.4	350	455.1	536.8
下旬	133.8	170.2	271.4	370.3	472.9	562.5

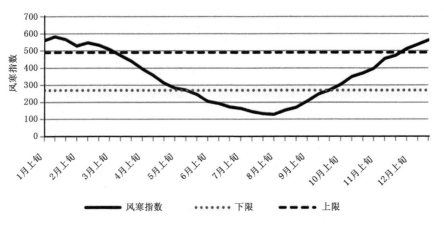

图 4.57　光雾山风寒指数的年内变化特征

4.7.2.3　人体舒适度指数

由图 4.58 和表 4.31 可知:5 月上旬至 7 月上旬,8 月中旬至 9 月下旬,这两段时间光雾山的人体舒适度指数在 60~70,对照表 3.3 知人体舒适度指数为 0 级,普遍人群感觉舒适,所以在只考虑人体舒适度指数的条件下,这两段时间最适宜旅游;4 月上旬至 5 月上旬,10 月上旬至 11 月上旬,这两段时间光雾山的人体舒适度指数在 50~60,人体舒适度指数为 −1 级到 1 级,只有少部分人感觉不舒适,所以这两段时间也比较适宜旅游。

表 4.31　光雾山人体舒适度指数计算结果

月份	1	2	3	4	5	6
上旬	38.06	40.46	43.6	52.02	60.28	66.48
中旬	37.02	40.47	46.43	54.79	61.26	67.39
下旬	37.89	41.64	48.66	58.07	63.22	68.97

月份	7	8	9	10	11	12
上旬	69.72	72.59	66.34	58.54	51.03	41.9
中旬	71.16	70.41	63.12	55.24	46.94	39.93
下旬	72.22	69.38	61.27	53.33	44.85	38.13

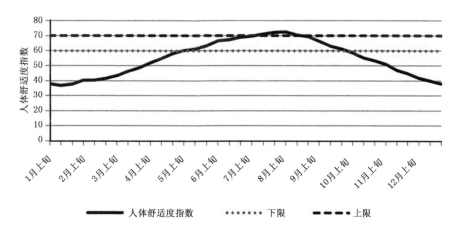

图 4.58　光雾山人体舒适度指数的年内变化特征

4.7.2.4　炎热指数

结合表 4.32、表 4.33 和表 4.34 知:4 月上旬至 5 月中旬,9 月上旬至 10 月中旬,这两段时间光雾山的炎热指数在 65%~80%,最高气温在 20~28 ℃,综合这两个因素考虑,在只考虑炎热指数的前提下,这两段时间最适宜旅游。

表 4.32　光雾山炎热指数计算结果　　　　　　　　　　　单位:%

月份	1	2	3	4	5	6
上旬	50.62	53.04	58.96	66.67	75.79	79.9
中旬	49.55	54.21	61.48	70.66	76.25	80.43
下旬	51.03	55.57	63.81	73.6	77.68	83.17

月份	7	8	9	10	11	12
上旬	83.18	86.75	80.27	71.46	64.63	54.1
中旬	85.03	84.85	76.82	68.29	59.99	51.63
下旬	86.58	83.45	73.83	66.58	56.97	50.19

表 4.33　光雾山日最高气温($T_{\max}$)的旬平均　　　　　　单位:℃

月份	1	2	3	4	5	6
上旬	9.6	11.1	15.1	20.2	26.4	28.6
中旬	8.9	11.9	16.8	22.9	26.6	28.9
下旬	9.8	12.8	18.3	25.1	27.4	30.6
月份	7	8	9	10	11	12
上旬	30.1	32.8	28.5	22.8	18.6	11.97
中旬	31.5	31.6	26.2	20.8	15.7	10.3
下旬	32.5	30.6	24.2	19.8	13.7	9.4

使用光雾山 1984—2013 年的气象要素资料,计算出温湿指数、风寒指数、炎热指数及人体舒适度指数,得出表 4.36 的结果。由表 4.36 知:1 月上旬到 3 月下旬、7 月上旬到 8 月中旬以及 11 月中旬到 12 月下旬人体感觉不舒适,所以这三个时间段不适宜旅游;4 月上旬、8 月下旬到 9 月下旬、10 月下旬到 11 月上旬大部分人感觉舒适,所以这三个时间段较适宜旅游;4 月中旬到 5 月中旬、9 月下旬到 10 月中旬普遍人感觉舒适,所以这两个时间段最适宜旅游。

由以上分析得出:光雾山的较适宜旅游季节是 4 月上旬、8 月下旬到 9 月下旬、10 月下旬到 11 月上旬;最适宜旅游季节是 4 月中旬到 5 月中旬、9 月下旬到 10 月中旬。

表 4.34　炎热指数(IT)分级

级数	分级标准	级别
1 级	$IT<92\%$ 且 $34\ ℃<T_{\max}\leqslant35\ ℃$ 或 $IT\geqslant92\%$ 且 $33\ ℃<T_{\max}\leqslant34\ ℃$	热
2 级	$IT<87\%$ 且 $35\ ℃<T_{\max}\leqslant37\ ℃$ 或 $87\%\leqslant IT\leqslant92\%$ 且 $35\ ℃<T_{\max}\leqslant36\ ℃$ 或 $92\%\leqslant IT\leqslant96\%$ 且 $34\ ℃<T_{\max}\leqslant36\ ℃$ 或 $IT\geqslant96\%$ 且 $34\ ℃<T_{\max}\leqslant35\ ℃$	很热
3 级	$IT<87\%$ 且 $37\ ℃<T_{\max}\leqslant39\ ℃$ 或 $87\%\leqslant IT\leqslant96\%$ 且 $36\ ℃<T_{\max}\leqslant39\ ℃$ 或 $IT\geqslant96\%$ 且 $35\ ℃<T_{\max}\leqslant38\ ℃$	炎热
4 级	$IT<96\%$ 且 $T_{\max}\geqslant39\ ℃$ 或 $IT\geqslant96\%$ 且 $T_{\max}\geqslant38\ ℃$	酷热

表 4.35　光雾山综合舒适指数

月份	温湿指数等级	感觉	风寒指数等级	感觉	人体舒适度指数等级	感觉
1 月上旬	2 级	不舒适	3 级	偏凉	-3	不舒适
1 月中旬	2 级	不舒适	4 级	偏冷	-3	不舒适
1 月下旬	2 级	不舒适	3 级	偏凉	-3	不舒适
2 月上旬	3 级	较不舒适	3 级	偏凉	-2	大部分人感觉不舒适
2 月中旬	3 级	较不舒适	3 级	偏凉	-2	大部分人感觉不舒适
2 月下旬	3 级	较不舒适	3 级	偏凉	-2	大部分人感觉不舒适
3 月上旬	3 级	较不舒适	3 级	偏凉	-2	大部分人感觉不舒适
3 月中旬	3 级	较不舒适	2 级	舒适	-2	大部分人感觉不舒适
3 月下旬	4 级	舒适	2 级	舒适	-2	大部分人感觉不舒适
4 月上旬	4 级	舒适	2 级	舒适	-1	部分人感觉不舒适
4 月中旬	5 级	非常舒适	2 级	舒适	-1	部分人感觉不舒适
4 月下旬	5 级	非常舒适	2 级	舒适	-1	部分人感觉不舒适
5 月上旬	6 级	舒适	2 级	舒适	0	普遍人感觉舒适
5 月中旬	6 级	舒适	2 级	舒适	0	普遍人感觉舒适
5 月下旬	6 级	舒适	1 级	暖	0	普遍人感觉舒适
6 月上旬	7 级	舒适	1 级	暖	0	普遍人感觉舒适
6 月中旬	7 级	舒适	1 级	暖	0	普遍人感觉舒适
6 月下旬	7 级	舒适	1 级	暖	0	普遍人感觉舒适
7 月上旬	8 级	不舒适	1 级	暖	0	普遍人感觉舒适
7 月中旬	8 级	不舒适	1 级	暖	1	部分人感觉不舒适
7 月下旬	8 级	不舒适	1 级	暖	1	部分人感觉不舒适
8 月上旬	8 级	不舒适	1 级	暖	1	部分人感觉不舒适
8 月中旬	8 级	不舒适	1 级	暖	1	部分人感觉不舒适
8 月下旬	7 级	舒适	1 级	暖	0	普遍人感觉舒适
9 月上旬	7 级	舒适	1 级	暖	0	普遍人感觉舒适
9 月中旬	6 级	舒适	1 级	暖	0	普遍人感觉舒适
9 月下旬	6 级	舒适	2 级	舒适	0	普遍人感觉舒适
10 月上旬	5 级	非常舒适	2 级	舒适	-1	部分人感觉不舒适
10 月中旬	5 级	非常舒适	2 级	舒适	-1	部分人感觉不舒适
10 月下旬	4 级	舒适	2 级	舒适	-1	部分人感觉不舒适
11 月上旬	4 级	舒适	2 级	舒适	-1	部分人感觉不舒适
11 月中旬	3 级	较不舒适	2 级	舒适	-2	大部分人感觉不舒适
11 月下旬	3 级	较不舒适	2 级	舒适	-2	大部分人感觉不舒适
12 月上旬	3 级	较不舒适	3 级	偏凉	-2	大部分人感觉不舒适
12 月中旬	3 级	较不舒适	3 级	偏凉	-3	不舒适
12 月下旬	2 级	不舒适	3 级	偏凉	-3	不舒适

4.8　米亚罗气候特征与旅游适宜季

利用米亚罗所在的四川省理县站点 1984—2013 年的日平均降水量、日平均气温、日平均相对湿度等气象要素资料,采用了线性趋势法方法及温湿指数、风寒指数、人体舒适度指数对米亚罗景区的气候特征与适宜旅游季节进行了分析,得出:近 30 a 来,米亚罗年降水量总体呈下降趋势,米亚罗年平均气温总体呈增高趋势,米亚罗年平均相对湿度总体呈下降趋势。最适宜米亚罗旅游的季节是 6 月上旬到 6 月下旬及 8 月下旬到 9 月上旬。

4.8.1　米亚罗景区气候特征分析

4.8.1.1　气温

(1)年际变化特征

利用米亚罗 1984—2013 年年均气温(见图 4.59)分析米亚罗气温的年际变化特征可以看出,米亚罗 1984—2013 年这 30 a 年平均气温大概分布在 10~13 ℃,这 30 a 平均年均气温为 11.5 ℃,其中年均气温最高为 2000 年的 12.8 ℃,最低为 1984 年的 10.7 ℃。对米亚罗这 30 a 年均气温变化进行线性分析,并做 $\alpha=0.05$ 的显著性水平检验。$R^2=0.3039$,很明显其通过了检验,总体增温的趋势比较明显,年平均气温以 0.35 ℃/(10 a)的速率上升。

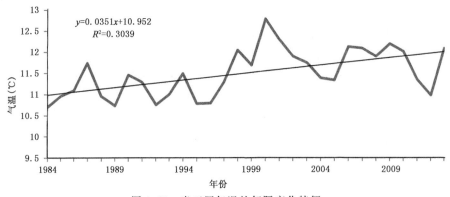

图 4.59　米亚罗气温的年际变化特征

(2)年内变化特征

用米亚罗 1984—2013 年这 30 a 月平均气温做出米亚罗月平均气温趋势图(见图 4.60),从中可以看出,米亚罗景区月平均气温 7 月最高为 20.4 ℃,1 月最低为 0.8 ℃,全年气温均在 0 ℃以上,夏季月平均气温最高但也较为舒适,冬季月平均气温最低。

4.8.1.2　降水

(1)年际变化特征

用米亚罗 1984—2013 年这 30 a 降水量做米亚罗年降水量线性趋势图(见图 4.61)。由图 4.61 可以看出,米亚罗 1984—2013 年这 30 a 降水量大概分布在 400~800 mm,这 30 a 年平均降水量为 616.7 mm,其中年降水量最大为 1992 年的 790.1 mm,最低为 2000 年的 422.4 mm。米亚罗这 30 a 年降水量总体有下降的趋势,呈波动下降趋势,年变幅也比较明

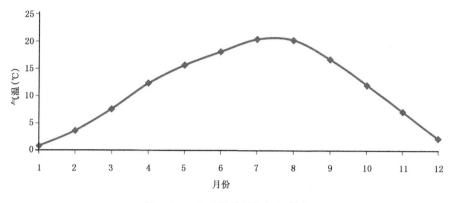

图 4.60　米亚罗月平均气温趋势

显,其中变化幅度最大的是 2000—2001 年这两年,达到了 310.2 mm。对米亚罗这 30 a 年降水量变化进行线性分析,并做 $\alpha = 0.05$ 的显著性水平检验。$R^2 = 0.1008$ 很明显其通过了检验,年降水量总体有减少趋势,以 26.73 mm/10 a 的速率减少。

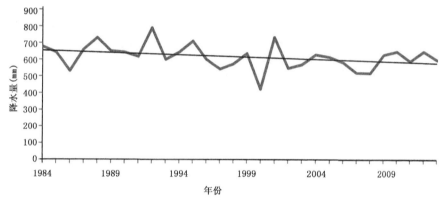

图 4.61　米亚罗降水量年际变化特征

(2)年内变化特征

用米亚罗 1984—2013 年这 30 a 平均月降水量做米亚罗平均月降水量柱状图(见图 4.62),由图看出米亚罗月降水量在 6 月最大为 101.8 mm,在 12 月最小为 3.9 mm,月平均降水量为 51.4 mm,其降水主要集中在夏季,春季和秋季也较多,冬季降水最少。

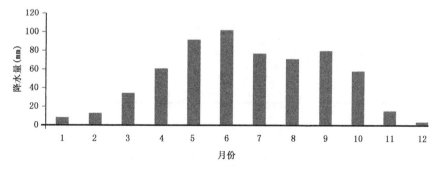

图 4.62　米亚罗月降水量年内变化特征

4.8.1.3 相对湿度

(1)年际变化特征

用米亚罗 1984—2013 年年平均相对湿度做(见图 4.63)米亚罗年均相对湿度线性趋势图,由图可看出米亚罗 1984—2013 年这 30 a 年平均相对湿度大概分布在 63%～72%,这 30 a 平均年均相对湿度为 67.9%,其中最高为 1995 年的 71.1%,最低为 2013 年的 63.7%。对米亚罗这 30 a 年平均相对湿度进行线性分析,并做出 $\alpha = 0.05$ 的显著性水平检验。$R^2 = 0.2201$,很明显其通过了检验,年均相对湿度总体有降低的趋势,年相对湿度以 0.99%/10 a 的速率降低。

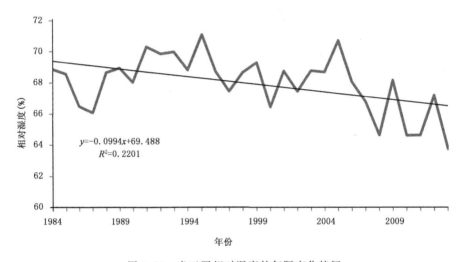

图 4.63　米亚罗相对湿度的年际变化特征

(2)年内变化特征

用米亚罗 1984—2013 年这 30 a 的月平均相对湿度做(见图 4.64)米亚罗月平均相对湿度趋势图,由图看出米亚罗月平均相对湿度在 9 月最高为 74.1%,在 2 月最低为 62.5%。米亚罗景区相对湿度在夏季和秋季较高,在春、冬季节都较低。

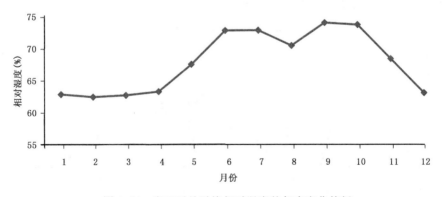

图 4.64　米亚罗月平均相对湿度的年内变化特征

4.8.2　米亚罗适宜旅游季节分析

4.8.2.1　温湿指数

从图 4.65 温湿指数趋势图上看：米亚罗温湿指数在 1 月上旬到 8 月上旬温湿指数呈上升趋势，在 8 月上旬到 12 月下旬呈下降趋势。结合表 4.36 对米亚罗 1984—2013 年数据计算旬平均温湿指数发现，4 月中旬到 5 月中旬及 9 月下旬到 10 月上旬温湿指数等级为－1 级，5 月下旬到 6 月下旬及 8 月下旬到 9 月中旬温湿指数等级为 0 级，7 月上旬到 8 月中旬温湿指数等级为 1 级，则通过温湿指数分析表明，最适宜去米亚罗旅游的季节为 5 月下旬到 6 月下旬及 8 月下旬到 9 月中旬。

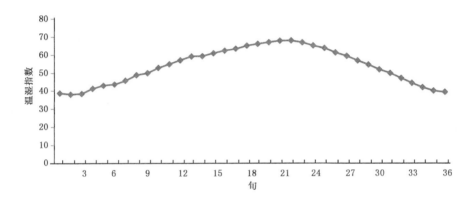

图 4.65　旬温湿指数的年内变化特征

表 4.36　温湿指数及对应等级

月份	1		2		3		4		5		6	
上旬	39	－4 级	41	－3 级	46	－2 级	53	－2 级	59	－1 级	62	0 级
中旬	38	－4 级	43	－3 级	49	－2 级	55	－2 级	59	－1 级	63	0 级
下旬	38	－4 级	44	－3 级	50	－2 级	57	－1 级	61	0 级	65	0 级
月份	7		8		9		10		11		12	
上旬	66	1 级	68	1 级	64	0 级	57	－1 级	50	－2 级	42	－3 级
中旬	67	1 级	67	1 级	61	0 级	55	－2 级	47	－2 级	40	－3 级
下旬	68	1 级	65	0 级	59	－1 级	52	－2 级	44	－3 级	39	－4 级

4.8.2.2　风寒气象指数

从图 4.66 风寒指数趋势图上看：米亚罗风寒指数在 1 月上旬到 8 月上旬总体呈下降趋势，在 8 月上旬到 12 月下旬总体呈上升趋势。结合表 4.37 对米亚罗 1984—2013 年数据计算旬平均风寒指数发现，4 月中旬到 5 月中旬及 9 月下旬到 10 月上旬风寒指数等级为 3 级，5 月下旬到 9 月中旬风寒指数等级为 2 级，则由风寒指数分析表明，最适宜去米亚罗旅游的季节为 5 月下旬到 9 月中旬。

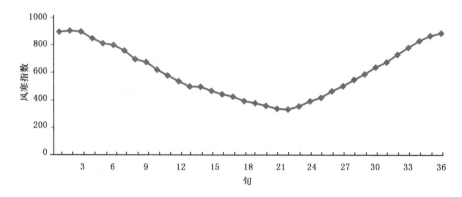

图 4.66　风寒指数年内变化趋势

表 4.37　风寒指数及对应等级

月份	1		2		3		4		5		6	
上旬	896	7 级	847	6 级	758	6 级	619	4 级	498	3 级	442	2 级
中旬	905	7 级	811	6 级	696	5 级	578	3 级	496	3 级	425	2 级
下旬	898	7 级	798	6 级	675	5 级	537	3 级	467	2 级	392	2 级
月份	7		8		9		10		11		12	
上旬	377	2 级	332	2 级	418	2 级	548	3 级	675	5 级	830	7 级
中旬	358	2 级	355	2 级	466	2 级	588	4 级	731	5 级	866	7 级
下旬	337	2 级	391	2 级	502	3 级	639	5 级	781	6 级	885	7 级

4.8.2.3　人体舒适度指数分析

　　从图 4.67 人体舒适度指数趋势图看:米亚罗人体舒适度指数在 1 月上旬到 8 月上旬总体呈上升趋势,在 8 月上旬到 12 月下旬呈下降趋势。结合表 4.38 对通过对米亚罗人体舒适度指数研究发现,4 月中旬到 5 月下旬及 9 月中旬到 10 月中旬人体舒适度指数为－1 级,6 月上旬到 9 月上旬人体舒适度指数为 0 级,则通过人体舒适度指数分析最适宜去米亚罗旅游的季节为 6 月上旬到 9 月上旬。

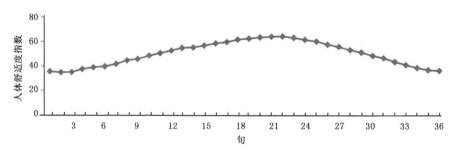

图 4.67　人体舒适度指数年内变化特征

表 4.38　人体舒适度指数及对应等级

月份	1		2		3		4		5		6	
上旬	36	－3 级	38	－2 级	42	－2 级	48	－2 级	55	－1 级	59	0 级
中旬	35	－3 级	39	－2 级	45	－2 级	51	－1 级	55	－1 级	60	0 级
下旬	35	－3 级	40	－2 级	46	－2 级	53	－1 级	57	－1 级	62	0 级

续表

月份	7		8		9		10		11		12	
上旬	63	0 级	64	0 级	60	0 级	53	−1 级	47	−2 级	39	−2 级
中旬	63	0 级	63	0 级	58	−1 级	51	−1 级	44	−2 级	37	−3 级
下旬	64	0 级	62	0 级	56	−1 级	48	−2 级	41	−2 级	36	−3 级

结合对米亚罗 1984—2013 年的旬平均温湿指数、旬平均风寒指数、旬平均人体舒适度指数的研究,最适宜去米亚罗旅游的季节是 6 月上旬到 6 月下旬及 8 月下旬到 9 月上旬。

4.9　峨眉山日出的气象条件分析

纯粹的日出现象本身属于天文景观,对于任一具体地点而言,如果没有地球大气层云雾尘埃等的影响,晴空万里之下天天都可见日出,具体时刻遵循天文轨道变化而确定。如果说天文日出有时刻变化,也主要是有规律的季节性更替。但在有千变万化的云雾尘埃等因子影响的大气层底部,日出景观的呈现就具有明显的随机性。

峨眉山海拔 3000 余米,极少受沙尘和尘埃影响,日出的影响因子实际上就是云(雾),云雾生消移动的影响因子实际就是日出的影响因子。对金顶日出有影响的因子包括:相对湿度及相对湿度变化情况(3,6,12,15,24 时变化,下同)、天空云状及云量变化情况、云海云状及云海云量变化情况、云海云顶高度变化情况、冷空气过境等。由于峨眉山所处的特殊地理位置及所在的高度,峨眉山的云(雾)种类多且各类云出现频率高,特别是中低云。冬半年低云以层积云为主,偶有积云,中云以高积云和高层云为主,高云(较少)以卷云为主;夏半年低云以各类积云为主,也有层积云,中云以高积云和高层云为主,高云(相对冬半年而言较多)以卷云为主。日出时刻有雾而不见日出的情况多是低云所致,也有部分是由于较完整中云影响,单纯的高云一般不会影响日出。

4.9.1　峨眉山日出特征

根据峨眉山气象站 2001 年 7 月—2013 年 12 月的日出观测资料,对峨眉山金顶日出情况进行全面系统的分析,结果表明:金顶日出日数的多少没有明显的年际变化,但与月份和季节明显相关,分月份来看,2 月最多,平均有 13.62 d,10 月最少,平均仅有 6.00 d,虽然 2 月在各月中本身的天数最少;分季节来看,冬季最多,平均有 37.07 d,秋季最少,平均仅有 22.65 d,并且按冬、春、夏、秋的季节依次减少。峨眉山日出的发生一般出现在冬季冷空气过境后或中低空有长时间逆温层出现,以及夏季持续副热带高压控制下的天气下;另外,就日出壮丽程度而言,最壮丽的日出一般出现在冬季东方天空有少量中高云且有大量云海的晴好天气条件下。

(1)金顶日出年度特征

从表 4.39 可以看出,平均每年有日出的天数达到 120.2 d,最多年日出天数为 140 d,出现在 2006 年,最少年日出天数为 98 d,出现在 2012 年。这就是说,在峨眉山金顶,平均一年中有近三分之一的天数中可以看到日出,从统计的情况可以改变峨眉山金顶难以看到日出的传统固有错误看法。也就是说,在峨眉山金顶是比较容易看到日出的,日出不是那么神秘的。

从图 4.68 可以看出,年实有日出的天数多少和日出时年无云天数基本上呈现正相关走势,日出时年有云天数和雾天数基本呈现反相关走势。说明日出时全年无云的天数多则全年实有日出的天数就多,日出时全年有云的天数多则雾天就少,反之亦然。

表 4.39　2001—2013 年日出情况统计　　　　　　单位:d

年份	日出时段		日出时云状况	
	实有天数	无云天数	有云天数	雾天数
2001	115	46	145	180
2002	117	35	159	167
2003	111	38	156	172
2004	115	22	174	167
2005	107	26	159	180
2006	140	49	151	166
2007	123	36	143	186
2008	130	29	164	173
2009	129	46	140	179
2010	137	47	138	180
2011	108	32	143	190
2012	98	38	125	203
2013	132	59	139	163
合计	1562	503	1936	2306
平均	120.2	31	148.9	177.4
最多	140	49	174	203
最少	98	22	125	163

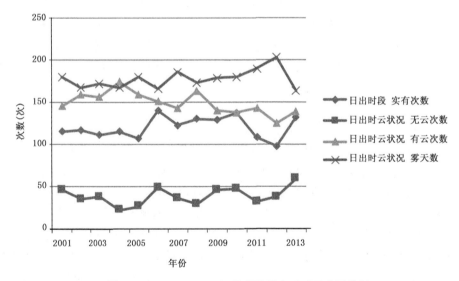

图 4.68　2001—2013 年日出及日出时云天状况统计

(2)金顶日出四季节特征

从表 4.40 可以看出,平均每个季节有日出的天数达到 30.18 d,最多季节日出天数为 37.07 d,出现在冬季,最少季节日出天数为 22.65 d,出现在秋季,冬季虽然天气寒冷,却是看日出的最佳季节(同时也是看雪景、云海、佛光的好时节);同样,在冬季日出时刻无云的天数远远超过其他季节,接近全年无云的一半天数。日出时天空有云的天数是夏季最多,冬季最少,也就是说,冬季的中高云相对其他季节要少得多。日出时测站有雾的天数是秋季最多,夏季最少。

表 4.40　2001—2013 年四季日出情况统计　　　　　　　　　　单位:d

年份	日出时段		日出时云状况	
	实有天数	无云天数	有云天数	雾天数
冬季(12 月至次年 2 月)	37.07	18.69	27.42	43.90
春季(3—5 月)	31.15	8.16	41.54	42.23
夏季(6—8 月)	29.85	4.54	48.63	38.54
秋季(9—11 月)	22.65	6.55	31.58	52.93
合计	120.72	37.94	149.17	177.60
平均	30.18	9.49	37.29	44.40
平均最多	37.07	18.69	48.63	52.93
平均最少	22.65	4.54	27.42	38.54

从图 4.69 可以看出:日出实有天数按冬、春、夏、秋的季节转换依次递减;日出时无云的天数按冬、春、夏、秋的季节先递减然后再增加;日出时有云的天数按冬、春、夏、秋的季节先递增然后再减少,在夏季达到最多,主要是夏季温度高对流强,高中低云都容易生成;至于日出时有雾的天数按冬、春、夏、秋的季节先递减,然后再突然增加较多,这和在秋季实有日出天数最少相一致。

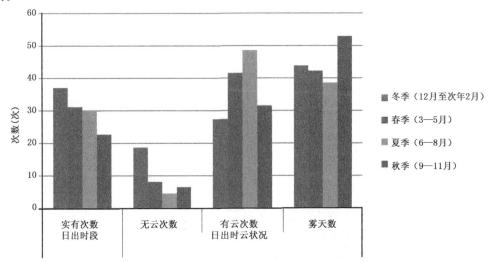

图 4.69　2001—2013 年四季日出情况统计

(3)金顶日出月特征

从表 4.41 可以看出,平均每月有日出的天数达到 10.06 d,平均最多月日出天数为 13.62 d,出现在 2 月份,平均最少月日出天数为 6.00 d,出现在 10 月。月平均日出日数超过 10 d 的月份有 1,2,3,4,7,8,12 月;月平均日出日数不足 10 d 的月份有 5,6,9,10,11 月。就是说,在峨眉山金顶每月都有机会看到日出,只是日出天数多少而已。不过日出最多月份的 2 月的 13.62 d 比最少月份的 10 月的 6.00 d 多出 1 倍多,差距还是非常明显的,2 月看到日出的机会明显就多于 10 月。

从每月日出时刻的无云天数与日出实有天数的对比可以看出,月日出实有天数多的则月无云天数就多,如 12,1,2 月月实有日出天数分别为 11.83,11.62,13.62 d,对应的月无云天数为 7.00,5.54,6.15 d;月日出实有天数少的月份则月无云天数就少,如 5,6,9,10 月,7,8 月是例外。

从图 4.70 可以看出,月实有日出的天数多少和日出时月无云天数基本上呈现正相关走势,但在 7,8 月相关有所减弱;日出时年有云天数和雾天数基本呈现反相关走势,但在 2,3 月相关性不强。说明日出时全月无云的天数多则全月实有日出的天数就多,日出时全月有云的天数多则雾天就少,反之亦然。

表 4.41　金顶日出 2001—2013 年各月情况统计

月份	日出时段		日出时云状况	
	实有天数(d)	无云天数(d)	有云天数(d)	雾天数(d)
1	11.62	5.54	9.54	15.62
2	13.62	6.15	9.46	12.70
3	11.15	3.85	11.77	15.23
4	11.77	2.69	15.15	12.23
5	8.23	1.62	14.62	14.77
6	7.00	1.00	15.70	13.00
7	11.23	1.31	16.62	13.08
8	11.62	2.23	16.31	12.46
9	7.15	1.38	11.84	16.85
10	6.00	0.75	11.16	19.08
11	9.50	4.42	8.58	17.00
12	11.83	7.00	8.42	15.58
合计	120.72	37.94	149.17	177.60
平均	10.06	3.16	12.43	14.80
平均最多	13.62	7.00	16.62	19.08
平均最少	6.00	0.75	8.42	12.23

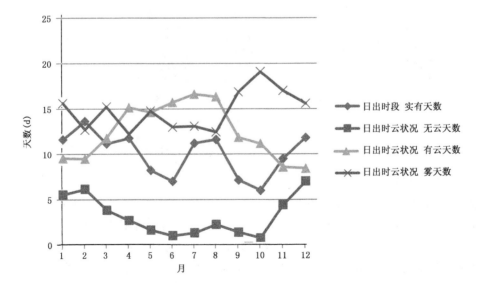

图 4.70　平均各月日出实有天数及日出时云天状况

4.9.2　峨眉山日出观赏地点

在峨眉山可观赏日出的地方很多,在中高山区(海拔 1000 m 以上)的东边空旷地带都是比较理想的地点,这些地方的污染物逐渐减少,大气透明度越来越高。当然最为理想的地方是峨眉山金顶、千佛顶和万佛顶东边悬崖一带,共同特点是海拔高,面对三江平原,地势空旷,大气透明度好。由于目前千佛顶和万佛顶暂时未对游人开放,所以观赏峨眉山日出的最佳地方就非金顶莫属了。就峨眉山金顶而言,通常人们都聚集在峨眉山金顶最高平台、金刚嘴(余身崖)、卧云禅院背后的平台上观赏日出。

参考文献

李川,陈静,朱燕君,2003.川西高原近五十年气候变化的初步研究[J].高原气象,22(S1):138-144.

宋欣,2015.临朐县旅游气候特征及舒适度分析[J].现代农业科技,(3):254-255.

吴章文,2001.旅游气候学[M].北京:气象出版社.

第 5 章　四川省文化遗产景区气候
特征与旅游适宜季

5.1　四川省文化遗产景区

5.1.1　世界文化遗产景区

在四川,世界文化遗产景区共有两处,即 2000 年 11 月列入《世界遗产名录》的青城山-都江堰旅游景区,另拥有一处世界文化与自然双重遗产,即 1996 年 12 月列入《世界遗产名录》的峨眉山-乐山大佛。

5.1.1.1　青城山-都江堰旅游景区

青城山-都江堰景区位于成都平原西北部,都江堰市境内,相距约 15 km。

世界文化与自然双重遗产——青城山,距成都 68 km,距都江堰市区 16 km,其以"幽"享誉天下,因四季山清水秀,云雾缭绕,状若城郭,取名曰青城山,是中国道教的发源地,也是我国著名的道教名山。早在公元前三世纪末,秦王朝就将青城山册封为国家祭祀的十八处山川圣地之一;公元 143 年,天师道创始人张道陵来到青城山,用"黄老学说"创立了"五斗米教",即天师道。除此青城山具有道教文化美外,这里第一峰喷薄的日出,朝阳洞落日的余晖,丈人峰茫茫的云海,上天梯的险绝,鸳鸯井同位异水的奇妙,红岩沟飞流直下的瀑布,味江河碧绿的清溪,都构成一幅幅天然图画,彰显着自然生态那令人心旷神怡的美。

世界文化遗产——都江堰,坐落在成都平原西部的岷江上。都江堰市灌口镇玉垒山下,是世界闻名的古代综合性大型水利工程,始建于秦昭王末年(约公元前 256—前 251 年),是蜀郡太守李冰父子在鳖灵开凿的基础上组织修建的大型水利工程,工程主要包括鱼嘴、飞沙堰、宝瓶口三部分,是全世界迄今为止,年代最久、唯一留存、仍在一直使用,以无坝引水为特征的宏大水利工程。

青城山-都江堰旅游景区使得都江堰这个城市因堰得名、因青城而得道,成为一座充满历史积淀和厚重文化底蕴的"境界之城",成为一座同时拥有世界自然遗产和文化遗产的山水旅游城市,也获得了"国家级重点风景名胜区""国家 5A 级旅游区""全国重点文物保护单位""国家级文明风景区""全国爱国主义教育示范基地"等多项荣誉(孟飞鸿,2007)。

青城山-都江堰旅游景区因相距不远,但其气候类型略微有所不同,其中青城山景区属中亚热带温湿型气候,且由于地处四川盆地西部边缘山地著名的"华西雨屏带"的中北段,地理坐标约为 30°54′N 和 103°35′E,区内气候温和湿润,年平均温度为 15.2 ℃,最高温度为 34.2 ℃,最低温度为 −7.1 ℃,年降水量 1225.1 mm;年均无霜期 271 d。而都江堰景区属亚热带季风湿润气候,四季分明,夏无酷暑,冬无严寒,气候宜人,年均气温为 15.2 ℃,年均降水量近

1200 mm,年均无霜期 280 d。

　　青城山-都江堰旅游景区因涉及两个地域,其适宜的旅游季节有所不同。青城山虽然全年的旅游者都络绎不绝,但旅游季节也分旺季和淡季,旺季在 3 月 2 日—11 月 30 日,淡季在 12 月 1 日至次年 3 月 1 日,两季景区的开发时间有所区别,分别是 08—17 时和 08—18 时。除了适宜的时间上有所不同,在地域的选择上也可根据个人兴趣考虑游览青城前山或青城后山,前山景色优美,文物古迹众多;后山自然景物原始而华美,宛如世外桃源。都江堰景区的最佳旅游时节为春夏,旅游者可先参观南桥,再从离堆公园进入都江堰风景区,游览灾后的离堆公园观碑亭、离堆、堰功道、川西第一名园:清溪园,游览都江堰水利工程:宝瓶口引水口、飞沙堰泄洪坝、观鱼嘴分水堤;最后过安澜索桥隔着岷江内江远观正在重建的秦堰楼、二王庙,整体游览时长为 3 h。

5.1.1.2　峨眉山-乐山大佛

　　峨眉山,雄踞在四川省西南部的峨眉山位于神秘的 30°N 附近,距峨眉山市西南 7 km,东距乐山市 37 km,距成都约 150 km。景区依山傍水,风光旖旎,文化和自然景观和谐统一,构成一幅多彩的山水画卷,总面积约 154 km²,最高峰万佛顶海拔 3099 m,是中国四大佛教名山之一。同时,峨眉山拥有"雄、秀、神、奇、灵"的自然景观和深厚的佛教文化,不仅素有天然"植物王国""动物乐园""地质博物馆"之美誉,也被誉为"佛国天堂",是普贤菩萨的道场,是中国国家级山岳型风景名胜区。

　　乐山大佛,又名凌云大佛,位于四川省乐山市南岷江东岸凌云寺侧,濒大渡河、青衣江和岷江三江汇流处。通高 71 m 的乐山大佛为弥勒佛坐像,开凿于唐代开元元年(713 年),完成于贞元十九年(803 年),是中国最大的一尊摩崖石刻造像。

　　峨眉山-乐山大佛景区于 1996 年 12 月 6 日,作为文化与自然双重遗产被联合国教科文组织列入世界遗产名录。同时,峨眉山也是四川风景名胜区、全国文明风景旅游区示范点,国家 5A 级旅游风景区;乐山大佛与凌云山、乌尤山、巨形卧佛等景区组成的乐山大佛景区属于国家 5A 级旅游景区(向玉成,2005)。

　　峨眉山-乐山大佛景区从地理位置上看均属亚热带湿润季风气候,具有四季分明的特点,雨量丰沛,水热同季,无霜期长,年平均气温在 16.5~18.0 ℃;但因均是山体,气候特征难免存在差异性。峨眉山景区海拔较高而坡度较大,气候带垂直分布明显,呈现不同的气候特征,以"山脚到山顶十里不同天,一山有四季"形容最为合适。其 1500~2100 m 属暖温带气候;海拔高度 2100~2500 m 属中温带气候;海拔高度 2500 m 以上属亚寒带气候;海拔高度 2000 m 以上地区,约有半年为冰雪覆盖,时间为 10 月到次年 4 月。乐山大佛景区也因地处山区,气候垂直差异明显,从山麓至山巅依次分布着中亚热带—暖温带—温带—寒温带的完整气候带,气候条件比较复杂。

　　峨眉山-乐山大佛景区虽地理位置有些差别,气候特征也有所差别,但两地最适宜的旅游季节却都是春秋两季,这时气候适中,景致迷人,引人流连忘返。此外,若旅游者在不同的季节和时间来到这两处景区,欣赏到的美景也是千变万化,别有滋味。如 4 月到了峨眉山,正逢满山杜鹃花开的时节,可以看到姹紫嫣红的杜鹃花海;赏花之余,还能参加峨眉山朝山会,欣赏到万盏明灯朝普贤的盛况。若是 9 月中旬到 10 月底,到了峨眉山,秋季,山上树叶便由青转黄、由黄转红,满山绚烂夺目的红叶,满眼绚丽雅致、云雾缭绕、雄伟壮观的秋景不禁让人赏心悦目;若是在峨眉山避暑,则可选择 6—10 月;玩雪滑雪选择 11 月至次年 3 月;戏猴是全年皆可。

除了季节性的游览时间,观赏峨眉山的其他美景也有最佳时间段,如赏日出是夏季 06 时,冬季 07 时;观云海是 09—10 时,15—16 时;看佛光是 09—10 时,15—16 时;观圣灯是农历月末或月初的夜晚,雨过天晴之时。

　　旅游者来峨眉山景区时,需注意峨眉不同海拔的温度差别很大,山顶和山脚的差别在 14 ℃ 左右,所以低山区的气温与平原无大差异,早晚略添衣着即可;中山区,气温已较山下平原低 4~5 ℃,旅游者需备足衣物;而高山区只有春冬两季,即便夏季的平均气温也只有 8~10 ℃,就需要春秋装外套,而在冬季这里的温度最低可以达到 −20 ℃,所以一定要准备防寒保暖性能很好的衣服。

　　乐山大佛景区的最佳旅游时间分旺季和淡季,时长分别为 4 月 1 日—10 月 7 日、10 月 8 日—次年 3 月 31 日,开放时间也分别为 07 时 30 分—18 时 30 分,08 时—17 时 30 分,整体游览时间为 4 h。

5.1.2　四川古镇

5.1.2.1　四川古镇

　　我国历史文化名镇主要分布在江浙和西南地区,其中西南地区集中在川渝一带。四川地区古镇数量多、分布广,自明清时期已形成 410 座古镇。现存的古镇,粗略统计有 140 余座,遍布全省,各地市州。四川汉族和少数民族古镇各具特色,四川有十四个民族,每个民族都有凸显本民族文化风貌的古镇:白马风情、羌乡古韵、彝族山寨;汉民族聚居的古镇也各具特色,较为典型的有山顶船镇的罗城、客家风情的洛带、千载码头的黄龙溪、地主庄园的安仁、抗战后方的李庄等。

　　四川省是旅游大省,拥有着较多的旅游景区,十大古镇以其独特的历史韵味也吸引着国内外的游客,这些古镇分别是:南充阆中古城、大邑安仁刘氏庄园、理县桃坪羌寨、丹巴嘉绒藏寨、双流县黄龙溪古镇、盐源泸沽湖镇、雅安上里镇、宜宾李庄镇、广元昭化镇、合江佛宝镇。

5.1.2.2　成都十大古镇

　　成都市位于四川省中部,四川盆地的西部,介于 $102°54′\sim104°53′E$ 和 $30°05′\sim31°26′N$ 之间,地势差异显著,即成都市西北高,东南低;由于成都地区地表海拔高度存在明显差异,导致水热等气候要素在空间分布上不同,西部山地气温、水温、地温大大低于东部平原,且西部呈现不同热量差异的垂直气候带。成都市位于亚热带湿润气候区,总的气候特点是四季分明,冬无严寒,夏无酷暑,无霜期长,气候温和,有利于各种植物的生长发育,更有利于旅游业的发展。

　　怀远古镇位于崇州西北,环山抱水,怀远古镇内河渠水系发达,交通便利,总面积约 37.83 km^2,因此是崇州第二大镇。由于地形与地质原因,怀远镇作为山区与坝区间农副土特产品的集散地靠集贸而逐渐兴盛,人称“搬不完的大邑,挤不爆的分州”。元通古镇位于成都—崇州—都江堰的旅游通道上,从清代就有“小成都”之称,古镇沿着文井江临河而居,中间一条道穿行其中,有着江南水乡的味道。洛带古镇位于龙泉山中段的三峨山麓。三国蜀汉时建镇,传说因蜀汉后主刘阿斗的玉带落入镇旁的八角井而得名。在洛带保存大量客家民居,多为“二堂屋”结构,单四合院式,门外为小晒坝,门内为天井,天井上方正中为堂屋,现镇内的巫氏大夫府第即为保存最完好的清代客家民居典型。悦来古镇又名灌口场,鹤鸣镇(乡)。地处大邑县中部丘陵中心,距县城仅 10 km,是通往西岭雪山、花水湾温泉的咽喉要道,也是附近几个场镇中心。安仁古镇,始建于唐朝,现存的街坊建筑多数是在清末民初时期建造的,尤其以民国年间刘氏家族鼎盛时期的建筑最多,风格中西式样结合,庄重、典雅、大方的各式院落,造就了安仁镇特殊的建筑风貌,号称"川西建筑文化精品",位于成都市大邑县安仁镇。街子场古镇是典型的川西平原农业场镇,平静安逸中透着灵巧秀美,位于崇庆市境西北,东北与都江堰接壤,毗邻九龙山、凤栖山、青城后山三大风景区。平乐古镇位于四川省成都市所辖邛崃市境西南,白沫江边。距邛崃市区 18 km,成都市 93 km,离川藏公路 7 km,全镇幅员面积 38.6 km²,是邛崃市辖最大的建制镇,素有"一平、二固、三夹关"之美誉。西来古镇位于四川省成都市蒲江县境内,不仅完整地保持着大量明清时期的川西民居,还有 12 棵声名远播的千年古榕。是典型的川西民俗文化古镇、旅游休闲的圣地。上里镇是四川历史文化名镇,具有省级文物保护单位 2 处、市级 6 处。1982 年被四川省命名为"历史文化名镇"。这里是红军长征北上的过境地,也是昔日南方丝绸之路。临邛古道是进入雅安的重要驿站,小镇依山傍水,田园小丘,木屋为舍,现仍保留着许多明清风貌的吊脚楼式建筑。黄龙溪古镇位于成都市双流县西南部边缘,103°58′E,30°17′N,距成都市区 42 km,距双流县城 34 km,华阳镇 28 km,被誉为中国民间艺术火龙之乡、国家级小城镇建设试点镇、国家级小城镇经济综合开发示范镇、四川省首批历史文化名镇、四川省省级风景名胜区、成都市旅游重点镇、全国环境优美乡镇和成都市 14 个优先发展重点镇之一,有着丰富的自然景观资源和人文旅游资源。

5.1.3　红色景区

四川是一个红色旅游资源的大省,四川是红军长征时间最长范围最广的省份。长征两年途经二万五千里,其中在四川就历时一年零八个月,路程长达一万五千里,进行过数百次战役,其中,巧渡金沙江、强渡大渡河、四渡赤水、彝海结盟、飞夺泸定桥、爬雪山过草地等许多长征的重大战役都发生在四川。同时四川还涌现过众多伟人,邓小平、陈毅、朱德、张爱萍等许多老革命家都是四川人。四川还是川陕革命根据地的重要地区,1932 年红四方面军创建了的 40 个川陕根据地,四川占了 37 个。

5.1.4　黑色景区

"黑色旅游"一词,最早是由苏格兰大学的马尔科姆·福利和约翰·伦农提出的,他们认为黑色旅游是"游客前往现实的或商业化的死亡与灾难遗址并消费的现象"(马尔科姆·福利,约翰·伦农,1996)。其意义在于通过旅游者到死亡、灾难、暴力、战争、恐怖等黑色事件发生地、纪念地、模拟构造地的游览,从而引发人们对自身、对国家、对人类、对生命深刻思考与反省的旅游活动。

国内黑色旅游研究最早起源于灾害旅游。吴相利、卫旭东、秦志英、黄涛等分别从旅游学与灾害学结合的角度,提出了灾害也可以成为旅游资源,并且对灾害旅游的开发进行了深入的探讨,并还提出了许多其他很有意义的观点。刘丹萍、李经龙、保继刚、郑淑婧则通过研究和引进外国的黑色旅游资料,将黑色旅游这个概念正式地引进我国。

5.1.4.1　映秀 5·12 汶川地震遗址

2008 年 5 月 12 日 14 时 27 分 59.5 秒,四川省阿坝藏族羌族自治州汶川县发生里氏 8.0 级地震,即汶川大地震,也称 2008 年四川大地震。此次地震是新中国成立以来破坏力最大的地震,也是唐山大地震后伤亡最惨重的一次。地震过后,多个重灾区作为遗址保留,形成地震旅游景区。

映秀 5·12 汶川地震遗址位于四川省阿坝州汶川县映秀镇百花大桥之上的牛眠沟口、莲花心至漩口镇的蔡家杠村,是 AAAA 级旅游景区,免费开放。汶川地震就是从这里开始撕裂大地,都汶公路全线 80% 的道路被损毁,10 余千米的路段被崩塌的山体完全覆盖,50 余座桥梁受损,7 座桥梁完全垮塌,数十处山体滑坡。汶川县映秀镇路口,矗立着一块写着"5·12 震中映秀"几个大字的巨大石头,几个大字格外醒目。这块巨石是地震时山体崩裂滚下来的,如今成为震中映秀的标志性路牌。交通方面,自驾车可由成灌高速玉堂出口上都汶公路去映秀;也可经都江堰市区在玉堂进入都汶公路前往映秀。

5.1.4.2　彭州龙门山地震遗址公园

彭州龙门山地震遗址公园位于四川省成都市彭州市,是 5·12 地震之后遗留的一处地震遗址公园,是 AA 级旅游景区,门票免费。公园包括广为流传的小鱼洞断桥遗址、白鹿中心学校遗址(最牛学校)、中法桥断桥、白鹿上书院天主教教堂遗址这四大遗址景观。交通方面,自驾经成彭高速公路到彭州,过彭州后进入彭州到通济镇的大件路,过通济镇大桥后,右边到白鹿镇,左边到小鱼洞、银厂沟。搭乘班车也非常方面,成都五块石客运中心每天滚动发往彭州的班车,15 元/人。到了彭州客运中心,那里有好多专门送人去参观"5·12 雕塑"的小面包车(到小鱼洞),5 元/人。

5.1.4.3　绵竹汉旺地震遗址公园

绵竹汉旺地震遗址公园位于四川省绵阳绵竹市汉旺镇,由东汽厂区、东汽宿舍区以及汉旺镇区三大区域组成。汶川地震中,绵竹遭受了巨大灾难,尤其是汉旺地区的沿山地区和山区,房屋几乎全部坍塌,基本完好的房屋仅占 8% 左右。地处汉旺的东方汽轮机厂损失惨重,后将其改建成遗址纪念区。绵竹汉旺地震遗址公园主要突出数字化展示平台、减灾应急救援训练中心、远程多功能培训中心、纪念墙与感恩墙雕塑群四大主题。交通方面,自驾走成绵高速公路在德阳出口下高速,过德阳市区上德阳至汉旺的二级公路,经绵竹市区再前行 14 km 即到汉旺。全程均为水泥或沥青路面,路况良好。也可以乘坐从成都旅游集散中心(新南站)开到德阳地震遗址的旅游专线车前往。专线车线路为成都—广汉—什邡—蓥华—绵竹—汉旺—绵竹—德阳—成都,全程 290 km。08 时出发,18 时回到成都。费用为 98 元/人,包括往返车票、餐费、旅游意外伤害保险费、导游服务费、地震遗址安全维护费。其中 1.1 m 以下儿童为 15 元/人。

5.1.4.4　汶川大地震博物馆

汶川大地震博物馆,位于四川省大邑县安仁古镇内,是为纪念"汶川 5·12 大地震"而兴建的大型博物馆,2009 年 5 月 11 日开馆,是建川博物馆群落的重要组成部分。展馆总面积 6000 m²,由北京奥运会鸟巢中方设计师李纲担纲设计。馆内征集了 10 万件文物,包括地震的所有见证物,如图文资料、废墟书包、遇难者遗物等;道路中断、邮政邮路标志物,发行的邮票、纪念封、纪念戳等;记录抗震救灾的邮集;抗震救灾见证物,包括军警、志愿者的实物资料标语等,每件地震文物资料背后都有详实的介绍。馆内也保存了几处地震破坏的原生态现场,设立"汶川死难人民纪念碑",珍藏与地震、赈灾有关的内容,是一部关于地震的"活辞典"。

5.1.4.5　虹口深溪沟地震遗址

虹口深溪沟地震遗址位于四川省都江堰市虹口乡。虹口乡是都江堰市遭受汶川大地震影响最大的地方,虹口乡受灾最重的地方,在深溪村——这里曾是虹口自然保护区风头很劲的漂流点。专家认为,地震在深溪村留下了许多让人匪夷所思的地震遗迹,深溪沟作为地震遗迹整体保护区,将被建成"地震公园"进行保护、科考和观光。正式动工后,将对沟内地质灾害进行治理,对遗迹进行三维扫描,形成数字化的立体形象,展示地震中的具体变化过程。当地政府也计划对一些遗迹进行加固,对重要遗迹盖大棚予以保护,并建设展示馆和展场,作为重要的观光项目和地震科学教育基地。交通方面,自驾经成灌高速公路进入都江堰市区。到紫坪铺镇后,选右路行驶到虹口,再前行十余千米即达深溪村。

5.1.4.6　北川地震遗址博物馆

北川地震遗址东接江油市,南邻安县,西靠茂县,北抵松潘、平武县,面积 2867.83 km²。北川国家地震遗址博物馆控制面积为 27 km²,以"永恒北川"为主题。任家坪、北川县城遗址、唐家山堰塞湖,是组成地震遗址博物馆的 3 个核心地块。任家坪位于北川羌族自治县曲山镇。距离北川县城 2 km,其主体建筑名为"裂缝",寓意"将灾难时刻闪电般定格在大地之间,留给后人永恒的记忆。唐家山堰塞湖是汶川大地震后形成的最大堰塞湖,地震后山体滑坡,阻塞河道形成的唐家坝堰塞湖位于涧河上游距北川县城约 6 km 处,是北川灾区面积最大、危险最大的一个堰塞湖。库容为 1.45 亿 m³。坝体顺河长约 803 m,横河最大宽约 611 m,顶部面积约 30 万 m²,由石头和山坡风化土组成,湖上游集雨面积 3550 km²。

5.1.4.7　青川东河口地震遗址公园

东河口地震遗址公园是汶川大地震第一个地震遗址保护纪念地,位于四川省广元市青川县。2008 年 11 月 12 日举行了开园暨震后旅游市场启动仪式。该地震遗址公园是由汶川大地震中地球应力爆发形成的,也是地质破坏形态最丰富体量最大、地震堰塞湖数量最多最为集中、伤亡最为惨重的地震遗址群。该地震遗址公园包括了从青川县关庄镇沿青竹江经红光乡东河口、石板沟至前进乡黑家,沿红石河经红光乡东河口、石坝乡董家至马公乡窝前,呈"Y"型布局,集中连片近 50 km²,含五乡一镇。

公园的入口,设在关庄镇新华村。地震前,两层楼房建在江边,从楼中穿过,可以走上一座铁索桥,到河对岸的新华村。当地人将这座桥称为新华桥,这是村民进出村庄的唯一通道。如今,河这边的楼只剩下一层,墙体上有交错纵横的裂缝。楼顶上,原来用木头建成的亭子只剩下空空的木架。河那边的山仿佛被刀砍过,一道道的白痕清晰可见。广场上,迎面来的三块巨石如同一个大大的"川"字。三块巨石以 5.12 m 和 2.28 m 的间距排列着,3 块巨石之下,是青川的地形图。广场边,则竖立着震前东河口与震后东河口的全景照。"5·12"特大地震,东河口崩塌,4 个组 184 户房屋和村民、过往行人、东河口小学师生等共计 780 余人被掩埋其中。广场一侧,无声的数据依然在描述着地震带来的伤害。为悼念汶川大地震逝者而建的祭奠台,黑色的大理石祭台上刻着在汶川大地震中遇难的东河口村民的名字以及全青川遇难同胞的名字。

5.1.4.8　雅安 4·20 芦山强烈地震纪念馆陈展

芦山县,位于四川雅安市东北部。芦山县有彝族、藏族、羌族、苗族、回族、蒙古族、土家族、傈僳族、满族、侗族、瑶族、纳西族、布依族、白族、壮族、傣族等民族分布。灵鹫山、大雪峰原始森林风景名胜区等风景名胜坐落于此,东汉石刻馆樊敏碑、平襄楼、王晖石棺及陈列馆等存留着历史的记忆。

雅安芦山于 2013 年 4 月 20 日发生 7.0 级地震。地震三年后,2016 年 4 月 20 日在汉姜古城 4·20 芦山强烈地震纪念馆陈展开馆。纪念馆面积 6600 m²,展览面积有 3880 m²,全馆分成三个区域:抗震救灾区、科学重建区、幸福生活区。

5.2　四川省文化遗产景区气候特征与旅游适宜季

在四川有一处世界文化与自然双重遗产——峨眉山、乐山大佛,使用 1984—2013 年 30 a 的日平均温度、相对湿度、降水值等气象要素,对世界文化与自然双重遗产的峨眉山、乐山大佛的气候特征进行分析(吴建 等,2009)。

5.2.1　四川省世界遗产景区的气候特征

5.2.1.1　各景区气象要素的年内分布特征

近 30 a 平均气温在 −6~25.6 ℃,最高气温普遍出现在 7 月,其中乐山 7 月平均气温最高,为 26.2 ℃。最低气温出现在 1 月,1 月峨眉山最低气温为 −5.6 ℃。峨眉山各月平均气温都低于其他景区,冬季和初春气温低于 0 ℃,气温高于 0 ℃的月份统计在 4—10 月,其他各站全年气温都高于 0 ℃。年内相对湿度除峨眉山外,冬季 1 月到春季相对湿度逐渐较小,夏季开始增大,秋末冬初有弱的增加趋势。峨眉山在 1 月开始增湿,一直到 10 月才逐渐减小,其中 3—11 月均高于其他测站的同期湿度,各景区全年相对湿度在 72.3%~92.2% 的范围内。月平均降水量变化较单一,全年经历了增一减的过程,7,8 月降水量最大,其中最大的是都江堰 8 月 80.1 mm(见表 5.1)。

表 5.1　各景区主要气候要素月平均最值及时间分布

	气温(℃)		相对湿度(%)		降水量(mm)	
	最高	最低	最高	最低	最高	最低
都江堰,青城山	7 月 24.9	1 月 5.0	8 月 84.0	3 月 72.3	7 月 29.1	1 月 14
峨眉山	7 月 11.9	1 月 −5.6	10 月 92.2	12 月 77.6	8 月 42.5	1 月 15
乐山	7 月 26.2	1 月 7.0	10 月 83.8	5 月 72.8	8 月 33.2	1 月 14

5.2.1.2　各景区要素的年际变化分析

(1)气温的年际变化趋势

对景区 1984—2013 年近 30 a 的平均气温、相对湿度、降水等要素做线性趋势分析,内容包含春季(3,4,5 月)、夏季(6,7,8 月)、秋季(9,10,11 月)、冬季(1,2,12 月)和全年日平均值的年际变化趋势。

分析表 5.2 可知,景区在全球变暖的大前提下,各景区气温四季和年变化与时间呈正相关。30 a 间四季增温具有不对称的特性,春季增温趋势最大,秋季其次,而后为夏季,冬季增温最不明显。其中春季都江堰站平均每 10 a 升温 0.801 ℃,约为年平均气温倾向率的 1.6 倍,

在所有测站中春季的增温速率最大。年均温增暖趋势最为显著的是都江堰,1984—2013 年,
近 30 a 来年平均气温以 0.509 ℃/(10 a)的速度上升。

表 5.2　1984—2013 年景区平均气温变化倾向率　　　　　　单位:℃/(10 a)

	春	夏	秋	冬	全年
都江堰,青城山	0.816	0.448	0.462	0.316	0.509
峨眉山	0.501	0.248	0.376	0.167	0.316
乐山	0.631	0.398	0.406	0.218	0.412

(2)相对湿度的年际变化趋势

30 a 间景区除峨眉山春季的季平均相对湿度是减少的趋势之外,夏秋冬和全年平均相对
湿度都是增大的趋势,冬季倾向率最大,每 10 a 增加 1.085%。景区四季和年的平均相对湿度
都朝减少的方向发展(见表 5.3)。

表 5.3　1984—2013 年景区平均相对湿度变化倾向率　　　　　单位:%/(10 a)

	春	夏	秋	冬	全年
都江堰,青城山	−4.251	−2.595	−1.56	−2.528	−2.731
峨眉山	−1.127	0.296	0.857	1.085	0.302
乐山	−3.062	−1.811	−0.716	−1.572	−1.787

(3)降水量的年际变化趋势

1984—2013 年景区所在测站年平均降水量都有不同幅度的减少趋势,各站年度的降水变
化趋势有所不同。峨眉山减小速度最快,为 19 mm/(10 a)。

表 5.4　1984—2013 年景区平均降水量变化倾向率　　　　　单位:mm/(10 a)

	全年
都江堰,青城山	−4.5
峨眉山	−19
乐山	−8.7

5.2.2　四川省世界遗产景区的旅游适宜季

利用都江堰、青城山、峨眉山、乐山大佛等具有代表性的测站 1984—2013 年的月、季、年降
水量、日平均温度、日平均相对湿度等资料,计算出四川省世界遗产旅游景区的人体舒适度指
数、风寒指数、温湿指数,得出四川省世界遗产景区的最佳旅游时间。

研究表明:峨眉地区 4 月和 7 月上中旬和 9 月中旬,乐山地区 3 月上中旬和 4 月上旬到 5
月中旬、8 月下旬到 9 月上旬、9 月下旬到 10 月中旬,都江堰地区 4 月上中旬、6 月、8 月中下旬
都非常舒适,有着相当长的旅游舒适期。

5.2.2.1　四川省世界遗产景区的旅游适宜季

(1)年内各旬的指数分析

计算出人体舒适度指数如表 5.5 及图 5.1 所示。

表 5.5　年内各旬的人体舒适度指数

旬	1	2	3	4	5	6	7	8	9	10	11	12
峨眉	23	20	20	23	24	23	25	29	29	32	35	37
乐山	45	44	45	47	49	49	52	55	56	59	62	64
都江堰	42	41	42	44	45	46	48	51	53	56	58	61
旬	13	14	15	16	17	18	19	20	21	22	23	24
峨眉	40	40	41	44	45	48	48	50	50	50	48	47
乐山	67	67	68	70	71	73	74	75	76	76	75	73
都江堰	64	64	66	68	69	71	72	73	73	73	72	71
旬	25	26	27	28	29	30	31	32	33	34	35	36
峨眉	45	43	41	38	35	33	32	29	27	26	24	24
乐山	71	69	67	64	62	60	59	55	52	49	47	45
都江堰	69	66	64	62	60	57	56	52	49	46	44	42

以 59～70 为最舒适,50～58 感到偏凉舒适,71～75 为偏暖并感到舒适。峨眉地区的舒适时间为 7 月中旬到 8 月上旬,乐山地区的舒适时间为 4 月中旬到 5 月下旬和 9 月中旬到 10 月下旬,都江堰地区的舒适时间为 4 月下旬到 6 月中旬和 9 月上旬到 10 月中旬。

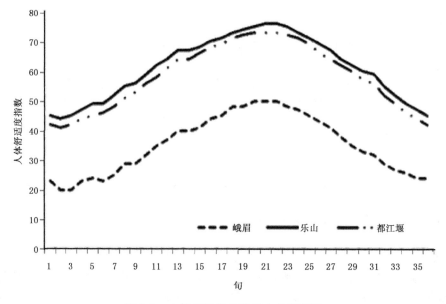

图 5.1　人体舒适度指数年内各旬特征

(2)风寒指数(WCI)

以 −200～−300 为最舒适,−600～−300 为凉风,−200～50 为暖风舒适。从表 5.6 和图 5.2 可以分析出七个站点风寒指数的适宜旅游期,峨眉地区的舒适时间为 4 月下旬到 10 月中旬,乐山地区的舒适时间为 4 月上旬到 5 月下旬和 9 月中旬到 10 月中旬,都江堰地区的舒适时间为 4 月下旬到 6 月中旬和 9 月。

表 5.6　年内各旬的风寒指数

旬	1		2		3		4		5		6	
	指数	级	指数	级	指数	级	指数	级	指数	级	指数	级
峨眉	−687	1	−723	1	−739	1	−688	1	−676	1	−681	1
乐山	−516	2	−519	2	−516	2	−488	2	−464	2	−455	2
都江堰	−557	2	−564	2	−560	2	−532	2	−512	2	−504	2

旬	7		8		9		10		11		12	
	指数	级	指数	级	指数	级	指数	级	指数	级	指数	级
峨眉	−668	1	−604	1	−614	1	−581	2	−553	2	−525	2
乐山	−421	2	−385	2	−366	2	−326	2	−290	3	−252	3
都江堰	−471	2	−436	2	−414	2	−372	2	−336	2	−293	3

旬	13		14		15		16		17		18	
	指数	级	指数	级	指数	级	指数	级	指数	级	指数	级
峨眉	−499	2	−497	2	−482	2	−455	2	−442	2	−413	2
乐山	−221	3	−215	3	−204	3	−182	3	−175	3	−157	3
都江堰	−263	3	−251	3	−233	3	−206	3	−201	3	−180	2

旬	19		20		21		22		23		24	
	指数	级	指数	级	指数	级	指数	级	指数	级	指数	级
峨眉	−403	2	−394	2	−394	2	−391	2	−407	2	−424	2
乐山	−147	2	−129	2	−123	2	−120	2	−138	2	−159	2
都江堰	−172	2	−157	2	−152	2	−149	2	−166	2	−186	2

旬	25		26		27		28		29		30	
	指数	级	指数	级	指数	级	指数	级	指数	级	指数	级
峨眉	−437	2	−466	2	−490	2	−524	2	−553	2	−578	2
乐山	−179	2	−211	3	−241	3	−272	3	−297	3	−324	2
都江堰	−211	3	−244	3	−273	3	−307	2	−335	2	−362	2

旬	31		32		33		34		35		36	
	指数	级	指数	级	指数	级	指数	级	指数	级	指数	级
峨眉	−574	2	−614	1	−638	1	−645	1	−675	1	−683	1
乐山	−342	2	−386	2	−421	2	−460	2	−487	2	−509	2
都江堰	−384	2	−428	2	−467	2	−505	2	−532	2	−553	2

(3)温湿指数

以 60～65 为最舒适,55～60 和 65～70 为舒适,从表 5.7 和图 5.3 可以看出:峨眉地区的舒适时间为 7 月上旬和 9 月中旬,乐山地区的舒适时间为 8 月中下旬,都江堰地区的舒适时间为 8 月上旬到 9 月上旬。

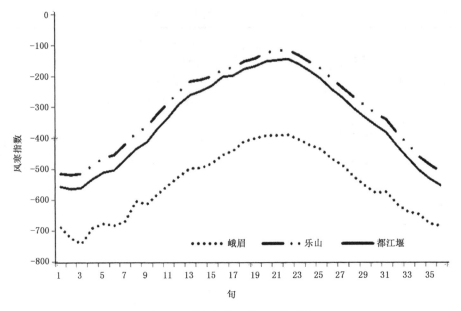

图 5.2　风寒指数年内各旬的特征

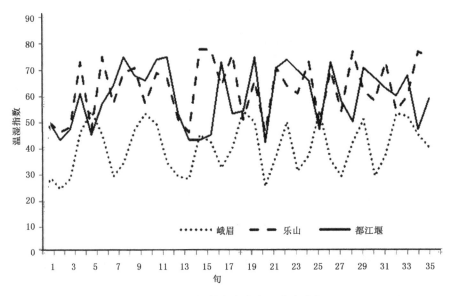

图 5.3　温湿指数年内各旬的分布特征

表 5.7　年内各旬的温湿指数

旬	1		2		3		4		5		6	
	指数	级	指数	级	指数	级	指数	级	指数	级	指数	级
峨眉	29	−1	24	−1	28	−1	46	1	54	1	45	1
乐山	50	1	46	1	48	1	73	1	47	1	75	0
都江堰	50	1	43	0	47	1	61	3	45	1	57	2

旬	7		8		9		10		11		12	
	指数	级	指数	级	指数	级	指数	级	指数	级	指数	级
峨眉	29	−1	34	−1	47	1	53	1	49	1	34	−1
乐山	57	2	69	2	71	1	57	2	69	2	67	2
都江堰	64	3	75	0	68	2	66	2	74	1	75	0

旬	13		14		15		16		17		18	
	指数	级	指数	级	指数	级	指数	级	指数	级	指数	级
峨眉	29	−1	28	−1	45	1	42	0	32	−1	40	0
乐山	51	1	46	1	78	0	78	0	64	3	76	0
都江堰	53	1	43	0	43	0	45	1	73	1	53	1

旬	19		20		21		22		23		24	
	指数	级	指数	级	指数	级	指数	级	指数	级	指数	级
峨眉	54	1	50	1	25	−1	37	−1	50	1	31	−1
乐山	51	1	66	2	46	1	71	1	64	3	61	3
都江堰	54	1	75	0	42	0	71	1	74	1	70	1

旬	25		26		27		28		29		30	
	指数	级	指数	级	指数	级	指数	级	指数	级	指数	级
峨眉	37	−1	54	1	35	−1	29	−1	42	0	51	1
乐山	73	1	49	1	70	1	54	1	77	0	62	3
都江堰	66	2	47	1	73	1	58	2	50	1	71	1

旬	31		32		33		34		35		36	
	指数	级	指数	级	指数	级	指数	级	指数	级	指数	级
峨眉	29	−1	37	−1	53	1	52	1	45	1	40	0
乐山	58	2	73	1	54	1	60	3	77	0	75	0
都江堰	67	2	63	3	60	3	68	2	47	1	59	2

（4）炎热指数

从表 5.8 和图 5.4 可以看出,波动最大的乐山在 7 月中旬达到不过 80%,称不上热,其余几个站点的最低值为 20%,根本称不上炎热,所以四川省的适宜旅游期不受炎热指数的影响。

表 5.8　年内各旬的炎热指数

旬	1	2	3	4	5	6	7	8	9	10	11	12
峨眉	29	25	24	28	29	28	29	35	34	37	40	42
乐山	46	46	46	48	50	51	54	57	58	61	64	67
都江堰	43	42	43	45	47	47	50	53	54	58	60	64
旬	13	14	15	16	17	18	19	20	21	22	23	24
峨眉	45	45	46	49	50	52	53	54	54	54	53	51
乐山	69	70	71	73	73	75	76	77	78	78	77	75
都江堰	66	67	68	70	71	73	74	75	75	75	74	73

续表

旬	25	26	27	28	29	30	31	32	33	34	35	36
峨眉	50	47	45	42	40	37	37	34	32	31	29	29
乐山	73	71	69	66	64	62	60	57	54	51	49	47
都江堰	71	68	66	63	61	59	57	53	50	47	45	43

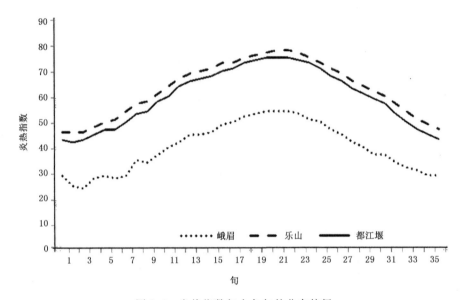

图 5.4　炎热指数年内各旬的分布特征

5.2.2.2　各景区旅游适宜季

　　从以上分析可以得出各景区都较为适宜旅游,峨眉地区 4 月和 7 月上中旬和 9 月中旬较为舒适,4 月下旬到 5 月中旬和 9 月下旬到 10 月中旬较不舒适,1 月不舒适;乐山地区 3 月上中旬和 4 月上旬到 5 月中旬,8 月下旬到 9 月上旬,9 月下旬到 10 月中旬感到舒适,1 月和 2 月,12 月中下旬较为舒适;都江堰地区 4 月上中旬,6 月,8 月中下旬感到舒适,1 月和 7 月较为舒适,全年无体感不舒适期。

表 5.9　峨眉、乐山、都江堰的适宜旅游期

景区	舒适期（旬）	较舒适期（旬）	较不舒适期（旬）	不舒适期（旬）	舒适期长度（旬）
峨眉	无	4 月、7 月上中旬、9 月中旬	4 月下旬至 5 月中旬、9 月下旬至 10 月中旬	1 月	6
乐山	3 月上中旬,4 月上旬至 5 月中旬,8 月下旬至 9 月上旬	1 月、2 月、12 月中下旬	无	无	17
都江堰	4 月上中旬、6 月、8 月中下旬	1 月、7 月	无	无	13

5.3　四川十大古镇旅游适宜季

5.3.1　十大古镇主要气候特征分析

5.3.1.1　气温

（1）旬平均气温的年内分布特征

四川十大古镇旬平均气温的年内分布特征如图 5.5 所示，气温分布情况受测站、海拔高度、季节影响很大。各个景区的气温变化显示出温度的大小随季节变化大，旬平均气温峰值一般出现在 7 月中旬到 8 月上旬。其中盐源景区无明显峰值，6—8 月都维持在 17.5 ℃左右；较其他景区相比盐源、理县、丹巴景区各旬平均气温均较低，剩余景区各旬平均气温变化趋势基本相同，气温大小也基本维持相同水平。

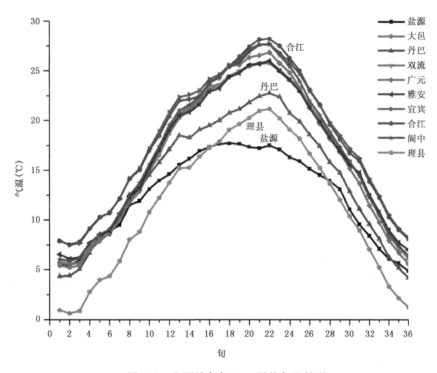

图 5.5　十测站各旬 30 a 平均气温情况

盐源、理县景区 5—9 月旬平均气温超过 15 ℃，丹巴夏季气温超过 20 ℃，其余景区在 5—9 月气温均超过 20 ℃。

（2）气温年际变化特征

根据对十景区气温进行线性回归分析发现，如图 5.6 所示，各景区的系数值都大于零，则发现十景区自 1984 年以来总趋势均为上升趋势。其中大邑的年平均气温值上升趋势最明显，2013 年较 1984 年年平均气温趋势上升 1 ℃左右，丹巴上升趋势较其余景区较不明显，上升幅度也达 0.5 ℃左右。大邑、双流、宜宾、合江景区波动幅度较大，年平均最高气温与最低气温差达 2 ℃以上。

盐源、丹巴、理县的年平均气温比较低，在 15 ℃以下，其余景区年平均气温均在 15 ℃以上，其中宜宾与合江景区年平均气温较高，大约在 18 ℃左右。

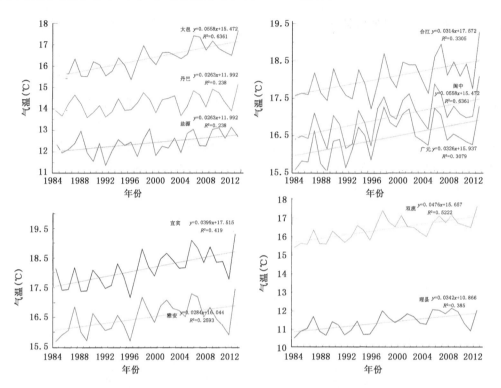

图 5.6　十景区气温年际变化特征

5.3.1.2　相对湿度

（1）旬相对湿度的年内分布特征

十景区各旬平均相对湿度分布特征如图 5.7 所示，相对湿度分布情况受季节、景区、海拔高度影响很大。盐源、丹巴景区的相对湿度变化显示出相对湿度的大小随季节变化大，盐源旬间相对湿度极差可达 45％左右，丹巴可达 25％左右，相较之下广元、理县的旬相对湿度极差也较大，这四个景区相对湿度受季节影响较大，夏季、秋季相对湿度值明显高于冬季、春季。各景区在 3 月上旬和 4 月下旬均有一个轻微减小趋势；各景区除大邑、双流、合江外在 7 月上旬达到最大值，然后相对湿度有明显下降趋势，8 月中下旬又再次升高。

大邑、双流、合江全年的相对湿度值变化不明显，全年空气相对湿度大，平均水平维持在 80％以上；雅安、宜宾、阆中相对湿度值也较大，全年维持在 70％~85％，10 月至 1 月中上旬相对湿度值较高；广元和理县相对湿度值全年维持在 60％~75％；盐源景区只有夏季比较潮湿，其余三季较干燥；丹巴全年比较干燥，夏季相对潮湿。

（2）相对湿度年际变化特征

以雅安、合江、阆中为例，景区的年相对湿度变化趋势图 5.8 所示，景区都为负增长模式，合江站点相对湿度变化趋势线负增长趋势也较明显。

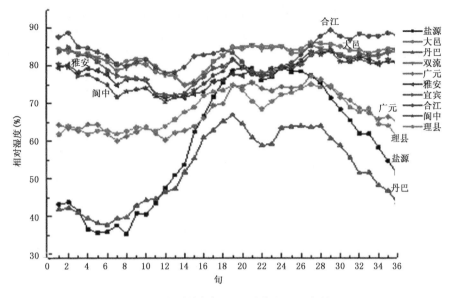

图 5.7　十测站各旬 30 a 平均相对湿度情况

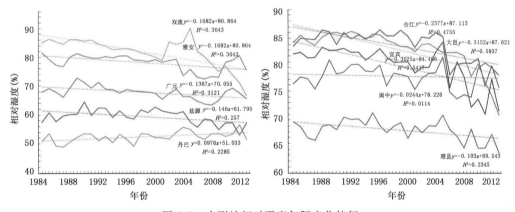

图 5.8　十测站相对湿度年际变化特征

5.3.1.3　降水量

(1)旬降水量的年内分布特征

图 5.9 为十景区各旬平均降水量分布特征,如图所示,旬降水量分布情况受景区、季节影响很大。各个景区的降水量变化显示出降水量的大小随季节变化大,其中春季和冬季降水量较少,夏季和秋季降水量较大。其中雅安,大邑年降水量较其他景区较多,理县和丹巴年降水量较其他景区较小。

理县降雨量极大值出现在 6 月中上旬,盐源、丹巴、阆中各旬日平均降水量在 6 月下旬至 7 月中旬较多,广元在 7 月降水量较大,宜宾、合江 7 月上旬降水量大,大邑在 7 月下旬和 8 月中旬日平均降水量值较大,雅安在 7 月下旬和 8 月出现大量降水,双流极大值出现在 8 月下旬。

(2)降水量年际变化特征:

景区的年降水量年际变化趋势图 5.10 所示,广元站和阆中站年平均降水量呈上升趋势,但上升趋势不明显。其余景区都为负增长模式,盐源、大邑、宜宾站点降水量变化趋势线负增长趋势也较明显。如图可以得到,雅安雨水充沛,降水量大,明显高于其他景区;丹巴、理县,年平均降水量较小,维持在 2 mm 以下。雅安年平均降水量极差大,大邑、双流、宜宾、广元,年平均降水量极差也较大。

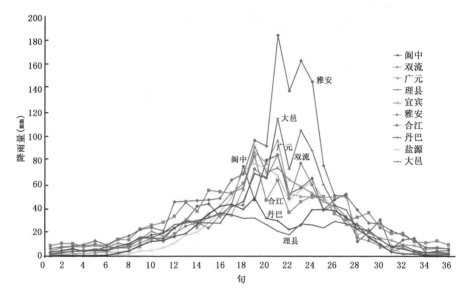

图 5.9　十测站旬降水量的年内分布特征

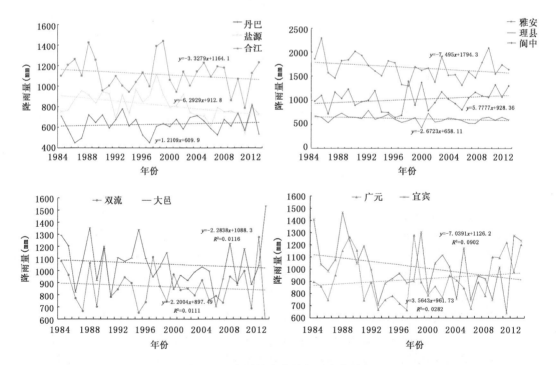

图 5.10　十测站降水量年际变化特征

5.3.2　景区旅游适宜季分析

5.3.2.1　人体舒适度指数

图 5.11 为根据人体舒适度指数公式计算得出的各旬人体舒适度指数的年内变化特征,并根据各旬的人体舒适度指数表 5.10 得出,各景区人体舒适季节为 3 月下旬到 11 月均适合旅游。

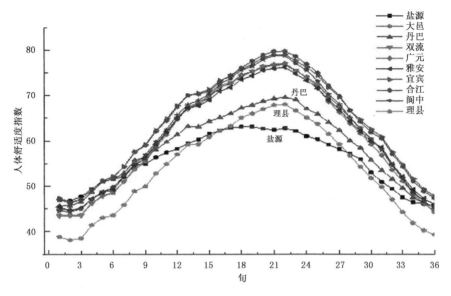

图 5.11　人体舒适度指数年内分布特征

表 5.10　人体舒适度指数旬情况分析

旬	1	2	3	4	5	6	7	8	9	10	11	12
盐源	−4	−4	−4	−4	−3	−3	−3	−3	−3	−3	−3	−3
大邑	−2	−2	−2	−2	−2	−2	−1	−1	−1	−1	0	0
丹巴	−2	−2	−2	−2	−1	−1	−1	−1	−1	−1	−1	0
双流	−2	−2	−2	−2	−2	−2	−1	−1	−1	−1	0	0
广元	−2	−2	−2	−2	−2	−2	−1	−1	−1	−1	0	0
雅安	−2	−2	−2	−2	−2	−2	−1	−1	−1	−1	0	0
宜宾	−2	−2	−2	−2	−1	−1	−1	−1	−1	0	0	0
合江	−2	−2	−2	−2	−1	−1	−1	−1	−1	0	0	0
阆中	−2	−2	−2	−2	−2	−2	−1	−1	−1	−1	0	0
理县	−3	−3	−3	−2	−2	−2	−2	−2	−2	−1	−1	−1
旬	13	14	15	16	17	18	19	20	21	22	23	24
盐源	−1	0	0	0	0	0	0	0	0	0	0	0
大邑	0	0	0	1	1	1	2	2	2	2	2	1
丹巴	0	0	0	0	0	0	0	0	0	0	0	0
双流	0	0	1	1	1	1	2	2	2	2	2	1
广元	0	0	0	1	1	1	2	2	2	2	2	1

续表

旬	13	14	15	16	17	18	19	20	21	22	23	24
雅安	0	0	0	1	1	1	1	2	2	2	1	1
宜宾	1	1	1	1	1	2	2	2	2	2	2	2
合江	1	1	1	1	1	2	2	2	2	2	2	2
阆中	0	0	1	1	1	2	2	2	2	2	2	2
理县	−1	−1	0	0	0	0	0	0	0	0	0	0

旬	25	26	27	28	29	30	31	32	33	34	35	36
盐源	0	−1	−1	−1	−1	−1	−1	−2	−2	−2	−2	−2
大邑	1	0	0	0	0	0	−1	−1	−1	−2	−2	−2
丹巴	0	0	0	−1	−1	−1	−1	−1	−2	−2	−2	−2
双流	1	0	0	0	0	0	−1	−1	−1	−2	−2	−2
广元	1	0	0	0	0	0	−1	−1	−1	−1	−2	−2
雅安	1	0	0	0	0	0	−1	−1	−1	−2	−2	−2
宜宾	1	1	0	0	0	0	0	−1	−1	−1	−2	−2
合江	1	1	0	0	0	0	0	−1	−1	−1	−2	−2
阆中	1	1	0	0	0	0	−1	−1	−1	−2	−2	−2
理县	0	0	−1	−1	−1	−1	−2	−2	−2	−2	−2	−3

5.3.2.2　风寒指数（WCI）

图 5.12 为根据风寒指数公式计算得出的各站点旬风寒指数的年内分布特征,并根据各站点风寒指数表 5.11 得出,比较舒适的季节为 4 月上旬到 11 月下旬。

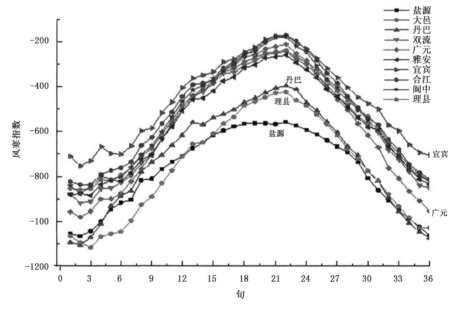

图 5.12　风寒指数年内分布特征

表 5.11　风寒指数旬情况分析

旬	1	2	3	4	5	6	7	8	9	10	11	12
盐源	e	e	e	e	d	d	d	d	d	c	c	c
大邑	d	d	d	d	d	c	c	c	c	c	b	b
丹巴	e	e	e	e	d	d	d	c	c	c	c	c
双流	d	d	d	d	d	d	c	c	c	c	b	b
广元	d	d	d	d	d	d	c	c	c	c	b	b
雅安	d	d	d	d	d	d	c	c	c	c	b	b
宜宾	c	c	c	c	c	c	c	b	b	b	b	b
合江	d	d	d	c	c	c	c	c	c	b	b	b
阆中	d	d	d	c	d	c	c	c	c	c	b	b
理县	e	e	e	e	e	e	d	d	d	d	c	c

旬	13	14	15	16	17	18	19	20	21	22	23	24
盐源	c	c	c	b	b	b	b	b	b	b	b	b
大邑	b	b	b	b	b	A	A	A	A	A	A	A
丹巴	b	b	b	b	b	b	b	b	b	b	b	b
双流	b	b	b	b	b	b	A	A	A	A	A	b
广元	b	b	b	b	b	A	A	A	A	A	A	A
雅安	b	b	b	b	b	b	b	A	A	A	A	b
宜宾	b	b	A	A	A	A	B	B	B	A	A	A
合江	b	b	b	b	A	A	A	B	B	B	A	A
阆中	b	b	b	b	A	A	A	A	B	B	A	A
理县	c	c	c	b	b	b	b	b	b	b	b	b

旬	25	26	27	28	29	30	31	32	33	34	35	36
盐源	c	c	c	c	c	d	d	d	d	d	e	e
大邑	b	b	b	b	b	b	b	c	c	c	c	d
丹巴	b	b	c	c	c	c	d	d	d	e	e	e
双流	b	b	b	b	b	b	b	c	c	c	d	d
广元	b	b	b	b	b	c	c	c	d	d	d	d
雅安	b	b	b	b	b	b	b	c	c	c	d	d
宜宾	A	b	b	b	b	b	b	b	b	c	c	c
合江	A	b	b	b	b	b	b	b	c	c	c	c
阆中	b	b	b	b	b	b	b	b	c	c	c	d
理县	b	b	c	c	c	c	d	d	d	e	e	e

5.3.2.3　各景区旅游适宜季

由人体舒适度指数，风寒指数综合分析得出各景区的旅游适宜季分别为：盐源：6月上月至8月下旬；大邑：4月中旬至5月下旬，9月中旬至10月下旬；丹巴：4月下旬至9月中旬；双流:4月中旬至5月中旬,9月中旬至10月下旬;广元:4月中旬至5月下旬,9月中旬至10月中旬;雅安:4月中旬至5月下旬,9月下旬至10月中旬;宜宾:4月上旬至4月下旬,9月下旬至11月上旬;合江:4月上旬至4月下旬,9月下旬至11月上旬;阆中:4月中旬至5月中旬,9月下旬至10月下旬;理县:5月下旬至9月中旬。

5.4　成都市十大古镇气候特征与旅游适宜季

5.4.1　成都市十大古镇气候特征

5.4.1.1　气温

(1)气温的年内特征

成都市的十大古镇由于空间位置、距离等气候差异性较小,如图5.13所示。以黄龙溪为例,年最低气温在1月和12月下旬,最高气温均在8月中旬,此外,1月到8月中旬,气温逐渐升高;在8月中旬至12月下旬,气温逐渐下降。

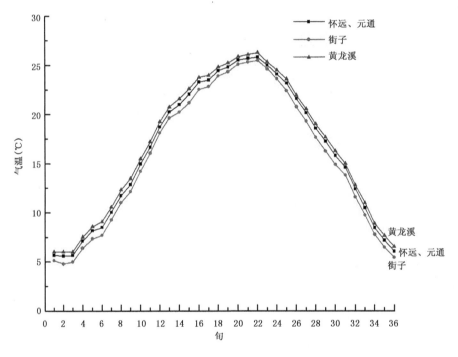

图5.13　黄龙溪气温的年内分布特征

(2)气温的年际变化特征

表5.12为十大古镇四季及年温度的气候倾向率,由表5.12可知,成都市十大古镇近30 a的气温呈上升趋势。四季中,春季气温升高最显著,说明十大古镇近30 a来气温的升高与全球气温升高的趋势基本一致。

表 5.12　气温气候倾向率分布　　　　　　　　　　单位：℃/(10 a)

古镇	春	夏	秋	冬	年
怀远古镇、元通古镇	0.58	0.35	0.35	0.21	0.37
街子场古镇	0.81	0.44	0.46	0.31	0.5
黄龙溪古镇	0.69	0.39	0.46	0.37	0.48
上里古镇	0.53	0.27	0.32	0.15	0.32
西来古镇	0.38	0.29	0.24	0.13	0.26
平乐古镇	0.63	0.42	0.45	0.32	0.45
悦来古镇、安仁古镇	0.76	0.52	0.53	0.43	0.56
洛带古镇	0.95	0.56	0.55	0.49	0.64

5.4.1.2　相对湿度

(1)湿度的年内变化

以黄龙溪为例,如图 5.14 为黄龙溪古镇在 30 a 来的相对湿度年内分布特征,由图可知,5月中旬,相对湿度最低,在 10 月上旬至 10 月中旬,相对湿度最大。全年相对湿度大小波动较大。

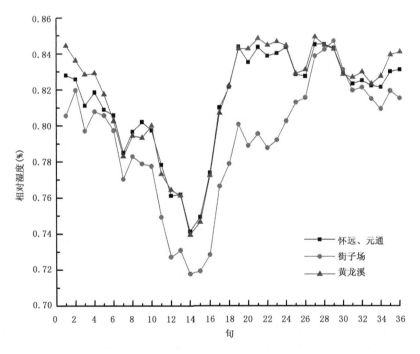

图 5.14　黄龙溪相对湿度的年内分布特征

(2)相对湿度的年际变化特征

由表 5.13 可知:成都市十大古镇近 30 a 来相对湿度都呈现出下降的趋势,除西来古镇相对湿度下降最快的是在夏季以外,其余古镇湿度在春季下降趋势最快,表明近 30 a 来各古镇相对湿度的降低主要是由于春季相对湿度的降低所致。

表 5.13　相对湿度气候倾向率分布　　　　　　　　单位:%/(10 a)

古镇	春	夏	秋	冬	年
怀远古镇、元通古镇	−0.46	−0.35	−0.25	−0.34	−0.35
街子场古镇	−0.42	−0.25	−0.15	−0.25	−0.27
黄龙溪古镇	−0.44	−0.35	−0.28	−0.39	−0.36
上里古镇	−0.24	−0.08	0.01	−0.09	−0.1
西来古镇	−0.21	−0.22	−0.07	−0.14	−0.16
平乐古镇	−0.37	−0.28	−0.18	−0.3	−0.28
悦来古镇、安仁古镇	−0.4	−0.32	−0.21	−0.32	−0.31
洛带古镇	−0.53	−0.38	−0.22	−0.32	−0.36

5.4.1.3　降水量

（1）降水量的年内特征

以黄龙溪为例，如图 5.15 所示为黄龙溪古镇在 30 a 来的降水量在每个旬的分布情况，由图可知，黄龙溪古镇的降水量从 1 月开始逐渐升高，在 7 月下旬最多，之后降水量明显下降，到 8 月中旬上升到最高，之后降水量逐旬下降。

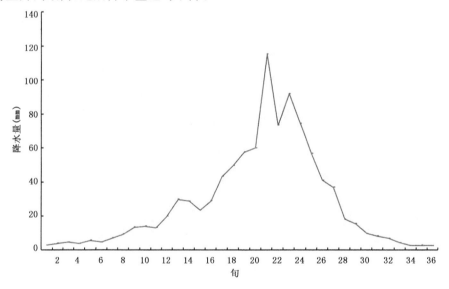

图 5.15　黄龙溪古镇旬降水量的年内分布特征

（2）降水量的年际变化特征

由降水量气候倾向率表 5.14 可知：成都市十大古镇近 30 a 来的降水量都呈现出下降的趋势，除了街子场古镇、上里古镇外，其他古镇在四季中，夏季降水量减少最快（倾向率分别为：−0.92，−1.01，−0.48，−0.9，−0.83，−0.63，−0.96 mm/(10 a)），说明近 30 a 来，这几个古镇的降水量的减少主要是夏季降水量的减少所致，而街子场古镇的降水量在冬季减少的较快，比起其他八个古镇，街子场的降水量变化比较平稳，近 30 年来降水量的减少主要是冬季降水减少所致。在四季中，上里古镇的降水量也是在夏季减少的最快，但在冬季有微小的上升趋势。

表 5.14　十大古镇的年降水量气候倾向率分布　　单位: mm/(10 a)

古镇	春	夏	秋	冬	年
怀远古镇、元通古镇	-0.04	-0.92	-0.03	-0.06	-0.27
街子场古镇	-0.05	-0.03	-0.03	-0.08	-0.11
黄龙溪古镇	0.02	-1.01	-0.11	-0.04	-0.29
上里古镇	-0.12	-0.48	-0.13	0	-0.18
西来古镇	-0.06	-0.9	-0.12	-0.05	-0.29
平乐古镇	0	-0.83	-0.12	-0.05	-0.25
悦来古镇、安仁古镇	-0.05	-0.63	-0.21	-0.07	-0.27
洛带古镇	0	-0.96	-0.04	-0.03	-0.21

5.4.2　成都市十大古镇的旅游适宜季

5.4.2.1　人体舒适指数

　　根据人体舒适度指数的计算公式,结合人体舒适度指数分级划分(见表 5.15),可得到各个观测点的人体舒适度指数分布。

表 5.15　十大古镇人体舒适期分布

级别	冷(d)	偏冷(c)	偏凉(b)	舒适(A)	偏热(B)
怀远/元通古镇	1 月	2 月上旬至 3 月下旬	4 月	5 月上旬至 7 月上旬	7 月中旬至 8 月上旬
		11 月下旬至 12 月下旬	10 月上旬至 11 月中旬		
街子场古镇	1 月		4 月上旬至 5 月上旬	5 月上旬至 7 月上旬	7 月中旬至 8 月上旬
			10 月上旬至 11 月上旬		
黄龙溪古镇	无	1 月上旬至 3 月中旬	3 月下旬至 4 月下旬	4 月下旬至 6 月下旬	9 月上旬至 10 月上旬
		11 月下旬至 12 月下旬	10 月上旬至 11 月中旬	7,8 月	
上里古镇	1 月中旬至 1 月下旬		3 月下旬至 4 月下旬	5 月上旬至 7 月上旬	7 月中旬至 8 月上旬
			10 月上旬至 11 月中旬		
西来古镇	无	1 月上旬至 3 月中旬	3 月下旬至 4 月中旬	4 月下旬至 6 月下旬	7 月上旬至 8 月中旬
		11 月下旬至 12 月下旬	10 月上旬至 11 月中旬	8 月下旬至 10 月上旬	

级别	冷(d)	偏冷(c)	偏凉(b)	舒适(A)	偏热(B)
平乐古镇	无	1月上旬至3月中旬	3月下旬至4月中旬	4月下旬至6月下旬	无
		11月下旬至12月下旬	10月上旬至11月中旬	8月下旬至10月上旬	
悦来/安仁古镇	无	1月上旬至3月中旬	3月下旬至4月中旬	4月下旬至6月下旬	无
		11月下旬至12月下旬	10月上旬至11月中旬	8月下旬至10月上旬	
洛带古镇	无	1月上旬至3月中旬	3月下旬至4月中旬	4月下旬至6月中旬	6月下旬至8月中旬
		11月下旬至12月下旬	10月上旬至11月中旬	8月下旬至10月上旬	

由表 5.15 可知:怀远古镇和元通古镇、街子场古镇、上里古镇最适宜旅游的季节为 5 月上旬至 7 月上旬和 8 月中旬至九月下旬;洛带古镇最适宜旅游的季节为四月下旬至 6 月中旬和 8 月下旬至 10 月上旬;黄龙溪古镇适宜旅游的季节为 4 月下旬至 6 月下旬和 7,8 月;西来古镇、平乐古镇、悦来古镇和安仁古镇最适宜旅游的季节为 4 月下旬至 6 月下旬和 8 月下旬至 10 月上旬。

5.4.2.2 温湿指数

根据温湿指数计算公式以及表 5.16,可得十大古镇温湿指数分布。

表 5.16 十大古镇旅游期分布

级别	微冷(c)	凉爽(b)	最舒适(A)	微热(B)	较热(C)	热(D)
怀远/元通古镇	1月上旬至3月上旬	3月上旬至4月上旬	4月中旬至5月下旬	6月	7月上旬至8月中旬	无
	12月	11月	9月中旬至10月下旬	8月下旬至9月上旬		
街子场古镇	1月上旬至3月上旬	3月中旬至4月上旬	4月中旬至6月上旬	6月	7月下旬至8月上旬	无
	11月下旬至12月下旬	10月下旬至11月中旬	9月上旬至10月中旬	8月下旬至9月上旬	7月上旬至8月中旬	
黄龙溪古镇	1月	3月上旬至3月下旬	4月上旬至5月下旬	6月		8月上旬至8月中旬
	2月、12月	11月	9月中旬至10月下旬	8月中旬至8月下旬		

级别	微冷(c)	凉爽(b)	最舒适(A)	微热(B)	较热(C)	热(D)
上里古镇	1月上旬至3月上旬	3月中旬至4月上旬	4月中旬至6月上旬	6月	7月下旬至8月上旬	无
	11月下旬至12月下旬	10月下旬至11月中旬	9月上旬至10月中旬	8月下旬至9月上旬		
西来古镇	1月上旬至2月下旬	3月上旬至4月上旬	4月中旬至5月下旬	6月	7月上旬至8月中旬	无
	11月下旬至12月下旬	11月	9月中旬至10月下旬	8月下旬至9月上旬	7月	
平乐古镇	1月	3月上旬至3月下旬	4月上旬至5月下旬	6月	8月中旬	8月中旬
	2月、12月		9月中旬至10月下旬	8月下旬至9月上旬		
悦来/安仁古镇	1月上旬至3月上旬	3月上旬至4月上旬	4月中旬至5月下旬	6月	7月上旬至8月中旬	无
	12月	11月	9月中旬至10月下旬	8月下旬至9月上旬		
洛带古镇	1月	3月上旬至3月下旬	4月上旬至5月下旬	6月	7月上旬至7月中旬	8月上旬至8月中旬
	2月、12月		9月中旬至10月下旬	8月下旬至9月上旬	8月中旬	

　　怀远古镇和元通古镇、西来古镇、悦来古镇和安仁古镇最适宜旅游的季节为:4月中旬至5月下旬和9月中旬至10月下旬;街子场古镇和上里古镇最适宜旅游季节为4月中旬至6月上旬和9月上旬至10月中旬;黄龙溪古镇、平乐古镇和洛带古镇最适宜旅游季节为4月上旬至5月下旬和9月中旬至10月下旬;成都市十大古镇的温湿指数没有3级"冷,大部分人感觉不舒适"的情况。

5.4.2.3　风寒气象指数

　　根据风寒气象指数确定的十大古镇的旅游舒适期如表5.17所示。

表 5.17　十大古镇旅游期分布

级别	暖(b)	舒适(A)	偏凉(B)	偏冷(C)	较冷(D)	冷(E)
怀远/元通古镇	6月下旬至8月下旬	4月中旬至6月中旬	4月上旬	3月下旬	2月中旬至3月中旬	12月下旬
	9月上旬至10月中旬	10月下旬至11月上旬	11月中旬	11月下旬至12月中旬	1月上旬至2月上旬	

级别	暖(b)	舒适(A)	偏凉(B)	偏冷(C)	较冷(D)	冷(E)
街子场古镇	6月下旬至 8月中旬	4月下旬至 6月中旬	4月上旬至 4月下旬	3月下旬	2月中旬至 3月中旬	1月上旬至 2月上旬
	8月下旬至 10月中旬	10月下旬至 11月上旬	11月中旬		11月下旬至 12月中旬	12月下旬
黄龙溪古镇	6月上旬至 8月下旬	4月中旬至 6月上旬	3月下旬至 4月上旬	3月中旬	2月上旬至 3月上旬	1月
	9月上旬至 10月下旬	10月下旬至 11月中旬			11月下旬至 12月下旬	
上里古镇	7月上旬至 8月中旬	4月中旬至 6月下旬	4月上旬	3月下旬	2月上旬至 3月中旬	12月下旬至 1月
	8月下旬至 10月中旬	10月下旬至 11月上旬	11月中旬		11月下旬至 12月中旬	
西来古镇	6月下旬至 8月下旬	4月中旬至 6月中旬	4月上旬	3月下旬	2月上旬至 3月上旬	1月
	9月上旬至 10月下旬	11月上旬至 11月下旬			11月下旬至 12月下旬	
平乐古镇	6月下旬至 8月下旬	4月中旬至 6月中旬	3月下旬至 4月上旬	3月下旬	2月上旬至 3月上旬	1月
	8月下旬至 10月下旬	11月上旬	11月中旬		11月下旬至 12月中旬	12月下旬
悦来/安仁 古镇	6月下旬至 8月下旬	4月中旬至 6月中旬	4月上旬	11月中旬	2月上旬至 3月上旬	1月
	8月下旬至 10月下旬	11月上旬	3月中旬至 3月下旬		11月下旬至 12月中旬	12月下旬
洛带古镇	6月中旬至 8月下旬	4月中旬至 6月上旬	3月下旬至 4月上旬	3月中旬	2月上旬至 3月上旬	1月
	8月下旬至 10月下旬	11月上旬	11月中旬		11月下旬至 12月下旬	

由表 5.17 可知:怀远古镇和元通古镇、西来古镇、平乐古镇、悦来古镇和安仁古镇在 4 月中旬至 6 月中旬最适宜旅游,并且怀远古镇和元通古镇在 9 月上旬至 10 月中旬;西来古镇在 9 月上旬至 10 月下旬;平乐古镇、悦来古镇和安仁古镇在 8 月下旬至 10 月下旬最适宜旅游。

5.4.2.4　各景区旅游适宜季

由四个气象指数的分布可知,当四个气象指数的等级均为 A 时是成都市十大古镇适宜旅游的季节,由于本节研究的成都市十大古镇均不满足炎热的标准,因此不考虑炎热指数,当温湿指数等级为 C,c,风寒指数等级为 B,人体舒适度指数等级为 B,b,且取同时满足两个等级所

对应的时间为较舒适期;然而温湿指数等级为 D,d,风寒指数等级为 C,人体舒适度指数等级
为 c,且取同时满足两个等级所对应的时间为较不舒适期;剩余的指数等级同时取满足两个等
级所对应的时间为不舒适期,则可得到表 5.18。

表 5.18 成都市十大古镇旅游期分布

	舒适期	较舒适期	较不舒适期	不舒适期
怀远、元通	4 月中旬至 5 月下旬	4 月上旬	3 月下旬	无
	9 月中旬至 9 月下旬	7 月中旬至 8 月上旬		
街子场	5 月上旬至 6 月上旬	4 月上旬至 5 月上旬	无	1 月上旬
	9 月上旬至 9 月下旬	7 月中旬至 8 月上旬		
黄龙溪	4 月下旬至 5 月下旬	3 月下旬至 4 月上旬	3 月中旬	1 月上旬
		10 月下旬至 11 月中旬		
上里	5 月上旬至 6 月上旬	7 月上旬至 8 月上旬	无	1 月中旬至 1 月下旬
	9 月上旬至 9 月下旬	11 月		
西来	4 月下旬至 5 月下旬	7 月上旬至 8 月中旬	3 月中旬	无
		11 月		
平乐	4 月下旬至 5 月下旬	3 月下旬至 4 月上旬	3 月中旬	无
		11 月上旬		
悦来、安仁	4 月下旬至 5 月下旬	4 月上旬	3 月中旬	无
		11 月上旬		
洛带	4 月下旬至 5 月下旬	3 月下旬	3 月中旬	无
	9 月中旬至 10 月上旬	11 月上旬		

通过表 5.18 可得:(1)怀远古镇和元通古镇最适宜旅游的季节为 4 月中旬至 5 月下旬和
9 月中旬到 9 月下旬;(2)街子场古镇最适宜旅游的季节为 5 月上旬至 6 月上旬和 9 月;(3)黄
龙溪古镇最适宜旅游的季节为 4 月下旬至 5 月下旬;(4)上里古镇、平乐古镇、悦来古镇和安仁
古镇最适宜旅游的季节为 5 月上旬至 6 月上旬和 9 月;(5)西来古镇最适宜旅游的季节为 4 月
下旬至 5 月下旬;(6)洛带古镇最适宜旅游的季节为 4 月下旬至 5 月下旬和 9 月中旬至 10 月
上旬。(7)除了街子场、黄龙溪和上里古镇外,均无不舒适期。

5.5 四川省红色旅游景区气候特征与旅游适宜季

5.5.1 四川红色景区气候特征

5.5.1.1 年内特征分析

图 5.16 为强渡大渡河、邓小平故居、朱德故居、彝海结盟四个旅游景区 1984—2013 年近
30 a 来各自的温度、相对湿度、风速及降水量的旬平均分布情况。横坐标 1～36 表示从 1—12
月 36 个旬。表 5.19 为各红色景区主要气象要素旬平均最大最小值。

从图 5.16a 可以看出,四个红色景区的旬平均温度分布趋势相似,都具有明显的季节特征。

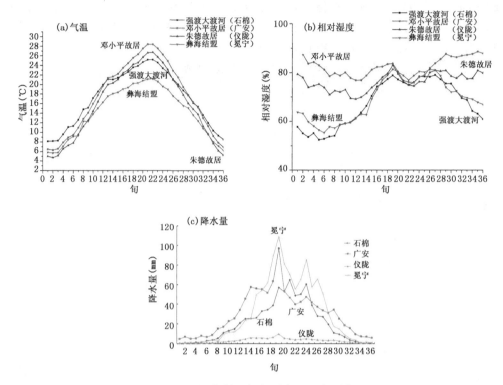

图 5.16　红色景区气象要素 30 a 旬平均

表 5.19　红色景区主要气象要素旬平均最值

红色景点	气温(℃)		相对湿度(%)		降水量(mm)	
	最高	最低	最大	最小	最大	最小
强渡大渡河	25.19	8.14	79.09	52.48	72.2	0.3
邓小平故居	28.39	6.31	88.49	75.93	96.5	4.6
朱德故居	25.74	4.71	80.93	69.14	84.5	3.2
彝海结盟	21.21	5.69	81.34	55.36	108.5	0.5

冬季温度最低,夏季温度最高,与当地的气候状况一致。四个景区的旬平均温度都是在 7 月下旬至 8 月上旬达到最高。其中温度最高的邓小平故居在 7 月下旬温度达到 29.39 ℃;朱德故居温度次之,最高温度出现在 8 月上旬为 26.74 ℃;强渡大渡河最高温度为 25.19 ℃,出现在 8 月下旬;彝海结盟温度最高出现在 8 月下旬,但最高温度只达到 21.20 ℃,比邓小平故居温度低了 8 ℃左右。由此可见,虽同处四川省,由于处在不同的气候区,各地温度分布存在较大差异。四个景区旬平均最低气温都出现在 1 月中旬,温度分别为强渡大渡河 8.19 ℃,邓小平故居 6.31 ℃,朱德故居 4.71 ℃、彝海结盟 5.69 ℃。四个景区的全年温差都在 20 ℃左右,其中邓小平故居温差最大,达到了 23.08 ℃;彝海结盟温差最小仅为 15.51 ℃。

　　分析图 5.16b 可看出四个景区的旬平均相对湿度分布差异较大。强渡大渡河相对湿度冬季较小,平均为 55%,随气温上升相对湿度逐渐增大。峰值出现在 9 月下旬达到 80.0%,随后相对湿度又逐渐减小。彝海结盟与其趋势相似,但相对湿度整体较强渡大渡河略偏高。邓小平故居和朱德故居的分布情况相似,四季相对湿度差异不大,邓小平故居 8 月相对湿度最小,12 月相对湿度最大。朱德故居相对湿度最小出现在 4 月,9 月相对湿度最大。

从图 5.16c 的旬平均降水量图上可以看出,四个景区最大旬平均降水量都出现在 7 月上旬,分别为强渡大渡河 72.2 mm,邓小平故居 96.5 mm,朱德故居 84.5 mm,彝海结盟 108.5 mm。

5.5.1.2　年际变化特征分析

图 5.17 展现了四个红色旅游景区的年平均温度、年平均相对湿度、年平均风速以及年平均降水量近 30 a 的逐年变化情况。

从图 5.17a 可以看出,四个景区的温度在近 30 a 不是一成不变的,总体均呈现出缓慢增加的趋势。图 5.17b 的相对湿度图上可发现四个景区的相对湿度逐年变化较为复杂,但整体呈现下降趋势。下降最明显的邓小平故居 30 a 相对湿度下降了近 10%。从降水量逐年变化图 5.17c 上看出,降水量的逐年变化很大,除朱德故居近 30 a 来降水量呈现增加趋势以外,其他三个景区的降水量均略有减小。

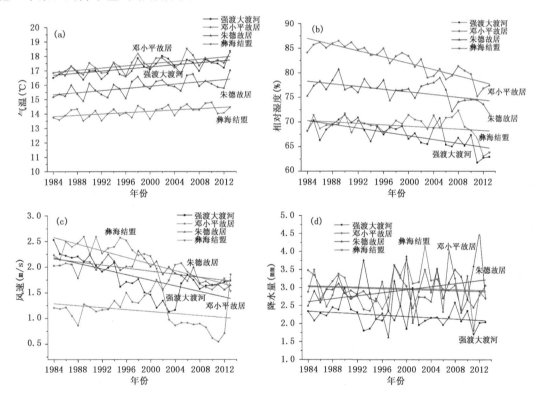

图 5.17　红色景区气象要素 30 a 平均(a)气温(b)相度湿度(c)风速(d)降水量逐年变化及逐势线

表 5.20 为各红色景区主要气象要素逐年平均最大最小值。对比图表可得出结论:四个红色景区温度最大值都出现在 2013 年,分别为 18.36 ℃,18.29 ℃,17.02 ℃以及 14.47 ℃。强渡大渡河遗址温度最低出现在 1989 年为 16.38 ℃,邓小平故居最低温度出现在 1996 年为 16.64 ℃,朱德故居 1989 年温度最低为 14.88 ℃,彝海结盟 1989 年最低温度为 13.52 ℃。四个红色景区的相对湿度最大值分别为 1990 年的 71.39%,1989 年的 86.48%,1989 年的

80.86％以及 2008 年的 72.32％。最小值分别为 61.73％,75.21％,71.60％,63.10％,分别出现在 2011 年,2011 年,2013 年及 2012 年。

表 5.20　各红色景区主要气象要素逐年平均最值

红色景点	气温(℃)		相对湿度(%)		降水量(mm)	
	max	min	max	min	max	min
强渡大渡河	18.36	16.38	61.73	61.73	1075	611
邓小平故居	18.29	16.64	75.21	75.21	1454	826
朱德故居	17.02	14.88	71.6	71.6	1639	580
彝海结盟	14.47	13.52	63.1	63.1	1498	652

5.5.2　各景区旅游适宜季的综合评价

为了进一步研究各个红色景区适宜旅游的季节,分别计算了四个景区的旬平均温湿指数、风寒指数、炎热指数以及人体舒适度指数,通过对这些数据的分析,获得各景区最适宜旅游的时间,为这些景区的规划、开发以及可持续利用和决策提出气象上的建议。

5.5.2.1　温湿指数

表 5.21 为四个景区各自的旬平均温湿指数,可通过温湿指数对四个景区的舒适程度进行判断,四个红色景区温湿指数分布与气温分布趋势类似,冬季最小而夏季最大,全年均在 40～80,不存在极不舒适的情况。强渡大渡河温湿指数在 50～75。在 3 月上旬到 6 月上旬适宜旅游,其中在 4 月上中旬最为舒适。邓小平故居温湿指数季节变化较大,在 45～80 左右变化,在 3 月中旬到 5 月中旬人体感觉舒适,最舒适时间也为 4 月上中旬。朱德故居全年温湿指数在 42～76 左右变化,同样在 4 月上中旬最舒适,在 4 月上旬到 5 月下旬适宜旅游。彝海结盟温湿指数变化最小,全年在 45～70 左右变化,在 4 月上旬至 10 月下旬均适宜旅游,其中 4 月下旬到 6 月上旬以及 9 月中下旬均为最舒适时间。

表 5.21　各景区旬平均温湿指数

旬	强渡大渡河		邓小平故居		朱德故居		彝海结盟	
	温湿指数	级别	温湿指数	级别	温湿指数	级别	温湿指数	级别
1	49.26	c	44.6	d	42.87	d	45.58	c
2	49.48	c	44.37	d	42.52	d	45.41	c
3	49.7	c	45.08	c	43.55	b	45.84	c
4	51.34	c	47.19	c	45.66	c	47.76	c
5	53.54	c	49	c	46.68	c	49.71	c
6	53.7	c	49.84	c	47.57	c	50.67	c
7	55.32	c	52.34	c	50.44	c	50.8	c
8	58.3	b	55.23	b	52.78	c	54.94	c
9	58.73	b	57.21	b	54.74	c	54.81	c
10	61.51	A	60.2	A	57.64	b	56.88	b
11	63.66	A	63	A	60.61	A	58.61	b
12	65.55	B	66.02	B	63.63	A	60.42	A
13	67.38	B	68.67	B	66.05	B	62.2	A

旬	强渡大渡河		邓小平故居		朱德故居		彝海结盟	
	温湿指数	级别	温湿指数	级别	温湿指数	级别	温湿指数	级别
14	67.45	A	69.24	B	66.55	B	62.92	A
15	68.35	B	70.38	C	67.95	B	63.6	A
16	69.53	B	72.55	C	70.21	C	64.9	A
17	70.74	C	74.09	C	71.37	C	65.59	B
18	72.27	C	76.09	D	73.41	C	67.09	B
19	72.89	C	77.25	D	74.33	C	67.34	B
20	73.69	C	78.83	D	75.77	D	68.12	B
21	74.65	C	79.73	D	76.92	D	68.53	B
22	74.54	C	79.58	D	76.84	D	68.57	B
23	73.66	C	78.04	D	75.09	D	67.75	B
24	72.05	C	76.39	B	73.54	C	66.17	B
25	70.63	C	74.26	C	71.17	C	65.14	B
26	68.63	B	71.47	C	68.26	B	63	A
27	66.86	B	69.37	B	66.15	B	61.42	A
28	64.7	A	66.23	B	63.21	A	59.71	b
29	63.02	A	63.55	A	60.47	A	58.94	b
30	60.55	A	61.09	A	58.51	b	56.69	b
31	59.35	b	59.24	b	56.87	b	54.82	c
32	55.7	b	55.56	b	52.89	c	52.52	c
33	54.27	c	52.74	c	50.38	c	50.65	c
34	52.04	c	49.22	c	47.27	c	48.38	c
35	50.58	c	46.84	c	44.64	d	47.22	c
36	49.62	c	45.36	c	43.26	d	45.91	c

5.5.2.2   风寒指数(WCI)

表 5.22 为各景区各自的旬平均风寒指数,通过对表的分析可知,四个景区的风寒指数均在 -625～-100,基本上不存在体感不舒适风,都较适宜旅游。其中强渡大渡河在 4 月下旬到 6 月中旬最为舒适。邓小平故居最舒适时间为 4 月中旬到 5 月下旬。朱德故居同样在 5 月上旬到 6 月中旬最适宜旅游。彝海结盟在 6 月上旬至 9 月中旬均为最舒适时间。

表 5.22   各景区旬平均风寒指数

旬	强渡大渡河		邓小平故居		朱德故居		彝海结盟	
	风寒指数	级别	风寒指数	级别	风寒指数	级别	风寒指数	级别
1	-528.78	b	-471.17	b	-592.78	b	-594.84	b
2	-541.39	b	-487.46	b	-615.53	c	-623.72	c
3	-538.3	b	-481.9	b	-596.98	b	-625.14	c
4	-510.62	b	-447.92	b	-570.94	b	-608.11	c
5	-493.8	b	-457.94	b	-578.28	b	-589.52	b
6	-497.22	b	-447.67	b	-561.63	b	-588.51	b

续表

旬	强渡大渡河		邓小平故居		朱德故居		彝海结盟	
	风寒指数	级别	风寒指数	级别	风寒指数	级别	风寒指数	级别
7	−457.59	b	−427.33	b	−523.63	b	−569.36	b
8	−417.67	b	−395.98	b	−492.75	b	−507.95	b
9	−401.38	b	−373.19	b	−458.43	b	−508.54	b
10	−357.58	b	−336.95	b	−419.02	b	−461.35	b
11	−325.68	b	−303.92	b	−364.08	b	−423.2	b
12	−290.71	A	−262.27	A	−325.91	b	−390.11	b
13	−260.42	A	−233.32	A	−291.88	A	−351.86	b
14	−252.55	A	−226.17	A	−284.21	A	−347.08	b
15	−236.87	A	−207.74	A	−255.3	A	−323.18	b
16	−220.36	A	−183.91	B	−225.27	A	−297.51	A
17	−207.5	A	−163.38	B	−209.43	A	−280.91	A
18	−188.55	B	−143.33	B	−183.89	B	−254.36	A
19	−182.21	B	−129.42	B	−176.72	B	−248.9	A
20	−168.08	B	−105.79	B	−154.35	B	−236.71	A
21	−159.25	B	−88.2	B	−135.42	B	−230.78	A
22	−160.38	B	−90.29	B	−131.43	B	−232.65	A
23	−168.01	B	−106.04	B	−157.76	B	−238.68	A
24	−188.84	B	−128.11	B	−178.79	B	−256.71	A
25	−206.95	A	−155.36	B	−217.83	A	−272.19	A
26	−229.37	A	−190.51	B	−259.1	A	−290.78	A
27	−237.08	A	−208.78	A	−285.13	A	−317.42	b
28	−276.08	A	−246.13	A	−321.31	b	−343.76	b
29	−292.32	A	−278.08	A	−367.13	b	−371.41	b
30	−313.9	b	−302.71	b	−385.8	b	−414.37	b
31	−350.2	b	−322.14	b	−411.73	b	−436.34	b
32	−374.58	b	−369.32	b	−473.49	b	−477.7	b
33	−406.01	b	−391.43	b	−498.42	b	−501.9	b
34	−462.58	b	−431.62	b	−538.73	b	−527.9	b
35	−480.83	b	−445.5	b	−565.53	b	−558.14	b
36	−508.89	b	−461.2	b	−575.84	b	−567.26	b

5.5.2.3 炎热指数

表5.23为四个景区的炎热指数逐旬变化情况。从表中可以看出，四个景区的炎热指数逐旬变化趋势相同，都为冬季最小，夏季最大。强渡大渡河的炎热指数在50～75左右变化，全年并无体感炎热情况。邓小平故居炎热指数全年在45～80附近变化，其中6月下旬到8月下旬偏热。朱德故居在40～75左右变化，在7月下旬8月上旬炎热指数略大于75，出现偏热天气。彝海结盟的炎热指数在45～70以内变化，全年气候较为适宜，无偏热情况。

表 5.23　各景区旬平均炎热指数

旬	1	2	3	4	5	6
强渡大渡河	49.26	49.48	49.70	51.34	53.48	53.70
邓小平故居	44.60	44.37	45.08	49.19	49.00	49.84
朱德故居	42.87	42.52	43.55	45.66	46.68	47.57
彝海结盟	45.58	45.41	45.84	47.75	49.71	50.67
旬	7	8	9	10	11	12
强渡大渡河	55.32	58.30	58.73	61.51	63.42	65.55
邓小平故居	52.34	55.23	57.20	60.20	63.00	66.02
朱德故居	50.44	52.78	54.74	57.64	60.61	63.63
彝海结盟	50.80	54.94	54.81	56.88	58.61	60.42
旬	13	14	15	16	17	18
强渡大渡河	67.38	67.45	68.35	69.53	70.57	72.27
邓小平故居	68.67	69.24	70.38	72.55	74.09	76.09
朱德故居	66.05	66.55	67.95	70.21	71.37	73.41
彝海结盟	62.20	62.92	63.60	64.90	65.59	67.09
旬	19	20	21	22	23	24
强渡大渡河	72.89	73.96	74.65	74.54	73.66	72.05
邓小平故居	77.25	78.83	79.73	79.58	78.04	76.39
朱德故居	74.33	75.77	76.92	76.83	75.10	73.54
彝海结盟	67.34	68.12	68.53	68.57	67.75	66.17
旬	25	26	27	28	29	30
强渡大渡河	70.63	68.52	66.86	64.70	63.02	60.55
邓小平故居	74.26	71.47	69.37	66.23	63.55	61.09
朱德故居	71.17	68.26	66.14	63.21	60.47	58.51
彝海结盟	65.14	63.00	61.42	59.71	58.94	56.69
旬	31	32	33	34	35	36
强渡大渡河	59.35	56.73	54.27	52.04	50.58	49.62
邓小平故居	59.24	55.56	52.74	49.22	46.84	45.36
朱德故居	56.87	52.89	50.38	47.27	44.64	43.26
彝海结盟	54.82	52.52	50.65	48.38	47.22	45.91

5.5.2.4　人体舒适度指数

表 5.24 为四个景区的人体舒适度指数逐旬变化情况。人体舒适度指数在冬季最小,夏季最大。人体舒适度指数在 50~75 时大部分人感觉舒适,为适宜旅游期,在 59~70 时人体感觉最为舒适,定义为最佳旅游期。由此可分析,强渡大渡河的人体舒适度指数在 45~70 左右变化,3—11 月均为旅游适宜时间,其中 4 月下旬到 7 月上旬以及 8 月中旬到 10 月中旬为最佳旅游期。邓小平故居人体舒适度指数全年在 41~76 附近变化,其中 3 月中旬到 7 月上旬以及 8 月中旬至 11 月中旬为适宜旅游期,最佳旅游期为 4 月中旬到 6 月上旬及 9 月中旬到 10 月中

旬。朱德故居在 40～73 左右变化,适宜旅游期出现在 3 月下旬 11 月上旬,最佳旅游期为 5,6 月及 8 月下旬到 9 月。彝海结盟的人体舒适度指数在 40～65 以内变化,其 4 月到 11 月上旬均为旅游适宜时间,其中 6 月到 9 月中旬为最佳旅游期。

表 5.24　各景区旬平均人体舒适度指数

旬	1	2	3	4	5	6	7	8	9	10	11	12
强渡大渡河	45.1	45.1	45.4	47.0	48.8	48.9	50.6	53.4	54.0	56.8	58.7	60.9
邓小平故居	41.8	41.3	42.1	44.3	45.7	46.6	48.9	51.7	53.7	56.6	59.4	62.5
朱德故居	38.7	38.2	39.3	41.4	42.1	43.0	45.9	48.1	50.2	53.0	56.2	59.1
彝海结盟	41.2	40.6	41.0	42.7	44.4	45.1	45.5	49.4	49.2	51.6	53.5	55.4
旬	13	14	15	16	17	18	19	20	21	22	23	24
强渡大渡河	62.8	63.2	64.4	65.7	66.8	68.5	69.1	70.1	70.7	70.6	69.8	68.4
邓小平故居	65.0	65.6	67.0	69.2	70.8	72.7	73.9	75.5	76.4	76.1	74.7	73.1
朱德故居	61.5	62.0	63.8	66.1	67.3	69.5	70.3	71.7	72.8	72.8	70.8	69.4
彝海结盟	57.4	57.9	59.0	60.6	61.6	63.4	63.8	64.6	65.1	65.0	64.3	62.8
旬	25	26	27	28	29	30	31	32	33	34	35	36
强渡大渡河	66.9	65.0	63.7	61.2	59.6	57.3	55.7	53.3	50.8	48.2	46.8	45.7
邓小平故居	71.0	68.2	66.4	63.2	60.5	58.1	56.3	52.5	49.8	46.2	44.0	42.5
朱德故居	66.8	64.0	61.9	59.1	56.2	54.4	52.7	48.5	46.2	43.1	40.6	39.3
彝海结盟	61.6	59.7	57.9	56.1	54.9	52.4	50.7	48.3	46.4	44.3	42.9	41.8

5.5.2.5　各景区旅游舒适期年内分布

从表 5.25 中我们可得知四个景区气候适宜,全年并无体感不舒适期。进一步分析指出,强渡大渡河遗址在 3 月中旬至 6 月中旬以及 9 月上旬至 11 月中旬这 18 个旬期间,十分适合旅游;邓小平故居的旅游舒适期集中在春季及秋季,为 3 月中旬至 5 月下旬、9 月下旬至 11 月中旬 14 个旬;朱德故居在 4 月上旬至 6 月中旬以及 9 月上旬至 11 月上旬适宜旅游;彝海结盟景区在 4—10 月均为旅游舒适期。

表 5.25　四个景区旅游期分布

	舒适期	较舒适期	较不舒适期	不舒适期	舒适期长度（旬）
强渡大渡河	3 月中旬至 6 月中旬,9 月上旬至 11 月中旬	1 月至 3 月上旬 6 月下旬至 8 月 11 月下旬至 12 月	无	无	18
邓小平故居	3 月中旬至 5 月下旬,9 月下旬至 11 月中旬	1 月至 3 月上旬 6 月至 9 月中旬 11 月下旬至 12 月	无	无	14
朱德故居	4 月上旬至 6 月中旬,9 月上旬至 11 月上旬	1—3 月 6 月中旬至 8 月 11 月中旬至 12 月	无	无	15
彝海结盟	4—10 月	1—3 月 11—12 月	无	无	21

5.6　四川省黑色旅游景区与旅游适宜季

5.6.1　黑色旅游景区的气候特征

5.6.1.1　气温

（1）气温的年内分布特征

从旬平均气温的年内分布特征图 5.18 可以看出：四川省七大黑色旅游景区的旬平均气温最低为第 2 旬即冬季 1 月中旬，最高为第 22 旬即夏季的 8 月上旬。其平均气温最高的台站是大邑，在 8 月上旬达到 25.8 ℃，最低的台站是青川景区，在 1 月中旬仅为 2.7 ℃。七个台站的旬平均气温总体来说，相差不大，且趋势相同。

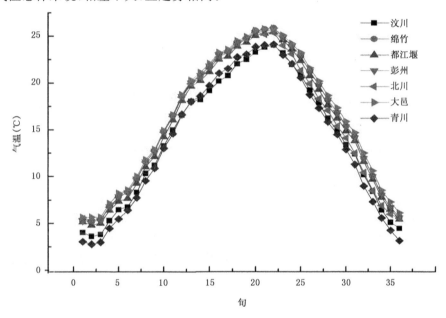

图 5.18　旬平均气温的年内分布特征

（2）气温的年际变化

从七个台站的近 30 a 年平均气温以及年际变化趋势分析的图 5.19 和表 5.30 中我们可以得出结论：七个景区中年平均气温最高的台站为大邑景区，最高年份达到 17.4 ℃，1984—1990 年，汶川年平均气温最低，最低年份为 12.9 ℃，1990—2013 年青川景区最低，最低年份为 13.2 ℃。七个景区近 30 a 的气温年际变化趋势全部随时间呈现上升趋势，这与全球变暖的大趋势相符合。其中大邑景区气温上升趋势最明显，达到 0.56 ℃/（10 a），北川景区气温上升趋势幅度最小，仅为 0.08 ℃/（10 a）。汶川景区气温上升趋势达到 0.55 ℃/（10 a）；绵竹景区气温上升趋势则为 0.33 ℃/（10 a）；都江堰景区气温上升趋势为 0.5 ℃/（10 a），彭州景区气温上升趋势为 0.51 ℃/（10 a），青川景区气温上升趋势则为 0.2 ℃/（10 a），其中 20 世纪 80 年代到 90 年代末黑色景区的上升趋势较为缓和，而后上升趋势较为明显。

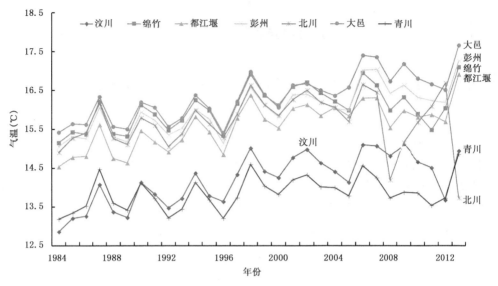

图 5.19　气温及其年际变化趋势

表 5.26　气温年际变化的气候倾向率

台站	汶川	绵竹	都江堰	彭州	北川	大邑	青川
斜率	0.05509	0.03355	0.05088	0.05126	0.0088	0.05616	0.02036

5.6.1.2　相对湿度

（1）相对湿度的年内分布特征

从相对湿度的旬平均图 5.20 可以看出,各台站的相对湿度最低值普遍出现在第 14 旬附近,即春季的 5 月中旬,最高值普遍出现在第 27 旬即 9 月下旬。其中汶川景区的旬平均相对湿度明显小于其他景区。最低值在第 7 旬,即春季 3 月上旬,仅为 61.8%。旬平均最高的景区为大邑景区,但最高值却是青川台站的第 7 旬,为 87%。

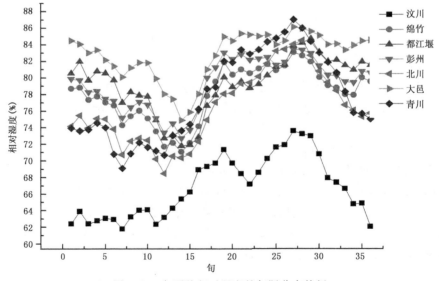

图 5.20　旬平均相对湿度的年际分布特征

(2)年平均湿度及其年际变化趋势

从七个景区的近 30 年平均湿度及其年际变化趋势分析的图 5.21 和表 5.27 中我们可以得出结论:年平均湿度最高的台站为大邑景区,最高湿度达到 86.2%,最低的景区为汶川景区,仅为 61.8%。七个景区中六个景区的湿度年际变化趋势随时间呈现下降趋势,仅有青川景区的湿度年际变化趋势随时间呈现微弱上升趋势(倾向率为 0.28%/(10 a))。北川景区湿度下降趋势幅度最小,为 −1.09%/(10 a)。汶川景区湿度下降趋势的倾向率为 −1.59%/(10 a);绵竹景区湿度下降趋势的倾向率则为 −3.34%/(10 a);都江堰景区湿度下降趋势的倾向率为 −2.73%/10 a;都江堰景区下降趋势为 2.73%/(10 a);彭州景区湿度下降趋势则为 −4.7%/(10 a)。

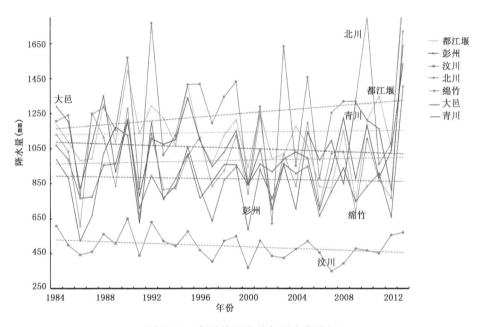

图 5.21　年平均湿度的年际变化特征

表 5.27　湿度年际变化趋势斜率　　　　　　　　　　　单位:%/(10 a)

台站	汶川	绵竹	都江堰	彭州	北川	大邑	青川
斜率	−0.15998	−0.33406	−0.27313	−0.47089	−0.1095	−0.31616	0.02881

5.6.1.3　降水

(1)降水量的年内分布特征

从旬平均降水量图 5.22 可以得出结论:在春冬季节,七个景区的降水量基本接近,在夏秋季节存在较大差别。全年中,降水量最高的是北川景区,最大降水量为 7 月下旬的 16.47 mm。最低的是汶川景区,最低降水量仅为 0.027 mm。

(2)降水量的年际变化特征

以汶川为例,30 a 年平均降水量及其年际变化趋势分析的图 5.23 和表 5.28 中我们可以得出结论:汶川景区的倾向率为 −0.178 mm/(10 a)。

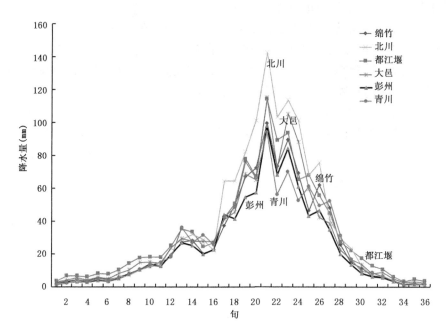

图 5.22　黑色景区旬平均降水量的年内分布特征

表 5.28　降水量年际变化斜率　　　　　　　　单位：mm/(10a)

台站	汶川	绵竹	都江堰	彭州	北川	大邑	青川
斜率	−0.01782	0.00122	−0.01129	−0.01506	−0.00636	−0.027	0.03123

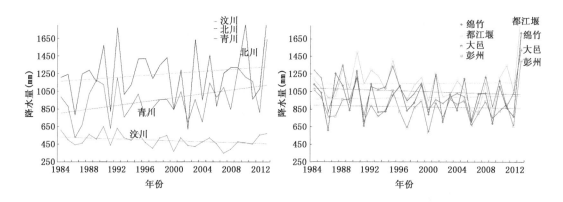

图 5.23　年平均降水量及其年际变化趋势分析

5.6.2　黑色旅游景区的适宜季分析

5.6.2.1　温湿指数

表 5.29 为各景点所在台站温湿指数的年内分布特征。

表 5.29　各台站旬温湿指数

旬	1	2	3	4	5	6	7	8	9	10	11	12
汶川	31.8	29.9	29.3	33.1	37.3	36.5	40.8	45.7	48.4	54.6	59.5	64.1
绵竹	39.0	38.8	38.2	41.6	43.0	44.7	47.2	51.2	54.0	58.9	62.9	68.2
都江堰	43.2	42.8	42.5	44.9	45.7	46.2	48.1	51.6	53.6	57.5	61.2	65.9
彭州	40.0	39.4	39.2	42.3	43.3	45.0	47.6	51.6	54.1	58.8	62.4	67.3
北川	42.9	42.5	42.8	45.1	46.3	47.3	49.2	52.5	54.6	58.6	62.5	67.6
大邑	44.4	44.3	44.4	46.4	47.1	48.1	50.2	53.2	55.2	58.9	61.9	65.9
青川	37.2	36.2	37.6	40.8	41.0	42.7	44.6	47.8	51.4	55.1	58.3	62.3

旬	13	14	15	16	17	18	19	20	21	22	23	24
汶川	67.9	68.2	71.0	72.6	73.2	76.8	78.0	80.1	81.8	82.2	79.5	76.2
绵竹	72.6	73.9	75.7	78.2	78.8	80.6	80.7	82.6	83.6	83.3	81.6	78.7
都江堰	69.8	71.3	73.0	76.4	75.8	76.9	77.5	79.8	80.9	81.5	79.9	76.7
彭州	70.8	72.4	74.1	76.5	76.4	78.6	78.9	79.8	81.0	80.2	79.1	76.7
北川	70.4	71.7	73.9	75.8	76.7	78.3	79.9	80.2	79.7	80.0	77.0	74.6
大邑	69.4	70.7	72.0	74.2	74.4	76.2	76.5	77.2	78.1	77.8	77.1	74.6
青川	65.0	65.7	67.6	69.7	69.8	72.0	72.0	73.4	73.4	73.3	72.0	70.0

旬	25	26	27	28	29	30	31	32	33	34	35	36
汶川	74.0	69.8	66.2	62.4	59.0	55.3	52.8	47.2	42.6	38.6	35.1	33.1
绵竹	77.2	72.5	69.6	65.8	62.8	59.8	57.6	52.8	49.3	45.5	42.6	40.7
都江堰	73.6	69.6	66.4	63.5	60.9	58.7	57.0	53.3	50.8	47.7	46.3	44.6
彭州	75.6	71.7	69.0	65.3	62.8	59.6	57.4	53.0	49.7	46.0	43.0	40.9
北川	69.9	67.2	64.4	62.2	59.5	57.4	54.7	51.2	48.4	45.8	43.5	43.8
大邑	73.1	69.9	67.7	64.8	62.7	60.1	58.3	54.9	52.1	49.2	47.2	45.8
青川	68.1	64.8	62.4	60.1	58.1	55.4	52.6	48.2	45.7	41.4	39.4	37.8

表 5.30　各台站温湿舒适期

景点	舒适期	舒适期长度（旬）
汶川	4 月上旬至 5 月下旬 9 月中旬至 10 月上旬	7
绵竹	4 月上旬至 5 月中旬 9 月中旬至 11 月上旬	9
都江堰	4 月上旬至 5 月下旬 9 月上旬至 11 月上旬	11
彭州	4 月上旬至 5 月下旬 9 月中旬至 11 月上旬	10
北川	4 月上旬至 5 月下旬 8 月下旬至 10 月下旬	11
大邑	3 月下旬至 6 月中旬 8 月下旬至 11 月上旬	15
青川	4 月上旬至 10 月下旬	21

参照温热指数分级标准可以看出,汶川景区的适宜旅游旬为 4 月上旬到 5 月下旬和 9 月中旬到 10 月上旬;绵竹景区的适宜旅游旬为 4 月上旬到 5 月中旬以及 9 月中旬到 11 月上旬;都江堰景区的适宜旅游旬为 4 月上旬到 5 月下旬和 9 月上旬到 11 月上旬;彭州景区的适宜旅游旬为 4 月上旬到 5 月下旬和 9 月中旬到 11 月上旬;北川景区的适宜旅游旬为 4 月上旬到 5 月下旬和 8 月下旬到 10 月下旬;大邑景区的适宜旅游旬为 3 月下旬到 6 月中旬和 8 月下旬到 11 月上旬;青川景区的适宜旅游旬较长,为 4 月上旬到 10 月下旬(见表 5.30)。

5.6.2.2　炎热指数

图 5.24 和表 5.31 为各景点所在台站 30 a 的气象数据分析的炎热指数的年内分布特征。

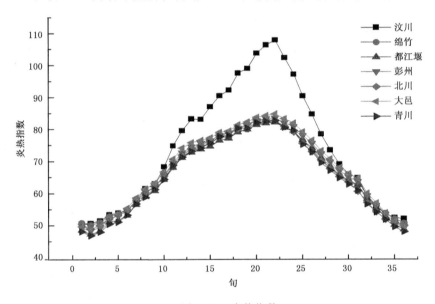

图 5.24　炎热指数

表 5.31　各台站旬炎热指数

旬	1	2	3	4	5	6	7	8	9	10	11	12
汶川	50.5	50.7	51.4	53.3	53.9	54.7	58.0	61.5	63.1	68.3	74.8	79.6
绵竹	50.8	50.1	51.1	52.8	53.6	54.8	57.4	59.6	61.3	64.5	68.2	71.5
都江堰	48.5	47.2	48.3	51.0	51.6	53.1	56.5	59.0	60.9	64.3	68.1	71.2
彭州	49.1	48.3	49.5	52.1	53.0	54.6	57.9	60.5	62.3	65.7	69.6	72.7
北川	50.4	48.9	50.0	52.1	53.1	54.5	57.7	60.2	62.1	65.5	69.1	72.0
大邑	49.7	48.9	49.9	52.7	53.6	55.3	58.7	61.5	63.3	66.8	70.7	74.1
青川	48.1	46.8	47.9	50.4	51.0	53.2	56.7	58.8	61.3	64.4	68.8	71.4
旬	13	14	15	16	17	18	19	20	21	22	23	24
汶川	83.3	83.1	87.1	90.5	92.2	97.5	99.0	103.8	106.4	107.9	102.4	97.1
绵竹	73.4	74.6	75.7	77.5	77.5	79.4	79.8	81.6	82.2	82.4	80.6	79.3
都江堰	72.8	73.8	74.6	76.5	77.2	79.1	80.0	81.3	82.0	82.2	80.6	79.4
彭州	74.5	75.6	76.4	78.1	78.6	80.4	81.3	82.7	83.4	83.6	82.1	80.9
北川	74.0	74.9	76.4	78.0	79.1	80.1	81.6	82.8	82.9	82.8	80.9	79.1
大邑	75.8	76.6	77.3	79.1	79.5	81.4	82.3	83.7	84.3	84.8	83.3	81.9
青川	73.1	74.2	75.7	77.8	78.1	80.4	80.4	82.2	82.6	82.8	80.5	79.6

旬	25	26	27	28	29	30	31	32	33	34	35	36
汶川	90.4	84.7	78.5	73.4	69.1	65.9	64.8	59.0	55.6	53.6	52.3	52.1
绵竹	76.3	73.6	70.3	67.9	65.6	63.9	62.4	58.7	56.1	53.8	51.9	50.7
都江堰	76.6	74.1	71.1	68.4	65.6	64.0	62.6	58.2	55.1	52.5	50.0	48.6
彭州	78.0	75.5	72.3	69.8	67.0	65.1	63.6	59.2	56.1	53.3	50.8	49.2
北川	75.6	73.0	70.2	67.7	65.2	63.5	60.6	57.1	54.1	51.8	50.7	49.9
大邑	79.2	76.5	73.3	70.8	68.0	66.1	64.7	60.0	56.9	53.9	51.4	49.8
青川	75.3	72.9	69.5	67.1	64.9	62.8	60.9	56.5	54.1	51.8	49.5	48.0

　　由于四川境内夏季气温相对普遍较低,因此,即使是夏季最热天气温度也很少高于 34℃,虽然汶川县的少数旬的炎热指数超过 85%,但是旬平均最高温度只有 29℃,达不到热的标准。其余台站的炎热指数几乎没有超过 85%。因此,从炎热指数来看,四川省各个黑色旅游景区基本不存在酷暑的极端天气,少数天数处于"热"其余都是"热"的标准以下的相对适宜天气,可放心出行。

5.6.2.3　风寒气象指数

　　图 5.25 和表 5.32 为各景点所在台站 30 a 的气象数据的 36 个旬平均值代入风寒指数公式所求的风寒指数分布情况。

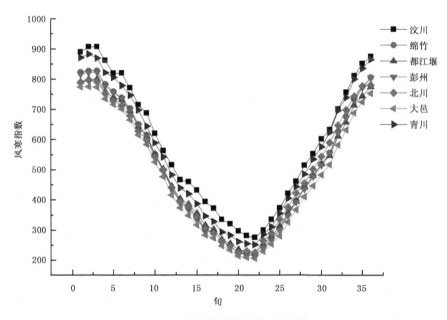

图 5.25　风寒指数的年内分布特征

表 5.32　各台站旬风寒指数

旬	1	2	3	4	5	6	7	8	9	10	11	12
汶川	889.6	907.1	906.9	861.8	819.1	820.0	771.5	715.8	688.0	620.2	563.5	516.2
绵竹	823.6	827.0	828.2	783.3	759.2	739.1	703.7	651.3	615.2	551.8	500.7	440.8
都江堰	792.1	800.6	800.1	758.9	739.5	731.4	695.5	642.9	610.7	553.0	503.2	445.6
彭州	816.4	822.1	822.1	777.8	756.1	736.3	698.4	645.1	610.7	546.3	496.9	435.9
北川	790.2	797.2	792.1	753.5	728.8	712.4	678.9	628.0	598.7	542.6	500.5	441.4
大邑	774.6	775.1	773.9	735.1	715.9	700.9	665.3	615.2	584.4	526.0	477.1	416.5
青川	871.5	883.0	869.8	822.2	805.9	779.2	746.4	697.9	644.4	589.8	543.1	483.0

旬	13	14	15	16	17	18	19	20	21	22	23	24
汶川	466.4	460.1	431.9	394.3	372.7	335.8	321.4	297.9	282.2	275.4	300.1	335.6
绵竹	396.4	374.4	341.7	299.6	292.0	261.8	247.3	223.7	219.6	215.2	244.4	270.6
都江堰	403.9	386.1	355.7	316.2	303.4	269.3	256.0	235.4	230.1	225.6	252.0	279.6
彭州	392.1	367.6	335.3	299.1	290.6	263.6	248.0	225.8	221.3	216.4	242.6	268.4
北川	395.0	378.0	344.6	306.0	290.5	264.1	248.3	225.6	230.8	226.3	265.6	290.3
大邑	374.3	348.9	318.2	284.4	273.9	247.8	233.8	214.4	209.8	206.6	230.0	253.6
青川	440.2	420.5	387.1	347.1	329.2	294.3	283.8	262.0	255.5	252.1	286.2	311.2

旬	25	26	27	28	29	30	31	32	33	34	35	36
汶川	373.3	421.4	461.4	515.2	554.0	602.4	633.0	701.1	757.0	810.9	852.7	875.2
绵竹	305.7	351.9	397.4	441.9	479.6	519.3	556.8	627.1	676.4	733.5	776.8	806.0
都江堰	313.6	358.0	395.4	442.7	479.6	519.1	547.3	611.5	657.3	713.8	744.6	775.4
彭州	300.4	348.8	393.0	436.3	477.6	515.6	554.2	621.8	672.2	729.8	772.4	804.8
北川	337.0	375.9	422.3	455.4	502.7	544.9	590.1	648.3	699.0	744.2	778.2	781.3
大邑	281.5	326.8	367.7	410.4	446.8	483.4	518.2	582.9	632.7	688.4	725.3	753.5
青川	356.3	405.5	444.1	485.6	535.5	576.7	624.4	697.0	740.2	801.1	836.2	865.2

汶川景区的适宜旅游旬为 5 月上旬到 7 月中旬和 8 月中旬到 9 月下旬;绵竹景区的适宜旅游旬为 4 月下旬到 6 月中旬以及 8 月下旬到 10 月中旬;都江堰景区的适宜旅游旬为 4 月下旬到 6 月中旬和 8 月下旬到 10 月中旬;彭州景区的适宜旅游旬为 4 月下旬到 6 月中旬和 9 月上旬到 10 月中旬;北川景区的适宜旅游旬为 4 月下旬到 6 月中旬和 8 月下旬到 10 月上旬;大邑景区的适宜旅游旬为 4 月中旬到 5 月下旬和 9 月中旬到 10 月下旬;青川景区的适宜旅游旬为 4 月下旬到 6 月下旬和 8 月下旬到 10 月上旬(见表 5.33)。

表 5.33　各台站风寒舒适期

景区	舒适期	舒适期长度（旬）
汶川	5 月上旬至 7 月中旬 8 月中旬至 9 月下旬	13
绵竹	4 月下旬至 6 月中旬 8 月下旬至 10 月中旬	12
都江堰	4 月下旬至 6 月中旬 8 月下旬至 10 月中旬	12
彭州	4 月下旬至 6 月中旬 9 月上旬至 10 月中旬	12
北川	4 月下旬至 6 月中旬 8 月下旬至 10 月上旬	11
大邑	4 月中旬至 5 月下旬 9 月中旬至 10 月下旬	10
青川	4 月下旬至 6 月下旬 8 月下旬至 10 月上旬	12

5.6.2.4　人体舒适度指数

各景点所在台站 30 a 的气象数据的旬平均值所求的人体舒适度指数分布情况见图 5.26 和表 5.34。

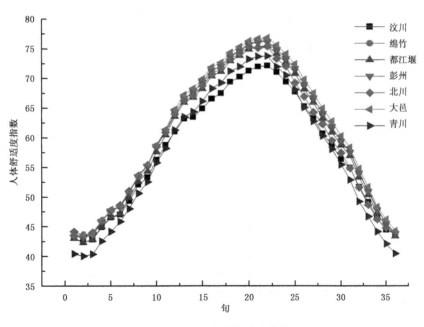

图 5.26　人体舒适度指数

表 5.34　各景区人体舒适度指数

旬	1	2	3	4	5	6	7	8	9	10	11	12
汶川	43.1	42.4	42.8	44.9	46.5	47.0	49.3	52.1	53.3	56.3	58.8	61.0
绵竹	43.4	43.2	43.7	45.9	47.6	48.4	50.7	53.5	55.3	58.6	61.2	64.3
都江堰	43.0	42.4	42.9	45.0	46.6	47.2	49.9	52.6	54.4	57.6	60.5	63.6
彭州	43.3	43.2	43.5	45.9	47.6	48.3	50.7	53.5	55.3	58.6	61.1	64.3
北川	44.2	43.6	44.0	46.0	47.7	48.6	51.0	53.6	55.4	58.5	61.0	64.0
大邑	43.5	43.6	43.7	46.0	47.9	48.5	50.9	53.7	55.5	58.8	61.4	64.8
青川	40.4	40.0	40.4	42.6	44.2	45.8	48.0	50.6	52.6	55.8	58.2	61.3

旬	13	14	15	16	17	18	19	20	21	22	23	24
汶川	63.2	63.5	64.9	66.6	67.5	69.4	70.2	71.3	72.0	72.1	71.0	69.4
绵竹	66.7	67.6	69.2	71.4	72.1	73.8	74.7	75.8	76.2	76.3	74.9	73.4
都江堰	65.9	66.8	68.2	70.4	71.2	72.9	73.8	74.9	75.3	75.5	74.2	72.7
彭州	66.6	67.7	69.4	71.4	72.1	73.7	74.6	75.7	76.1	76.2	74.8	73.4
北川	66.2	67.1	68.7	70.7	71.7	73.2	74.2	75.3	75.2	75.4	73.3	72.0
大邑	67.2	68.3	69.9	71.9	72.7	74.3	75.3	76.3	76.7	76.8	75.6	74.1
青川	63.5	64.4	66.1	68.3	69.2	71.2	72.0	73.2	73.7	73.8	72.0	70.5

旬	25	26	27	28	29	30	31	32	33	34	35	36
汶川	67.7	65.3	63.3	60.7	58.6	56.4	54.9	51.7	49.1	46.4	44.4	43.8
绵竹	71.6	69.0	66.7	64.1	61.9	59.5	57.7	54.1	51.1	48.0	45.5	43.9
都江堰	70.8	68.2	65.9	63.2	60.9	58.7	57.0	53.3	50.3	47.2	45.0	43.4
彭州	71.7	69.0	66.7	64.1	61.9	59.4	57.5	54.0	50.9	47.8	45.5	43.8
北川	69.2	66.9	64.3	62.3	59.5	57.4	54.9	51.6	48.6	46.2	44.8	44.1
大邑	72.4	69.8	67.5	64.9	62.8	60.3	58.4	54.8	51.7	48.3	46.2	44.3
青川	68.1	65.1	62.8	60.3	58.1	55.4	52.9	49.2	46.7	44.1	42.1	40.5

表 5.35　景区人体舒适指数适宜期

景区	舒适期	舒适期长度（旬）
汶川	4 月下旬至 6 月下旬 8 月下旬至 10 月上旬	10
绵竹	4 月中旬至 5 月下旬 9 月中旬至 10 月中旬	7
都江堰	4 月中旬至 5 月下旬 9 月中旬至 10 月中旬	7
彭州	4 月中旬至 5 月下旬 9 月中旬至 10 月中旬	7
北川	4 月中旬至 5 月下旬 9 月上旬至 10 月上旬	7
大邑	4 月中旬至 5 月下旬 9 月中旬至 10 月下旬	8
青川	4 月下旬至 6 月中旬 9 月上旬至 10 月上旬	11

参照人体舒适度分级标准从表 5.35 中可以看出,汶川景区的适宜旅游旬为 4 月下旬到 6 月下旬和 8 月下旬到 10 月上旬;绵竹景区的适宜旅游旬为 4 月中旬到 5 月下旬以及 9 月中旬到 10 月中旬;都江堰景区的适宜旅游旬为 4 月中旬到 5 月下旬和 9 月中旬到 10 月中旬;彭州景区的适宜旅游旬为 4 月中旬到 5 月下旬和 9 月中旬到 10 月中旬;北川景区的适宜旅游旬为 4 月中旬到 5 月下旬和 9 月上旬到 10 月上旬;大邑景区的适宜旅游旬为 4 月中旬到 5 月下旬和 9 月中旬到 10 月下旬;青川景区的适宜旅游旬为 4 月下旬到 6 月中旬和 9 月上旬到 10 月上旬。

5.6.3　综合评价分析

对比分析四个气象舒适指数,由于四个指数的适宜旅游季的指向较为一致。因此,对四个旅游指数的适宜旅游旬取其共同区间,得出 7 个景区的最适宜旅游旬。

黑色景区的适宜旅游季节综合结果见表 5.36。

表 5.36　黑色景区最适宜旅游季节

景区	舒适期	舒适期长度(旬)
汶川	5 月上旬至 5 月下旬 9 月中旬至 10 月上旬	6
绵竹	4 月中旬至 5 月中旬 9 月中旬至 10 月中旬	9
都江堰	4 月下旬至 5 月下旬 9 月中旬至 10 月中旬	8
彭州	4 月下旬至 5 月下旬 9 月中旬至 10 月中旬	8
北川	4 月下旬至 5 月下旬 9 月上旬至 10 月上旬	8
大邑	4 月中旬至 5 月下旬 9 月中旬至 10 月下旬	10
青川	4 月下旬至 6 月中旬 9 月上旬至 10 月上旬	10

参照黑色旅游景区的四个旅游适宜指数的区间,我们可以发现,其对最适宜旅游季节的指向具有一致性,故综合每个景区的四个指数的适宜旬,取其共同适宜旅游区间作为最适宜旅游季。得出结论为:四川省黑色旅游景区的适宜旅游季节集中在春季的 4,5 月和秋季的 9,10 月。

其中汶川景区最适宜旅游季节长度最短,仅为 6 个旬,区间为春季的 5 月和秋季 9 月中旬至 10 月上旬;绵竹景区的最适宜旅游季节为春季 4 月中旬至 5 月中旬和秋季 9 月中旬至 10 月中旬;都江堰景区和彭州景区的最适宜旅游季节一致,都为春季 4 月下旬至 5 月下旬和秋季 9 月中旬至 10 月中旬;北川景区最适宜旅游季节为 4 月下旬至 5 月下旬和 9 月上旬至 10 月下旬;大邑景区和青川景区的最适宜旅游季节长度最长,达到 10 个旬,分别为春季 4 月中旬至 5 月下旬和秋季 9 月中旬至 10 月下旬以及 4 月下旬至 6 月中旬和 9 月上旬至 10 月上旬。

参考文献

马尔科姆·福利,约翰·伦农,1996.黑色旅游:死亡与灾难的吸引力[M].英国.

孟飞鸿,2007.青城山都江堰荣登国家5A景区[N].成都日报,3(5).

吴建,刘星,2009.峨眉山－乐山大佛景区被评为"最受瞩目的世界双遗产地"[N].四川日报,11(11).

第6章 四川省生态旅游景区气候特征与旅游适宜季

随着旅游活动的蓬勃开展和旅游资源的不断开发,传统旅游发展方式中的一些不足,如只顾眼前利益而忽视旅游资源的可持续利用,只注重经济利益而忽视旅游的社会、生态效益等,已经成为旅游业进一步发展的严重障碍。如何克服这些弊端,用可持续发展理论指导旅游业,推广可持续旅游,并实现旅游业的持续发展,已经成为世界范围旅游业关注的焦点(禹忠云等,2009)。

可持续性旅游的开发有各种各样的方式,生态旅游便是其中之一。尤其是20世纪80年代以后,生态旅游在西方受到高度重视,在旅游市场中增长最快,以每年30%的速度发展(整个世界旅游业发展速度每年是4%)。生态旅游的兴起是人们自然环境和环境保护意识不断增强的结果,被看作是传统大中旅游的替代品,是当代世界旅游业的转折点,是可持续旅游发展的具体体现和实现途径,代表了21世纪旅游业发展的方向(禹忠云 等,2009)。

6.1 生态旅游的由来

现代人们越来越多地了解到旅游观光活动不当也可能成为伤害环境的罪人,同时,可持续发展思想和可持续旅游发展的观念也日渐深入人心。在这种背景下,旅游学界的专家、学者和一些社会学者开始对传统的大众旅游方式进行深思,开始思考这样的旅游活动对东道国所造成的影响,进而摒弃了传统的大众旅游而演变出一系列新兴的调整性旅游方式。

人们对这些新兴的旅游方式称呼不一,表述的侧重点不同,每一个称呼都强调旅游活动的某个方面,但它们之间却有一个共同理想串联其中,即这些旅游形式都是对传统大众旅游进行全新思考的结果,是在对传统大众旅游进行修正和调整的基础上提出的崭新的旅游形式,其共同的指向是自然指向,即亲和自然、保护自然,都承认新的旅游形式必须在保护当地生态环境的基础上进行,旅游观光的同时要考虑生态环境保护。因此,也有学者将现代的旅游活动分为两大类,一类是传统的大众旅游,另一类是调整后的旅游活动。调整后的旅游活动包含许多不同的类型,但是他们都是针对大众旅游的缺点与毛病进行修正的,因而它具有很多不同于大众旅游的独特特点。在众多的调整性旅游活动中,生态旅游最常被提及。现在,生态旅游作为调整后的旅游活动的代表,已经得到广泛的社会认可。

从生态旅游产生的具体情况看,主要有两种类型:一是欠发达国家的生态旅游,是在不破坏生态的前提下被逼出来的,典型的代表是非洲的肯尼亚;二是发达国家的生态旅游,是一些经济发达国家主动开展起来的,典型的代表是美国(David Weaver,2004)。

一般认为,生态旅游最初是从欠发达的国家开始的,因为这些国家拥有开展生态旅游的丰富而独特的资源。其中非洲的肯尼亚和拉丁美洲的哥斯达黎加是发展生态旅游的先驱。非洲的肯尼亚被称作是"自然旅游的前辈",也是当代生态旅游搞得比较好的国家之一。其实,肯尼亚最初搞生态旅游也是被逼出来的。肯尼亚以野生动物数量大、品种多而著称。20世纪初,在殖民主义的统治下,掀起了野蛮的大型动物的狩猎活动,狩猎人员和受益者主要是白人。1977年在肯尼亚人的强烈要求下,政府宣布完全禁猎,1978年宣布野生动物的猎获物和产品交易为非法。于是一些由此而失业的人,提出了"请用照相机来猎取肯尼亚"的口号,开辟了生态旅游这一新形式。他们以其国家丰富的自然资源(生物的多样性,野生动物,独特的生态系统,迷人的风光以及阳光充足的海滩等)招徕游人,生态旅游由此而生。从1988年开始,旅游业的收入成为这个国家外汇的第一大来源,首次超过了咖啡和茶叶的出口。1989年吸引的生态旅游者达65万人次,20世纪90年代又有了更大的发展。现在,每年生态旅游的收入高达3.5亿美元。据分析,一头大象每年可挣14375美元,它一生可以挣90万美元(David Weaver,2004)。

哥斯达黎加是拉丁美洲开展生态旅游颇有成效的国家。这个国家开展生态旅游是从保护森林资源的目的出发的。为了发展农业而砍伐森林使这个美丽的国家水土流失,土壤贫瘠。为了改变这一状况,1970年成立了国家公园局,先后建立了34个国家公园和保护区,开展对森林非破坏性的生态旅游活动。国家对开展生态旅游活动制定了严格的法规,成立了专门的机构监督这些法规的执行。到20世纪80年代中期,旅游业的外汇收入成为这个国家外汇的最大来源,取代了传统上的咖啡和香蕉创汇的地位。据调查,到这个国家来旅游的人中约36%的人是看中了生态旅游(David Weaver,2004)。

另外,在经济发达的国家中,美国是开展生态旅游比较成功的国家之一。为了解决城市化进程中人们对自然环境的强烈需求,美国划定了世界上第一个国家公园——美国黄石国家公园,开辟了世界公园运动的先河,产生了最初意义上的生态旅游。每年有上千万的旅游者到国家公园中专门开辟的公共地域旅游休闲,"自然旅游者"的数量与日俱增。欧美以及日本、澳大利亚、新西兰等国家的生态旅游也搞得有声有色,都取得了良好的效果,它们分别制定了保障生态旅游发展的法规、条例和规范,培养出一批从事生态旅游产品开发、经营的专业机构和企业(David Weaver,2004)。

6.2　生态旅游的概念及其内涵

对"生态旅游"概念的界定至今仍没有统一。"生态旅游"英文为ecotourism,是ecological tourism的缩写。纵观"生态旅游"的各方面定义,不难发现,生态旅游内涵的界定实际上是人们对生态旅游的认识过程,经历了一个由浅入深,由低级到高级的逐步深化的过程。

早期的生态旅游就是指回归大自然的旅游活动。人们远离竞争激烈、喧哗嘈杂的都市,到大自然中去旅游、休憩,如丛林探险,观赏热带雨林动植物,攀登高山等。第一个给生态旅游做出定义的要属墨西哥专家谢贝洛斯·拉斯喀瑞(H. CeballosLascurain)于1988年的界定。他指出,生态旅游是"游客位于相对原始的自然区域,学习、欣赏和享受风光、野生动植物及当地古今文化的旅游"(杨剑 等,2005)。

从谢贝洛斯·拉斯喀瑞的生态旅游的定义中不难看出,他对生态旅游作了两个定位:其一,生态旅游是一种"常规旅游活动";其二,旅游的对象由"古今文化遗产"扩展到"自然区域"的"风光和野生动物",旅游对象从传统大众旅游的文化景观过渡到自然景观。

　　美国世界自然基金会（WWF）是研究生态旅游比较早的国际机构。其研究人员伊丽莎白·布（ElizabethBoo）1990 年对生态旅游所作的定义是：生态旅游必须以"自然为基础"，就是说，它必须涉及"为学习、研究、欣赏、享受风景和那里的野生动植物等特定目的而受到干扰比较少或没有受到污染的自然区域所进行的旅游活动"。

　　分析这两个定义，可以发现，他们都是从旅游者的角度强调了旅游活动的性质与目的，对于这种旅游活动所应当对旅游目的地产生的作用与影响却没有丝毫的涉及。这是朴素的生态旅游观，认为任何以自然或人文文化为基础的旅游活动即是生态旅游，只涉及了旅游者对自然或人文生态环境的欣赏、享受，却没有涉及应对自然或人文生态环境的责任和奉献。所以说，认为"生态旅游是回归大自然的旅游活动"，在这种意义上理解的生态旅游多接近于自然旅游或绿色旅游（孙云海，2002）。

　　这种理解仅看到生态旅游的表层含义，而没有从旅游业可持续发展的高度来认识生态旅游。只讲到自然生态环境中旅游，不讲保护；只讲享受，不讲奉献，这是不全面的，也没有认识到生态旅游的本质和核心。这种理解虽然能刺激旅游需求，给旅游业带来很大的短期利益，但从旅游发展的长远角度看，这种理解已造成生态旅游发展实践中许多不容忽视的问题：①在旅游市场营销中，"生态"一词容易被当成"标签"滥用。随着生态旅游的不断升温，各种组织和机构泛用或滥用"生态旅游"一词，几乎任何一种与自然资源有关的旅游活动均被贴上了生态旅游的标签。正如怀特（Wight）所指出："在旅游促销中有许多打着'生态'标签的旅游产品广告，目的在于提高旅游市场兴趣，从而增加销售，这样像'生态旅行''生态冒险''生态度假''生态旅游'等术语只不过是环境机会主义的例子而已。"旅游者对这些产品真伪难辨，购买了所谓"生态旅游"产品，却得不到生态旅游的真正经历。②受经济利益驱使，许多生态旅游开发商将生态旅游当成一种时髦的旅游产品，不顾生态旅游的质量及其基本原则而盲目开发。在生态旅游实践中，不注意资源保护，结果是大量旅游者涌入生态旅游目的地，造成大规模的资源破坏，环境质量下降，原本是"生态旅游"的产品最后也失去了"生态"的特征，这就造成了"生态旅游破坏生态"的严重后果。中国人与生物圈国家委员会提供的一份调查显示：中国已有 22% 的自然保护区由于开展生态旅游而造成对保护对象的破坏，11% 出现旅游资源退化（孙云海，2002）。

　　随着人们"回归自然"的热情的高涨，以及生态旅游过程中各种破坏生态问题的日益暴露，人们认识到有必要对生态旅游进行严格的定义。人们开始从一个更高的角度探求什么是真正意义的"生态旅游"。生态旅游是一种"负责旅游，旅游者认识并考虑自身行为对当地文化和环境的影响"。世界自然基金会研究人员伊丽莎白·布（ElizabethBoo）在自己 1990 年原有定义的基础上，对该定义进行了修订，提出，"生态旅游是以欣赏和研究自然景观、野生生物及相关文化特征为目标，为保护区筹集资金，为当地居民创造就业机会，为社会公众提供环境教育，有助于自然保护和可持续发展的自然资源"。瓦伦丁（P. S. Valentine）1993 年从四个方面界定生态旅游：①以没有受到污染的自然区为基础；②生态可持续，不导致环境或环境质量的下降；③对旅游区的持续保护和管理有直接贡献；④建立充分恰当的管理制度（杨永德 等，2004）。

　　较具综合性的概念是澳大利亚联邦旅游部 1994 年在制定其《国家旅游战略》时，由 Ralf-Bucley 将生态旅游定义为以自然为基础的旅游、可持续发展旅游、环境保护旅游和环境教育旅游的交迭部分，指出：生态旅游是"以大自然为基础，涉及自然环境的教育、解释和管理，使之在生态上可持续发展的旅游"(杨剑 等,2005)。

关于什么是生态旅游,当前国内的说法很多,但由于人们站的角度不同,也是众说纷纭。有的很相近,只不过是强调的方面不同;有的则区别很大,大相径庭。

1993年9月,在中国北京召开的第一届东亚国家公园自然保护区域会议上对生态旅游定义为:倡导爱护环境的旅游,或者提供相应的设施及环境教育,以便旅游者在不损害生态系统或地域文化的情况下访问、了解、鉴赏、享受自然及地域文化(倪强,1999)。

卢云亭(1996)在分析了国内外有关生态旅游的定义后,从对环境作用的角度将其定义为:以生态学原则为指针,以生态环境和自然环境为取向所开展的一种既能获得社会经济效益,又能促进生态环境保护的边缘性生态工程和旅游活动。

王兴斌(1997)从旅游类型角度将之定义为:以自然生态和社会生态为主要旅游吸引物,以观赏和感受生态环境、普及生态意识和知识、维护生态平衡为目的的一种新型旅游产品。他进一步将生态旅游分为狭义和广义的两大类。狭义的生态旅游是指具有较高文化素养、对生态学知识有强烈的兴趣或较多的了解,为了解、考察、探索生态环境保护而进行的一种专项旅游,这种艰苦型甚至冒险型的旅游活动,行、住、食条件简朴,但旅游花费高,目前尚属非大众化的旅游;广义的生态旅游,是指在良好的生态环境中游览、观赏、休闲、度假,在此过程中愉悦身心、益智健脑、增加生态及其相关知识。这是一种舒适型的旅游,要求中低档消费,是大众化的生态旅游或带有生态旅游色彩的旅游。

马勇等(1997)也从狭义和广义两方面给生态旅游做出界定:广义的生态旅游是以大自然为舞台,以休闲、保健、求知、游览为载体,旅游者参与性强,既能获得身心健康,知识乐趣,又能增强热爱自然,珍惜民族文化和保护环境的意识,并有助于创造就业机会的大众化健康型旅游活动体系;狭义的生态旅游是指具有较高文化素养、对生态学知识有强烈兴趣或较多了解的旅游者为了追求融进大自然奇妙环境的刺激性而进行的一种冒险性生态空间跨越行为和过程,同时还是维护环境生态平衡和促进人类与生物共同繁荣,并承担责任的非大众化专项旅游活动体系。

王尔康(1998)认为:狭义的生态旅游是指到偏僻、人迹罕至的生态环境中进行探险或考察的旅游,如南极探险,攀登喜马拉雅山,南美原始森林观赏珍奇动植物等。通常极具冒险精神或强烈科学研究目的的少数旅游者进行此类旅游。这些地区一般交通不便,环境脆弱,气候恶劣,不可能开展大规模的旅游活动。广义的生态旅游包括一切在大自然中进行的游览,度假活动,如森林生态旅游、海洋生态旅游、高山生态旅游等。只要人们进入自然界旅游,就必然会影响自然界,所有教育他们成为生态旅游者,保护环境。

从广义和狭义两方面给"生态旅游"做出定义的还有张延毅等(1997)和倪强(1999)。他们认为:生态旅游从广义上讲,指对环境和旅游地文化有较小的影响,有助于创造就业机会,促进保护野生动植物的多样性,对生态和文化有着特别感受的带有责任感的旅游;从狭义上讲,生态旅游是指人们为了追求融进大自然奇特环境的刺激性所进行的一种冒险性生态空间的跨越行为和过程,同时对保护环境质量、维护生态平衡和促进人类与生物共同繁荣承担责任的旅游活动。

在日本,比较有代表性的"生态旅游"定义是日本自然保护协会的定义。日本自然保护协会将"生态旅游"定义如下:"生态旅游是旅游业的一种形式,它意味着游客不再破坏自己所观光地区的生态系统和文化,而是去理解并且欣赏该地区的环境。为了使他们从自己的经历中获得乐趣,要对他们进行环境教育,还要组建与环境有关的机构。最终目的是使游客全力保护该地区的文化、自然以及经济状况"。该定义是从保护自然的立场出发得出来的(孙云海,2002)。

以上我们总结了中外有关"生态旅游"的各种定义。上述诸多对"生态旅游"的概念的阐述,都从不同的角度描述了生态旅游的内涵,从这些定义中可以总结出这样一些共识:

第一,生态旅游是一种依赖当地资源的旅游,旅游对象是原生、和谐的生态系统。这里的生态系统不仅包括自然生态,也包括文化生态。生态旅游的对象在西方被定义为"自然景物",这一概念在历史悠久的东方受到挑战。如有 5000 年文明的中国,大自然被熏上浓浓的文化味,高耸入云的雪山被视为神山,很难将自然和文化截然分开。另外,在一些社会经济不甚发达的地区,人与自然和谐共生,也形成了优良的生态系统。也就是说,原始的自然以及人与自然和谐共生的生态系统都应该是生态旅游的对象。生态旅游就是以自然及人文资源为基础的旅游方式,人们带着某一特定目的(如野生动植物观察、现存文化特质欣赏等),到干扰轻微的地区或未受到污染的自然地区去从事旅游活动,并通过这些活动加强对当地自然和文化的认识。

第二,生态旅游能够使游客获得高质量的旅游体验。旅游是一种寻找美、感受美的活动,在旅游中获得高质量的旅游体验是每一位游客的追求。生态旅游资源一般都富有强烈的美感,这种美感来源于生态旅游资源的原始性、真实性、多样性和复杂性。巍峨的群山、烂漫的山花、奔驰的骏马、壮丽的宫殿、淳朴的民风、多彩的服饰,无不给人美的感受。生态旅游还包含了大量的地质、地貌、水体、动物、植物、气象、历史、建筑、民俗等方面的信息和知识,游客在欣赏美的同时,还能增长见识,修养身心,从而获得高质量的旅游体验。可以说,游客获得高质量的旅游体验是生态旅游发展的持久动力。缺少这种体验,生态旅游将难以为继。这也提示我们在未来旅游规划开发工作者必须把游客体验摆在最重要的位置加以重视,创造多种条件让游客获得完美的旅游体验。

第三,生态旅游是一种强调保护当地资源的旅游。生态旅游不仅是一种单纯的生态性、自然性的旅游,更是一种通过旅游来加强自然资源保护的旅游活动,甚至是希望直接提供环境保护的实际贡献的旅游活动。所以,生态保护一直作为生态旅游的一大特点,也是生态旅游开展的前提,并且还是生态旅游区别于自然旅游的最本质特点。生态旅游是在自然旅游的基础上发展而来的,大自然是这两种旅游形式的资源基础,这是两者的共同点,但它们之间仍有本质区别:自然旅游主要强调的是利用自然资源来吸引旅游者,而生态旅游更强调在享受自然的同时要对自然保护做出贡献。例如:狩猎旅游可以是一种自然旅游,但它不符合生态旅游的标准,而观鸟旅游则是一种生态旅游,其前提是鸟类的生存环境不被干扰或破坏。随着生态旅游概念的扩展,生态保护的内涵也不断发展,至少应该分三个层次:第一个层次是保护的对象。它包括两个方面:其一,保护自然,即保护自然的景观,自然的生态系统;其二,保护传统的天人合一的文化,如传统的民族文化。第二个层次是谁来保护。理论上应该是一切受益于生态旅游的人都有责任来保护,如游客、旅游开发者、开发决策者、当地受益的社区居民及政府的人员等。第三个层次是保护的动力。动力源于利益,但各类人的受益方式和程度不同,决定了保护动力大小程度的差异,作为旅游者主要受旅游利益驱使,他们的保护动力大小程度的差异,作为旅游者主要受旅游利益驱使,他们的保护动力更多的是源于环境意识;作为外地投资开发者,主要追求短期经济效益,这些人若缺乏环境意识,往往会做一些以牺牲资源和环境为代价的蠢事,保护动力难以寻找;作为当地社区,尤其是把旅游作为重要产业的社区,其生路在旅游,追求的是一种持续的综合效益,对使旅游业可持续发展的资源及环境的保护有着强劲的动力。

第四,生态旅游可以实现社会利益和经济效益的统一。国际生态旅游学会认为,生态旅游负有环境保育及维护地方居民利益的双重使命,这是有一定道理的。生态旅游是一种充满生态保护责任感的旅游,但这不是生态旅游的全部。生态旅游既注重生态效益和社会效益,也不排斥经济效益。一定的收入既能为环境保护提供资金来源,促进生态保护和旅游资源的可持续利用,也可使当地居民受益,提高当地居民的收入水平和生活质量,带动地方经济发展。同时,一定的经济收入也可提高当地居民维护"原生态"旅游环境的热情。成为开发生态旅游的积极支持者和参与者。只有将社区居民融入到开发中,共建共享,才能实现社区与景区的双赢局面。社区居民参与程度越高越有利于景区社会层面的生态稳定和健康。

以上四点是我们理解生态旅游的基础,也正是生态旅游的目的所在。总之,生态旅游是应旅游业和旅游目的地可持续发展的需要而产生的。因此,生态旅游应着力解决传统旅游无法解决的旅游目的地和旅游业发展中存在的生态环境、社会文化、经济效益等的衰退问题。生态旅游的实质就是追求三者之间的平衡协调发展。传统的旅游发展模式以经济效益为中心,不惜以资源的消耗为代价来满足需要和获取利益,无法保证旅游业的可持续发展。生态旅游强调以生态效益为前提,以经济效益为依据,以社会效益为目标,力求达到三者结合的综合效益最大化,实现旅游目的地和旅游业的可持续发展。从这个意义上说,生态旅游是一种可持续旅游发展模式,它强调"生态"与"有机结合,用生态旅游学思想指导包括旅游目的地、旅游者、旅游业在内的旅游系统的有序发展。由此可以界定,从广义范围看,生态旅游是一种将生态学思想贯穿于整个旅游系统指导其有序发展的可持续旅游发展模式,其目标是实现旅游发展中生态、经济、社会三个方面效益的统一和综合效益最大化。从狭义角度看,生态旅游则指的是一种旅游活动形式或旅游产品,这是理论上的解释。在实践中,则应该将两者统一起来,运用生态学思想指导旅游目的地和旅游业规划,科学设计生态旅游产品,完善监控体系,保护生态旅游的资源环境基础,在取得生态效益的前提下,为旅游者提供真正的生态旅游经历,取得旅游经济效益,提高当地居民的生活水平,最终达到最佳的社会效益。

6.3　四川生态旅游分区评价

6.3.1　生态旅游分区划分

根据四川自然条件的分异特征和生态旅游资源的分布规律,四川可划分为六个生态旅游地区(见表 6.1)。

表 6.1　四川省各生态旅游区

分区名称	行政区域
成都平原地区	成都、德阳、眉山、资阳市
川东丘陵地区	南充、广安、遂宁
川南丘陵低中山地区	乐山、内江、自贡、宜宾、泸州市
川西高山高原地区	阿坝、甘孜州和雅安市
川西南中山峡谷地区	凉山州、攀枝花市
川北/东北低中山地区	绵阳、广元、巴中、达州市

6.3.2　评价原则

客观性原则:生态旅游资源评价要从客观实际出发,即在生态旅游资源调查的基础上,运用地理学、生态学、林学、历史学、经济学、环境科学、美学、建筑学等相关理论和原理,对生态旅游资源的形成、属性、价值等内容,给予正确的科学解释,作出科学客观评价。

系统性原则:种类繁多的生态旅游资源,其价值与功能是多层次、多形式、多方面的,在进行评价时,要注重对资源本身的成因、特色、质量、数量等因素的评价,还要把该资源所处区域的区位、环境、基础设施状况、经济发展水平等开发利用条件,纳入到评价范畴,综合衡量,全面完整地进行系统评价,准确地反映生态旅游资源的整体价值。

动态性原则:生态旅游资源特征以及开发的外部社会经济条件,是不断变化和发展的。在以静态认识为基础深入考察生态旅游资源的本质属性的同时,还必须有动态发展的观点,考察不同时间序列生态旅游资源所呈现的动态属性,了解生态旅游资源的长期变化趋势、变化特性和过程,发现其变化的规律性,为规划区域空间格局的调节和控制提供依据。

综合效益原则:进行生态旅游资源调查与评价是为其开发利用服务的,开发利用的目的就是获取更多综合效益。这些效益包括社会、经济与生态等三方面的效益,而不只是考虑经济效益。在某种程度上,区域生态旅游资源带来的社会效益和生态效益远远高于其经济效益本身的价值。在进行生态旅游资源评价时,要发挥资源的潜力,考虑投资后的综合效益,以确定适宜的开发程度。

力求定量原则:在进行区域生态旅游资源评价时,要借鉴目前已经日臻完善的一般旅游资源评价方法,在定性评价方法的配合下,根据适当的评价标准和评价模型,将有关生态旅游资源的各评价因子予以客观定量化处理,力求定量或半定量评价,并要求不同调查区尽量采用统一定量评价的标准,以便评价过程中的比较。

6.3.3　生态旅游分区评价

吸引生态旅游者是生态旅游资源的重要属性,其吸引力的大小,不仅仅取决于生态旅游资源本身,还取决于资源间的组合状况和可开发利用条件。因此,对于特定区域而言,生态旅游资源的评价是对区域生态旅游资源开发和利用价值的综合评价,因此,其评价内容应该是全方位、多角度的。

一、评价单元的确定

根据生态旅游资源属性相似性和生态旅游开发方向一致性的原则,将生态旅游分区评价单元确定为四川划分的 6 个生态旅游地区。

二、评价因子权重体系

对生态旅游分区进行评价,不管是采用哪一种数学模型,都涉及生态旅游区域中的诸多因子的比较和重要性排序问题,所以,评价模型中评价因子的选择必须遵照一定的标准和原则:

1. 层次性和系统性:评价因子应具有一定的层次性,即有评价的大类、类和层之分,且大类、类和层相互之间应具有一定的包容关系。同时,每一层都要能构成系统,即反映出评价的系统性。

2. 代表性和重要性:遴选出的评价因子应具有代表性和重要性,选择最能代表资源特色和资源地特征的影响因子作为评价因子。

3. 非兼容性:对于同一层次的各评价因子来说,虽其重要性可能不同,但相互之间应是一种并列平行关系,不应具有兼容性或包容性,也不能含有替代关系。

4. 区分判别性:同一层次的各评价因子间应具有区分判别性,即不能出现模糊不清,不易区分的模糊因子,并有可能给出一定的评价值。

三、生态旅游资源评价指标的权重确定(层次分析法)

层次分析法最早是由美国运筹学家 A. Z. Saaty 提出的。它运用模糊数学和灰色系统理论,将人们的主观判断给予科学的数理表达和处理。实际上它是将各种复杂问题根据专业要求分解成若干层次,在比原问题简单得多的层次上逐步分析,是一种综合整理人们主观判断的客观评价方法。

在生态旅游分区综合评价中,给定评价因子恰当的权重非常重要,因其直接影响到评价结果,它实际上是对生态旅游资源进行量化评价必须满足的一个条件。综合评价法中可利用层次分析法确定评价因子的权重,因子权重结果。

四、综合评价模型

一般可选择累加型模型来确定综合评价值,在给定评价因子的大类、类和层的权重时,都可以分别用上述数学模型来进行计算。各种评价因子评分值的获得,常采用特尔菲法即专家咨询法。

6.3.4　综合评价结果

根据一般通行标准,生态旅游分区可以分为三种类型,即优秀区(>80)、优良区(70~85)、良好区(60~70)。

一、优秀区:包括川南丘陵低中山地区和川西高山高原地区。

该区域具有优秀的生态旅游资源,本区发展生态旅游的最大优势在于生态旅游资源价值高,川西高山高原地区旅游资源价值评分为 61.522 分,位居四川第一位,川南丘陵中低山地区评分为 59.053 分,位居全省第二。同时,川南丘陵低中山地区生态环境宜人,旅游环境优越,具备了十分有利的开发条件。但是,从评分来看,川西高山高原地区生态旅游资源的开发条件和环境条件还有待于进一步提高,最大的制约因素是开发条件差,开发条件评分为 9.613 分,为四川最低的地区,所以改善该区的交通条件和通信条件,完善旅游基础服务设施,提高接待能力尤显重要,同时注意保护该区脆弱的生态环境。这两个区域有望建成世界级的生态旅游目的地。可以开发为观光、科普、探险和度假等多功能的生态旅游项目。这些区域应该近期优先开发为国际生态旅游目的地。

二、优良区:包括成都平原地区和川西南中山峡谷地区。

本区生态旅游资源典型程度高、分布比较密集、生态条件优良、景观美学价值较高,开发条件较好,综合评分位于 70~80。川西南中山峡谷地区的发展优势表现在生态旅游资源价值较高,生态旅游资源价值评分为 51.891 分,位居四川第三位;成都平原地区开发优势在于环境条件优良,开发条件好,评分均居全省第一。这两个区域有望建成国内一流的生态旅游目的地。可以开发为观光、科普、探险和度假等多功能的生态旅游项目。该区域应该近期重点开发为国内一流生态旅游目的地。

三、良好区:包括川东丘陵地区和川北/东北低中山地区。

资源典型程度一般、分布比较密集、生态条件较好、有一定景观美学价值,具有省内吸引力,部分资源点具有国内吸引力。今后开发过程中应优化生态旅游资源的空间组合,加强与其他区域的联合,建设科学的旅游线路。

6.4　四川省生态旅游资源分类及主要景区

6.4.1　生态旅游资源分类

　　四川生态旅游资源数量多、类型全、特色鲜明、组合较好,许多资源在中国乃至世界上都是独有或罕见的,资源优势突出。

　　自然生态景观独特多样。四川既具有世界第三极的"冰天雪地",也有亚热带的"艳阳天",拥有从南亚热带到寒带乃至永久冰雪带的各类自然地理地带。还拥有我国南方少有的干热河谷、干暖河谷、干温河谷等特殊自然地理类型,川西北高原大面积沼泽草甸湿地,在我国西部地区也属罕见。川西地区自然带谱完整多样,垂直带谱变化明显,多种多样的植被类型、生态与生态系统类型、自然景观类型在我国乃至世界都是少有的。

　　生物物种繁多,居全国第二位。川西地区是我国重要的生物物种宝库和资源基因库,是全国著名的种子植物起源分化中心,是全世界生物多样性保护的 25 个热点地区之一,成为国际生物多样性保护同盟重点关注的区域和世界自然基金会选定的"全球 200 个生态区域"之一。

　　高品位,自然风光富集。川西及盆周山地有雄伟山脉、原始森林、辽阔草原、高山峡谷和急流大川等原始自然景观,有众多世界级自然风光,还有众多的高品位自然生态区域。到 2005 年底,经国务院和省政府批准的省级以上风景名胜区有 89 处,数量居全国第一,面积占四川国土面积的 7.8%,其中 15 处被国务院批准列入国家重点风景名胜区。

　　四川除了上述丰富的自然生态旅游资源外,还有众多绚丽多彩的民族风情和原生性地域文化,也是四川生态旅游资源的重要组成部分。

6.4.1.1　分类原则

　　相似性和差异性原则:同一级同一类型旅游资源,必须具有共同的属性,不同类型之间应具有一定的差异。

　　逐级划分原则:旅游资源是一个复杂的系统,它可以分为不同级别、不同层次的亚系统。

　　不同标准原则:不同级别或不同系列的类型划分,可以采用不同的标准;不同级别的类型划分不能采用相同的依据,对每一类型直接划分次一级类型。

6.4.1.2　分类标准

　　四川生态旅游资源的分类是根据生态旅游资源的共性与个性,按一定目的和需要进行集合归类的一个科学划分。

　　参照国家关于旅游资源分类标准(GB/T18972—2003),依据旅游资源本身的某些具体属性或关系进行分类。由于旅游资源的属性、特点及事物之间的关系是多方面的,因而分类的标准也是多方面的,人们可以根据不同的目的要求选取不同的标准进行分类。常见的标准有属性、功能特点。

1. 按资源属性分

(1)生物景观。生物景观生态旅游资源主要包括森林、草原、草地和野生动物栖息地等。四川地处中亚热带季风气候区，植被类型多样，生物资源极为丰富，物种数量名列全国之冠。四川有 10000 余种高等植物，其中有 85 种被列入国家级重点野生植物保护名录。四川还拥有 100 余种包括国宝大熊猫在内的珍稀动物，1259 种野生脊椎动物，其中兽类和鸟类约占全国的 50% 以上，属于国家保护的有 140 多种。目前，共建立野生动植物和湿地等各类型自然保护区 163 个，其中国家级 21 个、省级 66 个。生物景观生态旅游资源是开展大自然探秘、森林浴、野生动植物科考、科普教育、生态观光、休闲度假、疗养等生态旅游活动的重要资源载体。

全省森林面积 14.02 万 km^2，居全国第四位，森林覆盖率 28.98%，森林生态旅游发展潜力巨大。横断山区和盆周山地是我国三大林区之一的西南原始林区的主体，分布大面积的原始森林，许多地方尚未受到人为破坏，拥有众多原生性保存良好的森林生态旅游资源。此外，盆中丘陵森林植被恢复迅速，不少地方已郁闭成林。全省已建立森林公园 85 个（7437 km^2），其中国家级森林公园 28 个，省级森林公园 50 个。其中，部分森林公园生态旅游已具备一定基础。

四川草地面积 15.22 万 km^2，占幅员的 31.36%。川西北高原是我国五大牧区之一。四川许多草地分布在少数民族居住区，草原风光和民族风情长期融合，是开展草原观光、草原风情体验等生态旅游活动的理想场所。目前，红原—若尔盖大草原观光、塔公草原风情游、理塘赛马节、西岭雪山滑草等旅游产品已初具规模。

四川野生动物栖息地分布广，自然保护区多。目前已建立大熊猫栖息地自然保护区 35 个（包括卧龙、唐家河、蜂桶寨、王朗等），已成为世界自然遗产；川金丝猴栖息地自然保护区 7 个（包括九寨沟、白河、喇叭河等）；白唇鹿栖息地自然保护区 10 个（包括巴塘、白玉、天全、木里、汶川、松潘等地）；黑颈鹤栖息地自然保护区 3 个（包括若尔盖、红原、松潘等地），另外还有丰富的其他珍稀野生动物栖息地。此类资源适合开展动物观赏及科考等生态旅游活动，其中卧龙大熊猫自然保护区和王郎自然保护区发展生态旅游初见成效。

(2)地文景观。地文景观生态旅游资源主要有山景、峡谷、洞穴、沉积与构造和灾害地质景观等。此类资源适宜开展观光、登山、徒步、探险、地质地貌科考等生态旅游活动。

大地构造运动塑造了四川壮丽的山河，元古代晋宁—澄江期至新生代喜山期的"造岩"或造山运动，使四川发育并保存了千姿百态的地质地貌生态旅游资源。

四川由四川盆地和川西高原两大地貌单元组成。四川盆地由成都平原、盆中丘陵、盆东平行岭谷、盆周山地等地貌单元构成；川西高原由高山、极高山、高原面、山原面等几种地貌单元组合。

山景：有贡嘎山、四姑娘山、西岭雪山、雪宝顶、二郎山、夹金山等数百座高山险峰景观；有峨眉山、青城山、千佛山、龙门山、华蓥山、天台山、螺髻山、龙泉山、瓦屋山、光雾山等名山胜地。

峡谷：有金沙江虎跳峡（四川）、大渡河峡谷、雅砻江峡谷、彭县银厂沟峡谷、旺苍盐井沟峡谷等雄险奇秀的峡谷风光。

喀斯特地貌：兴文石林、兴文大漏斗、彭县葛仙山峰丛等地表岩溶地貌景观别具一格。洞穴景观有旺苍白龙宫、江油白龙洞和佛爷洞、北川猿王洞、筠连仙女洞、兴文天泉洞等碳酸盐岩溶洞景观玲珑剔透，安县龙泉砾宫等碎屑岩洞穴规模宏大。数以百计的溶洞分布于四川盆地周边山区。

丹霞地貌:安县罗浮山、兴文丹山等异彩纷呈。

峭壁悬崖:安县鹰嘴岩、旺苍大红岩、南江城墙崖、彭县南天门等雄伟壮观。

四川是一个多元化结构的地质体,造就了许多不同的地质景观。岩浆岩、变质岩、沉积岩三大类岩石齐全,许多地质现象、构造形迹、古生物化石都是生态旅游开发的宝贵资源。

典型的地质体:古老地层结晶基底彭灌—宝兴杂岩、康定杂岩、米仓山杂岩等火成岩体;古生代志留纪茂县群、泥盆纪危关群、二叠纪峨眉山玄武岩和中生代三叠纪西康群等变质岩系搭成了川西北高山高原骨架;古生代泥盆纪、二叠纪及中生代三叠纪碳酸盐岩体;中生代晚三叠纪、侏罗纪、白垩纪及早第三纪红色地层奠定了四川盆地新生代第四纪地层形成了川西平原。

奇特的构造形迹:龙门山推覆构造遗迹——彭灌飞来峰群,是金汤弧形构造带上的紧密倒转褶皱山地;康滇南北向构造带上的中国第二高峰——贡嘎山(海拔 7556 m);龙门山、龙泉山新构造造山运动夹持成都地块下陷,形成了成都盆地等地质构造形迹,奇特壮观。

古生物化石:自贡恐龙、安县睢水海绵生物礁等闻名世界,三叶虫、珊瑚、菊石、贝壳、鱼、硅化木、炭化木等化石品种繁多。

奇石艺石:水晶、玛瑙、石英、萤石、红柱石、十字石、石榴子石、蛇纹石、菊花石、钟乳石、绿柱石、红玉、白玉、花岗石、大理石、藻石岩等数以百计。

灾害地质景观:有茂县叠溪海子、西昌邛海等地震遗迹,茂县周仓坪大滑坡等。

到 2005 年底,四川已有 1 个世界地质公园,11 个国家级地质公园,具有开发潜力的有 72 处(主要包括地质地貌地质遗迹及景观 29 处,典型古生物化石地质遗迹 8 处,典型地质灾害地质遗迹 3 处,典型水文地质遗迹 18 处,典型矿山地质遗迹及采矿地质景观 5 处,典型地层剖面典型岩石地质遗迹 9 处)。

(3)水域风光。四川河网密布,有类型多样的水域风光生态旅游资源,主要包括河流、湖泊与池沼、瀑布、泉、冰雪地等。大江大河与沟壑溪流纵横交错,湖泊海子分布众多,冰川和高原沼泽湿地闻名中外。其中"童话世界"九寨沟的 108 个串珠式湖泊群、"人间瑶池"黄龙的钙化五彩池最具盛名。水域风光生态旅游资源适宜开展观光、漂流、探险、度假等生态旅游活动。

四川号称"千河之省",有长江水系和黄河水系支流 1400 多条,流域面积在 500 km² 以上的有 343 条。长江干流、金沙江、雅砻江、岷江、大渡河、嘉陵江等河流及沿岸风光各具特色,已经开展了一定规模的观光、探险、漂流等生态旅游活动。

四川湖泊星罗棋布。有天然湖泊 1000 多个,面积大于 1 km² 的有多处,如泸沽湖、邛海、长海、新路海等,大小水库 6672 座(其中大中型水库 107 座),如二滩、龙泉湖、三岔水库等,这些都是开展观光、休闲度假等水上生态旅游活动的理想资源。分布于川西高原的阿坝、红原和若尔盖之间的沼泽,是我国第二大沼泽地,是开展观光、科学考察等生态旅游活动的适宜目的地。

四川瀑布众多,著名的有"世界第一高瀑布"——瓦屋山兰溪瀑布(高度 1040 m)、最大的钙化瀑布——松潘牟尼沟扎嘎大瀑布(高度 108 m)、彭县小龙潭三叠瀑布(高度 70 m)、九寨沟诺日朗瀑布等,适宜开展观光生态旅游活动。

四川温泉、地热、矿泉资源十分丰富。全省有名泉、矿泉 80 多处,其中绵竹玉妃泉、松潘翡翠泉已列为中国名泉。温泉地热 900 余处,著名的海螺沟温泉、黑竹沟温泉、周公山温泉、花水湾温泉等已开展了温泉度假等生态旅游活动。

四川有冰川 200 余条,总覆盖面积 510 km²,主要分布于西部高山高原地区,邛崃山、大雪山和沙鲁里山等山脉现代冰川广为分布。贡嘎山冰川(亚热带海拔最低冰川)已开发成著名的科考、探险、观光旅游地,还有许多其他冰雪地是开展滑雪、探险旅游的理想场所。

(4)气象气候景观。主要包括光现象、天气与气候现象。四川气候类型多样,地域差异大,垂直分异明显。气候的空间分异造就了景象万千的气象气候景观。此类资源适宜开展观光、气象科普、休闲度假等生态旅游活动。

四川气象气候景观独特,峨眉山的云海、佛光、圣灯,瓦屋山的"三个太阳",西岭雪山的"阴阳界",四姑娘山的日照金山等奇观很著名。随着季节变化,四川各地呈现不同景色。春天山花烂漫,盆中、盆周色彩缤纷;秋高气爽之时,盆周山地层林尽染,红、黄、紫、绿参差错落,形成九寨沟、光雾山、米亚罗、龙池等地的红叶秋色和卡龙沟的十里彩林,美景如画;西部地区冬季寒冷,每年 10 月至次年 2 月,山川银装素裹,雪景迷人,银厂沟、西岭雪山、瓦屋山、峨眉山等地都显现出一派北国风光,是我国南方冬季滑雪度假的旅游目的地。攀西地区的阳光生态旅游资源丰富,冬季温暖,是理想的冬季度假区域,"攀西阳光之旅"已逐渐成熟。

(5)其他生态旅游资源。四川众多大中城市的郊区及乡镇周边地区,分布许多生态环境优美、田园风光独特的农业生态旅游资源。农业生态旅游以农村自然风光、花卉、果木、苗圃、园林等特色农业以及近便的区位条件吸引城市居民前来观光、休闲和娱乐。这些旅游资源对城市居民具有较强的吸引力,拥有广泛的客源市场,可以满足当地城市居民周末休闲度假的需求,如成都周边的"农家乐"、龙泉桃花沟、郫县农科村、三圣乡花卉、农业旅游示范区等。四川是"农家乐"的发源地,农民依靠巨大的城市居民消费群体,在生态环境良好的地方建立起来的"农家乐"是人与自然和谐相处的典型例子,是对我国生态旅游的一大贡献,实现了日益增长的生态旅游市场需求与生态旅游产品创新的完美结合。

许多城市由于生态环境优美,交通便利,配套设施完善,形成一种特色鲜明的城市生态旅游资源。如都江堰市,紧邻青城山,空气清新,环境优美,是许多省内外游客休闲度假的首选城市。

四川历史悠久,是文化资源大省,有丰富多样的人文生态旅游资源,有与自然环境长期融合成为一体的原生性地域特色文化,如康巴文化、羌族文化、彝族文化、摩梭母系文化等,还有众多历史沉淀深厚的文物古迹,为生态旅游资源赋予了丰富的文化内涵。这些人文生态旅游资源对旅游者都具有强烈的吸引力。

2. 按功能特点划分

(1)观赏型

观赏价值是生态旅游资源最重要的特征。不同的生态旅游区分别拥有部分名山大川、河湖飞瀑、森林草原、险峰奇洞、珍禽异兽、奇花异草等自然景观。这些自然景观展现出强烈的自然美。自然美是由景物美、环境美、气氛美或奇险自然现象共同构成的。一方面供游人观赏,产生美感;另一方面满足游人的猎奇心理,提高观赏兴趣。如:峨眉山-乐山、蜀南竹海、瓦屋山、九寨沟—黄龙、四姑娘山等都具有极高的观赏价值。

(2)科学型

科学价值是多种生态旅游资源的又一重要特征。如:自然保护区是多种学科进行科学研究的基地。这里是研究自然环境特征、生物多样性、地球历史等的天然实验室。除供科学工作者、高校师生进行专门研究和教学实习外,还是向中、小学生以及社会不同文化层次的游人传播自然科学知识、进行自然保护教育的重要场所。如卧龙自然保护区、龙门山地质构造国家地质公园、自贡恐龙化石国家地质公园、大渡河大峡谷、海螺沟冰川公园等,均具有科学型特征。

（3）探险型

四川的生态旅游资源中有一些极高山地、冰雪高原、大江大河,如贡嘎山、四姑娘山、大渡河、雅砻江等。这些地区目前多属于尚未受到或轻微受到人类活动影响的原始区域。在这些地区分别开展登山、漂流等探险活动,可以探索奥秘,也可享受人与大自然拼搏的刺激。探险价值是部分生态旅游资源所具有的特有旅游价值。

（4）休闲保健型

不少生态旅游资源如森林公园,具有一定的保健价值。这些地区有优美的自然景观、幽静的森林环境、清洁的饮用水源、新鲜的空气、宜人的气候条件和地貌条件,还有温泉等,为人们避暑、游憩、疗养提供了理想的场所。森林的释氧、杀菌和滤尘功能,无污染或少污染的环境,温泉沐浴的疗效,自然美的景观等,对人们的身心健康都有极大的好处。如瓦屋山国家森林公园、龙池森林公园、佛宝森林公园、中国死海、海螺沟温泉等都可开展此类生态旅游活动。

（5）民俗型

民俗旅游是一种高层次的文化生态旅游。不同地区的民俗具有很大的差异性。当地民俗包括当地的文化遗产、居民的生产方式、生活方式、建筑风格、节庆活动等,这些都是生态旅游资源的组成部分。旅游区内,一般都居住着一定数量的当地民众,有的区内还分布着少数民族的村寨。区内居民的风俗习惯对外界游人具有强烈的吸引力,如羌寨风情、彝族风情、泸沽湖摩梭风情等。民俗还包括宗教活动这一重要内容,如藏传佛教、道教等。

6.4.2　生态旅游主要景区

根据四川自然条件的分异特征和生态旅游资源的分布规律,可将四川划分为以下六个生态旅游资源地区,而众多的生态旅游景区分布其中。

1. 川西高山高原地区

位于四川西部,是四川盆地与青藏高原的结合部位,属青藏高原东南缘和横断山脉的一部分,范围包括甘孜州、阿坝州和雅安市。南北地貌差异明显,北部为丘状高原区,南部为高山深谷区。丘状高原区地势表现为丘谷相间,谷宽丘圆,排列稀疏,气候寒冷;高山深谷区分布着岷山、邛崃山、夹金山、大雪山、沙鲁里山等大山脉,海拔都在 4000 m 以上,矗立着多座 6000 m 以上的山峰,如贡嘎山（7556 m）、雀儿山（6168 m）、格聂山（6240 m）等。区内生态环境脆弱,一旦遭到破坏就难以恢复,在生态旅游开发中必须高度重视生态建设和生态保护。

本区幅员辽阔,地形复杂,有雪山、冰峰、深谷、流石滩、奇石等地文景观;有大江、瀑布、高原湖泊、冷泉、温泉、沸泉、高原沼泽湿地等水域风光;有烟雨、云雾、气候垂直分异等气象气候景观;还有原始森林、大草原、草甸、珍稀动植物、奇花异草等生物景观。另外,该区是藏、羌、彝等少数民族聚居区,民风民俗多姿多彩、极具魅力。

区内有世界自然遗产九寨沟、黄龙、大熊猫栖息地,世界第一个"大熊猫研究中心"卧龙自然保护区,"蜀山之王"贡嘎山、"蜀山之后"四姑娘山、雪宝顶等多座对外开放的登山区,还有林丰水美、原始味道浓郁的卡龙沟和牟尼沟,名扬中外的跑马山,以红叶闻名的米亚罗,冰川森林公园海螺沟,"最后的香格里拉"——稻城亚丁,浩瀚壮观的理塘—稻城海子山古冰川大冰帽,丹巴美人谷,得荣太阳谷,二郎山国家森林公园,夹金山国家森林公园,龙苍沟国家森林公园,碧峰峡风景名胜区,蜂桶寨、喇叭河自然保护区和世界茶文化发源地蒙顶山等一大批高品位的自然生态旅游资源。该区域是我国自然景观资源最为丰富和最集中的区域,生态旅游资源原生性保持良好,是四川建设世界级生态旅游产品的重要区域。

2. 川南丘陵低中山地区

位于四川南部,包括宜宾、泸州、乐山、内江、自贡五市。区内气候温暖湿润,适宜多种林木生长,自然植被保存较好,基带植被常绿阔叶林分布集中成片,森林面积较大,植被覆盖率高。珍稀动植物有中华鲟、白鲟、华南虎、云豹、黑颈鹤、枯叶蝶、凤蝶、树蛙、珙桐、水杉、桫椤、连香树、银杏等。

该区内有名山、江川、湖光、瀑布、清泉、洞穴、石林和特殊植物为特色的自然生态旅游资源,还有彝、苗、回、白、泰、黎、朝鲜等多种少数民族文化旅游资源,自然景观和丰富的人文景观和谐统一。有世界自然与文化遗产峨眉山—乐山大佛,有地球上同纬度保存最完好、面积最大的佛宝—黄荆亚热带常绿阔叶林原始森林景区,有新五大旅游区之一的、以大面积竹生态及竹文化为特色的国家重点风景名胜区蜀南竹海,有兴文石林及堪称“中国一绝”的大漏斗地质奇观,有极具特色的观光农业桂圆林景区等。该区生态旅游资源的最大特点是岩溶景观发育好、竹林规模大、亚热带阔叶林原始森林保存好,是四川发展低海拔山水型自然生态旅游的重点地区。

3. 川西南中山峡谷地区

位于青藏高原东部横断山系中段,范围包括凉山彝族自治州和攀枝花市,是四川省的“十一五”发展的新五大旅游区——攀西阳光度假旅游区的主体载体。以中山峡谷为主,94％的面积为山地,山脉多数为南北走向,呈“两山夹一谷”之态。气候温和,日照充足,四季分明,气候和植被垂直分异明显,形成“一山有四季,十里不同天”的垂直气候变化。

区内有螺髻山、邛海、芦山,二滩国家森林公园与二滩水库,攀枝花苏铁国家级自然保护区,大风顶国家级自然保护区,攀西大裂(峡)谷地质景观,红格温泉、泸沽湖等水域景观,以及彝族文化、摩梭文化等民族风情。另外,该区阳光充足,尤其是冬季日照时间长,是四川开展冬季阳光生态度假旅游的适宜地区。

4. 川东丘陵地区

范围包括遂宁、广安和南充 3 市。该区侏罗纪、白垩纪红色砂、页岩和泥岩分布广泛,素有“红色盆地”之称。区内温暖湿润,适宜各种亚热带植物生长。近年来,森林植被恢复迅速,众多丘陵“绿洲”基本形成,森林覆盖率大大提高,部分县(市)已达 40％以上。区内还有众多的大中小型水库,是四川人工水体最密集的地区。

近年来,该区建设了一批自然保护区和森林公园,如邻水倒须沟自然保护区,华蓥山、金城山、罗解洞、灵宝山等森林公园。此外,还有特色鲜明的“中国死海(盐湖)”。这些都是该区发展生态旅游的重要资源基础。

5. 川北/东北低中山地区

范围包括绵阳、广元、巴中、达州市。该区气候温暖湿润,地处南北过渡地带,山地生态系统复杂,生物气候过渡性特点明显,动植物种类丰富,岩溶地貌发育,多峰丛、陡岩、落水洞、暗河和溶洞。区内大巴山—米仓山南麓低中山区地质构造复杂,地势较陡峭,米仓山主峰光雾山海拔 2567 m,大巴山主峰海拔 2767 m,山势雄伟,切割强烈,风景秀丽。

该区拥有大批生态旅游景区,如剑门蜀道翠云廊,秀丽多彩的喀斯特地貌景观南江光雾山,钟乳石景观造型精美、玲珑剔透的通江诺水河,天然画屏窦圌山,国宝大熊猫栖息地青川唐家河国家级自然保护区,王朗自然保护区,以及江油观雾山、玳瑁山,安县罗浮山等。此外,该区溶洞和湖泊甚多,主要有江油佛爷洞、白龙宫、金光洞、银光洞,北川猿王洞,安县砾宫,广元白龙湖,安县白水湖等。

6. 成都平原地区

范围包括成都市、眉山市、德阳市、资阳市,以平坝、台地为主,海拔 300～700 m,四周为海拔 1000～4000 m 的山地所环抱。区内气候温和,雨量充沛,河网密布,凭借世界著名水利工程都江堰之利,水旱从人,沃野千里,物产丰盛,素享"天府之国"美誉,历史悠久,古迹遍布。

成都平原四周山地植被葱郁,森林茂密,是成都市民享受大自然的好去处。主要旅游景区有世界遗产青城山—都江堰,国家重点风景名胜区大邑西岭雪山、花水湾温泉,新五大旅游区之一的"两湖一山",国家级森林公园龙池、瓦屋山、天台山和白水河,还有彭州银厂沟,崇州九龙沟,邛崃天台山,大邑鹤鸣山;水域风光有龙泉湖、朝阳湖、三岔湖、石象湖、黑龙滩、槽渔滩、都江堰、黄龙溪等;特色观光农业景观有龙泉花果山,三圣乡花卉,温江、郫县的苗圃等,此外还有众多分布在大中城市周边的"农家乐"。

6.4.3　生态旅游景区的旅游适宜季

从以上四川生态旅游区的划分看,四川生态旅游景区数量繁多,根据每个景区的景观特色、所在区域及气候特征,分别有最适宜的旅游季节。在此,将每个生态旅游区中最具有代表性的景区的适宜旅游季节列表如表 6.2 所示。

表 6.2　四川省生态旅游景区适宜旅游季节

所属旅游区	景区名称	适宜旅游的季节
川西高山高原地区	九寨沟	10—11 月
	黄龙	9—10 月
	卧龙自然保护区	3—5 月,9—11 月
	贡嘎山	5—6 月
	四姑娘山	7—8 月,10—11 月
川西高山高原地区	牟尼沟	6—8 月
	米亚罗	10 月
	海螺沟	10 月至次年 2 月
川南丘陵低中山地区	蜀南竹海	3—10 月
	兴文石林	四季
川西南中山峡谷地区	螺髻山	3—11 月
	邛海	四季
	二滩国家森林公园	四季
	泸沽湖	3—5 月,9—11 月
川东丘陵地区	邻水倒须沟自然保护区	四季
	华蓥山	四季
	中国死海	5—10 月

所属旅游区	景区名称	适宜旅游的季节
川北/东北低中山地区	剑门蜀道	四季
	光雾山	10—11 月
	窦团山	四季
	唐家河国家级自然保护区	四季
成都平原地区	青城山—都江堰	6—9 月
	西岭雪山	12—2 月
	瓦屋山	四季
	天台山	四季

6.5　四川省生态旅游主要景区气候特征

　　本节选取了四川省内九个主要的生态旅游景区所在的站点(见表6.3),1984—2013 年 30 a 的日平均气温、相对湿度、降水资料,对四川省生态旅游主要景区的气候特征进行研究。

表 6.3　四川省主要生态旅游景区

景区	站点	站号	资料年代
泸沽湖风景区	盐源县	56565	1984—2013
賨人谷	渠县	57413	1984—2013
竹石林生态旅游区	长宁县	56593	1984—2013
达古冰山景区	黑水县	56185	1984—2013
光雾山	南江县	57216	1984—2013
唐家河	青川县	57204	1984—2013
海螺沟	泸定县	56371	1984—2013
稻城	稻城县	56357	1984—2013
措普国家森林公园	巴塘县	56247	1984—2013

6.5.1　景区气象要素逐旬特征

6.5.1.1　气温

　　从图 6.1 中我们可以看出,旬平均最低气温大概在 1 月中旬左右,而旬平均最高气温大概在 7 月。结合表 6.4 的数据,賨人谷旬平均最低气温在 1 月中旬,为 6.30 ℃,最高气温在 7 月下旬,为 28.41 ℃;措普国家森林公园旬平均最低气温在 12 月下旬,为 3.30 ℃,最高气温在 6 月中旬,为 20.56 ℃;达古冰山景区旬平均最低气温在 1 月中旬,为 −0.90 ℃,高气温在 7 月下旬,为 17.72 ℃;稻城日平均最低气温在 12 月下旬,为 −4.71 ℃,最高气温在 6 月下旬,为 12.48 ℃;光雾山旬平均最低气温在 1 月中旬,为 4.82 ℃,最高气温在 8 月上旬,为 26.55 ℃;海螺沟旬平均最低气温在 1 月中旬,为 6.49 ℃,最高气温在 8 月上旬,为 23.27 ℃;泸沽湖风

景区旬平均最低气温在 12 月下旬,为 4.90 ℃,最高气温在 6 月下旬,为 17.50 ℃;唐家河旬平
均最低气温在 1 月中旬,为 2.76 ℃,最高气温在 8 月上旬,为 24.05 ℃;竹石林生态旅游区旬
平均最低气温在 1 月中旬,为 7.78 ℃,最高气温在 7 月下旬,为 28.11 ℃。

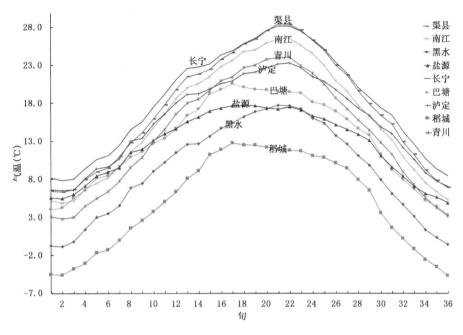

图 6.1　景区旬平均气温的年内变化分布

表 6.4　主要生态旅游景区旬平均最低和旬平均最高气温及所在旬

站号	最小值(℃)	月份	最大值(℃)	月份
57413	6.3	1 月中旬	28.41	7 月下旬
56247	3.3	12 月下旬	20.56	6 月中旬
56185	−0.9	1 月中旬	17.72	7 月下旬
56357	−4.71	12 月下旬	12.48	6 月下旬
57216	4.82	1 月中旬	26.55	8 月上旬
56371	6.49	1 月中旬	23.27	8 月上旬
56565	4.9	12 月下旬	17.69	6 月下旬
57204	2.76	1 月中旬	24.05	8 月上旬
56593	7.78	1 月中旬	28.11	7 月下旬

6.5.1.2　相对湿度

从图 6.2 中我们可以看出,旬平均最低相对湿度和最高相对湿度分布并不均匀,没有明显
的结果。结合表 6.5 的数据,寶人谷旬平均最低相对湿度在 4 月下旬,为 77.01%,最高相对
湿度在 1 月上旬,为 88.79%;措普国家森林公园旬平均最低相对湿度在 2 月中旬,为
27.32%,最高相对湿度在 8 月下旬,为 69.65%;达古冰山景区旬平均最低相对湿度在 1 月上
旬,为 50.56%,最高相对湿度在 7 月上旬,为 77.71%;稻城旬平均最低相对湿度在 1 月下旬,

为 36.79%,最高相对湿度在 8 月下旬,为 77.04%;光雾山旬平均最低相对湿度在 3 月上旬,
为 65.19%,最高相对湿度在 7 月上旬,为 80.07%;海螺沟旬平均最低相对湿度在 2 月中旬,
为 51.78%,最高相对湿度在 7 月上旬,为 78.29%;泸沽湖风景区旬平均最低相对湿度在 4 月
上旬,为 40.59%,最高相对湿度在 8 月下旬,为 79.63%;唐家河旬平均最低相对湿度在 3 月
上旬,为 69.16%,最高相对湿度在 10 月上旬,为 86.00%;竹石林生态旅游区旬平均最低相对
湿度在 4 月下旬,为 76.29%,最高相对湿度在 12 月下旬,为 88.24%。

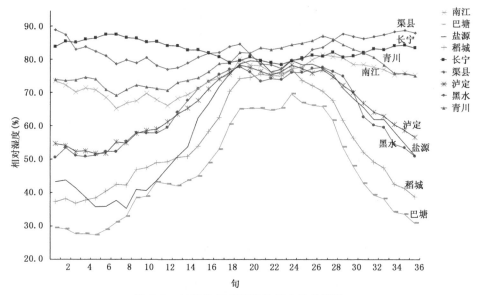

图 6.2 旬平均相对湿度的年内分布特征

表 6.5 主要生态旅游景区旬平均相对湿度最大最小值及对应旬

站点	站号	最小值(%)	月份	最大值(%)	月份
宝人谷	57413	77.01	4 月下旬	88.79	1 月上旬
措普国家森林公园	56247	27.32	2 月中旬	69.65	8 月下旬
达古冰山景区	56185	50.56	1 月上旬	77.71	7 月上旬
稻城	56357	36.79	1 月下旬	77.04	8 月下旬
光雾山	57216	65.19	3 月上旬	80.07	7 月上旬
海螺沟	56371	51.78	2 月中旬	78.29	7 月上旬
泸沽湖风景区	56565	40.59	4 月上旬	79.63	8 月下旬
唐家河	57204	69.16	3 月上旬	86.00	10 月上旬
竹石林生态旅游区	56593	76.29	4 月下旬	88.24	12 月下旬

6.5.1.3 降水量

从图 6.3 中我们可以看出,日平均最低降水量大概在 1 月上旬左右,而日平均最高降水量
大概在 7 月。结合表 6.6 的数据,达古冰山景区日平均最低降水量在 12 月中旬,为 1.2 mm,
高降水量在 5 月下旬,为 56.4 mm;措普国家森林公园日平均最低降水量在 1 月上旬,为
0 mm,最高降水量在 7 月上旬,为 49.1 mm;稻城日平均最低降水量在 1 月上旬,为 0.1 mm,

最高降水量在 7 月上旬,为 70 mm;海螺沟日平均最低降水量在 1 月上旬,为 0.1 mm,最高降水量在 7 月下旬,为 53.3 mm;泸沽湖风景区日平均最低降水量在 12 月下旬,为 0.2 mm,最高降水量在 7 月上旬,为 77.7 mm;竹石林生态旅游区日平均最低降水量在 1 月上旬,为 3.4 mm,最高降水量在 7 月上旬,为 88.2 mm;唐家河日平均最低降水量在 12 月上旬,为 1.4 mm,最高降水量在 7 月下旬,为 94.1 mm;光雾山日平均最低降水量在 1 月上旬,为 1.3 mm,最高降水量在 7 月上旬,为 114.8 mm;賨人谷日平均最低降水量在 1 月上旬,为 0.39 mm,最高降水量在 7 月上旬,为 9.91 mm。

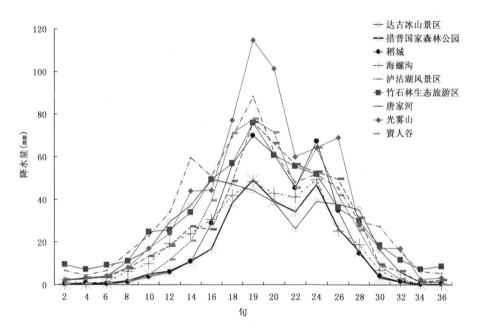

图 6.3　旬平均降水量的年内分布特征

表 6.6　主要景区旬平均降水量最高最低值及所在旬

站点	站号	最小值(mm)	月份	最大值(mm)	月份
达古冰山景区	56185	1.2	12 月中旬	56.4	5 月下旬
措普国家森林公园	56247	0	1 月上旬	49.1	7 月上旬
稻城	56357	0.1	1 月上旬	70	7 月上旬
海螺沟	56371	0.1	1 月上旬	53.3	7 月下旬
泸沽湖风景区	56565	0.2	12 月下旬	77.7	7 月上旬
竹石林生态旅游区	56593	6.3	1 月上旬	75.9	7 月上旬
唐家河	57204	1.4	12 月上旬	94.1	7 月下旬
光雾山	57216	1.3	1 月上旬	114.8	7 月上旬
賨人谷	57413	3.4	1 月上旬	88.2	7 月上旬

6.5.2　景区气象要素逐月特征

6.5.2.1　气温

从图 6.4 中我们可以看出,月平均最低气温大概在 1 月中旬左右,而月平均最高气温大概在 7 月。结合表 6.7 的数据,寰人谷月平均最低气温在 1 月,为 6.45 ℃,最高气温在 7 月,为 27.52 ℃;措普国家森林公园月平均最低气温在 12 月,为 4.29 ℃,最高气温在 6 月,为 20.17 ℃;达古冰山景区月平均最低气温在 1 月,为 -0.62 ℃,高气温在 7 月,为 17.33 ℃;稻城月平均最低气温在 1 月,为 -4.30 ℃,最高气温在 6 月,为 12.431 ℃;光雾山月平均最低气温在 1 月,为 5.06 ℃,最高气温在 7 月,为 25.84 ℃;海螺沟月平均最低气温在 1 月,为 6.56 ℃,最高气温在 7 月,为 22.67 ℃;泸沽湖风景区月平均最低气温在 12 月,为 5.54 ℃,最高气温在 6 月,为 17.60 ℃;唐家河月平均最低气温在 1 月,为 2.94 ℃,最高气温在 7 月,为 23.63 ℃;竹石林生态旅游区月平均最低气温在 1 月,为 7.98 ℃,最高气温在 7 月,为 27.47 ℃。

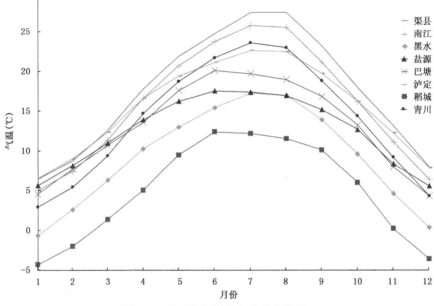

图 6.4　月平均气温的年内分布特征

表 6.7　主要生态旅游景区月均最低和最高气温及所在月

站点	站号	最低值(℃)	月份	最高值(℃)	月份
寰人谷	57413	6.45	1	27.52	7
措普国家森林公园	56247	4.29	12	20.17	6
达古冰山景区	56185	-0.62	1	17.33	7
稻城	56357	-4.3	1	12.43	6
光雾山	57216	5.06	1	25.84	7
海螺沟	56371	6.56	1	22.69	7
泸沽湖风景区	56565	5.54	12	17.6	6
唐家河	57204	2.93	1	23.63	7
竹石林生态旅游区	56593	7.98	1	27.47	7

6.5.2.2　相对湿度

　　从图 6.5 中我们可以看出,月平均最低相对湿度和最高相对湿度分布并不均匀,没有明显的结果。结合表 6.8 的数据,賨人谷月平均最低相对湿度在 4 月,为 78.53%,最高相对湿度在 12 月,为 88.29%;措普国家森林公园月平均最低相对湿度在 2 月,为 27.92%,最高相对湿度在八月,为 66.75%;达古冰山景区月平均最低相对湿度在 2 月,为 51.45%,最高相对湿度在 7 月,为 75.76%;稻城月平均最低相对湿度在 1 月,为 37.34%,最高相对湿度在 8 月,为 75.78%;光雾山月平均最低相对湿度在 3 月,为 66.50%,最高相对湿度在 10 月,为 79.86%;海螺沟月平均最低相对湿度在 2 月,为 52.06%,最高相对湿度在 7 月,为 77.43%;泸沽湖风景区月平均最低相对湿度在 2 月,为 36.73%,最高相对湿度在 7 月,为 79.12%;唐家河月平均最低相对湿度在 3 月,为 70.79%,最高相对湿度在 9 月,为 85.78%;竹石林生态旅游区月平均最低相对湿度在 4 月,为 77.69%,最高相对湿度在 12 月,为 77.69%。

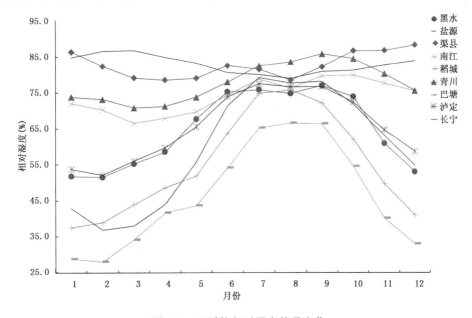

图 6.5　日平均相对湿度的月变化

表 6.8　主要生态旅游景区月平均相对湿度最大最小值及对应月

站点	站号	最小值(%)	月份	最大值(%)	月份
賨人谷	57413	78.53	4	88.29	12
措普国家森林公园	56247	27.92	2	66.75	8
达古冰山景区	56185	51.45	2	75.76	7
稻城	56357	37.34	1	75.78	8
光雾山	57216	66.5	3	79.86	10
海螺沟	56371	52.06	2	77.43	7
泸沽湖风景区	56565	36.73	2	79.12	7
唐家河	57204	70.79	3	85.78	9
竹石林生态旅游区	56593	77.69	4	87.63	12

6.5.2.3　降水量

从图 6.6 中我们可以看出,月平均最低降水量大概在 1 月左右,而月平均最高降水量,除了海螺沟在 8 月,其他均出现在 7 月。

结合数据表 6.9 分析,达古冰山景区月平均最低降水量在 12 月,为 3.8 mm,高降水量在 6 月,为 144.3 mm;措普国家森林公园月平均最低降水量在 1 月,为 0.1 mm,最高降水量在 7 月,为 129.9 mm;稻城月平均最低降水量在 1 月,为 0.8 mm,最高降水量在 7 月,为 195.9 mm;海螺沟月平均最低降水量在 1 月,为 0.9 mm,最高降水量在 8 月,为 146.8 mm;泸沽湖风景区月平均最低降水量在 12 月,为 1.3 mm,最高降水量在 7 月,为 208.2 mm;竹石林生态旅游区月平均最低降水量在 12 月,为 23.9 mm,最高降水量在 7 月,为 203.3 mm;唐家河月平均最低降水量在 12 月,为 6 mm,最高降水量在 7 月,为 223.4 mm;光雾山月平均最低降水量在 1 月,为 5.6 mm,最高降水量在 7 月,为 258.5 mm;賨人谷月平均最低降水量在 12 月,为 10.6 mm,最高降水量在 7 月,为 259.3 mm。

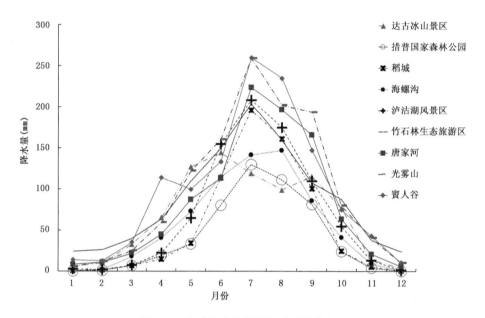

图 6.6　月平均降水量的年内分布特征

表 6.9　主要景区月平均降水量最高最低值及所在月份

站点	站号	最小值(mm)	月份	最大值(mm)	月份
达古冰山景区	56185	3.8	12	144.3	6
措普国家森林公园	56247	0.1	1	129.9	7
稻城	56357	0.8	1	195.9	7
海螺沟	56371	0.9	1	146.8	8
泸沽湖风景区	56565	1.3	12	208.2	7
竹石林生态旅游区	56593	23.9	12	203.5	7
唐家河	57204	6	12	223.4	7
光雾山	57216	5.6	1	258.5	7
賨人谷	57413	10.6	12	259.3	7

6.5.3　景区气象要素年际变化特征

6.5.3.1　气温

从图 6.7 及表 6.10 中我们可以看出,1984—2013 年,近 30 a 来主要生态旅游景区的年平均气温呈上升趋势,上升最为明显的稻城,10 a 上升了 0.4 ℃。

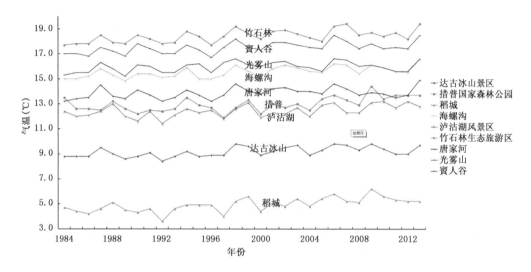

图 6.7　主要生态旅游景区气温的年际变化特征(1984—2013 年)

表 6.10　景区各站年平均气温的气候倾向率　　　　　　单位:℃/(10 a)

站点	站号	斜率	气温变化趋势
賨人谷	57413	0.02862	上升
措普国家森林公园	56247	0.03532	上升
达古冰山景区	56185	0.02438	上升
稻城	56357	0.04121	上升
光雾山	57216	0.01747	上升
海螺沟	56371	0.03278	上升
泸沽湖风景区	56565	0.02643	上升
唐家河	57204	0.02010	上升
竹石林生态旅游区	56593	0.03401	上升

6.5.3.2　相对湿度

从图 6.8 及表 6.11 我们可以看出,1984—2013 年,賨人谷、措普国家森林公园、达古冰山景区、稻城、光雾山、海螺沟、泸沽湖风景区、竹石林生态旅游区的平均相对湿度呈下降趋势;唐家河平均相对湿度呈上升趋势。

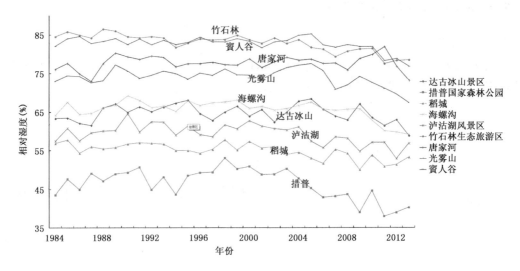

图 6.8　主要生态旅游景区相对湿度的年际变化特征(1984—2013)

表 6.11　景区各站年平均相对湿度的气候倾向率　　　　　　单位:%/(10 a)

站点	站号	斜率	相对湿度变化趋势
窦人谷	57413	−0.11500	下降
措普国家森林公园	56247	−0.22940	下降
达古冰山景区	56185	−0.04292	下降
稻城	56357	−0.16340	下降
光雾山	57216	−0.09515	下降
海螺沟	56371	−0.13880	下降
泸沽湖风景区	56565	−0.14600	下降
唐家河	57204	0.02887	上升
竹石林生态旅游区	56593	−0.22010	下降

6.5.3.3　降水量

从图 6.9 及表 6.12 可以看出,1984—2013 年,窦人谷、措普国家森林公园、达古冰山景区、稻城、海螺沟、泸沽湖风景区、竹石林生态旅游区的平均降水量呈下降趋势;光雾山、唐家河平均降水量呈上升趋势。

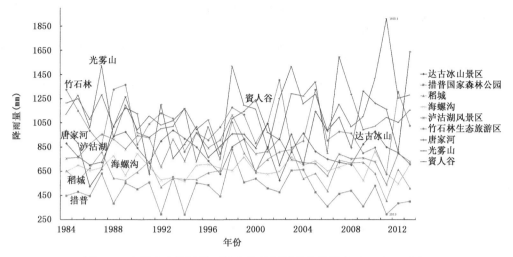

图 6.9　主要生态旅游景区降水量的年际变化特征(1984—2013 年)

表 6.12　景区各站年平均降水量的气候倾向率　　　　　　　　　　单位:mm/(10 a)

站点	站号	斜率	降水量变化趋势
寳人谷	57413	−0.007403	下降
措普国家森林公园	56247	−0.011290	下降
达古冰山景区	56185	−0.007561	下降
稻城	56357	−0.009535	下降
光雾山	57216	0.019960	上升
海螺沟	56371	−0.004665	下降
泸沽湖风景区	56565	−0.022980	下降
唐家河	57204	0.031070	上升
竹石林生态旅游区	56593	−0.027740	下降

6.6　四川省主要生态景区旅游适宜季

本节基于对渠县、巴塘县、黑水、稻城、南江、泸定、盐源、青川和长宁气象台站 1985—2013 年逐日气象数据计算温湿、风寒、舒适度以及炎热指数进行分析,结合寳人谷、措普国家森林公园、达古冰山、稻城、光雾山、海螺沟、泸沽湖、唐家河和竹石林景区的气候特征,分析了主要生态旅游景区的旅游气候舒适度。

6.6.1　人体舒适度指数

利用 1985—2013 年寳人谷、措普森林公园、达古冰山、稻城、光雾山、海螺沟、泸沽湖、唐家河竹石林所在地的气象站的逐日风速、相对湿度和气温三项气象资料根据人体舒适度指数公式计算得出旅游景区人体舒适度指数。

从表 6.13 中可以具体分析九个旅游站点的人体舒适度指数。选取 71~75 人体感觉偏暖,较为舒适和 59~70 人体感觉最为舒适,最可接受以及 51~58 人体感觉偏凉,较为舒适三级选取各个旅游景点的舒适旅游时间。

表 6.13　各旅游景区人体舒适度指数

	旬	1月上旬	2月中旬	1月下旬	2月上旬	2月中旬	2月下旬	3月上旬	3月中旬	3月下旬
渠县	賨人谷	45	45	46	48	50	51	53	57	59
巴塘	措普森林公园	40	39	41	42	44	44	46	48	49
黑水	达古冰山	29	28	29	32	34	34	36	41	41
稻城	稻城	21	20	22	23	24	24	27	29	31
南江	光雾山	42	41	42	45	45	47	49	52	55
泸定	海螺沟	44	43	43	46	48	48	50	54	54
盐源	泸沽湖	38	37	38	38	39	39	41	43	45
青川	唐家河	39	38	39	42	43	45	47	50	53
长宁	竹石林	51	50	50	53	55	56	59	62	64

	旬	4月上旬	4月中旬	4月下旬	5月上旬	5月中旬	5月下旬	6月上旬	6月中旬	6月下旬
渠县	賨人谷	63	66	70	73	74	75	77	79	81
巴塘	措普森林公园	51	53	55	58	60	63	65	66	67
黑水	达古冰山	44	47	49	51	52	55	57	59	61
稻城	稻城	33	36	38	42	43	47	48	51	52
南江	光雾山	58	62	65	68	69	71	74	76	78
泸定	海螺沟	58	60	63	65	65	67	68	69	71
盐源	泸沽湖	48	50	52	54	55	58	59	60	62
青川	唐家河	57	60	64	66	68	70	72	74	76
长宁	竹石林	68	71	74	77	78	78	81	82	83

	旬	7月上旬	7月中旬	7月下旬	8月上旬	8月中旬	8月下旬	9月上旬	9月中旬	9月下旬
渠县	賨人谷	82	85	86	86	84	83	80	76	74
巴塘	措普森林公园	67	67	67	67	67	66	65	64	62
黑水	达古冰山	63	63	64	64	63	61	60	57	55
稻城	稻城	53	53	52	53	53	52	51	49	48
南江	光雾山	78	80	81	82	79	79	75	71	69
泸定	海螺沟	72	73	75	75	74	72	72	69	67
盐源	泸沽湖	62	62	62	63	62	61	61	60	59
青川	唐家河	77	78	79	79	77	75	72	69	67
长宁	竹石林	85	87	87	87	86	84	82	79	76

	旬	10月上旬	10月中旬	10月下旬	11月上旬	11月中旬	11月下旬	12月上旬	12月中旬	12月下旬
渠县	賨人谷	70	67	64	62	58	55	51	48	46
巴塘	措普森林公园	60	58	53	50	47	45	43	41	39
黑水	达古冰山	52	50	46	43	39	37	33	31	30
稻城	稻城	45	42	37	34	31	29	26	24	22
南江	光雾山	66	62	60	57	53	50	47	45	42
泸定	海螺沟	65	63	60	58	54	51	48	46	45
盐源	泸沽湖	57	55	52	49	47	44	42	41	39
青川	唐家河	64	61	58	55	50	48	44	41	39
长宁	竹石林	73	70	68	66	62	59	56	53	51

渠县的舒适时间为 3 月上旬到 5 月中旬以及 9 月下旬到 11 月下旬；巴塘的舒适时间为 4 月中旬到 10 月下旬；黑水的舒适时间 5 月中旬到 10 月上旬；稻城的舒适时间为 6 月下旬到 8 月下旬；南江的舒适时间为 3 月中旬到 6 月下旬以及 9 月上旬到 11 月中旬；泸定的舒适时间为 3 月中旬到 11 月中旬；盐源县舒适的时间为 4 月下旬到 10 月下旬；青川的舒适时间为 3 月下旬到 6 月中旬以及 9 月上旬到 11 月上旬；最后，长宁因全年较为温暖，则舒适时间较别的站前移和后移，舒适时间为 2 月中旬到 4 月下旬；以及 10 月上旬到 12 月下旬。

6.6.2　炎热指数

利用 1985—2013 年宾人谷、措普森林公园、达古冰山、稻城、光雾山、海螺沟、泸沽湖、唐家河竹石林所在地的气象站的逐日相对湿度和气温两项气象资料根据炎热指数公式计算得出旅游景区炎热指数（见表 6.14）。

表 6.14　各旅游景区炎热指数

旬	渠县	巴塘	黑水	稻城	南江	泸定	盐源	青川	长宁
	宾人谷	措普森林公园	达古冰山	稻城	光雾山	海螺沟	泸沽湖	唐家河	竹石林
1 月上旬	45	44	36	31	43	46	45	40	48
1 月中旬	45	45	36	32	43	46	45	39	47
1 月下旬	45	47	37	33	43	47	46	39	47
2 月上旬	47	48	39	35	46	49	48	42	50
2 月中旬	49	50	42	37	47	51	50	44	52
2 月下旬	50	51	43	38	48	51	51	45	52
3 月上旬	52	52	44	40	50	53	51	47	55
3 月中旬	55	54	47	42	54	56	54	50	58
3 月下旬	57	55	48	44	56	57	55	52	60
4 月上旬	60	56	51	45	58	59	56	56	63
4 月中旬	63	57	52	47	61	61	57	58	66
4 月下旬	67	58	54	48	64	63	58	61	69
5 月上旬	69	60	55	50	66	64	59	63	71
5 月中旬	70	61	56	51	67	65	60	64	72
5 月下旬	71	63	57	54	69	65	61	66	72
6 月上旬	73	64	58	55	70	66	62	68	74
6 月中旬	74	65	59	56	72	67	62	69	75
6 月下旬	76	65	60	55	73	68	62	71	76
7 月上旬	77	64	61	55	74	69	62	71	77
7 月中旬	79	65	62	55	75	70	62	72	79
7 月下旬	80	65	63	55	76	71	62	73	80
8 月上旬	80	64	63	54	76	71	62	73	80
8 月中旬	79	64	62	54	75	70	62	71	79
8 月下旬	77	63	60	53	74	69	61	70	77
9 月上旬	75	63	59	53	71	68	60	68	75
9 月中旬	72	61	57	52	68	66	59	65	72
9 月下旬	70	60	55	51	66	64	58	62	70

续表

旬	渠县 賨人谷	巴塘 措普森林公园	黑水 达古冰山	稻城 稻城	南江 光雾山	泸定 海螺沟	盐源 泸沽湖	青川 唐家河	长宁 竹石林
10 月上旬	66	58	53	48	63	63	57	60	67
10 月中旬	64	57	51	46	61	61	56	58	65
10 月下旬	61	53	48	42	58	59	53	55	63
11 月上旬	59	51	45	39	56	57	50	53	61
11 月中旬	56	49	43	37	52	55	49	49	58
11 月下旬	53	47	41	35	50	52	47	46	55
12 月上旬	49	45	38	33	47	49	45	43	52
12 月中旬	47	44	37	32	45	48	45	41	50
12 月下旬	46	43	35	31	44	47	44	40	48

从表 6.14 中分析发现,没有一个站点旬平均气温可以突破 34 ℃。因为从炎热指数来看,四川省主要生态旅游景区全年均适合旅游。

6.6.3　温湿指数

利用 1985—2013 年賨人谷、措普森林公园、达古冰山、稻城、光雾山、海螺沟、泸沽湖、唐家河竹石林所在地的气象站的逐日相对湿度和气温两项气象资料根据温湿指数公式计算得出旅游景区温湿指数(见表 6.15)。

表 6.15　各旅游景区温湿指数

旬	渠县 賨人谷	巴塘 措普森林	黑水 达古冰山	稻城 稻城	南江 光雾山	泸定 海螺沟	盐源 泸沽湖	青川 唐家河	长宁 竹石林
1 月上	45	36	44	31	43	46	45	40	48
1 月中	45	36	45	32	43	46	45	39	47
1 月下	45	37	47	33	43	47	46	39	47
2 月上	47	39	48	35	46	49	48	42	50
2 月中	49	42	50	37	47	51	50	44	52
2 月下	50	43	51	38	48	51	51	45	52
3 月上	52	44	52	40	50	53	51	47	55
3 月中	55	47	54	42	54	56	54	50	58
3 月下	57	48	55	44	56	57	55	52	60
4 月上	60	51	56	45	58	59	56	56	63
4 月中	63	52	57	47	61	61	57	58	66
4 月下	67	54	58	48	64	63	58	61	69
5 月上	69	55	60	50	66	64	59	63	71
5 月中	70	56	61	51	67	65	60	64	72
5 月下	71	57	63	54	69	65	61	66	72

| 旬 | 渠县 | 巴塘 | 黑水 | 稻城 | 南江 | 泸定 | 盐源 | 青川 | 长宁 |
	賨人谷	措普森林	达古冰山	稻城	光雾山	海螺沟	泸沽湖	唐家河	竹石林
6 月上	73	58	64	55	70	66	62	68	74
6 月中	74	59	65	56	72	67	62	69	75
6 月下	76	60	65	55	73	68	62	71	76
7 月上	77	61	64	55	74	69	62	71	77
7 月中	79	62	65	55	75	70	62	72	79
7 月下	80	63	65	55	76	71	62	73	80
8 月上	80	63	64	54	76	71	62	73	80
8 月中	79	62	64	54	75	70	62	71	79
8 月下	77	60	63	53	74	69	61	70	77
9 月上	75	59	63	53	71	68	60	68	75
9 月中	72	57	61	52	68	66	59	65	72
9 月下	70	55	60	51	66	64	58	62	70
10 月上	66	53	58	48	63	63	57	60	67
10 月中	64	51	57	46	61	61	56	58	65
10 月下	61	48	53	42	58	59	53	55	63
11 月上	59	45	51	39	56	57	50	53	61
11 月中	56	43	49	37	52	55	49	49	58
11 月下	53	41	47	35	50	52	47	46	55
12 月上	49	38	45	33	47	49	45	43	52
12 月中	47	37	44	32	45	48	45	41	50
12 月下	46	35	43	31	44	47	44	40	48

　　从表 6.15 可以看出,九个站点温湿指数变化大致相同。其中渠县舒适的时间为 3 月中旬至 5 月上旬以及 9 月下旬到 11 月中旬;巴塘舒适的时间为 4 月下旬至 10 月中旬;黑水舒适的时间为 4 月上旬到 10 月中旬;稻城舒适的时间为 6 月中旬到 7 月中旬;南江舒适的时间为 3 月下旬到 5 月下旬以及 9 月中旬到 11 月上旬;泸定舒适的时间为 3 月中旬到 7 月中旬以及 8 月下旬到 11 月上旬;盐源舒适的时间为 4 月上旬到 10 月中旬;青川舒适的时间为 4 月上旬到 6 月中旬以及 8 月中旬到 10 月下旬;长宁的舒适时间为 3 月上旬到 4 月下旬以及 10 月上旬到 11 月下旬。在温湿指数的指标下各个旅游景区的舒适旅游时间各有不同但时间都很长,还需要另外气候舒适度指数进行综合评价。

6.6.4　风寒指数(WIC)

　　利用 1985—2013 年賨人谷、措普森林公园、达古冰山、稻城、光雾山、海螺沟、泸沽湖、唐家河竹石林所在地的气象站的逐日风速和气温两项气象资料根据风寒指数公式计算得出旅游景区风寒指数(见表 6.16)。

表 6.16　旅游景区风寒指数

旬		1月上	1月中	1月下	2月上	2月中	2月下	3月上	3月中	3月下
渠县	賨人谷	−1042	−1022	−1034	−960	−966	−949	−898	−834	−775
巴塘	措普森林	−539	−562	−553	−542	−530	−542	−511	−487	−465
黑水	达古冰山	−1468	−1496	−1484	−1423	−1388	−1382	−1321	−1204	−1197
稻城	稻城	−829	−859	−845	−834	−827	−839	−791	−764	−733
南江	光雾山	−1095	−1141	−1105	−1032	−1079	−1051	−1006	−936	−873
泸定	海螺沟	−541	−557	−560	−530	−503	−502	−474	−426	−422
盐源	泸沽湖	−649	−683	−665	−653	−639	−639	−613	−573	−547
青川	唐家河	−570	−580	−565	−529	−532	−514	−499	−472	−422
长宁	竹石林	−391	−407	−403	−379	−373	−374	−354	−319	−309
旬		4月上	4月中	4月下	5月上	5月中	5月下	6月上	6月中	6月下
渠县	賨人谷	−700	−624	−550	−481	−463	−428	−377	−340	−289
巴塘	措普森林	−442	−410	−381	−348	−327	−287	−268	−250	−247
黑水	达古冰山	−1124	−1056	−993	−933	−904	−840	−779	−740	−681
稻城	稻城	−704	−661	−629	−582	−569	−518	−495	−467	−443
南江	光雾山	−781	−708	−622	−563	−537	−487	−426	−383	−341
泸定	海螺沟	−377	−351	−320	−295	−292	−275	−258	−247	−225
盐源	泸沽湖	−509	−476	−453	−423	−401	−372	−356	−341	−328
青川	唐家河	−394	−363	−323	−293	−277	−254	−226	−211	−189
长宁	竹石林	−277	−243	−217	−186	−183	−175	−150	−142	−125
旬		7月上	7月中	7月下	8月上	8月中	8月下	9月上	9月中	9月下
渠县	賨人谷	−268	−222	−185	−188	−220	−270	−325	−407	−449
巴塘	措普森林	−244	−241	−247	−247	−252	−265	−270	−287	−309
黑水	达古冰山	−642	−649	−651	−637	−660	−707	−736	−800	−853
稻城	稻城	−429	−433	−435	−432	−436	−448	−468	−487	−507
南江	光雾山	−325	−290	−265	−257	−306	−335	−409	−489	−532
泸定	海螺沟	−220	−209	−196	−195	−206	−228	−239	−267	−288
盐源	泸沽湖	−325	−323	−325	−319	−329	−338	−351	−365	−383
青川	唐家河	−181	−168	−162	−160	−183	−197	−228	−256	−278
长宁	竹石林	−113	−95	−89	−87	−99	−117	−139	−165	−189
旬		10月上	10月中	10月下	11月上	11月中	11月下	12月上	12月中	12月下
渠县	賨人谷	−517	−583	−634	−690	−777	−824	−910	−960	−992
巴塘	措普森林	−338	−365	−406	−434	−463	−481	−493	−524	−526
黑水	达古冰山	−925	−975	−1074	−1133	−1228	−1276	−1340	−1392	−1426
稻城	稻城	−538	−590	−641	−669	−690	−726	−749	−789	−808
南江	光雾山	−596	−689	−725	−779	−893	−923	−999	−1048	−1100
泸定	海螺沟	−318	−337	−366	−383	−430	−464	−498	−524	−532
盐源	泸沽湖	−399	−427	−469	−500	−526	−553	−573	−605	−633
青川	唐家河	−303	−347	−368	−401	−454	−476	−526	−546	−562
长宁	竹石林	−210	−235	−250	−269	−300	−326	−356	−380	−384

风寒指数共有九级,为选取最舒适的季节,则选取 −600～−300 凉风、−300～−200 舒适风及 −200～50 暖风为最舒适。从表 6.16 中可以看出,九个站点的风寒指数除长宁全年比较温暖和黑水在除了夏季之外比较寒冷之外别的七个站点波动比较小。

渠县舒适的时间为 4 月下旬到 10 月中旬;巴塘则全年处于舒适的季节;黑水较冷,因此,舒适时间较少,只能选取较舒适的季节,为 6 月上旬到 9 月中旬;稻城舒适的时间为 5 月上旬到 10 月中旬;南江舒适的时间为 5 月上旬到 10 月上旬;泸定全年较温暖,旬平均风速较小,所以风寒指数为全年度舒适;盐源县在风寒指数上舒适宽度也很广,为 3 月中旬到 12 月上旬;青川也因旬平均风速和温度的原因风寒指数全年度为舒适;长宁为九个景区站点旬平均气温最高的站点,因此为全年度舒适,但如果说别的站点是舒适偏凉的话则长宁为舒适偏暖,长宁的风寒指数最低为 −391。

6.6.5　主要生态旅游景区旅游适宜季的综合评价

从表 6.17 可以看出九个旅游景点舒适度有差异。寞人谷在 4 月上旬至 5 月下旬、9 月下旬至 10 月中旬这 9 旬,十分适合旅游;措普国家森林公园在 5 月上旬至 9 月下旬这 13 个旬,十分适合旅游;达古冰山全年没有非常适宜旅游时间,只有在 6 月上旬至 9 月中旬比较适合旅游;稻城在 6 月中旬至 7 月中旬这四个旬中十分适合旅游;光雾山 5 月、9 月中旬至 10 月上旬这 6 个旬中十分适合旅游;海螺沟在 3 月中旬至 7 月中旬、8 月中旬至 11 月上旬这 13 个旬中十分适合旅游;泸沽湖在 4 月上旬至 10 月中旬这 20 个旬中十分适合旅游;唐家河在 4 月上旬至 6 月中旬、8 月下旬至 10 月下旬这 8 个旬中十分适合旅游;竹石林在 3 月中旬至 4 月下旬、10 月上旬至 11 月下旬这 11 个旬中十分适合旅游。

表 6.17　旅游景区适宜旅游季节

舒适度分布	舒适期	较舒适期	较不舒适期	不舒适期	舒适期长度(旬)
寞人谷	4 月上旬至 5 月下旬 9 月下旬至 10 月中旬	3 月下旬至 4 月中旬 9 月上旬至 9 月中旬 10 月下旬至 11 月中旬	无	1 月上旬至 3 月中旬 6 月下旬至 8 月下旬 11 月下旬至 12 月下旬	9
措普森林公园	5 月上旬至 9 月下旬	3 月中旬至 4 月下旬 10 月上旬至 11 月上旬	无	1 月上旬至 3 月上旬 11 月中旬至 12 月下旬	13
达古冰山	无	6 月上旬至 9 月中旬	无	1 月上旬至 5 月下旬 9 月下旬至 12 月下旬	0
稻城	6 月中旬至 7 月中旬	5 月上旬至 6 月上旬 7 月下旬至 10 月中旬	4 月中下旬	1 月上旬至 4 月上旬 10 月下旬至 12 月下旬	4
光雾山	5 月 9 月中旬至 10 月上旬	6 月上旬至 9 月上旬 10 月中旬至 11 月上旬	无	1 月上旬至 3 月下旬 11 月中旬至 12 月下旬	6
海螺沟	3 月中旬至 7 月中旬	1 月上旬至 3 月上旬 7 月下旬至 8 月上旬,11 月中旬至 12 月下旬	无	无	13

续表

舒适度分布	舒适期	较舒适期	较不舒适期	不舒适期	舒适期长度(旬)
泸沽湖	4月上旬至10月中旬	3月中下旬,10月下旬至12月上旬	1月下旬至3月上旬	1月上中旬 12月中下旬	20
唐家河	4月上旬至6月中旬	2月下旬至3月下旬 11月	无	1月上旬至2月中旬 12月	8
竹石林	3月中旬至4月下旬 10月上旬至11月下旬	1月上旬至3月上旬 9月中下旬、12月	无	6月下旬至9月上旬	11

参考文献

卢云亭,1996.生态旅游与可持续旅游发展[J].经济地理,16(1):106-112.

马勇,舒伯阳,1997."三位一体"旅游教育优化模式研究[J].旅游学刊·旅游教育增刊,(8):42-45.

倪强,1999.近年来国内关于生态旅游研究综述[J].旅游学刊,(3):40-45.

孙云海,2002.生态旅游刍议[J].滨州师专学报,18(1):92-94.

王尔康,1998.生态旅游与环境保护[J].旅游学刊,(2):14-16.

王兴斌,1997.中国的生态旅游与旅游生态环境保护[J].北京第二外国语掌院学报,(6):29-32.

杨剑,赵敏,钱壮志,2005.川陕生态旅游资源优势及客源市场分析[J].长安大学学报(社会科学版),7(2):54-57.

杨永德,陆军,2004.生态旅游概念及其内涵新诠释[J].桂林旅游高等专科学校学报,15(6):68-72.

禹忠云,杨立彬,2009.生态设计在旅游规划中的作用—谈怀柔望京生态旅游区概念规划[J].山东林业科技,(2):91-93.

张延毅,董观志,1997.生态旅游及其可持续发展对策[J].经济地理,(6):108-111.

David Weaver,2004.生态旅游[M].天津:南开大学出版社.

第7章 四川省休闲农业与乡村旅游资源特色及旅游适宜季

休闲农业是以促进农民就业增收和社会主义新农村建设为重要目标,横跨农村一、二、三产业,融合生产、生活和生态功能,紧密连接农业、农产品加工业和服务业的新型农业产业形态。乡村旅游是以农业生产、农民生活、农村风貌以及人文遗迹、民俗风情为旅游吸引物,以城市居民为主要客源市场,以满足旅游者乡村观光、度假、休闲等需求的旅游产业形态。当前,我国农村地区集聚了70%的旅游资源,休闲农业发展潜力巨大。大力发展集农业生产、农业观光、休闲度假、参与体验于一体的休闲农业,对于适应我国旅游消费转型升级,培育新型消费业态,提高居民幸福指数具有重要意义(农业部,2010)。

四川省农业地域辽阔,自然景观立体多姿,农业经营类型多样,农业文化丰富,民俗风情浓厚多彩。四川省发展休闲农业和乡村旅游具有优越条件、巨大潜力和广阔的前景。国家"十三五"期间是旅游消费向休闲消费转型的关键时期,休闲农业正在与现代农业、美丽乡村、生态文明、文化创意产业建设融为一体,以农耕文化为魂,以美丽田园为韵,以生态农业为基,以创新创造为径,以古朴村落为形,释放出发展的强大动力和需求的巨大潜力。

7.1 休闲农业与乡村旅游概况

7.1.1 国内外休闲农业与乡村旅游发展概况

乡村旅游是以乡村特有的自然和人文景观为吸引物,以城镇居民为主要客源市场,通过满足旅游者休闲、求知和回归自然等需求来实现经济和社会效益的一种旅游形式(柯炳生,2005)。乡村旅游最早起源于19世纪的欧洲。1865年,意大利的"农业与旅游全国协会"成立,标志着乡村旅游的诞生(王小磊 等,2007)。随着19世纪80年代乡村旅游大规模发展,目前的乡村旅游在欧美等发达国家已具有相当的规模,并且走上了规范化发展的轨道。

我国的乡村旅游起步较晚,萌芽于20世纪50年代。当时为了外事接待的需要,在山东省石家庄村率先开展了乡村旅游活动。到20世纪80年代后期,较早开放的深圳特区举办了全国最早的荔枝节,随后又开办了采摘园,取得了较好的经济效益。随后全国各地纷纷效仿,开办各具特色的乡村旅游项目。20世纪90年代以后,乡村旅游从沿海城市迅猛扩展至全国各地。在其发展的过程中,为了适应市场需要和自身的资源禀赋,乡村旅游在我国开始出现不同形态。目前,我国比较具有代表性的规模化特色区域主要有成都地区的"农家乐"、北京地区的"民俗村"、院赣地区的"古村落"以及台湾地区的"休闲农业"。

四川省郫县农科村具有悠久的花卉种植历史,是川派盆景发源地和销售基地。唐贞观年间,郫县即有盆景送入宫廷。明清时期,这一带村民种花养兰蔚然成风。20世纪70年代,农科村是郫县友爱公社的农科试验队。20 世纪 80 年代建村后,出现大批花木种植专业户,整个村成为花木生产基地。因为业务需要,以徐文康、宋竹林等农户为首,搞起了非营利性餐饮接待。1987 年,村内园艺景观连点成片,在农家庭院经整修形成优美的环境。《成都晚报》记者对农科村进行了系列报道,称这里是"鲜花盛开的村庄""没有围墙的农民公园"。与此同时,县内外来此参观的游客不断增多,村里徐家大院率先搞起了营业性农家乐,旅游接待。随后宗家、何家、邹家、赵家花木种植大户也如法效仿。到 20 世纪 90 年代农科村农家旅游接待初具规模。

作为"中国农家乐发源地",四川省经过 30 多年的发展,休闲农业与乡村旅游产业日趋壮大,在富裕农民、改造农业、建设农村和促进城乡统筹发展等方面发挥着日益重要的作用。近年来,四川省强力推进休闲农业与乡村旅游发展,取得显著成效。据初步统计,截至 2012 年年底,四川省创建休闲农业与乡村旅游示范基地 2.8 万个,接待游客 2.2 亿人次,休闲农业乡村旅游综合经营性收入突破 450 亿元,带动全省 750 万农民就业增收,其产业规模和产业效益,位居全国前列。

7.1.2 示范推广模式

7.1.2.1 休闲农业与乡村旅游示范县、示范点

根据《农业部国家旅游局关于开展全国休闲农业与乡村旅游示范县和全国休闲农业示范点创建活动的意见》(农企发〔2010〕2 号),为加快休闲农业和乡村旅游发展,推进农业功能拓展、农业结构调整、社会主义新农村建设和促进农民增收,农业部、国家旅游局决定开展全国休闲农业和乡村旅游示范县和全国休闲农业示范点创建活动(许昌燊 等,2014)。

2015 年年底,农业部、国家旅游局联合发布了 2015 年全国休闲农业与乡村旅游示范县、示范点认定名单,四川省新增 4 个国家级休闲农业与乡村旅游示范县和 5 个国家级休闲农业与乡村旅游示范点(农业部,2015)。至此,四川省已经拥有 13 个国家级休闲农业与乡村旅游示范县、24 个国家级休闲农业与乡村旅游示范点,具体参见表 7.1 及表 7.2。

表 7.1　四川省国家级休闲农业与乡村旅游示范县及地理分布列表

年份	国家级休闲农业与乡村旅游 示范县	地理分布
2010	郫县	成都市西北近郊
	蒲江县	成都市区西南部
2011	成都市温江区	成都市西部
	汶川县	阿坝藏族羌族自治州境内
2012	长宁县	
	绵竹市	德阳市辖,四川盆地西北部
2013	苍溪县	广元市辖县
	平昌县	巴中市辖县,四川东北部
2014	武胜县	广安市辖县

年份	国家级休闲农业与乡村旅游 示范县	地理分布
2015	泸州市纳溪区	泸州市纳溪区,四川盆地南部
	江油市	四川盆地西北部,距成都 160 km
	西充县	南充市辖县,四川盆地北部
	雅安市	川藏、川滇公路交会处,距成都 120 km

表 7.2　四川省国家级休闲农业与乡村旅游示范点及地理分布列表

年份	国家级休闲农业与乡村旅游 示范点	地理分布
2010	都江堰市虹口乡高原村	成都市都江堰市虹口乡
	华蓥山黄花梨度假村	广安市华蓥市禄市镇月亮坡村
	四川省常乐酒业有限公司	攀枝花市仁和镇
	绵阳市游仙区老龙山生态农业旅游区	绵阳市游仙区游仙镇
2011	成都双流区元聪万亩生态休闲农业田园区	成都市双流区
	自贡市自流井区飞龙峡景区	自贡市区西南部自流井区
	泸州市纳溪区天仙硐景区	泸州纳溪区
	绵阳市北川县维斯特农业科技集团有限公司	绵阳市北川县
2012	阿坝州汶川大禹生态农业循环经济示范园	阿坝州汶川县
	泸州市华阳现代农业休闲观光园	泸州市江阳区华阳街
	自贡市贡井区建设镇固胜村	自贡市贡井区建设镇
	达州市开江县眷虹居农业开发有限公司观光园	达州市开江县
2013	资阳市雁江区明苑湖休闲农庄	资阳市雁江区
	武胜县白坪飞龙休闲农业与乡村旅游产业园	广安市武胜县
	泸县龙桥文化生态园	泸州市泸县
2014	广元市利州区曙光休闲观光农业园	广元市利州区
	丹棱县梅湖湾度假村	眉山市丹棱县
	泸州市江阳区醉美江湾农业园	泸州市江阳区
	什邡市箭台村	什邡市城西什马路
2015	彭州市葛仙山休闲农业与乡村旅游景区	彭州市
	自贡市百胜生态农业体验园	自贡市沿滩区仙市镇百胜村
	绵竹市中国玫瑰谷	绵竹市
	成都市新都区花香果居	成都市新都区
	简阳市贾家东来桃源	简阳市贾家镇

7.1.2.2　中国美丽田园

《中国美丽田园》的评选条件由农业部办公厅于 2014 年 3 月 12 日生成并于 2014 年 3 月

18日公开,具有以下条件的可以评选为中国美丽田园:

1. 产业规模大

被推介的农事景观应该具有一定的规模并且有明确的区域,农业的生产功能和休闲功能有机结合,农民参与程度高,在当地农民增收中作用突出。

2. 体验类型多

农事景观所在地政府能够组织农民围绕农事景观开展农事节庆、婚纱摄影、休闲体验等多项休闲农业活动,在社会上有一定的知名度和影响力。

3. 生态条件好

农事景观所在区域原生态保持完整,农耕文明、田园风貌、民俗文化得到传承展示,环境优美、场面宏大、景色迷人、特色明显,观赏时间相对固定。

4. 配套环境优

围绕农事景观开展休闲农业活动时,具有良好的基础配套设施,交通便利,食宿卫生,安全有保障,能够满足游客休闲体验娱乐的需要。

由国家农业部办公厅于2014年2次发布的四川省《中国美丽田园》名单,见表7.3。

表7.3　四川省《中国美丽田园》公布时间及名单

序号	时　间	名　单
1	2014年3月4日	成都市龙泉驿区山泉镇桃花景观
2	2014年3月4日	成都市新津县花舞人间花卉景
3	2014年3月4日	眉山市彭山县观音镇葡萄景观
4	2014年3月4日	达州市开江县普安镇稻田景观
5	2014年3月4日	广安华蓥市黄花梨度假村梨花景观
6	2014年10月8日	阿坝州金川县雪梨花景观
7	2014年10月8日	阿坝州金川县红叶景观
8	2014年10月8日	广安华蓥市华蓥山葡萄景观
9	2014年10月8日	泸州市江阳区油菜花景观
10	2014年10月8日	泸州市古蔺县梦里苗乡葵花景观

7.1.2.3　中国最美休闲乡村

中国最美休闲乡村推介活动以行政村为主体单位,包括历史古村、特色民居村、现代新村、特色民俗村等类型。参加推介的村应以农业为基础、农民为主体、乡村为单元,依托悠久的村落建筑、独特的民居风貌、厚重的农耕文明、浓郁的乡村文化、多彩的民俗风情、良好的生态资源,因地制宜发展休闲农业,确保功能特色突出,文化内涵丰富,品牌知名度高,具有很强的示范辐射和推广作用。具体以下条件可以参加评选:

1. 多元的产业功能

农业功能充分拓展,农耕文明、田园风貌、民俗文化得到传承,生态环境得到保护,农业生产功能与休闲功能有机结合,就地吸纳农民创业就业容量大,带动农民增收能力强。

2. 独特的村容景致

乡土民俗文化内涵丰富,村落民居原生状态保持完整,基础设施功能齐全,乡村各要素统一协调,传统文化与现代文明交相辉映,浑然一体,村容景致令人流连忘返。

3. 良好的精神风貌

基层组织健全,管理民主,社会和谐;村民尊老爱幼,邻里相互关爱,村民生活怡然自得;民风淳朴,热情。

2014 年农业部办公厅通知中推介的《中国最美休闲乡村》里,四川省于 2014 年 11 月底前,5 个乡村榜上有名,即:郫县农科村、苍溪县文家角村、南充市顺庆区青山湖村、武胜县庐山村、成都市龙泉驿区双槐村。

7.2　四川省"全国休闲农业与乡村旅游示范县"资源特色与舒适度评价

7.2.1　四川省全国休闲农业与乡村旅游示范县资源特色

1. 成都市郫县旅游资源特色

郫县地处成都市西北部、川西平原腹心地带,东靠金牛区,南邻青羊、温江区,西连都江堰市,北接新都区、彭州市。郫县幅员 437.5 km²,平均海拔高度 630 m。郫县气候宜人,属亚热带季风性湿润气候,夏无酷暑,冬无严寒,雨量充沛,见表 7.4。全年风向频率以东南风最多,具有春早、夏长、秋雨、冬暖、无霜期长、雨量充沛、冬季多雾、日照偏少和四季分明的特点。

郫县林木资源总面积不大,成片森林也较少,但林木分布均匀,配置合理,已形成平原绿化防护林网络体系。郫县境内平原土壤深厚肥沃,虽无大面积森林,但林木植被种类十分丰富,有乔木、灌木、竹类、藤本植物 300 多种。截至 2010 年,全县绿化用地面积 6471.7 hm²,林业用地 5169.7 hm²。按林种类型划分,特种林 113.4 hm²,经济林果 547.0 hm²,防护林 4639.5 hm²。全县绿化覆盖率达 14.98%。郫县花卉品种有翠玉冠、芙蓉梅、兰花中的西施点唇、一品黄素、贵妃起舞、春剑花瓣、水晶龙、兰边中透等。主要分布在郫筒、友爱、唐昌等镇,共有 200 亩①左右。历史遗址有古城遗址、杜鹃城遗址、德源商周遗址、望丛祠、唐昌文庙、安靖邓家双斗桅杆、扬雄墓、严君平墓和何武墓等历史遗迹,是国家的重要文物保护区域。

表 7.4　郫县气候要素

月份	气温(℃)	降水量(mm)	相对湿度(%)	日照时数(h)
1	5.3	9.6	83.0	56.1
2	7.6	11.4	81.3	53.9
3	11.4	25.1	79.3	83.9
4	16.6	46.0	78.3	110.4
5	20.9	76.0	76.1	121.6
6	23.6	110.7	80.1	114.6
7	25.3	219.8	84.7	129.9
8	24.7	208.6	85.1	145.9
9	21.3	131.1	85.4	77.0
10	16.8	42.2	85.7	55.6
11	12.1	17.3	83.9	62.8
12	6.8	8.7	83.8	55.0

---

①　1 亩＝666.7 m²。

2. 成都市蒲江县旅游资源特色

蒲江县是四川省成都市下辖县,位于成都平原西南缘,是成都、眉山、雅安三市交汇处,地跨 103°19′E～103°41′E,30°5′N～30°21′N。毗邻天府新区,属成都"半小时经济圈",是"进藏入滇"的咽喉要道,交通便利。全县幅员 583 km²,东西最长 37 km,南北最宽 27.5 km,平均海拔 534 m。

平坝、丘陵、山地随地势升高,夏季逐渐缩短,冬季逐渐增长(见表 7.5);"两河"下游的寿安地区为夏季最长地区,长秋山区为冬季最长地区。全县耕地 1.49 万 hm²,占土地总面积的 25.56%,按总人口 25.75 万人计算,人均耕地 0.06 hm²(0.87 亩)。县境内蕴藏有煤、铁、盐卤、耐火石、天然气、矿泉水等地下矿产资源,天然气和矿泉水实现工业化开采,其余未作开采。四川省成都市蒲江县位于 30°N,是世界公认的猕猴桃最佳种植区,生态条件优越,品种资源丰富,市场基础良好。

表 7.5　蒲江县气候要素

月份	气温(℃)	降水量(mm)	相对湿度(%)	日照时数(h)
1	5.8	17.1	85.5	49.1
2	8.0	21.9	84.1	50.9
3	11.7	41.6	82.1	83.9
4	16.8	65.3	80.4	112.4
5	20.9	10.7	78.1	122.4
6	23.6	141.3	81.3	112.4
7	25.3	269.4	84.6	126.3
8	24.8	273.7	85.1	140.6
9	21.5	152.3	85.4	71.5
10	17.1	64.6	86.3	52.6
11	12.6	28.0	85.6	56.4
12	7.4	15.1	86.4	45.5

3. 成都市温江区旅游资源特色

温江区位于成都平原腹心,地跨 103°41′～103°55′E,30°36′～30°52′N。东邻成都市青羊区,南毗双流区,西接崇州市,北靠郫县、都江堰市。温江城区距成都市中心城区 16 km,距双流国际机场 18 km。全区幅员 277.8 km²,区境属典型的平原地,地势平坦,无山无丘,土地肥沃,水文、气候条件优越,适宜多种生物生长繁育,是著名的农耕区。海拔高度最低 511.3 m,最高 647.4 m。2013 年,温江区土地总面积 414211.04 亩,其中:农业用地面积 244573.19 亩;建设用地面积 154274.77 亩,未利用地面积 15363.08 亩;耕地保有量 214000 亩,基本农田保有量 172000 亩,全县河渠众多,水网发达,地下水和地表径流丰富,取之不尽的砂石资源,为发展建材工业提供了极为有利的条件。

温江属亚热带湿润气候区,全区四季分明,夏无酷暑,冬无严寒,夏、冬季长,分别为 108 d 和 105 d,春、秋季短,各为 76 d,见表 7.6。

温江区旅游资源丰富,历史悠久,是 4000 多年前古蜀鱼凫王国的发祥地,自西魏恭帝(公元 555 年)建制以来,一直是川西政治、经济、文化重镇。1949 年以后长期为温江地委、行署所在地,1983 年划归成都市管辖。2002 年 4 月温江撤县设区,素有"金温江"之称,有鱼凫遗址、温江文庙、陈家桅杆、大乘院、城南古郭等文物古迹。新建成的温江水上乐园是亚洲最大的水上乐园。温江区依托城市近郊优势和 13 万亩花木生态产业优势,着重打造休闲农业与乡村旅游产业。目前,基础设施完善、生态底蕴丰厚、管理体系规范,现有农家乐、乡村餐饮点 826 家、国家 4A 级旅游景区 1 个、全国特色景观旅游示范镇 1 个,在国内外形成有较高知名度和影响力的生态绿道、国色天乡乐园、金马国际马术节、永盛九斗碗、万春卤菜等休闲农业和乡村旅游品牌,全区休闲农业与乡村旅游年总收入达 5.85 亿元,从业人员达 46240 人,从业人员中农民就业比例达到 83%,从业人员职业技能培训面达到 85%以上。

表 7.6　温江区气候要素

月份	气温(℃)	降水量(mm)	相对湿度(%)	日照时数(h)
1	5.3	9.2	85.5	47.4
2	7.7	11.5	84.1	49.8
3	11.4	24.9	82.0	80.1
4	16.6	42.3	80.4	105.7
5	21.0	79.8	78.1	113.9
6	23.6	112.6	81.3	109.5
7	25.2	220.4	84.6	229.9
8	24.7	199.0	85.1	133.8
9	21.4	123.0	85.5	65.9
10	16.9	38.1	86.3	51.1
11	12.1	14.9	85.6	56.0
12	6.9	5.9	86.4	45.0

4. 汶川县旅游资源特色

汶川县位于四川盆地西北部边缘,居阿坝藏族羌族自治州东南部,东邻彭州、都江堰市,南接崇州、大邑县,西界宝兴县与小金县,西北至东北分别与理县、茂县相连。地跨 $30°45'\sim31°43'$N 与 $102°51'\sim103°44'$E。全县幅员 4083 km²,平均海拔 1325 m。地处亚热带湿润气候带,气候潮湿。夏季受东南季风和西南季风影响,并且又处在迎风坡上,高温多雨,冬季受西北季风影响,但汶川西北面是高大的大巴山,所以受西北季风影响较小,气候温和湿润。汶川县气候南湿北旱,光、热、水分布不均,利于发展农业的多种经营生产,见表 7.7。

汶川,是阿坝藏族羌族自治州的门户和交通枢纽,是前往世界自然遗产大熊猫栖息地卧龙、九寨沟、黄龙、四姑娘山和美丽大草原的必游之景,是距离大都市最近的藏羌民族聚居区,素有"大禹故里、熊猫家园"的美誉,不仅拥有美丽的自然景观和丰富的人文资源,还因"5·12"汶川特大地震而受到世界瞩目。汶川在灾后恢复重建中,紧扣围绕资源办旅游、围绕文化办旅游、围绕城镇办旅游的思路,把全县作为一个景区来规划,把集镇作为一个小城来设计,把村庄作为一个景点来建设,把农户作为一个文化小品来改造,着力形成一步一景、步移景换的全域景区新格局。经过近四年的努力,汶川的旅游产业实现了观念突破、物质积淀、基础夯实和精神凝聚四大突破,成功创建了涉及六个乡镇的汶川三江生态旅游景区、汶川水磨古镇景区、汶川映秀 5·12 纪念地景区、汶川大禹文化旅游区四个国家 4A 级旅游景区。如今的汶川,灾区变景区、家园变花园、农民变居民,百业更加兴旺、城乡美丽依然,禹羌大地正向人们展示着世界汶川、水墨桃源的动人画卷。

表7.7 汶川县气候要素

月份	气温(℃)	降水量(mm)	相对湿度(%)	日照时数(h)
1	3.8	3.8	62.9	121.0
2	6.1	7.0	62.9	110.0
3	10	21.6	63.0	130.1
4	14.9	52.2	63.2	145.5
5	18.5	71.3	65.2	351.1
6	21.0	78.7	69.3	113.3
7	23.2	73.2	70.0	132.7
8	23.0	75.4	68.1	140.2
9	19.3	64.3	72.0	99.2
10	14.8	39.2	72.3	96.1
11	10.5	11.3	67.3	114.2
12	5.3	1.8	63.8	120.4

汶川县山体宏浑高大,相对高差悬殊,光照、降水条件随海拔增高而变化,同样影响着森林及植被群落类型的分布和植物带谱的形成。这里植物资源种类繁多,科属很全,一共4000种。存在全国独有的、成片分布的野生珙桐林,与其伴生的水青树、连香树、伯乐树和其他属于国家保护的珍稀树木多达20余种。还有许多名木古树和"国香"兰花,使人在珍稀美、风采美、悠古美诸多方面获得丰富的意境和多种的美感。其中特用林和灌木林已占森林植被面积的82.85%,稀疏林地、未成造林林地、迹地更新地共只占17.15%,可见其森林资源的丰富程度。汶川县拥有卧龙自然保护区、三江生态旅游风景区等自然景观以及禹、羌文化和三国文化遗址等人文景观资源。汶川县既是"中国民族民间艺术之乡—羌绣之乡",也是动物活化石——大熊猫的故乡,世界上首屈一指的大熊猫研究中心卧龙就在县之西南部。

5. 长宁县旅游资源特色

长宁县位于四川盆地南缘,宜宾市腹心地带,位于四川盆地与云贵高原的过渡带,东邻江安,南界兴文、西与高县、珙县交邻,并紧靠宜珙铁路,北与南溪区、宜宾市相连。地跨104°44′22″~105°03′30″E,28°15′18″~28°47′48″N,南北长约60 km,东西宽30 km,全县辖员1000.2 km²。地势南高北低,海拔245.9~1408.5 m。

表7.8 长宁县气候要素

月份	气温(℃)	降水量(mm)	相对湿度(%)	日照时数(h)
1	8.0	24.5	87.0	29.0
2	10.3	26.6	84.2	41.7
3	14.2	40.0	80	76.5
4	19.3	67.0	77.7	108.8
5	22.9	111.7	78.0	118.6

月份	气温(℃)	降水量(mm)	相对湿度(%)	日照时数(h)
6	25.1	154.5	81.8	105.8
7	27.5	208.2	81.4	153.6
8	27.4	155.1	80.0	161.7
9	23.5	115.3	83.9	87.0
10	18.7	73.8	86.9	48.9
11	14.5	35.1	86.2	44.0
12	9.5	24.1	87.6	26.0

长宁县属四川盆地中亚热带湿润性季风气候,温暖湿润,无霜期长,雨热同季,四季分明,见表7.8。

长宁县内植物资源植物种类丰富,有维管植物 147 科 368 属 1345 种,其中蕨类植物 38 科 59 属 147 种,种子植物 109 科 579 属 1198 种;植被类型多样,以亚热带低山湿润型常绿阔叶林、亚热带低山常绿针叶林和亚热带丘陵低中山竹林等植被类型为主,亚热带落叶阔叶林也有零星出现,形成了亚热带低山纯竹林生态系统,亚热带低山常绿阔叶、针叶林与竹类混交林生态系统,亚热带亚高山竹类、常绿和落叶树混交林生态系统,常形成"竹海"、"双楠"(楠竹、楠木)和"松竹"景观。长宁县有景区、景点 110 余处,主要有:蜀南竹海、梅硐镇竹石林旅游区、佛来山旅游区、梅白碧浪湖、洪谟故里、三元苦竹寺、天泉湖、世纪竹园、长宁竹海自然保护区、中国竹海漂浮温泉、竹海三江世外桃源、古河七洞沟、龙头氡温泉、硐底翡翠峡、双河葡萄井等。

6. 绵竹市旅游资源特色

绵竹市位于四川盆地西北部,地处 103°54′~104°20′E,30°09′~31°42′N,幅员 1245.3 km²,东西宽约 42 km,南北长约 61 km。市境东南靠德阳市旌阳区,东北与绵阳市安县接壤,西南与什邡隔河相望,西北与阿坝州茂县毗连。绵竹市境地势西北高,东南低,高差悬殊,海拔高度 504~4405 m。

绵竹市属四川盆地中亚热带湿润气候区,气候温和,大陆季风性气候特点显著,无霜期长,春季冷空气活动频繁,气温回升不稳定,常有春、夏旱发生,盛夏多暴雨,有洪涝天气发生,秋季气温下降快,常有连阴雨天气出现,见表7.9。

绵竹市植被属于四川盆地西北边缘亚热带常绿阔叶林区,龙门山小区。因地势气候影响,植物垂直性带谱明显。植物呈散点、带状分布:中低山针阔叶林带,多为山地黄壤及山地黄棕壤,多为次生性植被。主要由樟科、山矾科、山茶科、山毛榉科、木兰科等常绿树种组成;中山硬阔叶、暗针叶林带,植被主要有硬叶常绿阔叶林和暗针叶林;亚高山针叶林、灌木林带,植被多为针叶混交林,建群树种有冷杉、云杉、高山柏。高山灌丛草甸带,海拔 3000~4405 m。主要以禾本科、莎草科为建群种。另有适应其气候和环境的高山柏、香柏、杜鹃、杨柳等植物,均已矮化为灌木丛。珍稀植物有:珙桐、水杉、银杏、连香树等。绵竹市的旅游景观有九龙镇湿地沟、严仙观、九顶山、祥符寺、云悟寺、诸葛双忠祠、年画村、云湖森林公园,其中九龙山乡村旅游景区和中国绵竹年画村景区更是国家 4A 级景区。

表 7.9　绵竹市气候要素

月份	气温(℃)	降水量(mm)	相对湿度(%)	日照时数(h)
1	5.3	11.0	78.3	51.9
2	7.6	14.2	77.2	45.5
3	11.4	25.4	75.2	69.5
4	16.6	44.9	73.4	95.6
5	20.9	76.3	71.8	105.4
6	23.6	110.4	77.2	98.5
7	25.4	239.5	81.1	110.5
8	24.9	232.8	81.0	120.4
9	21.3	157.2	81.8	60.5
10	16.8	52.6	81.5	48.5
11	12.1	17.9	78.6	56.6
12	6.8	6.3	79.2	50.6

7. 平昌县旅游资源特色

平昌县位于四川省东北部,米仓山南麓,地跨 31°16′～31°52′N,106°15′～107°34′E。东接万源、宣汉,南抵达州、渠县,西邻营山、仪陇,北连通江、巴中;与达州火车站相距 100 km,与达州市机场相距 110 km。南北长 69.8 km,东西宽 69 km,总面积 2229.12 km²。海拔高度 1338.8 m。平昌县全境地质属四川东部山区,山脉呈西北至东南走向,略呈向西南方向凸出的弧形,山顶有平坦顶面,最高在海拔高度 1338.8 m,最低海拔高度 350 m,相对高差 500 m,大多数山高 700～1000 m,农耕地一般在海拔高度 700 m 左右。

平昌县属四川盆地中亚热带湿润季风气候区,四季分明,气候温和,全年雾多,雨量充沛,空气湿润,见表 7.10。

平昌县境内尚存兽类 22 种,禽类 49 种,水族及两栖爬行类 43 种,昆虫类共 60 余类数千种。县境内属大巴山马尾松常绿阔叶林带。有乔、灌木 50 科 160 余种。旅游景点有刘伯坚故居、刘伯坚烈士纪念馆(碑)、佛头山森林公园、得胜北山寺、镇龙山国家森林公园、五峰林场秋景、南天门风景区等等。

表 7.10　平昌县气候要素

月份	气温(℃)	降水量(mm)	相对湿度(%)	日照时数(h)
1	5.7	13.6	83.2	31.3
2	8.0	19.8	79.7	36.4
3	11.9	37.5	76.7	78.1
4	17.1	74.5	77.2	116.3
5	21.3	146.4	78.0	126.1
6	24.4	178.6	81.3	117.5
7	27.0	226.7	81.7	156.7
8	26.7	168.6	79.6	173.9

续表

月份	气温(℃)	降水量(mm)	相对湿度(%)	日照时数(h)
9	22.4	165.5	82.4	100.4
10	17.3	96.0	85.4	65.9
11	12.3	48.5	85.4	53.1
12	7.2	17.0	85.4	28.9

8. 武胜县旅游资源特色

武胜县地处四川盆地东部,嘉陵江中游,广安市西南部,四川、重庆两省市结合部,东邻岳池,西连蓬溪、南接合川,北交南充。东西相距 48.5 km,南北相距 40.5 km,幅员 966 km²,地跨 105°56′E～106°26′E,30°10′N～60°32′N。地形由西北向东南倾斜,海拔从 426.0 m 降到 210.3 m,形成典型的方山丘陵地貌。武胜是典型的"三山一水六分田"的浅丘农业大县。高差 500 m,大多数山高 700～1000 m,农耕地一般在海拔 700 m 左右。

武胜县气候属亚热带湿润季风气候,全年四季分明,气候温和,雨量充沛,日照充足,见表 7.11。

武胜属亚热带常绿阔叶林区,有常见植物种类 1000 多种。全县森林覆盖率为 28.8%。白坪—飞龙新农村示范区认定为全国休闲农业与乡村旅游示范点,创建国家 4A 级景区通过验收,荣获全省农民增收工作先进县;现代服务业提档升级,被评为"四川十大区市县旅游目的地",建设南路商业街成为第二批省特色商业街,宝箴塞旅游区创建为国家 4A 级景区。旅游景点有宝箴塞,沿口古镇,印山公园,太极湖。

表 7.11　武胜县气候要素

月	气温(℃)	降水量(mm)	相对湿度(%)	日照时数(h)
1	6.6	18.4	87.8	36.3
2	9.0	27.2	84.0	44.0
3	12.9	39.4	80.0	92.8
4	18.1	78.0	78.7	124.7
5	22.0	149.7	80.0	135.0
6	24.6	160.7	84.2	128.3
7	27.4	177.8	82.0	184.1
8	27.5	128.2	78.1	195.1
9	23.2	125.7	83.1	121.0
10	18.0	82.9	87.8	69.2
11	13.3	38.5	88.0	53.9
12	8.1	38.5	89.6	32.1

7.2.2　四川省"全国休闲农业与乡村旅游示范县"人体舒适度评价

气象不仅是自然环境的重要组成部分,更是构成人类生活情境的有机组成部分,人的心理、生理变化都会受气候条件和气候环境的影响,气象条件是由气温、湿度、气压、光照、风向风速和大气成分等要素构成复合环境。气象研究变化实际是气象要素配制发生变化,都会对人的心理产生不同的影响。

人体舒适度指数是为了从气象角度来评价在不同气候条件下人的舒适感,根据人类机体与大气环境之间的热交换而制定的生物气象指标。一般而言,气温、相对湿度、风速三个气象要素对人体感觉影响最大,可帮助旅游者对旅游目的地大气环境有所了解,为决策出游季节提供气象参考。根据四川省境内常用气象生活指数,考虑了气温、相对湿度、风等气象要素对人体的综合作用后,一般人群的外界气象环境感受到舒服与否及程度。根据《四川省全国休闲农业与乡村旅游示范县》9 个县 1984—2013 年每年逐月平均气温和逐月平均相对湿度资料,求30 a 平均值,计算分别求得当地每月人体舒适度指数和对应舒适等级。

1. 成都市郫县人体舒适度评价

分析表明:郫县全年最好的旅游季节是 4,5,9,10 月,舒适等级均为 0 级,普遍感觉舒适。3,11 月为 −1 级,属于偏凉或凉,而 6 月为 1 级,属于偏热,均为过渡季节,只有部分人感到不舒适,是比较好的旅游季节。7—8 月舒适等级为 2 级,属于热,感到不舒适,外出旅游注意防暑,见表 7.12。总之,适宜旅游季节在春季、秋季。

表 7.12　郫县人体舒适度指数

指数＼月份	1	2	3	4	5	6	7	8	9	10	11	12
舒适指数	43	47	53	61	68	73	76	75	69	62	54	45
舒适等级	−2	−2	−1	0	0	1	2	2	0	0	−1	−2
舒适感	偏冷	偏冷	偏凉	舒适	舒适	偏热	热	热	舒适	舒适	偏凉	偏冷

2. 成都市蒲江县人体舒适度评价

分析表明:蒲江县最理想的旅游季节是 4,5,10 月舒适等级为 0,普遍感到舒适;其次是春初 3 月和秋末 11 月舒适等级为 −1,舒适感为偏凉或凉,部分人感到不舒适,旅游时稍注意防寒即可;夏初 6 月和秋初 9 月舒适等级为 1,偏热或者比较热,部分人感到不舒适,稍注意防热,3,6,9,11 月均是不错的旅游季节。冬季 12 月至次年 2 月舒适等级为 −2,舒适感偏冷或者比较冷,大部分人感到不舒适。夏季 7—8 月舒适等级为 2,热,感觉不舒适,见表 7.13。总之,浦江县 3—11 月均适宜乡村旅游。

表 7.13　蒲江县人体舒适度指数

指数＼月份	1	2	3	4	5	6	7	8	9	10	11	12
舒适指数	43	47	54	62	68	73	76	75	70	62	55	46
舒适等级	−2	−2	−1	0	0	1	2	2	1	0	−1	−2
舒适感	偏冷	偏冷	偏凉	舒适	舒适	偏热	热	热	偏热	舒适	偏凉	偏冷

3. 成都市温江区人体舒适度评价

分析表明:温江区全年有 5,6,9 舒适等级为 0 级,普遍感到舒适,为最佳旅游季节。3,4,10,11 月舒适等级为 −1 级,属于偏凉或凉,部分人感到不舒适,大部分人适宜旅游。7—8 月舒适等级为 1 级,属于偏热或较热,虽然为当地的夏天,但只有部分人感到不舒适。12 月至次年 2 月舒适等级为 -2 级,属于偏冷或较冷,大部分人感觉不舒适,外出旅游注意防寒见表7.14。总之,3—11 月均适宜乡村旅游。

表 7.14　温江区人体舒适指数

指数 ＼ 月份	1	2	3	4	5	6	7	8	9	10	11	12
舒适指数	43	46	52	59	64	68	71	70	65	59	52	45
舒适等级	-2	-2	-1	-1	0	0	1	1	0	-1	-1	-2
舒适感	偏冷	偏冷	偏凉	偏凉	舒适	舒适	偏热	偏热	舒适	偏凉	偏凉	偏冷

4. 汶川县人体舒适度评价

分析表明:汶川县各月人体舒适指数等级与成都市温江区很相似,甚至更具优势,最好的旅游季节是 5,6,9 月,见表 7.15。全年 3—11 月均适宜旅游。

表 7.15　汶川县人体舒适指数

指数 ＼ 月份	1	2	3	4	5	6	7	8	9	10	11	12
舒适指数	43	46	52	59	64	68	71	71	65	59	52	45
舒适等级	-2	-2	-1	-1	0	0	1	1	0	-1	-1	-2
舒适感	偏冷	偏冷	偏凉	偏凉	舒适	舒适	偏热	偏热	舒适	偏凉	偏冷

5. 长宁县人体舒适度评价

分析表明:长宁县 5,6,9,10 月舒适等级为 0 级,普遍感到舒适,为最佳旅游季节。4,11月舒适等级为 -1 级,属于偏凉或凉,7—8 月舒适等级为 6 级,属于偏热或较热,4,11,7,8 月只有部分人感到不舒适。而在 12 月至次年 3 月舒适等级为 -2 级,属于偏冷或较冷,大部分人感觉不舒适,见表 7.16。总之,全年 4—11 月均适宜旅游。

表 7.16　长宁县人体舒适指数

指数 ＼ 月份	1	2	3	4	5	6	7	8	9	10	11	12
舒适指数	40	43	49	57	64	69	73	73	67	60	52	43
舒适等级	-2	-2	-2	-1	0	0	1	1	0	0	-1	-2
舒适感	偏冷	偏冷	偏冷	偏凉	舒适	舒适	偏热	偏热	舒适	舒适	偏凉	偏冷

6. 绵竹市人体舒适度评价

分析表明:绵竹市 6—10 月有 5 个月的舒适等级为 0 级,普遍感到舒适,为最佳旅游季节。4,5 月舒适等级为 -1 级,属于偏凉或凉,部分人感觉不舒适,为较好的旅游时段。12 月至次年 2 月舒适等级为 -3 级,属于冷,感觉不舒适。11,3 月舒适等级为 -2 级,属于偏冷或较冷,大部分人感觉不舒适,见表 7.17。因此,这里的旅游季节主要在 4—10 月的温暖季节。

表 7.17　绵竹市人体舒适指数

指数 ＼ 月份	1	2	3	4	5	6	7	8	9	10	11	12
舒适指数	32	36	42	51	58	65	69	68	62	64	45	35
舒适等级	-3	-3	-2	-1	-1	0	0	0	0	0	-2	-3
舒适感	冷	冷	偏冷	偏凉	偏凉	舒适	舒适	舒适	舒适	舒适	偏冷	冷

7. 平昌县人体舒适度评价

分析表明:平昌县4,5,10月舒适等级为0级,普遍感到舒适,为最佳旅游季节。其次3,9,11月舒适等级为−1,1级,大部分人感到舒适,也是比较好的旅游时间。只有12月至次年2月和7,8月的冬、夏季节,感到不舒适,外出旅游需要注意准备防寒、防暑设备,保护身体,见表7.18。总之,春季3—5月、夏初6月、秋季9—11月均适宜大众旅游。

表7.18　平昌县人体舒适指数

指数＼月份	1	2	3	4	5	6	7	8	9	10	11	12
舒适指数	44	48	54	62	69	74	78	78	71	63	54	46
舒适等级	−2	−2	−1	0	0	1	2	2	1	0	−1	−2
舒适感	偏冷	偏冷	偏凉	舒适	舒适	偏热	热	热	偏热	舒适	偏凉	偏冷

8. 苍溪县人体舒适度评价

分析表明:苍溪县各月舒适等级与平昌县相同,为此,4,5,10月舒适等级为0级,普遍感到舒适,为最佳旅游季节,见表7.19。春季3—5月、夏初6月、秋季9—11月均适宜大众旅游旅。

表7.19　苍溪县人体舒适指数

指数＼月份	1	2	3	4	5	6	7	8	9	10	11	12
舒适指数	44	48	54	62	69	73	77	77	70	62	55	46
舒适等级	−2	−2	−1	0	0	1	2	2	1	0	−1	−2
舒适感	偏冷	偏冷	偏凉	舒适	舒适	偏热	热	热	偏热	舒适	偏凉	偏冷

9. 武胜县人体舒适度评价

分析表明:武胜县全年只有4,10月舒适等级为0级,普遍感到舒适,为最佳旅游季节。其次是3,11月舒适等级为−1级,属于偏凉或凉,5,9月舒适等级为1级,属于偏热或比较热,3,5,9,11月均是部分人感到不舒适,亦是不错的旅游季节。6—8月盛夏和12月至次年2月冬季舒适等级分别为2,−2级,感觉不舒适,外出旅游需要作好保健准备,见表7.20。

表7.20　武胜县人体舒适指数

指数＼月份	1	2	3	4	5	6	7	8	9	10	11	12
舒适指数	45	49	56	64	70	75	79	79	72	64	56	47
舒适等级	−2	−2	−1	0	1	2	2	2	1	0	−1	−2
舒适感	偏冷	偏冷	偏凉	舒适	偏热	热	热	热	偏热	舒适	偏凉	偏冷

7.3　四川省"全国休闲农业与乡村旅游示范点"资源特色与舒适度评价

7.3.1　四川省全国休闲农业与乡村旅游示范点资源特色

2015年5月6日作者到成都双流元聪万亩葡萄生态园实地科考,选择生态园规模最大的

"四川愧丰生态农业投资有限公司"进行基地考察与座谈,特别是对主导产业葡萄当下的气象问题进行交流,并提出应对建议。

1. 成都市双流区元聪万亩葡萄生态园

双流区地处成都西南地段,属成都市郊区,与成都市武侯区相接。属中亚热带季风湿润气候,全年气候温和,双流区春早秋凉,夏无酷暑,冬无严寒的四季特征,见表7.21。

表7.21　双流区气候要素

月份 \ 要素	气温(℃)	降水量(mm)	相对湿度(%)	日时照数(h)
1	5.6	9.9	83.6	29.0
2	8.0	11.7	81.8	29.6
3	11.7	23.7	79.3	38.4
4	16.9	44.5	78.4	38.0
5	21.3	79.1	80.3	154.6
6	23.9	124.1	78.4	40.4
7	25.5	222.8	84.8	488.3
8	25.1	189.2	84.5	35.0
9	21.7	114.7	84.0	34.8
10	17.3	37.0	83.6	31.1
11	12.5	15.0	82.1	252.9
12	7.3	6.1	83.1	25.5

万亩葡萄生态园位于双流彭镇羊坪村,成新蒲快速通道旁,交通十分便利。该生态园种植有机生态葡萄及其他作物,以生态观光农业为主体,打造一个全新的农业种植主体园区。该园种有巨峰、夏黑等20多种葡萄,是四川片区最大的葡萄种植基地,每年都会有大的葡萄节,在夏季的7—8月葡萄丰收时期,大量游人都会来到这里体验采摘,品尝葡萄。

2. 都江堰市虹口乡高原村

都江堰市位于成都市西面,距离成都市48 km。属于亚热带湿润气候,四季分明,温度适宜,夏无酷暑,冬无严寒,见表7.22。

表7.22　都江堰市气候要素

月份 \ 要素	气温(℃)	降水量(mm)	相对湿度(%)	日照时数(h)
1	5.0	17.4	80.7	48.1
2	7.1	22.3	80.4	41.0
3	10.9	42.6	77.7	61.8
4	16.1	61.2	75.1	89.9
5	20.4	93.4	72.3	93.6
6	23.1	119.8	75.8	90.0
7	24.9	259.6	79.5	109.1

月份 \ 要素	气温(℃)	降水量(mm)	相对湿度(%)	日照时数(h)
8	24.5	248.3	79.5	113.3
9	20.8	168.6	82.3	52.1
10	16.2	66.9	84.0	40.7
11	11.7	30.2	81.9	51.8
12	6.5	12.1	81.5	49.3

　　高原村位于都江堰虹口乡北部,距离都江堰市区 21 km,地处山区。高原村采用企业化组织形式,建立猕猴桃产业合作社、三木药材产业合作社,提高了农村的经济实力。该村种植猕猴桃 5000 余亩,大量猕猴桃以出口为主,并很大促进了当地的旅游业发展,每年 9 月和 10 月会有大量的游客前来采摘猕猴桃。举世著名的都江堰水利工程,浩大的都江堰渠工程位于市区西北部。

　　3. 泸州市纳溪区天仙硐景区

　　泸州市位于四川省东南地区,长江和沱江的交汇处,是长江上游重要的港口城市,交通相当便利。属于亚热带湿润气候,春秋季节比较暖和,夏季炎热,冬季不太冷,见表 7.23。

　　天仙硐景区位于泸州纳溪区,距离城区 9 km,靠近泸州机场、长江港口等,四通八达,是国家 AAAA 级旅游景区。景区内枝繁叶茂,飞悬瀑布,山崖峭壁,光怪陆离,森林覆盖率 76%。在沿山的石路上,有着各种明代石浮雕,优美流畅,惟妙惟肖。中部园区有闻名的生态茶叶基地,养殖基地,盛产茶叶,枇杷,竹笋,林下鸡等特色产品。

表 7.23　泸州市气候要素

月份 \ 要素	气温(℃)	降水量(mm)	相对湿度(%)	日照时数(h)
1	7.3	29.1	86.7	31.0
2	9.6	29.2	83.6	46.4
3	13.4	48.5	79.8	87.6
4	18.4	82.9	78.6	120.4
5	21.9	127.9	79.4	131.1
6	24.1	177.7	83.9	119.7
7	25.9	182.4	79.5	183.3
8	26.8	144.9	79.1	187.8
9	22.8	125.5	83.7	107.9
10	17.9	88.3	88.0	55.6
11	13.7	48.4	86.9	50.0
12	8.8	30.8	88.0	30.9

　　4. 泸州市华阳现代农业休闲观光园

　　华阳观光园位于泸州江阳区,整个面积约 23 km²,占据华阳白湾、青山、石虎、皇伞、卫星等 5 个行政村。观光园内环境优美,各种无公害蔬菜与水果种植,农家乐里可以体验与采摘,还有水中坝、青山水库中一些水上娱乐项目,是一个集生态,休闲,娱乐,养生于一体的综合旅游景区。

5. 泸州市泸县龙桥文化生态园

泸县位于四川盆地南部,东面与北面分别与重庆永川区和荣昌县接壤,处在铁路干线上,交通便利。泸县同样为亚热带湿润气候,春季温暖,夏季温度较高,冬天不冷,降雨充沛,见表 7.24。

生态园位于县城北边,离县城只有 1.5 km 的距离,幅员达 21.3 km² 。生态园以新农村为核心,重点发展龙桥、农耕、民俗的乡村元素,打造历史、产业、乡村、休闲的亦农亦游的观赏模式。这里环境优美,气候舒适,文化底蕴丰厚,更有着龙吟水岸广场、自行车观光骑游道、萄园秋实、花花世界等九大盛名景点,每年吸引着众多游人的青睐。

表 7.24　泸县气候要素

要素 月份	气温(℃)	降水量(mm)	相对湿度(%)	日照时数(h)
1	7.3	20.6	86.2	30.9
2	10.2	16.3	81.7	53.0
3	14.3	33.9	77.2	104.0
4	18.9	72.0	75.5	122.6
5	22.5	115.9	74.8	130.2
6	24.6	171.8	80.7	108.4
7	27.6	161.4	78.6	178.8
8	27.3	151.7	76.4	172.8
9	23.6	110.8	80.7	112.4
10	18.4	71.8	85.6	56.3
11	14.0	42.0	85.3	48.0
12	8.9	18.1	84.5	30.6

6. 自贡市贡井区建设镇固胜村

自贡市位于四川南部,辖管自流井区、贡井区、大安区、沿滩区和荣县、富顺县。属于亚热带湿润季风气候,受东亚季风环流影响,气候温暖,四季分明,阴天天气比较常见,见表 7.25。

表 7.25　自贡市气候要素

要素 月份	气温(℃)	降水量(mm)	相对湿度(%)	日照时数(h)	风速(m/s)
1	7.5	13.1	81.8	27.0	0.9
2	9.8	18.3	78.9	41.5	1.1
3	13.8	32.1	74.3	86.7	1.2
4	18.9	60.8	72.5	119.0	1.4
5	22.7	92.1	72.1	125.3	1.5
6	24.8	184.5	79.3	105.1	1.4
7	27.0	202.8	80.4	126.5	1.3
8	26.9	180.2	78.6	141.5	1.3

月份＼要素	气温(℃)	降水量(mm)	相对湿度(%)	日照时数(h)	风速(m/s)
9	23.1	101.7	82.0	81.9	1.2
10	18.3	55.0	84.1	50.0	1.0
11	14.1	26.3	82.0	42.5	0.9
12	9.0	12.9	84.5	26.6	0.9

建设镇固胜村发展新农村建设,基础设施完善,乡村特色产业丰富。这里有绿色的田野,碧波荡漾的湖面,优雅的欧式建筑,繁茂的果树,惹人陶醉。固胜村开辟休闲农业和乡村旅游道路,为当地带来了大量的人气与经济效益。水果采摘一波接一波,5月枇杷,7月8月梨子葡萄,9月10月香柚,其余时间有血橙。全村有农家乐26家,全年可以休闲垂钓,自然惬意,乡村旅游的不二之选。

7. 自贡市自流井区飞龙峡景区

飞龙峡景区地处自贡市西南,是一块丘陵地带,该市近郊唯一的以生态为主的2A级景区。景区树木林立,空气清新,深林覆盖率达70%以上。景区不仅有桃花岛、草堂寺、道士洞、飞龙湖等自然景观,更有川南民俗和佛教文化底蕴,同时,还有3月看桃花,5月看石榴花等盛大旅游景观。

8. 阿坝州汶川大禹农庄

汶川县位于四川西北部的阿坝藏族羌族自治州境内,东邻碰撞、都江堰市,南接崇州、大邑县。汶川旅游资源丰富,大地震致不少景区毁坏,汶川仍留有许多美丽印记。汶川地处亚热带湿润气候带,海拔1326.4 m,气候潮湿,温度适宜,见表7.26。

表7.26　汶川县气候要素

月份＼要素	气温(℃)	降水量(mm)	相对湿度(%)	日照时数(h)
1	3.8	3.1	62.9	56.2
2	6.1	6.4	62.9	57.2
3	10.0	20.9	63.0	66.1
4	14.9	51.7	63.2	62.1
5	18.5	70.8	65.3	60.6
6	21.0	78.1	69.3	50.4
7	23.2	72.6	70.0	53.2
8	23.0	74.8	68.1	51.8
9	19.3	63.7	72.0	50.0
10	14.8	38.6	72.3	52.5
11	10.5	10.9	67.3	52.2
12	5.3	1.3	63.8	51.6

大禹农庄位于汶川县绵虒镇,处在汶川县4A级国家旅游景区大禹文化旅游区内。农庄内环境优美,生机盎然。农庄依托当地藏羌民俗文化,以生态农业为基础,打造集生

态、文化、休闲、度假于一体的旅游基地,来此不仅可以品尝自养的冷水鱼、自产的系列蔬菜,还可以享受棋牌、网球、CS 野战等现代娱乐项目。

9. 达州市开江县眷虹居农业开发有限公司观光园

达州市开江县位于四川省东部,大巴山南边,有万广高速通过,交通便利,开江境内以丘陵和小平原为主。属于中亚热带湿润季风气候,气候温和,四季分明,季风气候明显,见表 7.27。

眷虹居农业开发有限公司是一家农业生产商贸型企业,经营多种特色产品,从生猪、家禽、鱼类销售到蔬菜、水果种植及销售,再到旅游开发,是一个综合性企业。同时,该公司大力建设生态农业观光园,其中有着 800 亩生态果林,休闲渔业与水体景观区,家禽养殖小区,五星农庄等,以特色农业发展,带动旅游业的跟进,形成亦农亦游的休闲旅游乡村。

表 7.27　开江县气候要素

月份 \ 要素	气温(℃)	降水量(mm)	相对湿度(%)	日照时数(h)
1	5.6	17.9	82.2	44.9
2	7.9	19.6	78.4	48.4
3	11.8	49.7	76.3	92.1
4	17.1	93.2	75.1	127.1
5	21.4	170.7	77.0	131.6
6	24.3	177.3	80.1	132.6
7	27.1	200.5	78.3	185.0
8	26.9	150.4	75.4	202.3
9	22.8	154.6	78.4	130.7
10	17.3	104.8	83.3	86.6
11	12.5	59.6	83.7	71.5
12	7.2	23.7	84.9	42.1

10. 华蓥山黄花梨度假村

华蓥山,突起于四川盆地底部,山高 1704.7 m,绵延 600 里[①],跨广安市前锋区、华蓥市、邻水县。该地为中亚热带湿润季风气候,全年植物繁茂,没有季节性河流,见表 7.28。

表 7.28　华蓥山市气候要素

月份 \ 要素	气温(℃)	降水量(mm)	相对湿度(%)	日照时数(h)
1	6.5	16.8	86.4	36.5
2	8.7	19.7	83.0	41.7
3	12.7	40.7	79.0	88.8
4	17.8	82.1	78.2	123.3
5	21.8	158.8	79.0	132.0
6	24.5	170.1	82.8	128.5

①　1 里=0.5 km,下同。

月份　要素	气温（℃）	降水量（mm）	相对湿度（%）	日照时数（h）
7	27.4	196.5	80.2	182.0
8	27.4	129.3	76.8	188.5
9	23.1	112.2	83.0	120.3
10	17.8	90.6	86.6	68.4
11	13.2	43.4	85.3	54.2
12	7.9	19.6	88.0	30.9

　　华蓥山黄花梨度假村处于华蓥山西边、广安华蓥山禄市镇月亮坡村,是最早一批全国休闲农业乡村示范点,是以南方优质早熟梨为主导产业的景区,整个度假村集果园、花卉、生产、农业旅游观光、科研于一体。目前,度假村已成为连接华蓥城区、天池湖和石林景区的旅游环线重要景点,每年3月中旬至下旬,上万亩大片梨花吸引各地游客30余万人次。

　　11. 武胜县白坪飞龙休闲农业与乡村旅游产业园

　　广安市武胜县地处川渝交界处,是一个多民族聚居地,以汉族为主,少数民族中回族为主。武胜县属于亚热带湿润季风气候,全年四季分明,气候温暖,见表7.29。

表 7.29　武胜县气候要素

月份　要素	气温（℃）	降水量（mm）	相对湿度（%）	日照时数（h）
1	6.6	18.1	87.8	36.3
2	9.0	20.8	84.0	44.0
3	12.9	39.0	79.9	92.8
4	18.1	77.7	78.7	124.7
5	22.0	149.4	79.8	135.0
6	24.6	160.4	84.2	128.3
7	27.4	177.5	82.0	184.1
8	27.5	127.9	78.1	195.1
9	23.2	125.4	83.1	121.0
10	18.0	82.7	87.8	69.2
11	13.3	38.3	88.0	53.9
12	8.1	20.1	89.6	32.1

　　飞龙休闲农业与乡村旅游产业园位于武胜县白坪乡,这里地势平坦,山清水秀,自然资源优越,创造出一个乡村旅游度假区。产业园不仅打造了文化陈列馆、百花园、百果园、百兽园、荷塘月色等一批景点,同时还有着千亩桑蚕园、千亩花卉苗木园、万亩柑橘园、万亩蔬菜园等现代农业基地,同时,飞龙产业园正在向着4A级景区迈进。

　　12. 攀枝花市常乐酒堡

　　攀枝花位于四川省西南部,西跨横断山脉,东接大凉山,地势西北高,东南低,城市区海拔在 1000～1200 m。攀枝花属南亚热带气候,雨、旱季分明,气候干燥,降雨量集中,6—10 月为雨季,11 月至次年 5 月为旱季。是四川省年热量值最高的地区。具有春季干热、夏秋凉爽、冬季温暖、四季不分明的特点,太阳辐射强,见表 7.30。

　　四川常乐酒堡处在攀枝花市仁和镇的城市和农村结合部,占地面积 80 多亩,营业面积有 14000 m²。酒堡汇聚了民族文化、酒文化、休闲、养生于一体的休闲度假村,本着"传播快乐,酿造健康,享受生活"的理念,为当地经济发展做出巨大贡献。酒堡有着石道馆与酒道馆两大特色,石道馆珍藏愈多奇石,具有很高文化价值,而酒道馆能让游客了解葡萄果酒的酒文化,并亲自酿造果酒,一滴汗水,一口浓香。

表 7.30　攀枝花市气候要素

月份\要素	气温(℃)	降水量(mm)	相对湿度(%)	日照时数(h)
1	13.7	5.0	50.4	237.8
2	17.3	3.1	39.0	249.6
3	21.2	7.0	34.1	277.6
4	24.5	12.5	35.5	280.8
5	25.8	53.3	47.3	256.3
6	26.2	141.6	61.2	213.3
7	25.4	214.5	71.2	189.9
8	24.9	172.2	71.4	197.1
9	22.8	136.9	73.6	161.0
10	20.3	56.3	71.4	188.6
11	16.2	13.9	67.1	204.2
12	13.0	1.6	62.9	216.4

13. 绵阳市游仙区老龙山生态农业旅游区

　　绵阳市位于四川盆地的西北侧,距离成都 90 km,现已开通成绵乐动车组,交通便利。游仙区为绵阳市的一个行政区域,位于绵阳市东部,东边与梓潼县相邻。游仙区属于平坝浅丘的地形,区内山丘起伏,但坡度相对平缓,平均海拔较低。游仙区为亚热带季风气候,冬无严寒,夏无酷暑,见表 7.31。

表 7.31　绵阳市气候要素

月份\要素	气温(℃)	降水量(mm)	相对湿度(%)	日照时数(h)
1	5.6	8.9	76.7	34.1
2	8.1	10.3	74.1	35.3
3	12.1	20.0	69.6	44.8
4	17.4	47.9	68.2	46.5
5	21.8	75.7	74.1	51.3
6	24.4	106.9	80.7	43.8

续表

月份 \ 要素	气温（℃）	降水量（mm）	相对湿度（%）	日照时数（h）
7	26.2	199.6	79.2	43.1
8	25.7	173.5	79.1	40.3
9	21.8	131.6	80.2	37.7
10	17.3	39.0	79.2	36.9
11	12.3	12.8	77.3	32.0
12	7.1	4.7	77.2	32.2

　　绵阳市游仙区老龙山位于绵阳市的北面，贴近绵遂高速，交通便利。该地常年青山绿水，环境幽美，气候宜人。旅游景观以桃花观赏为主，每年 3、4 月，桃花漫山遍野。同时，老龙山上具有综合性大众休闲山庄五十余家，是绵阳近郊最大的生态观光农业开放式公园。

　　14. 绵阳市北川县维斯特农业集团有限公司

　　北川羌族自治县位于四川盆地西北部，距离绵阳市区 42 km。北川以汉族为主，同时有羌族、藏族、回族、彝族等 26 个少数民族。北川是亚热带湿润季风气候，温度适宜，四季分明，见表 7.32。

表 7.32　北川县气候要素

月份 \ 要素	气温（℃）	降水量（mm）	相对湿度（%）	日照时数（h）
1	5.6	7.9	74.5	52.8
2	8.1	11.5	74.7	42.3
3	12.1	22.8	72.0	62.7
4	17.4	47.1	70.4	92.8
5	21.8	88.7	70.1	104.0
6	24.4	136.3	74.2	94.9
7	26.1	314.7	78.7	103.0
8	25.7	308.3	80.0	110.8
9	21.8	178.9	80.7	53.4
10	17.3	65.9	83.5	39.4
11	12.3	17.0	83.2	52.0
12	7.1	4.3	79.0	50.4

　　维斯特农业集团有限公司位于北川震后重建新县城永昌镇，是一个致力于农副产品基地种植、农特产品研发、加工、销售于一体的综合性农业企业。公司目前主要生产魔芋、高山特色果蔬脆片系列产品为主，并同时开设以农业为主题的生态观光园，凭借其现代农业的魅力，农业科技的力量，吸引无数游人的青睐。

　　15. 资阳市雁江区明苑湖休闲农庄

　　资阳市雁江区位于四川盆地中部地带，与内江、眉山相邻，是典型的盆地红岩丘陵区。雁江区是中亚热带湿润季风气候，气候温暖，四季分明，冬暖夏热，见表 7.33。

　　明苑湖农庄位于雁江区保和镇晏家坝村,农庄集观赏游玩、娱乐休闲、采摘品尝、劳作体验于一体,是农业与旅游相融合的新兴企业形态。企业加大农庄投入,建成各式度假酒店,红提、反季节蔬菜等现代庄园,各类生态养殖区,水果采摘区,每年吸引游客 13.5 万次。这里环境优美,舒适安逸,是休闲度假的好地方。

表 7.33　资阳市气候要素

要素 月份	气温(℃)	降水量(mm)	相对湿度(%)	日照时数(h)
1	6.5	11.5	83.4	49.8
2	9.0	14.3	79.8	60.1
3	13.1	26.8	75.0	103.7
4	18.3	47.1	73.2	138.8
5	22.4	81.5	71.8	145.6
6	24.7	138.9	78.2	128.0
7	26.8	180.7	81.5	151.4
8	26.8	165.2	80.5	164.8
9	22.6	111.3	83.0	98.4
10	17.9	41.3	83.8	70.3
11	13.2	18.2	82.6	65.1
12	8.2	9.0	83.3	45.6

7.3.2　四川省“全国休闲农业与乡村旅游示范点”人体舒适度评价

　　利用双流区、都江堰市、泸州市、泸县、自贡市、汶川县、开江县、华蓥山市、武胜县、攀枝花市、绵阳市、北川县、资阳市 1984—2013 年的每年逐月平均气温和相对湿度资料,分别统计30 a 月平均气温和月平均相对湿度,计算分别求得 1—12 月人体舒适指数和对应舒适等级。

　　由表 7.34 表明:13 个市县乡村旅游示范点在 3—6 月、9,10 月均适宜休闲旅游,其中 4—5 月、10 月最适宜。7,8 月大部分市县旅游感觉热,不舒适。其中攀枝花市乡村旅游季节最长,一年中除 6,7 月舒适等级为 2,感觉热,不舒适外,其他 10 个月舒适等级在 −1,0,1 之间变化,均适宜休闲旅游。其次是都江堰市 3—10 月为舒适旅游季节。

　　全年平均舒适指数为 58～67,舒适等级为 −1,0 级,其中属于 0 级的有 11 个市县,占85%,说明四川省错落有致的地形地貌,为延长农业休闲季节具备了良好自然条件。

表 7.34　月人体舒适指数/等级年变化

月份	1	2	3	4	5	6	7	8	9	10	11	12
双流区	44/−2	47/−2	54/−1	62/0	69/0	73/1	76/2	76/2	70/1	63/0	46/−2	45/−2
都江堰	43/−2	44/−2	50/−1	58/−1	67/0	71/1	74/1	73/1	70/1	60/0	45/−2	44/−2
泸州市	46/−2	50/−1	56/−1	64/0	70/1	74/1	75/2	78/2	72/1	64/0	48/−2	47/−2
泸县	46/−2	51/−1	58/−1	65/0	70/1	74/1	79/2	78/2	73/1	65/0	49/−2	48/−2
自贡市	47/−2	51/−1	57/−1	65/0	71/1	75/2	78/2	78/2	72/1	64/0	49/−2	48/−2
汶川县	43/−2	46/−2	52/−1	59/−1	64/0	68/0	71/1	71/1	65/0	58/−1	45/−2	43/−2

月份	1	2	3	4	5	6	7	8	9	10	11	12
开江县	44/−2	48/−2	54/−1	63/0	71/1	74/2	78/2	77/2	71/2	63/0	46/−2	45/−2
华蓥山	45/−2	49/−2	55/−1	63/0	70/1	74/1	79/2	78/2	72/1	64/0	47/−2	46/−2
武胜县	45/−2	49/−2	56/−1	64/0	70/1	75/1	79/2	79/2	72/1	56/−1	47/−2	46/−2
攀枝花市	57/−1	61/0	66/0	70/1	72/1	75/2	75/2	74/1	71/1	61/0	56/−1	57/0
绵阳市	44/−2	48/−2	55/−1	62/0	69/1	73/1	76/2	75/2	70/1	55/−1	46/−2	45/−2
北川县	44/−2	48/−2	54/−1	62/0	69/0	73/1	77/2	76/2	70/1	55/−1	46/−2	45/−2
资阳市	45/−2	49/−2	56/−1	64/0	70/1	74/1	78/2	77/2	71/1	56/−1	48/−2	47/−2

7.3.3 主导产业观光期或采摘季节的旬人体舒适度统计分析

计算 2004—2013 年近 10 a 观光或采摘期的平均旬平均气温和旬平均相对湿度,根据人体舒适度公式,计算出双流区、都江堰市、自贡市、华蓥山、绵阳市乡村旅游观光或采摘期的旬平均人体舒适指数,结果如表 7.35 至表 7.39 所示。15 个示范点中,成都双流元聪万亩葡萄生态园现有葡萄品种采摘期为 6 月底至 9 月中旬,都江堰市虹口乡高原村猕猴桃采摘期为 9—10 月,自贡市自流井区飞龙峡景区有着 3 月看桃花,5 月看石榴花等盛大旅游景区,华蓥山黄花梨度假村每年 3 月是梨花的观赏期,绵阳市游仙区老龙山生态农业旅游区每年 3—4 月桃花漫山遍野,为此对这些区域的最佳旅游期进行逐旬人体舒适评价。

表 7.35 双流区葡萄采摘期旬人体舒适指数

月份旬	6			7			8			9		
	上	中	下	上	中	下	上	中	下	上	中	下
指数	72	73	74	75	76	77	77	75	74	72	69	67
等级	1	1	1	2	2	2	2	2	1	1	0	0
感觉	偏热	偏热	偏热	热	热	热	热	热	偏热	偏热	舒适	舒适

分析表明:双流区葡萄采摘期主要在 7—8 月,舒适等级 2,盛夏季节比较热,感觉不舒适,旅游时做好防暑准备。6 月、夏末、秋初舒适等级为 1,感觉偏热或较热,只有部分人感觉不舒适。9 月中、下旬最舒适,普遍感觉舒适,见表 7.35。

分析表明:都江堰市猕猴桃采摘期人体舒适等级主要为 0,普遍感到舒适,非常适宜旅游,只有 10 月下旬偏凉或凉,只有部分人感到不舒适,见表 7.36。总之,猕猴桃整个采摘期感觉舒适。

表 7.36 都江堰市猕猴桃采摘期旬人体舒适指数

月份旬	9			10		
	上	中	下	上	中	下
指数	69	67	65	62	60	58
等级	0	0	0	0	0	−1
感觉	舒适	舒适	舒适	舒适	舒适	偏凉

分析可表明:自贡市 3 月桃花、5 月石榴花观赏期的舒适等级-1,0,1,乡村旅游属于舒适,其中 3 月下旬、5 月上旬舒适感最好,见表 7.37。

表 7.37 自贡市桃花、石榴观花期旬人体舒适指数

月份旬	3			5		
	上	中	下	上	中	下
指数	55	57	60	69	71	72
等级	-1	-1	0	0	1	1
感觉	偏凉	偏凉	舒适	舒适	偏热	偏热

分析表明:华蓥山市梨花观赏期人体舒适等级为-1,感觉偏凉或凉,部分人感觉不舒适,见表 7.38。

表 7.38 华蓥山市观花期旬人体舒适指数

月份	3		
旬	上	中	下
指数	53	55	58
等级	-1	-1	-1
感觉	偏凉	偏凉	偏凉

分析表明:绵阳市老龙山桃花观赏期 3—4 月舒适等级分别为-1,0,3 月感觉偏凉或凉,部分人感觉不舒适。特别是 4 月普遍感觉舒适,更加适合观光出行,见表 7.39。

表 7.39 绵阳市桃花观光期旬人体舒适指数

月份旬	3			4		
	上	中	下	上	中	下
指数	53	55	58	60	62	64
等级	-1	-1	-1	0	0	0
感觉	偏凉	偏凉	偏凉	舒适	舒适	舒适

7.4 四川省"中国美丽田园"景观资源特色与舒适度评价

我国农业生产的多样性、不同地域的独特性和乡土文化的多重性交相辉映,形成了众多农耕特色与自然山水、乡村风貌融为一体的农事景观。作为中国美丽乡村的重要内容和美丽中国的重要组成,这些农事景观已日渐成为休闲农业和乡村旅游的重要载体,成为城乡居民体验耕作乐趣、缅怀田园生活、品味农业情调的重要场所,成为提高农业综合效益、带动农民增收的重要途径。

7.4.1 成都市龙泉驿区山泉镇桃花景观

被国务院命名为"中国水蜜桃之乡"的龙泉驿,是国家级成都经济开发区所在地,是闻名全国的花果山和风景名胜区,素以"四时花不断,八节佳果香"著称(鄢和琳 等,2004)。阳春三月,

龙泉漫山遍野,桃花盛霞,风景如画,吸引成千上万的游客纷至沓来。1987 年 3 月 11—20 日,龙泉区委、区政府举办了首届桃花会。1993 年第七届桃花节提出了"以花为媒、广交朋友、促进开发、繁荣经济"的办会宗旨一直延续至今。1994 年,桃花会主办者由龙泉驿区人民政府升格为成都市人民政府,名称随即改为"中国成都桃花会"。2001 年 8 月,国家旅游局批准将成都桃花节命名为"中国·成都国际桃花节"。

1. 成都市龙泉驿区气候概述

山泉镇位于龙泉山脉的中西部,地处成都东郊,平均海拔 900 m,资源较丰富,拥有水果种植与生产独特的自然资源条件,属于亚热带湿润季风气候,见表 7.40。

表 7.40　龙泉驿区气候要素

月份 ＼ 要素	气温(℃)	降水量(mm)	相对湿度(%)	日照时数(h)
1	5.7	10.1	82.2	57.2
2	8.2	11.7	79.7	47.7
3	12.1	22.8	75.7	73.9
4	17.4	43.4	73.9	117.7
5	21.6	75.5	72.2	128.3
6	24.1	133.9	77.5	113.7
7	25.7	196.4	83.0	125.8
8	25.3	210.7	83.2	149.6
9	21.7	118.9	83.6	83.6
10	17.2	39.3	83.2	56.9
11	12.6	15.5	81.0	63.6
12	7.4	6.4	82.0	44.4

2. 乡村旅游资源特色

龙泉驿区是全国四大水蜜桃基地之一,每年春天桃花盛开季节,龙泉驿 18 万亩、1700 余万株桃花迎春怒放,漫山遍野,被重重粉色桃花覆盖,每年吸引着 280 万游人前来踏春赏花、邀友度假,在为期 10 d 左右的花期内旅游收入达亿元以上。每年 3 月成都市龙泉驿全境万亩桃花将逐渐进入盛花期,主要有 4 个赏花景区,分别是:桃花故里、茶店镇龙泉湖赏花区、百工堰大棚桃花、长松三百梯赏花区。

桃花故里是国家 4A 级旅游景区。位于龙泉驿区山泉镇,该景区面积约为 30 km²,并拥有"七里香埂""九道花湾""桃花诗村""大佛春天""香格里拉"五大景观。

茶店镇龙泉湖赏花区,有湖、有山、有桃花、有寺庙。这里有超过 14000 亩桃花达到盛花期,游客们不仅可以赏花观春色,还可以到龙泉湖玩水上娱乐项目。到龙泉湖可走成渝高速、成简快速通道两条道路,沿线都有桃花可赏。

3 月初,百工堰大棚桃花就已经陆续开放。百工堰周边农家乐规模不大,赏花面积有限,常成为拥堵之地。由于百工堰距离城区最近,交通方便,适合乘坐公共交通前去赏花。

全长 5.2 km 的宝狮湖—红花村—桃花故里旅游环线是龙泉又添的一条充满文化底蕴的新赏花路径。这条旅游环线始于成简快速路 2 号隧道入口处,途经云雾山庄,止于长松寺部队路,串起了长松三百梯景点、长松寺水蜜桃基地、红花村桃源香格里拉景区,沿线有"梯田式"的古树丛林,也有桃树、枇杷树、樱桃树、翠竹、青松交错,形成一幅美丽的壮锦。

3. 历年"桃花节"开始期、结束期、花期普查及年变化趋势统计分析

(1) 历年"桃花节"开始、结束及花期普查

据周惠文研究认为(周惠文,2004):桃花在萌动以后至开花前,如果平均气温高,花期就早;反之,花期就晚。花期积温满足后,气温达到 10 ℃以上即可开花,不过以 12~14 ℃最适宜,开花整齐。马剑锋、孙素仪观测研究认为(马剑锋 等,2010):日平均气温稳定通过 10 ℃的日期可作为桃树始花期的预报指标,或者以日平均气温稳定通过 0 ℃的初日起算,累计积温达 330 ℃·d 的对应日,即为桃树的始花期。低温冷害指标是日最低气温≤4~5 ℃,并且地面最低温度≤0 ℃。

为此,以龙泉驿区日均气温稳定通过 10 ℃(即日均气温≥10 ℃)的日期为桃花节开始指标,根据龙泉驿区 1984—2013 年逐年春季日平均气温资料,统计龙泉驿区山泉镇桃花花期开始日期,并结合龙泉驿区气象局提供的桃花节花期、结束日期观测资料进行普查,结果于表7.41。同时逐年统计花期日均气温≥10 ℃的活动积温。

表 7.41　桃花花期开始、结束日期年际变化

年份	开始	结束	花期(d)	年份	开始	结束	花期(d)	年份	开始	结束	花期(d)
1984	3 月 11 日	4 月 1 日	22	1996	3 月 1 日	3 月 28 日	28	2008	3 月 1 日	3 月 25 日	25
1985	3 月 22 日	4 月 5 日	15	1997	2 月 25 日	3 月 22 日	27	2009	3 月 5 日	3 月 28 日	24
1986	3 月 7 日	3 月 27 日	21	1998	2 月 21 日	3 月 21 日	29	2010	3 月 12 日	3 月 29 日	18
1987	2 月 6 日	3 月 12 日	35	1999	2 月 25 日	3 月 21 日	25	最早	2 月 7 日	3 月 12 日	34
1988	3 月 12 日	4 月 2 日	22	2000	3 月 3 日	3 月 3 日	28	最晚	3 月 12 日	4 月 4 日	18
1989	3 月 12 日	4 月 5 日	25	最早	2 月 21 日	3 月 21 日	29	平均	2 月 22 日	3 月 19 日	26.4
1990	3 月 7 日	3 月 29 日	23	最晚	3 月 18 日	4 月 5 日	19	2011	2 月 22 日	3 月 2 日	27
最早	2 月 6 日	3 月 12 日	35	平均	3 月 1 日	3 月 26 日	25.4	2012	3 月 12 日	4 月 4 日	24
最晚	3 月 22 日	4 月 5 日	15	2001	2 月 16 日	3 月 14 日	28	2013	2 月 24 日	3 月 21 日	26
平均	3 月 2 日	3 月 29 日	23.3	2002	2 月 7 日	3 月 12 日	33	最早	2 月 22 日	3 月 2 日	27
1991	2 月 25 日	3 月 22 日	26	2003	2 月 19 日	3 月 15 日	25	最晚	3 月 12 日	4 月 4 日	24
1992	3 月 9 日	3 月 28 日	21	2004	2 月 16 日	3 月 12 日	25	平均	2 月 29 日	3 月 26 日	25.6
1993	3 月 5 日	3 月 28 日	24	2005	2 月 25 日	3 月 22 日	26				
1994	3 月 18 日	4 月 5 日	19	2006	3 月 3 日	3 月 25 日	23				
1995	2 月 28 日	3 月 26 日	27	2007	2 月 7 日	3 月 12 日	34				

分析表明:30 a 中开花最早为 1987 年的 2 月 6 日,结束最早为同年的 3 月 12 日和花期最长为 35 d;开花最晚为 1985 年的 3 月 22 日,结束最晚为同年的 4 月 5 日和花期最短为 15 d。从花期开始、结束和花期平均情况 20 世纪 80 年代—21 世纪 00 年代有逐渐提前趋势:20 世纪 80 年代花期平均 3 月 2 日开始,3 月 29 日结束,花期平均 23.3 d;90 年代花期平均 3 月 1 日开始,3 月 26 日结束,花期平均 25.4 d;21 世纪初花期平均 2 月 22 日开始,3 月 19 日结束,花期平均 26.4 d。

(2) "桃花节"开始、结束及花期活动积温年变化趋势分析

为了直观了解桃花节开始、结束日期、花期天数及花期活动积温年变化趋势。

从图 7.1 可以看出，常年桃花开始日期平均为 2 月 28 日，每年花期开始期随着年份呈提前的变化趋势。其倾向率为－4.3 d/(10 a)，即平均每 10 a 提前 4.3 d。

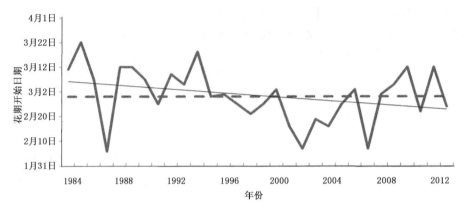

图 7.1　桃花花期开始期年变化趋势
（粗实线－年变化，虚线－常年平均日期，细实线－趋势线）

从图 7.2 可以看出，常年桃花花期结束日期平均为 3 月 25 日，每年花期结束期随着年份呈提前的变化趋势，其倾向率－3.2 d/(10 a)，即平均每 10 a 提前 3.2 d。

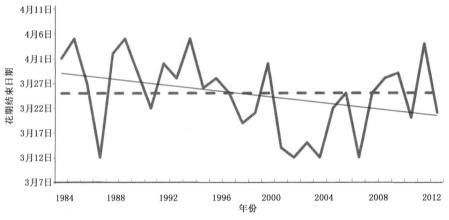

图 7.2　桃花花期结束期年变化趋势
（粗实线－年变化，虚线－常年平均日期，细实线－趋势线）

以上分析表明：桃花花期开始日期的倾向率大于花期结束的倾向率，且均呈现为负值，表明桃花花期开始会提前，且花期持续时间会变长。利用 1984—2013 年历年桃花花期内的活动积温绘制年变化趋势，如图 7.3。

根据龙泉驿区 1984—2013 年每年桃花花期内日平均气温≥10 ℃的活动积温绘制年变化趋势，常年平均活动积温为 310 ℃·d，每年活动积温随年份呈增加趋势，其倾向率为 24.8 ℃·d/(10 a)，即平均每 10 年活动积温增加 24.8 ℃·d。此结果与泉驿区春季气候增暖有关。

4. 气候变化对桃花花期的影响

龙泉驿桃花花期主要在 3 月，为此主要分析 1984—2013 年历年 3 月平均气温年变化趋势

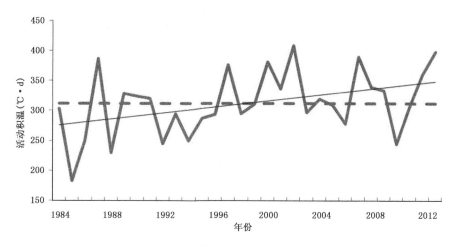

图 7.3   桃花花期内活动积温年变化趋势

(粗实线－一年变化,虚线－常年平均活动积温,细实线－趋势线)

图,结果于图 7.4,分析气候变化对花期的影响。

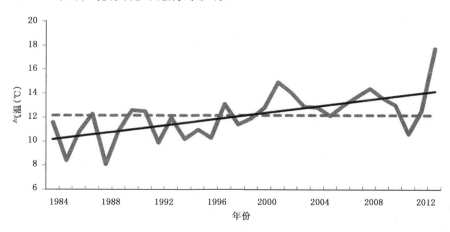

图 7.4   月平均气温年变化趋势

(粗实线－一年变化,虚线－常年 3 月平均气温,细实线－趋势线)

图 7.4 表明:30 a 3 月平均气温 12.1 ℃,年均气温随年份呈上升趋势,2000 年前基本低于平均值,而 2000 年后除 2011 年低于平均值外,全部都高于平均值,与世界性气候变暖相呼应。桃花花期开始平均时间集中在 2 月下旬至 3 月上旬,2 月与 3 月的气温异常影响了桃花的花期,导致花期开始、结束时间均提前,而因花期开始倾向率大于花期结束倾向率,使得花期总时间增加,花期内活动积温增加。

5. 桃花观赏期人体舒适度评价

近 30 a 龙泉驿区桃花花期开始最早为 2 月上旬,花期结束最晚为 4 月上旬,故统计龙泉驿区 2004—2013 年 2—4 月逐旬平均气温、平均相对湿度,利用人体舒适度指数计算公式及评价标准,统计龙泉驿区近 10 a 桃花观光期的旬人体舒适度指数并分析其变化,结果于表 7.42。

表 7.42　花期旬人体舒适度指数/等级年变化

月旬 年	2月			3月			4月
	上旬	中旬	下旬	上旬	中旬	下旬	上旬
2004	48/－2	50/－1	52/－1	54/－1	55/－1	57/－1	63/0
2005	42/－2	45/－2	49/－2	54/－1	54/－1	55/－1	62/0
2006	44－2	47－2	50/－1	53/－1	56/－1	56/－1	61/0
2007	51/－1	54/－1	55/－1	56/－1	57/－1	60/0	62/0
2008	41/－2	45/－2	50/－1	56/－1	58/－1	61/0	63/0
2009	48/－2	55/－1	55/－1	56/－1	57/－1	58/－1	61/0
2010	46/－2	53/－1	53/－1	55/－1	56/－1	58/－1	58/－1
2011	44/－2	46/－2	47/－2	49/－2	52/－1	53/－1	59/－1
2012	43/－2	51/－1	51/－1	54/－1	55/－1	58/－1	63/0
2013	48/－2	55/－1	57/－1	60/0	62/0	65/0	66/0

分析表明：1984—2013 年 2 月上旬人体舒适度指数有 9 年舒适等级为－2 级，表示偏冷或较冷，大部分人感觉不舒适，只有 2007 年为－1 级，表示偏凉或凉，部分人感觉不舒适。随着气温上升，2 月中旬人体舒适度指数有提高，舒适等级有 6 a 为－1 级，4 a 为－2 级。2 月下旬舒适时间更长，舒适等级有 8 a 为－1 级，只有 2 a 为－2 级。3 月大部分旅游者感到舒适，只有 2011 年上旬舒适等级为－2，其余绝大多数时间舒适等级为－1,0。4 月上旬人体舒适等级达到 0 的有 8 a,2 a 为－1 级，旅游舒适感为桃花观光期最理想时段。

7.4.2　成都市新津县花舞人间花卉景观

1. 新津县气候概况

新津县位于四川盆地西部，成都市南部，东接双流，西临邛崃市，南濒眉山市。属亚热带湿润季风性气候。

利用新津县 1984—2013 年的各年月均气温、月降水量、月均相对湿度、月均日照时数、月均风速，制作新津县 30 a 气候要素一览表，如表 7.43。

表 7.43　新津县气候要素

月份 要素	气温(℃)	降水量(mm)	相对湿度(%)	日照时数(h)	风速(m/s)
1	6.0	10.2	84.3	43.7	0.8
2	8.3	12.7	81.7	50.3	0.9
3	12.1	25.9	79.0	82.5	1.1
4	17.3	46.2	77.9	107.7	1.1
5	21.6	83.8	75.5	117.0	1.2
6	24.1	132.5	80.0	110.3	1.2
7	25.7	246.8	84.5	123.2	1.1
8	25.3	216.5	84.5	132.7	0.9
9	21.9	128.8	83.6	70.3	1.0
10	17.6	37.2	83.8	55.0	0.8
11	12.9	15.2	82.7	52.1	0.8
12	7.6	6.5	83.6	41.2	0.7

2. 乡村旅游资源特色

花舞人间位于新津县老君山与梨花溪之间,景区占地 3000 余亩,是成都最大的综合农业主题公园。在设计上秉承了"道法自然"的理念,"顺山、顺水、顺势",在保护自然资源的前提下进行开发,引领低碳旅游的风尚。景观巧妙地运用机械学和流体动力学原理创新景观,没有使用任何电动措施,是体验低碳休闲度假的国家 4A 级景区。在联合国"第六届全球人居论坛"上获得"全球低碳景区范例"的称号。花舞人间有四大主题花卉:春看杜鹃映山红、夏赏荷花幽香随、秋觅芳菊满山野、冬赏红叶染层林。景区拥有 130 多个品种、500 多万株各式杜鹃,是亚洲最大的人工培育杜鹃花的集中展示地,其中的垂枝杜鹃、镂空杜鹃花柱、杜鹃花瓶、杜鹃围栏、杜鹃花树、高杆杜鹃等精心培育的品种更是全球独有。高杆杜鹃最高的以 4.79 m 的高度荣获"世界吉尼斯之最"。除去四大主题观赏花卉外,景区还拥有大量的鲁冰花、樱花、桃花、梨花、海棠、郁金香、风信子、仙客来、山茶、玉兰、百合、三角梅、瓜叶菊、茉莉花和腊梅等千万株花卉,随着春季到冬季的季节更替而依次开放。2015 年景区特别引进了德国高山杜鹃、比利时风信子、荷兰郁金香等欧洲高端花卉。

3. 四季主题花卉生长发育环境条件及气候适应性分析

(1) 春季主题花卉——杜鹃花景观

生物学习性(姬君兆 等,1985)。杜鹃花属于杜鹃花科,杜鹃花属,又名杜鹃、鹃花,属于灌木,有常绿或落叶两大类。我国是杜鹃属植物主要发源地和分布中心,目前世界杜鹃花 800 多种,其中 600 多种产于我国,是世界著名花卉,是中国十大传统名花之一,素有"花中西施"之美誉。杜鹃花为总状花序,花顶生或腋生,多为漏斗状或喇叭状,常为 2～6 朵簇生。花色多为红色、纯白色、橙色、金黄、青莲及一花多色。花瓣有单瓣、套瓣和重瓣。

杜鹃花属于中性花卉,喜半阴、温暖或凉爽、湿润的气候。一般 4—7 月开花,开花的早晚与温度关系最大,温度高开花早,反之晚。开花后的适温白天为 20 ℃左右,夜晚 10 ℃左右,温度过高,有助抽梢,减少花蕾,低温凉爽有利延长花期。杜鹃花从现蕾开始—大部分花朵开放,一般为 90～120 d。适宜生长温度 12～25 ℃,其中,15～20 ℃最佳。低于 12 ℃杜鹃很少能够萌芽,高于 25 ℃时,因气温过高而导致杜鹃凋谢。夏季＞35 ℃,则新梢、新叶生长缓慢,处于半休眠状态。冬季需保持在 5 ℃以上,一般在 15 ℃以上为最佳,长期在 0 ℃以下会冻死。杜鹃花适宜在半阴条件下生长,现蕾初期适当加光,花蕾膨大期减弱。遮光可以延缓开花、延长花期,遮光要求透光率 30%～60%。不可强光直射,否则花色变淡、早谢。杜鹃花为浅根系纤细根群,既怕旱又怕涝。开花期间土宜湿润,因开花数量多,相对需水量大,如水分不足,花瓣萎蔫、边缘褪色,影响观赏效果,严重时植株开花后不出新梢。杜鹃花喜欢疏松、肥沃、pH 值在 5.5～6.5 的偏酸土壤。

气温对杜鹃花的影响　每年 3—5 月为花舞人间杜鹃花节,新津县近 30 a 3—5 月的月平均气温分别为 12.1 ℃、17.3 ℃、21.6 ℃,属于适宜温度范围。绘制 1984—2013 年 3—5 月平均气温年变化,用图 7.5 分析历年春季气温的杜鹃花生长开花的影响。

图 7.5 表明:3 月平均气温随年份呈上升趋势,平均为 12.1 ℃,1998 年以前只有少数年份 3 月平均气温达到 12 ℃,1998 以后只有 2011 年 3 月的平均温度低于 12 ℃,可知杜鹃花在 1998 年以后的花期要比 1998 年的提前。4,5 月平均气温随年份略有上升趋势,总体变化比较平稳,常年平均气温分别为 17.3 ℃、21.5 ℃。在 3 月下旬到 4 月上旬的时间里,气温持续升高,当气温高于 15 ℃时,花芽才能膨大成为花蕾,所以这个期间的温度直接决定了杜鹃开花期的早晚,4 月的

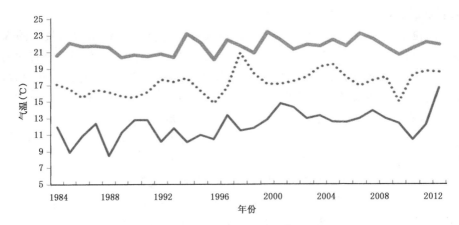

图 7.5　新津县 3—5 月平均气温年变化
(粗实线－3 月,虚线－4 月,细实线－5 月)

平均气温均高于 15 ℃,5 月平均气温低于 25 ℃,故杜鹃在 5 月的时候依然盛开。2014 年气温总体比较安全,只有夏天中午短时间气温会高于 35 ℃,不会对杜鹃花造成伤害。

日照时数对杜鹃花的影响绘制 1984—2013 年 3—5 月平均日照时数年变化,用图 7.6 分析历年春季日照时数对杜鹃花生长开花的影响。

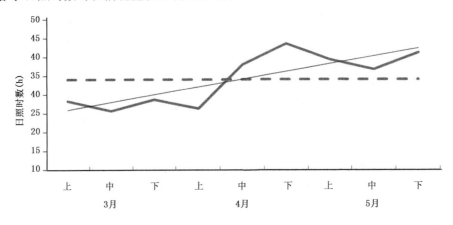

图 7.6　新津县 3—5 月旬平均日照时数变化
(粗实线－平均日照,虚线－30 年平均日照,细实线－日照变化趋势)

利用 1984—2013 年 3 月上旬至 5 月下旬平均日照时数,统计常年各旬的平均日照时数,绘制变化图。表明:常年的旬平均日照时数 3 月上旬至 4 月上旬各旬相差不多,4 月中旬至 5 月下旬在 40 h 上下徘徊,由于杜鹃喜半阴的环境,新津县 3 月上旬至 4 月上旬平均每天日照时数在 2.5~3 h,多数学者认为,此条件满足杜鹃的开花条件,而 4 月中旬至 5 月下旬平均每天日照时数在 4 h 左右,未超出杜鹃的承受能力,所以新津县的日照条件完全满足杜鹃所需的日照环境,给杜鹃盛开带来有利条件。

(2)夏季主题花卉——荷花景观

生物学习性(冯天哲 等,1992)。荷花又名莲花、水芙蓉,属睡莲科莲属,原产我国温带地区,为我国传统十大名花之一,已有 3000 多年的栽培历史,品种有观赏莲、子用莲和藕用莲,是多年生宿根水生草本花卉,根状茎横生,长圆柱形,肥厚有节。叶生于地下茎间,叶盾状圆形有长柄,叶面蓝绿色,有蜡质。花梗为长柄并带刺,花单生于花梗顶端,外形分单瓣、复瓣或重瓣,直径大约 10～20 cm,有白色、乳白色、粉红色、红色、紫色、洒金等不同颜色,具清香,昼开夜合,次晨复开,单朵花的花期,单瓣品种为 3～4 d,重瓣品种可达 10 d 以上,整个花期 6—9 月。莲子着生在有多数蜂窝状孔洞的莲蓬内,寿命很长,在辽宁省新金县曾在泥炭层中挖出推断有 1000 年历史的古代莲子,今天仍能发芽并开花结实。

　　荷花生性有喜温、喜水、喜光的习性,适合在池塘、浅水区、泽地、湖沼生长,对温度要求严格,一般在 8～10 ℃开始萌芽,14 ℃时抽生地下茎,同时长出幼小的"钱叶",18～21 ℃开始抽身立叶,23～30 ℃对花蕾的发育和开花最为适宜。生长新藕的适温为 25 ℃左右。生育期要求充足的光照。在全日照条件下生育良好,半日照条件下生长缓慢,开花期推迟,花小、花少。花对光有强烈的趋向性。荷花喜肥要求有丰富的腐殖质的肥沃壤土,pH 值 6.5～7.0 为好。荷花怕狂风吹袭,荷叶长出水面若遇狂风吹袭,容易吹折叶柄,水从折断处灌入引起整株腐烂死亡。荷花最怕水淹没荷叶,因叶面有许多气孔被堵塞,无法吸收氧气供植株呼吸,使整株死亡。反之,栽种荷花水域水量过少,则会引起荷花萎靡甚至花蕾回枯,

　　研究认为(石林君,2011):荷花属于强光性植物,每天光照≮7 h。荷花喜高温:>15 ℃萌发,24～32 ℃生长良好,<15 ℃生长缓慢,<8 ℃停止生长,<5 ℃容易受冻。有人试验得出:荷花喜温、喜光、喜湿、喜通风的生物学习性,最适温度 22～32 ℃,日照时数每天 10～12 h 为好,平均相对湿度 75%～85%,常规分栽—开花需要 55～70 d,花蕾出水 15 d 左右,有效积温 1200～1500 ℃·d,日照时数 600～800 h.荷花适应性强,人工模拟上述小气候条件可以四季赏荷花不难。

　　(3)秋季主题花卉——菊花景观

　　生物学习性(冯天哲 等,1992)。我国是菊花的故乡,在 3000 多年前就有"季秋之月,鞠有黄华"之说,为我国传统十大名花之一,为四大君子(梅、兰、竹、菊)之一,花香沁人神爽,花容使人赏心悦目。花开时,百花凋落一枝独秀,菊花有抵寒傲霜之风骨,且花朵与枯死不落.我国现有品种 3000 多个。17 世纪后成为世界名花之一。菊花又名秋菊、黄花,属菊科菊属,是多年生耐寒宿根本草花卉,茎直立,有分枝或不分枝的品种,叶片互生在枝条上,基部呈楔形,有柄。菊花是由一个舌状花(俗称花瓣)和筒状花(俗称花心)聚缩而成的头状花序。花序单生或数个聚生茎端,直径 2～30 cm,花色有白、黄、红、荷、青、紫、绿、橙、黑紫八个正色,正背两面、上下两段二重色,以及各种中间色。

　　菊花属于阳性花卉,大多数品种属短日照植物,喜凉爽、阳光充足的气候环境,生长适温为 18～22 ℃,开花中后期 13～15 ℃也可以生长良好。春、夏季完成生长阶段,8 月以后日照时数缩短到<13 h,最低气温降到<20 ℃,昼夜温差<10 ℃花芽开始分化,以后每天日照在<12 h,气温降到 15 ℃左右,花蕾开始形成,18～21 ℃为现蕾期最适温度。10 月中旬以后绽蕾开花,人工利用菊花这种习性,进行人工缩短或延长光照,使其提早或延迟开花,达到一年四季有菊花欣赏。菊花比较耐旱、有较强的耐寒性、但不耐潮湿,尤其是积水,喜欢排水良好的沙质壤土,耐弱碱。

　　(4)冬季主题花卉——红叶景观

　　生物学习性。花舞人间红叶树种主要是中国红枫,又名红叶羽毛枫,为槭树科鸡爪槭的变种。红枫性喜光,忌烈日暴晒,又喜温暖湿润气候和深厚肥沃的土壤,不耐水涝,稍耐旱,较耐

寒,在我国大部分地区都能露地越冬。中国红枫是落叶小乔木,树高达 5~8 m。它枝条光滑细长,枝序整齐,层次分明,错落有致,树姿美观,风雅别致。单叶 5~7 裂,掌状互生,叶片长椭圆形至披针形,叶缘有重锯齿,幼枝、叶柄、花柄都为红色。花紫色,伞状花序顶生,花期 5 月。翅果无毛,10 月成熟。秋季树叶由正常绿色变为红色,古人云"十月霜叶红似火""霜叶红于二月花"。中国红枫是一种非常美丽珍贵的观叶树种,其叶形优美,红色鲜艳持久。

枫叶为什么在秋天由正常绿色变为红色?这与当地的光照、温度和水分环境变化有密切关系。根据贺宝通等(2005)研究认为:植物在生长发育过程中,合成叶绿素、花青素、胡萝卜素、叶黄素及单宁等,它们存在于细胞叶绿体和液泡中。光照强度的变化影响植物体内各种色素含量的变化,强光有利花青素的合成。春、夏季节日照长,植物细胞合成大量叶绿素,掩盖着叶子中的花青素、黄色的胡萝卜素和叶黄素等色素,所以夏天多数植物都是鲜绿色。秋季昼夜温差明显大于夏季,有利于多糖的积累,夜温低使植物林中或植物微环境相对湿度上升,有利植物根系吸收利于色叶形成的 P、K 肥和微量元素,而减少不利于色叶形成的 N 元素吸收。持续夜低温及大的昼夜温差,也有利于细胞内色素的形成和维持,从而延长秋色叶维持时间、落叶率低。干燥的土壤环境使植物体内出现相对干旱,细胞内轻度缺水,细胞只能降低水势,液泡中淀粉等不溶性大分子糖降解可溶性低分子糖,可导致细胞水势降低,而可溶性糖的增加正好有利于花青素的形成。深秋时分含有碱性的枫叶逐渐被酸性所替代而致。花青素遇到酸性就变成红色。总之,枫叶为什么会变红?其实是秋天的气象条件染红的。内部因素是由于光合产物的变化引起植物体内各类色素及比例的变化;外部因素为光照、温度、水分的变化。光照强度高,有利于光合作用及色素的形成;较大的气温日较差,有利于体内糖的积累和花青素的形成;比较少的降水量和较高的相对湿度,均有利于枫叶红色的形成。

根据刘明芝(2012)研究认为:本溪县枫叶变红的温度指标为:当秋天日最低气温达 6~8 ℃时,枫叶始由绿变紫色;当日最低气温达 4~6 ℃ 时,开始变为红色;当达 0~4 ℃后枫叶全部变成红色,≥10 ℃活动积温为 164 ℃·d;0 ℃ 后开始落叶。其次,秋天降水对枫叶变红程度的影响也较大,降水较多,温度适宜,当年枫叶色泽鲜艳,似彩墨画一般,且红的时间较长;相反,如降水较少、天气干旱,对枫叶变红不利,使枫叶变红后色泽不鲜艳,叶片干瘪,红的时间相对较短。枫叶变红与日照多少也有一定正相关。在温度、降水适中的情况下,日照越充足,枫叶红色越鲜艳,否则,日照越少枫叶,越不红。另外,不同枫树品种在相同的气象条件下变红程度截然不同,有的很红,有的较红,还有的根本不红,且变红的早晚也各不相同。叶中含有合成淀粉。淀粉又变成葡萄糖,输给枫树植株各个部位作养料。随着气候慢慢变冷,叶子输送养料的能力慢慢减弱,葡萄糖成分滞留在叶片里,糖成分积累多了,便形成花青素,它本身并没有颜色,因此春、夏季节叶绿,到了秋天,气温渐渐下降,受不了风寒的叶绿素迅速解体、消失。随着季节更替,到了秋天,气温逐渐降低、光照减少由长日照变成短日照,使枫树等红叶树种的叶片细胞液此时呈酸性,花青素这个特殊色素,它在酸性液中呈红色。此时整树叶片便呈现红色。红叶是秋天的气象条件染红的。

4. 月人体舒适度评价

根据新津县 1984—2013 年逐月的平均气温、平均相对湿度资料,利用人体舒适度指数计算公式及评价标准,统计新津县近 10 年月人体舒适度指数并分析其年变化,结果见表 7.44。

表 7.44　各月人体舒适度指数

月份	1	2	3	4	5	6	7	8	9	10	11	12
指数	44	48	55	62	74	73	75	74	69	62	54	46
等级	−2	−2	−1	0	1	1	2	1	0	0	−1	−2
舒适感	偏冷	偏冷	偏凉	舒适	偏热	偏热	热	偏热	舒适	舒适	偏凉	偏冷

分析表明:新津县一年中春季的 4 月和秋季的 9—10 月最舒适,其次是 3 月和 11 月感觉凉爽,只有部分人感到不舒适。12 月至次年 2 月偏冷或者比较冷,大部分人感觉不舒适。5—8 月偏热或者比较热,部分人感觉不舒适,建议旅客前去参观游玩时提前做好相应的祛暑工作,以免给自身带来不便。

7.4.3　眉山市彭山县观音镇葡萄景观

1. 彭山县气候概况

彭山县位于四川盆地西部,地处岷江中游,彭山县境内中部为平原,东西部为浅丘,地势为西北高,东南低,地区间气候变化不大,气候温和,雨量充沛,四季分明,夏无酷暑,冬无严寒少霜雪,春季气温回升早,秋季降温快。

利用彭山县 1984—2013 年各年月平均气温、月降水量、月平均相对湿度、月平均日照时数、月平均风速,统计 30 a 平均,结果见表 7.45。

表 7.45　彭山县 1984—2013 年气候要素月平均值

月份　＼　要素	气温(℃)	降水量(mm)	相对湿度(%)	日照时数(h)
1	6.5	16.4	81.9	42.2
2	8.9	20.4	79.3	51.2
3	12.9	42.6	75.2	88.9
4	18.1	70.6	73.5	119.5
5	22.4	127.7	71.3	128.6
6	24.6	205.6	76.6	114.7
7	26.3	299.0	80.5	133.6
8	25.9	304.8	80.6	148.1
9	22.5	176.9	80.8	78.8
10	18.0	60.9	81.6	60.3
11	13.5	23.6	80.5	57.5
12	8.1	11.6	82.0	43.0

2. 乡村旅游资源特色(森姚,2015)

四川省眉山市彭山县观音镇(现更名为成都天府新区)地处成都平原半小时经济区,这里不仅有"中国长寿之乡"的美誉,还有万亩特色葡萄园基地吸引着众多的游人。主要品种有夏黑、美人指、巨峰等 30 多个品种。近年来,在彭山县各相关部门的指导下,当地果农普遍施行标准化种植技术和规范管理,出产的葡萄色泽鲜艳、个大形正、果形均匀、口感上乘,成为当地农民的一条新的致富之路。

(1)科学规划推精品

自 2009 年起,确立打造"万亩特色葡萄产业示范区"的发展思路,依据得天独厚的区位优势,制定了特色农业"错位发展"的战略。通过土地流转,政策扶持,引进良种和技术指导等措施,引导该区观音、公义、彭溪等乡镇农民,采用避雨棚、反光膜、滴灌、病虫害绿色防控技术等,集中规模种植红提、夏黑、香妃、红芭拉多和美人指等优质葡萄 2000 多公顷。到 2014 年,彭山县各类葡萄的总产量达到 4 万余吨,产值超过 12 亿元。

为种出精品葡萄,县各部门一直以科学规划为指导。首先邀请土壤、气候和葡萄专家在全县各地仔细考察,规划适宜种植优质葡萄的地域。按生态农业理念,以自然隔离带筑起无污染环境的"生态葡萄园孤岛",确保葡萄的品质。充分开展市场调研,掌握国内国际葡萄市场空间,出台《彭山县万亩葡萄产业带建设规划》和《观音镇果园村特色葡萄园发展规划》,并提前做好规划区域的交通、水利等基础设施建设,打造以观音镇果园村为核心的成乐高速公路葡萄走廊,建设"万亩万元"葡萄产业基地。

(2)引进优质葡萄品种

定位产业高端,以耐贮、耐运的世界著名鲜食品种—红地球为主打品种,美人指、紫地球等高端优质品质为辅,先后引进优质葡萄新品种 18 个,主推市场前景好、经济效益高的美人指、夏黑、天山、东方之星.还有美人指、巨峰、紫地球、红地球、红提、紫提、巨玫瑰等优质葡萄品种 30 余个品种。彭山区有优质葡萄 3.5 万亩,年产葡萄 4 万余吨,其核心区观音镇果园等高端葡萄品种。观光、采摘期从 7 月中旬至国庆节。

(3)坚持"小县出特色、出经验",走品牌路线

突出产业优势,大力推进现代农业产业基地建设,应用避雨棚技术、绿色防控、提质控产、配方施肥等先进管理技术。在全国第十七、十八、十九届葡萄学术研讨会上,彭山县送评的金田 0608、夏黑、意大利、白罗莎里奥、美人指等品种分别获得金奖、银奖、优质奖。以观音镇果园村为核心的葡萄产业基地先后被评为"省级农业示范园区"和"葡萄产业技术体系综合试验站示范点",获得了"2013 中国美丽田园"称号。在 2011 年 12 月,还被四川省农业厅认定为"万亩特色葡萄示范区",实现了对"种最好葡萄"的承诺。

(4)葡萄产业标准化管理,地标保护增效

2014 年,在观音镇葡萄通过"四川省级农业标准化示范项目"验收时,积极申报彭山葡萄地理标志产品保护项目的验收。在葡萄产业标准化种植的道路上,彭山质监局始终坚持以标准化为基石,农技人员深入葡萄种植基地,开展现场技术讲座和指导,帮助种植户提高种植技术,保障葡萄产品质量。2015 年 3 月,彭山葡萄被国家质检总局正式批准为地理标志保护产品。品种为夏黑、美人指、巨峰、红地球;立地条件要求:土壤类型为水稻土、潮土、紫色土和黄壤土,土壤 pH 值 6.5～7.5,土层厚度≥60 cm,有机质含量≥2%。感官特色为夏黑:色泽蓝黑、果穗圆锥形、穗重 500～600 g、果粒均匀、果粉完整、果肉硬脆。巨峰:色泽紫黑、果穗圆锥形、穗重 400～500 g、果粒均匀、果粉完整、口感浓甜。美人指:色泽艳丽、尖部紫红、中后部呈玉色、果穗长圆锥形、穗重 800～1000 g、果粒长椭圆形、口感爽脆。红地球:色泽鲜紫红、果穗圆锥形、穗重 800～1000 g、口感脆甜。

(5)"农业＋"模式助创收为帮助当地果农突破销售瓶颈,让种植户种有所收,收有所获,彭山区通过突出"生态打底、产业对接",创新推出了"农业＋"发展模式,拉长产业链条,有效激

活了农村经济,使农民人均纯收入增速连续几年均保持在 13% 以上。

彭山县还探索了"农业＋初加工,农业＋乡村旅游,农业＋养老服务,农业＋文化创意"等致富新路。通过"农业＋"5 种模式,彭山县已先后引进农产品初加工企业 33 家,建成组装式冷藏库 21 座,形成:洗选—打蜡—包装—冷藏加工链。此外,"农业＋"的创新模式还帮助当地果农开通网络销售平台 20 多个,实现年均网上销售收入 2100 余万元。建成采摘观光农业基地 2600 多公顷,创建乡村旅游示范镇(村)8 个,有效地促进了当地乡村旅游发展。

3. 葡萄采摘期旬人体舒适度评价

根据彭山县 30 多个葡萄品种采摘期在 7 月中旬至 10 月上旬,主要在 8 月。利用彭山县 2004—2013 年每年 8 月逐旬的平均气温、平均相对湿度资料,应用四川省人体舒适度指数计算公式及评价标准,统计彭山县该时间旬人体舒适度指数及等级,并分析其变化,结果如表 7.46。

表 7.46 旬人体舒适度指数/等级年际变化

年份	2004	2005	2006	2007	2008	2009	2010	2011	2012	2013
上旬	79/2	76/2	82/3	81/3	77/2	77/2	79/2	79/2	80/3	81/3
中旬	77/2	74/1	79/2	78/2	74/1	76/2	76/2	78/2	77/2	78/2
下旬	75/2	73/1	78/2	76/2	73/1	74/1	75/2	76/2	75/2	76/2

分析表明:彭山县在近 10 a 中,8 月上旬有 6 年舒适等级达到 2,属于热,感到不舒适,而其余 4 a 均为 3 级,闷热,感觉很不舒适。中旬、下旬好于上旬,中旬 10 a 中有 8 a 舒适等级为 2,而其余 2 a 为 1 级,属于偏热或者比较热,部分人感到不舒适。下旬 10 a 中有 7 a 舒适等级为 2,而其余 3 a 为 1 级。可知:7 月为全年最热月份,常年气温达 26.3 ℃,旅游会感觉闷热,很不舒适,应做好防暑准备。9,10 月常年气温为 22.0 ℃、18.0 ℃,秋季旅游会明显感觉舒适。

7.4.4 达州市开江县普安镇稻田景观

1. 开江县气候概况

开江县位于四川盆地东北部,大巴山南麓,属东南浅丘,西北平坝地势,素有"巴山小平原·川东小天府"之美誉。普安镇位于开江县城西部,距离县城 2.5 km,是达州市三大古镇之一。全镇幅员 66.7 km²,耕地面积 2182 hm²,其中农田 1700 hm²,属于四川盆地中的亚热带季风性湿润气候,四季分明,气候温和,春季气温回升较快,夏季雨量充沛,秋季降温快,冬季少霜雪。常年平均气温为 16.8 ℃,最冷月出现在 1 月,平均气温 5.6 ℃,最热月出现在 7 月,平均气温 27.1 ℃。常年平均降水量 1221.7 mm,常年平均相对湿度 79.7%。常年平均日照时数 1297.8 h,常年平均风速 0.8 m/s。

利用开江县 1984—2013 年的各年月平均气温、月平均降水量、月平均相对湿度、月平均日照时数、月平均风速,统计开江县气候要素一览表,结果见表 7.47。

2. 乡村旅游资源特色

开江县以发展休闲农业和乡村旅游为突破口,充分发挥良好的生态优势、自然优势、区位优势,创新实施"4＋1"工程,即以田园风光、现代农业园区、特色产业基地、幸福美丽新村为重点,以农耕文化为灵魂,在乡村旅游中真正体现淡淡的乡愁、浓浓的乡情和深深的乡恋。实现特色产业、精深加工业、乡村旅游业"三业同步"。

表 7.47　开江县 1984—2013 年气候要素月平均值

要素 月份	气温(℃)	降水量(mm)	相对湿度(%)	日照时数(h)
1	5.6	17.9	82.2	39.7
2	7.9	19.6	78.4	41.9
3	11.7	49.7	76.3	69.4
4	17.0	93.2	77.3	115.1
5	21.3	170.6	77.2	126.3
6	24.3	177.3	80.2	124.4
7	27.1	200.5	78.6	167.7
8	26.8	150.3	75.5	202.5
9	22.8	154.6	78.4	124.7
10	17.3	104.7	83.3	85.2
11	12.5	59.6	83.6	66.1
12	7.2	23.7	85.0	34.8

　　开江县乡村旅游资源丰富,油橄榄、银杏、葛根、蔬菜、水禽、生猪等特色农业产业发展迅速,长岭生姜、广福绿茶、甘棠豆笋、宝塔白鹅、任市板鸭等特色商品久负盛名,是"中国油橄榄之乡""四川银杏之乡""四川鸭鹅之乡"。开江旅游独特,有"千年古刹"金山寺、"人间仙汤"飞云温泉、"万亩竹海"峨城山、"水上乐园"明月湖等旅游景点,是省级"乡村旅游示范县"。近年来,开江县按照"农旅结合、产村相融、三产互动"的总体思路,依托金山寺景区、宝塔坝万亩荷塘、红色文化陈列室、清代姜吴氏牌坊、川东民居及生态湿地等人文和自然资源,引进企业投入1.5 亿元新建 10000 亩莲藕基地,斥资 2000 余万新建望荷亭观景台和蜗牛山观景塔,完善景区道路、路灯、旅游标识等基础设施,建成了 20 km 长的"莲花世界"精品乡村旅游环线。2014年,成功举办第一届荷花文化节,吸引近 30 万游客前来观光游览。

　　开江县常年水稻面积 22～26 万亩,稻田景观主要设在普安镇,观光期从移栽—成熟,8 月为最佳景观期。为了加强田园风光美誉度、观光点,围绕稻田周围建设 150 亩葡萄、草莓采摘基地、500 亩蔬菜采摘。当下在普安镇依托宝塔坝、金山片区天然湿地的自然优势,集中连片发展莲藕产业,于 2011 年开始通过"种植基地＋加工""企业＋专合组织＋农户"相结合的产业发展模式,目前已建成 1.25 万余亩(其中鲜食莲藕 7500 亩,红莲 5000 亩)。逐步建成以"荷花"为主题的休闲观光大型旅游景区,通过对荷花莲藕产品深加工,形成莲藕系列产品,并逐步打造成以观赏藕、食用藕为中心的大型莲藕产业基地。建成川东片区规模最大的"万亩莲花基地",依托 3 万亩农建示范区优质粮油基地已建成"3000 亩黄金花海",吸引了四方游客。特色产业带与休闲农业、新村建设的同步推进,美化村容村貌,富裕了新村农民,发展了休闲农业,带动了乡村旅游,促进了产村相融,推进了开江现代农业的提档升级,实现了"园区变景区"、"田园变花园"。

　　2015 年 7 月 26 日—8 月 1 日,题为"相约莲花世界,共享美丽开江"的 2015 四川美丽田园欢乐游暨四川·开江第二届荷花节,开江万亩宝塔坝的荷花生态园,特色农产品展示,开江县充分利用生态荷花园等景观优势,展示了开江的美丽田园风光、和谐形象、经贸环境和发展潜力,突出"以节为媒,以荷交友,以会招商,以商兴业"主旨,认真办好荷花节,发展荷文化,开发荷产品,做精荷景观,叫响荷品牌,发展荷花产业。

2014 年开江县首届巴山平原旅游节之机,着重推出"四点五线"精品旅游景区和线路。"四点"即金山寺旅游景区、金马山旅游景区、峨城山旅游景区和温泉旅游景区。"五线"即城区—金山寺—宝泉塔;城区—金马山公园—文笔塔;城区—温泉—宝石湖;城区—峨城山;城区(橄榄广场—两河景观—牛山寺—明月湖)。

3. 稻田景观最佳观光期旬人体舒适度评价

利用开江县 2004—2013 年 8 月逐旬平均气温、平均相对湿度资料,用人体舒适度指数计算公式计算,得出开江县近 10 a 8 月旬人体舒适度指数及等级年变化,结果见表 7.48。

表 7.48　8 月旬人体舒适度指数/等级年变化

年份	2004	2005	2006	2007	2008	2009	2010	2011	2012	2013
上旬	79/2	78/2	81/3	80/3	77/2	79/2	78/2	80/3	79/2	81/3
中旬	77/2	75/2	80/3	79/2	74/1	77/2	77/2	78/2	77/2	79/2
下旬	76/2	74/1	77/2	78/2	73/1	74/1	75/2	77/2	75/2	78/2

分析表明:开江县近 10 a 8 月旬舒适等级,只有 2008 年的中旬、2005,2008 和 2009 年的下旬人体舒适等级为 1 级,偏热或者比较热,部分人感到不舒适。相对适宜旅游舒适度指数,其余时间的人体舒适等级为 2~3,热,感到不舒适,或闷热,感到很不舒适。总之,观赏稻田景观的时间人体会感到热,建议游客前去参观游玩的时候提前做好避暑准备,以免给自身带来不便。

7.4.5　广安华蓥市黄花梨度假村梨花景观、华蓥山葡萄景观

1. 广安华蓥市气候概况

广安华蓥市位于四川盆地东部,华蓥山西麓,属亚热带湿润性季风气候,四季分明,春季干旱、夏季炎热、秋季凉爽、冬季温暖。

利用广安华蓥市 1984—2013 年的各年月平均气温、月平均降水量、月平均相对湿度、月平均日照时数、月平均风速,统计广安华蓥市 30 a 气候要素一览表,结果见表 7.49。

表 7.49　广安华蓥市 1984—2013 年气候要素月平均值

年份 \ 要素	平均气温(℃)	降水量(mm)	相对湿度(%)	日照时数(h)
1	6.4	16.7	86.4	25.7
2	8.7	19.6	82.9	29.6
3	12.7	40.7	79.0	61.9
4	17.8	82.1	78.2	109.9
5	21.8	158.7	79.0	120.5
6	24.5	170.0	82.8	125.2
7	27.4	196.5	80.2	162.2
8	27.3	129.3	76.8	183.9
9	23.1	112.2	81.6	103.4
10	17.8	90.6	86.7	59.2
11	13.1	43.4	86.9	45.7
12	7.9	19.6	88.0	21.1

2. 乡村旅游资源特色

(1)广安华蓥市黄花梨度假村梨花景观

黄花梨度假村梨花景观位于华蓥山西麓、小平故里广安华蓥市禄市镇月亮坡村,是第四届中国十大杰出青年农民欧阳晓玲于 1996 年创建的以南方优质早熟梨为主导产业的集果园、花卉、养殖、生产、科研、农业旅游观光、休闲度假、会议培训于一体的复合型景区,也是四川最大的蜜梨生产基地之一。度假村延绵 12 km,覆盖华蓥市天池、华龙、双河、永兴、禄市 5 个乡镇(街道),25 个村 126 个社,有遍布 30 多座山头的果园,核心区 1 万亩,每年产优质蜜梨 1.5 万t,是四川最大的蜜梨生产基地之一。在度假村的辐射带动下,周边农民积极发展优质梨产业3 万余亩。目前,每年的 3 月中旬到下旬,度假村梨花成片成片的盛开,吸引了众多的游客前来观光。

(2)广安华蓥市华蓥山葡萄景观

华蓥山葡萄景观发展规模为 3.8 万亩的优质葡萄,成功地打造了情山妹儿、蓥山红、蓥山紫晶、竹佳等 4 个华蓥山的葡萄系列品牌,而"情山妹儿"更是在中国西部国际博览会上最佳畅销产品奖的得主,每年 7—8 月,华蓥山的葡萄成熟,引得众多游客前来采摘游玩。

3. 梨花景观、葡萄采摘期月人体舒适度评价

用广安华蓥市 1984—2013 年每年逐月的平均温度、平均相对湿度资料,利用人体舒适度指数计算公式,统计广安华蓥市 30 a 各月人体舒适度指数,结果见表 7.50。

表 7.50　月人体舒适度指数/等级变化

月份	1	2	3	4	5	6	7	8	9	10	11	12
指数	44	48	55	63	69	74	79	78	75	63	55	47
等级	−2	−2	−1	0	0	1	2	2	2	0	−1	−2
舒适感	偏冷	偏冷	偏凉	舒适	舒适	偏热	热	热	热	舒适	偏凉	偏冷

分析表明:近 30 a 广安华蓥市 3—6 月、10,11 月舒适等级为 −1,0,1 级,为全年适宜旅游季节,大部分人感觉舒适,其中 4,5,10 月舒适等级为 0,为全年感觉最舒适。3 月度假村观赏黄花梨梨花景观时气候偏凉或者凉,建议游客带上保暖的衣物。而 7—8 月观赏、采摘华蓥山葡萄时,是当地全年最热、降水量最多、日照最强季节,常年月平均气温在 27.4 ℃左右,月平均降水量 130～200 mm,月平均日照时数 160～190 h.建议游客做好避暑、防雨、防晒的准备,以免给自身带来不便。

7.4.6　阿坝州金川县雪梨花景观和红叶景观

1. 阿坝州金川县气候概况

金川县位于四川省西北部,阿坝羌族自治州西南部,青藏高原东部边缘,大渡河上游,海拔1950～5000 m,属于大陆性高原气候,因为又受到亚热带气候的影响,金川县境内气候温和,日照充沛,无霜期较长达 265 d。

利用金川县 1984—2013 年的各年月平均气温、月平均降水量、月平均相对湿度、月平均日照时数、月平均风速资料,统计金川县 30 a 平均,编制气候要素一览表,结果见表 7.51。

2. 乡村旅游资源特色

金川县位于四川盆地和川西高原的过渡带,地处高山草地和高原阔谷的结合部,自然风光

壮美婀娜、人文风情璀璨夺目、生态气候宜居宜旅,观音桥、嘎达山、世外梨源、索乌山四大景区精彩纷呈,天下第一自生石观音、四臂观音、乾隆御碑、梨花红叶、情人海等十大景观声名远播。这里的人们千百年来却一直把"阿坝州的江南"美名给予了金川县,正所谓"世遗之乡在阿坝,阿坝江南在金川"。2014 年 11 月农业部评选出的 140 个"中国美丽田园"中,金川县梨花和红叶景观双双上榜,成为省内唯一一个双景入榜的"中国美丽田园"。它是全国十大梨花景观之一,成为全国春有万亩梨花、夏日硕果飘香、秋有百里红叶的景观之地。

表 7.51　金川县 1984—2013 年气候要素月平均值

要素 月份	平均气温(℃)	降水量(mm)	相对湿度(%)	日照时数(h)
1	2.5	2.0	49.9	180.0
2	6.7	5.9	44.7	170.1
3	10.8	19.3	46.6	188.3
4	14.0	47.1	53.5	205.7
5	16.7	94.2	61.3	203.2
6	18.5	141.3	71.6	176.5
7	19.9	118.3	70.1	176.1
8	19.8	95.1	70.6	188.6
9	16.8	120.7	75.2	152.6
10	12.6	57.5	73.3	167.0
11	7.1	8.4	63.2	181.0
12	2.6	1.1	54.8	189.2

(1)雪梨花景观

雪梨中的金花品种原产地在金川县,1982 年被四川农业大学专家誉其为"全球雪梨最佳生态区"。金川县是全世界范围内最大的原生态、高海拔雪梨种植区,森林覆盖率达到68.5%,发挥了生态环境及特殊地域优势。雪梨产业已成为金川县的支柱产业,在我国雪梨种植业中占有重要位置。雪域高原规模最大的梨花奇景。早在 20 世纪 80 年代即被国家农业部认定为"中国雪梨之乡"。从明末清初年间开始,嘉绒藏族即在古东女部落曾经活动的区域广泛种植具有高度耐寒性和优越药用功能的雪梨树。全县栽种雪梨已有 300 多年历史,经过几百年来的不断栽培,金川境内的雪梨种植区沿大渡河畔绵延百余里,数量达到 100 余万株,蔚为壮观。现已经建成全国最大的原产优质雪梨生产基地,雪梨的种植面积达到 4.2 万亩,精品雪梨种植达 2.5 万亩,年产量 2.5 万 t。品种有 81 个,分白梨、砂梨和秋子梨三大品系。著名的有:鸡腿梨、金花梨、水冬瓜梨、红花梨、麻籽梨、蜂蜜梨等通称雪梨。其中,白梨品种中的鸡腿梨、金花梨品种超群。金川雪梨皮薄如纸,脆甜如蜜,汁多欲滴,嚼之味浓、馨香、无渣,余味悠长。该品种果大、外观光洁、果肉脆嫩化渣、汁多味甜,具有止咳化痰之功效而享誉全国。被国外果树专家评为世界梨品中的佼佼者。金川梨树栽培历史悠久,梨果历代是进京贡品。现已经建成全国最大的雪梨生产基地,雪梨的种植面积达到 4.2 万亩,精品雪梨种植达 2.5 万亩,年产量 2.5 万 t,享有"中国雪梨之乡"的美誉。

金川雪梨实施品牌战略,多次获得国家和省优质产品称号。1985 年获农牧渔业部优质农

产品奖,1990 年获中国首届农产品博览会优良产品称号,1999 年获四川省优质水果奖,2001
年经国家绿色食品发展中心严格审查,确定为绿色食品,2002 年被评为西部农业博览会优质
果品。2009 年 5 月 26 日,"金川雪梨"已被国家商标局获准注册为地理标志证明商标,将获准
使用"中国地理标志"。天下梨花何其多,金川梨花有三绝。一是金川的梨花是有着东女文化
和雪域高原底蕴的自然与文化相融合的神奇景观;二是金川的雪梨林大多是百年古树,许多梨
树的种植时间可以上溯到 300 年前。这些梨树不仅是奇观,更是奇药,汁多味浓、脆甜无渣、具
有止咳化痰的功效而享誉全国;三是金川的梨花景观是高原阔谷花卉景观,不是平原、丘陵景
观,也不是高原峡谷景观,视觉效果十分壮观。每年春季,漫山遍野的梨花与蓝天、白云、田园、
江河、湖泊、森林、藏寨、碉楼、牦牛、锅庄等共同描绘出一幅幅宛若图画、恍若隔世的"世外梨
园"风光。2015 年梨花节于 3 月 18 日—4 月 12 日,为期近一个月。赏花地点主要集中在金川
世外梨园景区的沙耳乡、咯尔乡、庆林乡、万林乡、河东乡、河西乡、马尔邦乡、安宁乡和马奈乡
等区域。

（2）红叶景观

金川河谷红叶是四川省十大红叶景观之一,但不同于省内其他地区的红叶。这里红叶以
梨树为主,每年春季,万亩梨花洁白如雪,秋季则红叶千里,主要有着大量几百年树龄的古梨树
组成,沿大金川河百余公里的两岸及台地的红叶可以说世界一大奇观。2014 年金川红叶的最
佳观赏期为 11 月 10—25 日。万亩梨树奔金秋,金川红叶正当时。每到深秋季节,大金川河谷
秀美多姿自然风光绽放着无穷魅力。"世外梨园百里红,大渡河谷万山彩"。

3. 观光、采摘期月人体舒适度评价

根据金川县 1984—2013 年逐月的平均气温、平均相对湿度资料,利用人体舒适度指数计
算公式,统计金川县 30 a 各月人体舒适度指数,结果见表 7.52。

表 7.52　月人体舒适度指数/等级变化

月份	1 月	2 月	3 月	4 月	5 月	6 月	7 月	8 月	9 月	10 月	11 月	12 月
指数	42	48	53	57	61	64	69	66	62	55	47	42
等级	−2	−2	−1	−1	0	0	0	0	0	−1	−2	−2
舒适感	偏冷	偏冷	偏凉	偏凉	舒适	舒适	舒适	舒适	舒适	偏凉	偏冷	偏冷

分析表明:金川县适宜旅游季节在 3—10 月,其中 5—9 月最佳旅游时间,舒适等级为 0,
普遍感觉舒适。11 月至次年 2 月舒适等级为 −2,感到偏冷或冷,大部分人感觉不舒适。总
之,金川县 3 月观赏雪梨花的时候天气较冷,11 月观赏红叶景观的时候天气也是偏冷,建议游
客在这两个季节前去观赏的时候提前准备好御寒衣物,以免给自身带来不便。

7.4.7　泸州市江阳区油菜花景观

1. 泸州市江阳区气候概况

江阳区位于四川省南部,长江和沱江的交汇处,区内浅丘、平坝、河谷皆具,隶属于泸州市。
由于江阳区没有气象观测站,故用其周边最近的纳溪区 1984—2013 年的气象观测资料。作为
分析江阳区的气象资料。江阳区属于亚热带湿润季风性气候,冬无严寒,夏无酷暑,少霜雪。

利用纳溪区 1984—2013 年的各年月平均气温、月平均降水量、月平均相对湿度、月平均日
照时数、月平均风速资料,统计 30 a 平均,编制气候要素一览表,结果见表 7.53。

表 7.53　纳溪区 1984—2013 年气候要素月平均值

月份 \ 要素	平均气温(℃)	降水量(mm)	相对湿度(%)	日照时数(h)
1	7.3	29.1	86.7	31.6
2	9.5	29.2	83.6	46.4
3	13.4	48.4	79.8	87.6
4	18.4	82.9	78.6	120.4
5	21.9	127.8	79.4	131.1
6	24.1	177.6	83.8	119.6
7	26.8	182.4	82.1	183.3
8	26.7	144.9	79.3	187.7
9	22.8	125.4	83.7	107.9
10	17.8	88.3	88.1	55.6
11	13.7	48.4	86.8	50.0
12	8.7	30.8	87.9	30.9

2. 乡村旅游景观特色

江阳区是 2014 年 10 月我国农业部办公厅公布的《中国美丽田园》之一,全国十大油菜花景观之一。国家级农业示范区,在统筹城乡发展中,加大产业结构调整力度,采取蔬菜、油菜轮作模式,阳春三月,油菜花在江阳区百里长江之畔竞相绽放。江阳区油菜花景观主要在永兴村,距离泸州城区 14 km。全村面积 5.02 km²,下有 11 个农业合作社。目前已建成油菜 3000多亩,实现规模化种植,农民以土地入股,每年可获得"保底收益＋盈利股红＋农民务工＋园区工资＋旅游收入"共五份收入,同时,永兴村依托油菜种植形成的农业景观和黄舣镇"沿江龙眼长廊"的秀美风景,开发踏青节、高粱节、桂圆节等特色旅游项目,形成"春观油菜、夏赏红粮、秋品桂圆"的乡村旅游品牌。

油菜花属一年生草本植物,十字花科,其植株丛生且笔直,茎叶互生且为绿色,花为黄色,没有托叶,根据以往多年观赏经验,油菜花最佳观赏季节为 3 月。

3. 油菜花观光期旬人体舒适度评价

用纳溪区 2004—2013 年 3 月逐旬平均气温、平均相对湿度资料,利用人体舒适度指数计算公式,统计纳溪区 30 a 3 月各旬平均人体舒适度指数,结果见表 7.54。

表 7.54　3 月旬人体舒适度指数/等级年变化

年份	2004	2005	2006	2007	2008	2009	2010	2011	2012	2013
上旬	52/−1	55/−1	55/−1	57/−1	58/−1	56/−1	55/−1	51/−1	54/−1	59/−1
中旬	53/−1	56/−1	56/−1	58/−1	59/−1	57/−1	57/−1	53/−1	56/−1	62/0
下旬	55/−1	57/−1	59/−1	59/−1	61/0	59/−1	58/−1	55/−1	59/−1	64/0

分析表明:纳溪区 3 月整体感觉偏凉,10 a 中只有 2008 年下旬、2013 年中、下旬舒适等级为 0 普遍感觉舒适,其余时间均偏凉或者凉,部分人感觉不舒适。由于江阳区在纳溪区的北面,由于地理存在少许差异,可能天气会比纳溪区稍冷,建议游客前去参观油菜花景观的时候

适当带些保暖衣物。但 3 月总体属于适宜旅游季节。

7.4.8　泸州市古蔺县梦里苗乡葵花景观

1. 古蔺县气候概况

古蔺县地处四川盆地最南边缘,云贵高原的北麓,全县境内海拔 300～1843 m,地势西高东低,南陡北缓,"七山一水两分地",是典型的盆周山区县。四季分明,日照充足,热量丰富。气候特征在水平方向和垂直方向都很显著,春季和冬季雨量较少,盛夏亢扬,无霜期长达 232～363 d,大热量和大降水在同季,夏季较炎热,冬季不太寒冷,温度相差较大。常年平均气温为 17.6 ℃,最冷月出现在 1 月,平均气温 7.1 ℃,最热月出现在 7 月,平均气温 26.9 ℃。常年降水量变化在 748.4～1112.7 mm,平均为 1082.8 mm,常年平均相对湿度 77.0%。常年平均日照时数 1214.0 h,常年平均风速 0.7 m/s。

根据古蔺县 1984—2013 年的逐年月平均气温、月平均降水量、月平均相对湿度、月平均日照时数、月平均风速资料,统计古蔺县 30 a 平均值,作气候要素一览表,结果见表 7.55。

表 7.55　古蔺县 1984—2013 年气候要素月平均值

月份 \ 要素	平均气温(℃)	降水量(mm)	相对湿度(%)	日照时数(h)
1	7.1	19.2	80.1	33.1
2	9.3	20.9	78.3	35.1
3	13.3	35.2	74.7	65.3
4	18.3	76.8	73.4	111.1
5	21.9	137.2	73.1	131.8
6	24.3	189.5	77.1	130.1
7	26.9	211.8	75.6	192.3
8	26.7	155.1	73.8	215.3
9	23.0	105.3	76.5	125.2
10	17.9	81.3	81.9	66.9
11	13.8	34.6	79.8	61.2
12	8.8	15.9	79.9	46.6

2. 乡村旅游资源特色

向日葵(学名:Helianthus annuus)别名太阳花,是菊科向日葵属的植物。原产北美洲,世界各地均有栽培。是一年生草本,高 1～3 m,茎直粗壮,圆形多棱角,被白色粗硬毛,因花序随太阳转动而得名。向日葵花语为爱慕、光辉、高傲之意,仰慕、凝视着你。温暖,耐旱,能产果实葵花籽。

古蔺县梦里苗乡满山是向日葵,3 月中旬进行播种,6 月进入盛花期,6 月底游客就可以欣赏到一片片金灿灿的葵花海洋,观光期一个月。景区的向日葵为果葵,即可以结出颗颗粒大饱满的瓜子,6 月下旬至 7 月中下旬成熟之日还可供游客采摘品尝。向日葵花景观的最佳观赏季节为 7 月。

古蔺县特有的地理气候、古蔺四季分明,春花树树、夏荷田田、秋果累累、冬雪飘飘。古蔺有山峦叠嶂、沟壑纵横,有峡谷飞瀑、河流溶洞,有森林湖泊、高山坝子。一个个美丽的景点被陆续开发、打造,将古蔺自然的神奇与绝美呈现在世人面前。古蔺县生活着汉、苗、彝、回等 26 个民族,苗、彝文化历史悠久,地方特色浓郁。每年农历正月十三至十五,大寨苗族乡宝佤山都要举行"踩山节",川、滇、黔三省上万名苗、汉同胞聚集在这里,踩山迎福,用丰富多彩的活动,展示古朴苗寨的民族文化和苗族人民的勤劳勇敢。各地游客纷纷体验苗族竹竿舞、打糍粑、换腰带、擂鼓等比赛及参加蝴蝶香囊义卖活动,同苗族同胞一起欢乐迎春。双沙菜花节、马嘶茶文化节、水口杨梅节、三道水脆红李采摘节、马蹄椪柑节等活动,已经成为川滇黔渝地区富有影响力的传统旅游节事活动。

以郎酒为代表的酱酒文化,也深深吸引着各方游客前来品尝。储藏郎酒的天宝洞、地宝洞面积近 1.42 万 m^2,是当今世界最大的天然白酒洞库;赤水河吴公岩绝壁上的"美酒河"摩崖石刻大字也荣登吉尼斯世界纪录。著名作家贾平凹、阿来、舒婷、余华、苏童、麦家等来到这里,为郎酒写下优美诗章;诺贝尔文学奖获得者莫言,惊叹于天宝洞的鬼斧神工和与美酒的天作之合,郎酒独特的历史文化引起了他的强烈共鸣,创作出《水乃酒之魂》。

1935 年红军长征四渡赤水在这里留下的光辉足迹,也为古蔺增添了丰厚的历史文化底蕴。当年四渡赤水战役,红军三进古蔺,转战 54 天,在这片红色的土地上播下了革命的火种,留下了众多的革命旧址和文物。太平古镇 4A 景区是全国爱国主义教育基地、红色旅游景点景区,而白沙会议、镇龙山奔袭战、打云庄等重要会议和著名战役遗址,也成为乡村旅游的中游客缅怀革命先辈、铭记历史必去的地方。

3. 葵花观光期旬人体舒适度评价

根据古蔺县 2004—2013 年每年 7 月逐旬平均气温、平均相对湿度资料,利用人体舒适度指数计算公式,统计古蔺县 30 a 7 月各旬平均人体舒适度指数,结果见表 7.56。

表 7.56　7 月旬人体舒适度指数/等级年变化

年份	2004	2005	2006	2007	2008	2009	2010	2011	2012	2013
上旬	74/1	77/2	77/2	75/2	77/2	76/2	79/2	77/2	76/2	81/3
中旬	76/2	80/3	80/3	78/2	79/2	79/2	80/3	80/3	80/3	83/3
下旬	73/1	75/2	79/2	77/2	75/2	77/2	78/2	78/2	77/2	80/3

分析表明:古蔺县近 10 a 来,7 月上旬、下旬有 8 年舒适等级为 2 级,热,感觉不舒适,只有 2004 年舒适等级为 1 级,感到偏热,部分人感到不舒适,但是 2013 年舒适等级为 3 级,感到闷热。7 月中旬 6 a 舒适等级为 3 级,感到闷热,只有 2 a 舒适等级为 2 级。总之,古蔺县 7 月葵花景观季节游客提前做好避暑的准备。

7.5　四川省"中国最美休闲乡村"资源特色与舒适度评价

7.5.1　四川省"中国最美休闲乡村"乡村旅游资源特色

郫县农科村、苍溪县文家角村所在县属于四川省《全国休闲农业和乡村旅游示范县》,武胜县庐山村所在县属于四川省《全国休闲农业和乡村旅游示范点》。成都市龙泉驿区双槐村所在区属于《中国美丽田园》,其旅气候资源特色已——介绍,其中农科村是中国农家乐发源地,景观资源特色已在发展史中介绍。因此,这里主要对文家角村、青山湖村、庐山村、双槐村介绍乡村旅游资源特色。

1. 苍溪县文家角村

苍溪县石门乡文家角村距县城 23 km,是国家 3A 级旅游景区。是省级示范新村、万亩现代农业柳池示范园区和国家 3A 级旅游景区。近年来,文家角村通过弘扬传统文化,传承和发扬带有浓烈大巴山情结的石门山歌,在形式、内容、传载方式上不断创新,在柳池坝乡村公园修建石刻山歌艺术墙和健身文化广场,成立了山歌艺人传唱艺术团队,辅以车灯、舞狮表演进行广泛传唱,极大丰富了当地村民的文化生活,石门山歌已被纳入市级非物质文化遗产保护。

与此同时,该村立足农村实际,始终坚持把提高休闲农业与乡村旅游效益和新农村建设、实现农民增收结合起来。"产业新村、智能新村、旅游新村、文化新村"是文家角新村聚居点的四大特色。栽种猕猴桃 450 亩,年产果 360 t,产值 400 万元;养鸡场 2 个,年出栏鸡 5 万只以上。2014 年全村人均收入达 6000 元。打造出柳池万亩省级现代农业示范园区,融专业生产、加工、科考、观光为一体的特色产业园区,形成了特色鲜明的"春观花、夏避暑、秋品果、冬赏山歌"的生态家园观光游和"住农家院、吃农家饭、摘农家果、享农家乐"的生态农业体验游。

2. 武胜县庐山村

庐山村处于武胜县"白坪—飞龙乡村旅游度假区"之内,旅游区坚持"四区配套、四态合一、四化推进、六大转变"的理念,以"产村相融、农旅结合"为路径,按照"三园一基地"的产业布局和"两环三心六区"的乡村旅游布局,依托优势产业和文化资源,走现代农业、乡村旅游、镇村建设、基础设施、公共服务、社会管理同步、协调、可持续发展之路,大力发展休闲农业与乡村旅游,致力打造城乡统筹旅游区、现代农业展示区、乡村旅游度假区、新村建设样板区。目前,旅游区已成功创建为全国休闲农业与乡村旅游示范点和国家 4A 级旅游景区。飞龙镇庐山村被评为省级"环境优美示范村""中国最美休闲乡村"和 2013 年"中国十大最美乡村"提名奖。白坪乡高洞村被央视评为 2014 年"中国十大最美乡村",申报为"全国宜居村庄"。

旅游区坚持以规划为引领,以项目为支撑,大力发展休闲农业与乡村旅游。根据旅游区总体规划,科学包装了智慧农业、四季花海等休闲农业项目和乡村嘉年华、幸福花乡等旅游项目,积极沟通、洽谈,引进四川嘉陵江农业开发有限公司等实力雄厚、带动力强的 103 个优质企业,按照"一个项目一个工作组、一个牵头领导"的工作机制,做好全程跟踪服务,确保项目早落地、早实施、早见效。目前,旅游区规划馆、竹丝画帘展馆、《红岩》英雄文化陈列馆、橙意商业街等开门迎客;柑橘博览园、菊花博览园、甜橙体验园、万亩柠檬园、千亩花卉园等游人如织;开心农场、中小学生综合实践基地、礼品西瓜基地、浩宇家庭农场和老魏开心牧场等特色鲜明,现代农业、创意农业、休闲农业与乡村旅游有机统一,观光游、体验游、乡村游蓬勃兴起。随着剪纸、礼俗、粮食、节气四个文化大院和河尔口度假中心、庐山生态农庄、乡村嘉年华、运动中心、文化中心等项目的陆续建成,旅游区的吸引力、影响力、竞争力将进一步增强。

依托良好农业基础,大力发展休闲农业。建成柑橘基地 2 万亩、蔬菜基地 1.5 万亩、花木基地 0.5 万亩、粮经复合基地 2 万亩、规模养殖场 25 个,甜橙、蔬菜已成为主导产业。其中,甜橙体验园、柑桔博览园的采摘体验项目深受游客喜爱。浩宇家庭农场、老魏开心牧场的动物观赏、生猪认养项目奇特新颖;开心农场是游客感受自然、体验农事、放松身心的好去处。依托特色文化资源,大力发展乡村旅游。集中打造花样年华等景观 6 个、竹丝画帘展馆等景点 30 个;带动当地发展农家乐 10 家、乡村酒店 2 家、乡村客栈 34 家、"商贸服务中心"等农家超市 6 家;年接待游客 55 万人次,年旅游收入 1.2 亿元,成功创建为国家 AAAA 级旅游景区。按照"新村走进产业基地,产业基地覆盖新村"的思路,把新村建设与休闲农业、乡村旅游有机结合,建成以竹丝画帘为特色的张家院子、以甜橙产业为主题的甜橙新村、以《红岩》文化为主题的红梅新村、以农耕文化为主题的下坝院子、以礼俗文化为主题的高家院子、以剪纸文化为主题的剪纸文化院落等旅游新村 10 余个,均已成为乡村旅游的热门景点。建设和谐文化大院,开展"好公婆""好媳妇"评选,树立健康文明乡风。

3. 成都市龙泉驿区双槐村

龙泉驿区双槐村地处洛带镇核心保护区,先天的成长优势得天独厚,长久一直被洛带的客家风情滋润,还有那条为洛带镶上一条"玉"边的洛水湿地也位于村子里。这里连绵起伏的"塘碗",蜿蜒曲折的绿道,身在烂漫鲜花中,畅游在绿意悠然的蓝天碧水间,划乌蓬船、休闲散步、骑游⋯都是当地人最平常的生活。

7.5.2　南充市顺庆区青山湖村的资源特色和舒适度评价

1. 南充市气候资源特征综述

南充市位于四川东北部,地处嘉陵江中游,介于 30°35′～31°51′N,105°27′～106°28′E,南北跨度 165 km,东西跨度 143 km,东邻达州,南连广安,西与遂宁、绵阳接壤,北与广元、巴中交界,居于"西通蜀都、东向鄂楚、北引三秦、南联重庆"的特殊地理位置。南充市地形以浅丘为主,全市地势可分为北部低山区和南部丘陵区两大地貌单元。地貌由北向南缓倾,海拔高度256～889 m。地貌类型以丘陵为主,浅丘带坝、中丘中谷、高丘低山类型地貌各占三分之一。

南充市属中亚热带湿润季风气候区,具有四川盆地底部共同的气候特征:四季分明,雨热同季,冬暖,春早,夏长,秋雨。云雾多,霜雪少。

根据南充市 1984—2013 年的各年月平均气温、月平均降水量、月平均相对湿度、月平均日照时数、月平均风速资料,统计 30 a 平均值,作气候要素一览表,结果见表 7.57。

表 7.57　南充市 1984—2013 年气候要素月平均值

月份 \ 要素	气温(℃)	降水量(m)	相对湿度(%)	日照时数(h)
1	6.5	7.9	82.2	36.4
2	9.0	10.9	78.4	44.2
3	13.1	19.3	76.3	92.9
4	18.3	36.5	75.1	124 6
5	22.4	55.2	77.0	135.3
6	24.7	110.7	80.1	128.4
7	26.8	121.7	78.3	184.2
8	26.5	108.1	75.4	195.3
9	22.6	61.0	78.4	121.2
10	17.9	33.1	83.3	70.1
11	13.2	15.8	83.7	54.0
12	8.2	7.8	84.9	32.3

2. 南充市顺庆区青山湖村乡村旅游资源特色

青山湖村依山傍水、气候宜人,位于搬罾镇东部,与嘉陵江西岸邻近。按照省市新农村建设的新精神和新要求:(1)规划设计品位高。高标准规划设计出"体现农村山水田园特色,彰显川东北居民风格"的农村综合居住区,着力打造全省一流国家现代农业示范镇、全省一流乡村旅游示范镇、全省一流新农村综合体示范镇。(2)农房独具特色。规划新建具有"前庭后院、鸡犬相闻、花果飘香、田园风光"特色的农房 236 户,对原聚居点 184 户农房实施了农村元素改造,对综合体内及周边 240 户农房实施了风貌整治,确保了整个农房风貌协调、风格一致。(3)基础配套完善。新建园区环形道路 6 km,建滨水观景桥一座、整治扩大青山湖至 50 亩、修建绕湖景观大路 1.5 km,培植绿化面积 7 万 m²,铺设水、电、气管网、通信设施等 6 km。(4)公共服务健全。完善综合体内公共服务体系,设置了村支两委、警务、便民服务、卫生服务、金融服务、农村书屋、农技培训、多功能会议等室、站、点。配套建设了文体活动中心、停车场、便民购物超市、幼儿园、敬老院、污水处理站等公共服务设施,方便了群众生产生活。(5)产村共融发展。引进了农旺、鑫峰、励业、福芝康等农业龙头企业,采取"公司+园区+农户"、"合作社+农户"等模式,带动辐射周边农户增收致富,入园农户户均收入 1~3 万元。(6)创新自治管理。探索建立了"一核四级"的村级民主治理机制。即是:坚持村党组织的核心领导,形成了"社会组织参与、村民议事会议事、村民委员会执行、村民监事会监督"四个层级村民自治组织。充分发挥党员干部的排头兵和领头羊作用,开展村民自我教育,建立村规民约,实行民主管村,树文明和谐新风尚。

青山湖村地势平坦、土地肥沃、光照充足、雨量充沛。是休闲养生、运动观光、绿色生态的景观特色村庄。清新整洁的卫生和湖边观光小道的垂柳、湖内垂钓的钓鱼台、水中观光的廊桥及村民自种的色泽鲜艳香气扑鼻的草莓、以色列番茄、口口脆西瓜等给村庄内增添了无穷无尽的美丽景色和春意盎然的乡村气息。

坚持"生态打底、产村相融",突出川北民居聚集区的田园风光和乡土特色,先后引进康健、农望、木兰郡等农业产业化龙头企业。目前,以青山湖为中心,已连片规模发展蔬菜基地 20000 多亩,大棚蔬菜基地 10000 亩,标准化露地蔬菜基地 10000 亩。与即将开建的"龙搬"跨江大桥和规划中的第二绕城高速在青山湖构成交通枢纽。辖区内产业布局合理,有占地 600 余亩的"锦绣田园风景区"一处;引进"四川福芝康生物科技有限公司"发展产业,种植药用栀子 600 余亩;"农旺""励业""鑫峰"等农业企业建有设施蔬菜种植大棚 500 余亩,种植观光蔬菜、特色蔬菜、季节蔬菜;村民自发种植莲藕,养殖畜禽、水产等面积 400 余亩。

青山湖如同一块碧玉镶嵌在平整的田野间,错落有致的具有川北民居风格的"别墅式"农房就依偎在花红柳绿的湖边。一栋栋白墙灰瓦仿式欧派的民居建筑,与周围青山绿水环抱相容;宽阔清洁的道路、整齐明亮的路灯,青山湖因有"农家别墅"群作伴而显得高贵、漂亮,"农家别墅"在青山湖的映衬下,也格外迷人而大气。

3. 各月人体舒适度评价

根据南充市 2004—2013 年每年月平均气温、平均相对湿度资料,利用人体舒适度指数计算公式,统计南充市 30 a 各月平均人体舒适度指数,结果见表 7.58。

表 7.58 青山湖村人体舒适度指数/等级年变化

月份	1	2	3	4	5	6	7	8	9	10	11	12
指数	45	49	59	64	70	74	77	76	71	64	56	48
等级	−2	−2	−1	0	1	1	2	2	1	0	−1	−2
舒适感	偏冷	偏冷	偏凉	舒适	偏热	偏热	热	热	偏热	舒适	偏凉	偏冷

分析表明:青山湖村旅游 4,10 月最舒适。3—5 月、9—11 月比较好,舒适等级分别为−1,0,1,即只有春初、春末和秋初、秋末部分人感到不舒适。7,8 月明显最热,冬季偏冷,外出旅游

需要做好避暑和保暖准备。

7.6　四川省休闲农业与乡村旅游可持续发展能力探讨

休闲农业作为农村一二三产业发展的融合体,近年来发展迅猛,已成为一种新型产业形态和消费业态,在促进农业提质增效、带动农民就业增收、传承中华农耕文明、建设美丽乡村、推动城乡一体化发展方面发挥了重要作用。

当前,我国经济发展进入新常态,农业和旅游发展进入新阶段。发展休闲农业,推进农村一二三产业融合发展,是在资源环境约束背景下加快转变农业发展方式、推进生态文明建设的战略要求;是在经济增速放缓背景下拓宽农民增收渠道、全面建设小康社会的战略选择;是在城镇化深入发展背景下打造农村经济“升级版”、培育国内消费新增长点、实现城乡经济社会一体化发展的战略举措;是在扶贫开发工作进入攻坚背景下引入扶贫新兴业态、促进贫困地区贫困群众脱贫致富、确保 2020 年如期实现全面脱贫目标的战略措施。要充分认识休闲农业在助推农业强起来、农民富起来、农村美起来、建设美丽中国和美丽乡村中的重大作用,进一步提高思想认识,完善政策措施,加大工作力度,切实推动休闲农业的发展。《国务院办公厅关于加快转变农业发展方式的意见》(国办发〔2015〕59 号)、《国务院办公厅关于进一步促进旅游投资和消费的若干意见》(国办发〔2015〕62 号)等文件精神,开发农业多种功能,大力促进休闲农业发展,着力推进农村一二三产业融合。根据四川省休闲农业和乡村旅游发展的实际情况,对可持续发展能力进行探讨。

7.6.1　休闲农业与乡村旅游可持续发展面临的问题

以“农家乐、休闲农业园区”为主要形式的乡村旅游如火如荼地发展,一方面极大地丰富了都市居民的休闲生活,另一方面对调整农村产业结构,转变农村经济发展方式,扶持农民就业创业,引导农民致富发挥了关键性作用。但在快速发展的过程中也存在一些问题,如缺乏整体规划,一家一户各自为政,独立经营,同质化低水平重复建设等,这些对乡村旅游可持续发展带来了巨大的挑战,如何实现乡村旅游可持续发展是一项不容忽视的重大课题。

1. 季节性过强

如观花、赏果、度假等,都是季节性消费。不论是成都荷塘月色的荷花、东篱菊园的菊花、新津梨花沟的梨花,还是蒲江樱桃沟的樱桃、龙泉的桃子等,或者青城后山、银厂沟、九龙沟等地的避暑等,一旦季节一过,这些景区便陷入萧条,一年有五分之四甚至更多的时间处于闲置状态,景区利用率极低。

2. 消费内容单一

乡村旅游业除了赏花、品果、纳凉、喝茶打牌、下棋等内容外,很难找到更多的消费选择。对相当一部分游客(尤其是青少年游客)来讲,现有的乡村旅游玩法单调、雷同,无法为游客提供更多的消费需求,因而缺乏持久的市场吸引力。实际上,像龙泉桃花会那样的旅游休闲项目,年复一年的重复有限的消费内容,不符合旅游行为中追新逐奇的心理,必然会逐渐失去对游客的吸引力。

3. 游乐性不高

在消费选择的局限性方面,乡村旅游还有一个共通的问题:游乐性不高。各乡村旅游景区虽然环境优美、空气新鲜、视野开阔,但仅仅是将原有的乡村产业环境(田园风光)简单地转换成观光休闲的背景性载体,还未开始重视这一载体之上的游乐性业态设置,致使景区不好耍,时间一久,就感觉枯燥乏味。

4. 可持续性差

正是由于景区闲置、耍法单调和游乐性低等问题,最终导致乡村旅游缺乏对游客的长久吸引力,景区可持续性差,并终将影响到景区的经济效益。试想一下,像东篱菊园这样的一年只有一个月市场的景区,它的旅游方面的经济效益从何谈起?

7.6.2　可持续发展的主要策略(范子文,2016;陈莹峰,2016;刘聪 等,2005)

大力发展乡村旅游有利于扩大内需、提高农民收入、缩小城乡居民收入差距、促进城乡区域协调发展,对经济社会全面进步有着重要的推动作用。为实现我国乡村旅游的可持续发展,应采取以下策略和方法。

1. 充分发挥政府在乡村旅游发展中的主导作用

我国农村长期处在基础差、底子薄,基础设施建设落后,公共服务体系短缺的状况,没有发达的城镇体系做支撑,离开政府主导和支持,乡村旅游不仅难以发展,还会造成资源环境破坏,市场管理混乱(王志成 等,2014)。

2. 坚持特色化、差异化建设

特色化是乡村旅游发展的基本方向。纵观全国乃至全世界的乡村旅游,品牌响、吸引力大、效益好的乡村旅游地,均风格独特、特色鲜明、个性十足。如法国的普罗旺斯、日本的北海道、北欧的乡村民居以及我国西部的民俗旅游、东北的冰雪旅游、江南的水乡古镇、四川的藏羌村寨等。坚持特色化发展,有利于避免出现同质化、低水平的重复建设和恶性竞争。推进特色化建设,一要区别于城市,彰显乡村旅游的"三农"本色。城镇居民到乡村旅游,主要是感受有别于城市的乡村文化,青山绿水、田园风光,求得审美享受和一种放松愉悦的心情,这是乡村旅游的根本魅力所在。二要因地制宜发挥自己的资源优势。在村容村貌、生态环境、历史文化、地域特色、建筑风格、农业生产、旅游商品等方面挖掘和体现自己的特点,展现不同的特色。如江西婺源的良好生态和徽派建筑特色、浙江安吉的特产白茶和竹林文化、江苏江阴的长江三鲜和水乡文化、浙江德清"洋家乐"等。三是区别于传统业态,努力开发新产品,在产品开发上坚持创新。农村生活千姿百态,民俗风情各有差异。根据不同群体、不同方式、不同档次的消费需求,积极拓展一些新的乡村旅游业态,如乡村俱乐部、休闲庄园、度假社区、温泉养生、户外运动、山地探险、自驾车露营地等。如四川郫县依托距离成都近的地理优势,除了传统的乡村旅游发展外,还开始建立健康绿道、养老休闲等乡村旅游项目。

3. 建设坚持产业化发展,提升乡村旅游竞争力

大力推进分工合作和组织化经营,延长和拓展产业链,实现旅游业与农业以及农村服务业的融合发展,发挥关联带动作用,有利于提升乡村旅游竞争力。推动产业化发展,要引导农民由分散、零星的个体旅游接待转向组织化经营。这样,既避免了不必要的竞争,又为建立现代化的旅游产业服务体系提供条件。未来乡村旅游产业化发展,需要建立分工协作、上下游高效衔接的产业体系。引导休闲农业和乡村旅游的经营者围绕旅游消费需求,拓展产业链条。适宜发展接待服务的发展接待服务,适合发展餐饮的发展餐饮,适合发展农产品加工的发展农产品加工,适合发展运输、商贸的发展运输、商贸,有传统手工艺的发展手工艺,从而形成农、工、

贸、游有机结合的乡村旅游产业体系,从而充分发挥乡村旅游的综合效益。

　　4. 坚持多元化发展,提升乡村旅游战略地位

　　形成"政府统筹、市场引导、社会支持"的多元化推动机制,有利于提升乡村旅游战略地位。打造多元推动机制需要充分发挥市场引导的导向作用。目前,由于乡村旅游缺乏市场观念和信息服务,市场在配置乡村旅游资源方面的基础性作用,特别是在产品开发、资金投入、经营管理等方面的导向性和制约性没有充分发挥出来。在做好乡村旅游的市场调研和市场信息发布工作的同时,需要引导企业和农户,根据市场需求,以需定产,规划、开发出适应市场需求的旅游产品,不断提升乡村旅游的市场化发展水平。创造多元推动机制,需要充分调动社会各方面的力量。在依靠农民主体的同时,按照《国务院关于加快发展旅游业的意见》要求,各级各部门、各类相关协会、教育培训机构、金融保险系统应在政策协调、产品开发、市场推广、公共服务、权益保障和人员培训等方面,发挥各自的优势和力量,积极支持乡村旅游发展。

　　5. 坚持规范化管理,提高乡村旅游服务标准

　　游客到乡村感受乡土民俗风情,领略田园风光,品尝农家美味,需要乡村旅游在保持特色的基础上,实现服务流程、服务设施、服务质量的标准化和规范化。

7.6.3　可持续发展的具体措施

7.6.3.1　加强休闲农业从业人员的培养与培训(叶兴庆,2015)

　　围绕休闲农业提档升级,着力在人员素质和设施改善上实现重大提升。加大休闲农业从业人员的培训,将休闲农业讲解员、导览员纳入职业技能培训体系,逐步推动持证上岗制度。建立人才引进机制,充实一批规划设计、创意策划和市场营销人才。

　　海南大学观光农业专业是目前中国大陆第一个把休闲与农业相结合的专业。它立足海南旅游农业资源,把中国传统农业开辟出一条新的出路。总体上我国休闲农业与乡村旅游处在快速发展时段,需求大量的通过高等教育的人才,可开设专业的高校普通大专居多,能真正有规划、管理能力的人才十分稀少。而海南大学的观光农业专业,主要通过对观光农业概念、园林规划设计、观光农业园区设计、现代观光园管理、园艺设施学、室内植物装饰与应用、旅游学概论、旅游学心理、旅游经济学等专业理念课程学习,并受到相关专业的训练,从而具有较强的实践操作能力和综合应用能力。通过在校的理论与实践教学,使他们掌握现代观光农业和设施农业基础知识和基本技能,具有较强的技术综合能力和经营能力,具有开拓精神和创新精神,成为适应现代观光农业规划、服务、管理工作需要的高级技术应用型人才。近几年不少农民培训教材和农业高校远程教学中还有相关课程。四川省农业广播电视学校组织编写的《休闲观光农业实务教程》作为新型职业农民科技教材便是一例。

　　旅游六要素:"吃、住、行、游、购、娱",是否标准化服务,不仅代表企业综合素质,还是企业可持续发展的重要因素。首先从业人员对主营业务的创新意识,能否满足旅游者求新求异的要求。政府提出的"村村有书屋""农民读书节""千场讲座进农家""农民技术学校"等内容,这是培养新型农民的历史必然。可借鉴法国经验:有一套完善的农业教育培训体系,农民成人教育终身制,推行"绿色证书"制度。荷兰的农民职业教育和技术培训几乎覆盖农村每个角落,同业农民之间自发组织学习俱乐部。结合我国国情实行"持证上岗"作为新型农民一个标志。把为生存而打工上升为企业的"主人意识"。其次,旅游六要素服务的标准化,相关部门应有一套培训和监督机制。提高从业人员的人文素质同样重要。乡村旅游的发展,使城乡之间的人流、

物流、信息流、文化观念交流异常频繁,旅游客体与旅游主体不同的社会地位和文化背景影响旅游社区居民思想观念和行为的变化。为了缩小两者的差距,乡村旅游服务标准化是有力举措。成都郫县友爱镇农科村标准化经营服务被国家标准委、国家发改委、国家旅游局等六部委认定为"国家级农家旅游服务标准化城点项目"后,郫县农科村经过两年的实践,有望为全省乃至全国基地地区提供借鉴。从正在探索实施的四川省(区域性)地方标准《农家旅游服务规范》系列标准上可看到,不但要求提升着装、菜品、服务礼仪等细节的品质,更明确了空气、噪音、水质等大环境必须达标。

加强对导游培训关于休闲农业与乡村旅游内容,特别是农业文化、农业科技。我国目前还没有专门的休闲农业与乡村旅游的导游培训,而不少休闲农业企业在采摘期与旅行社团联系,进行观光旅游、采摘旅游、体验旅游等内容。需加强旅游农业知识的导游能力培训,有利农耕文化的传承与宣传,讲足旅游者对农业知识的了解、农业科技发展的渴望。便于旅游主体与客体之间的交流,吸收他们来自世界、全国的相关知识与建议,有利培育客源市场和企业做大做强。

"互联网+休闲农业"也成为官方大力倡导的新模式。"互联网+"是把互联网的创新成果与经济社会各领域深度融合,推动技术进步、效率提升和组织变革,提升实体经济创新力和生产力,形成更广泛的以互联网为基础设施和创新要素的经济社会发展新形态。2015年7月,国务院印发了《关于积极推进"互联网+"行动的指导意见》(国发〔2015〕40号),提出要顺应世界"互联网+"的发展趋势,重点开展"互联网+"协同制造等11大行动计划。农产品加工业是经济社会的战略性支柱产业和重要民生产业,休闲农业是拓展农业多功能的新型农业产业形态和新型消费业态。当前,随着互联网与传统产业加速融合发展,不断推进"互联网+"在农产品加工业和休闲农业发展中的应用具有十分重要的意义。如今全中国已建立了国家、省、市多层级的休闲农业网站。要增强线上线下营销能力,加快构建网络营销、网络预订和网上支付等公共服务平台,全面提升行业的信息化水平。

7.6.3.2 把握发展休闲农业与乡村旅游总体要求,科学规划(农业部,2015)

发展休闲农业紧紧围绕促进农业提质增效、农民就业增收、居民休闲消费的目标任务。以农耕文化为魂,以美丽田园为韵,以生态农业为基,以创新创造为径,以古朴村落为形,将休闲农业发展与现代农业、美丽乡村、生态文明、文化创意产业建设、农民创业创新融为一体,注重规范管理、内涵提升、公共服务、文化发掘和氛围营造,推动农村一二三产业的融合发展。始终坚持:一是以农为本、促进增收。要以农业为基础,农村为载体,突出农民的主体地位,科学构建农民利益分享机制,增强农民自主发展意识,激发农民创业创新活力,促进农民持续稳定增收,不能以办农家乐名义乱占农地搞高档度假村。二是多方融合、相互促进。休闲农业发展要与农耕文化传承、美丽田园建设、创意农业发展、传统村落传统民居保护、精准扶贫、林下经济开发、森林旅游、乡村旅游、新农村建设和新型城镇化等有机融合、相互促进、协调发展,推动城乡一体化发展。三是因地制宜、突出特色。要结合资源禀赋、人文历史、交通区位和产业特色,在适宜区域,因地制宜、突出特色、适度发展。四是规范管理、强化服务。要加大教育培训、宣传推介力度,文明出行、诚信经营、确保安全,制定规范标准,引导行业自律,实现管理规范化和服务标准化。五是政府引导、多方参与。要发挥市场配置资源的决定性作用,更好发挥政府在宏观指导、规范管理等方面的作用,调动各方积极性。六是保护环境、持续发展。要按照生态文明建设的要求,遵循开发与保护并举、生产与生态并重的理念,统筹考虑资源和环境承载能力,加大生态环境保护力度,实现经济、生态、社会效益全面可持续发展。到 2020 年,要实现产业规模进一步扩大,接待人次和营业收入不断提升;布局优化、类型丰富、功能完善、特色明显的格局基本形成;社会效益明显提高,从事休闲农业的农民收入较快增长;发展质量明显提高,服务水平较大提升,可持续发展能力进一步增强,为城乡居民提供看得见山、望得见水、记得住乡愁的高品质休闲旅游体验。

7.6.3.3　运用"生物适生地分析系统"引种技术(魏淑秋,1994)

该系统是中国农业大学魏淑秋教授科技成果,获国家科技进步一等奖,国家农业部推广项目,国内服务 120 多个项目无一例失败。该系统可以在国内或世界任意一个地方为中心,任意一生物品种(作物、蔬菜、花卉、畜禽等)作为引用或推广对象,根据该品种对气候、土壤和生长环境的需求,在世界范围计算分析品种最适宜生长、繁育的地方和范围、适宜的季节、适宜程度的排序和等级划分等。"系统"具有对中国和世界的名、优、稀、特农产品,可能推广、扩种地方的寻找等多项功能。它是集信息技术、计算机技术、系统工程技术于一系统的高新技术。该"系统"拥有世界范围内 2 万多个点、国内 2000 多个点的气候,1000 多个点的土壤等多种相关数据的权威数据库,是一项具有很大实用价值的信息系统。

其中欧氏距离方法,解决两点之间气候相似问题,评价生物气候适应性水平。欧氏距离的大小可以综合表示各种气候要素在两地之间的相似程度,将某一个地方的每一种农业气候要素作为一维空间,m 种农业气候要素即有 m 维空间。把选取的某一个地方作为 m 维空间上的一点,计算任意两个地方的相似程度,就相当于计算 m 维空间中此两点之间的距离。其距离越大,相似程度就越低;反之,相似程度就越高。这样,各地之间的农业气候要素相似程度大小便有了定量的表示。

7.6.3.4　引进新品种延长观光、采摘期、创新餐桌食材

1. 杭州市农科院从美国、欧洲引进 46 个观赏向日葵品种

选出 31 个适合杭州休闲农业景观栽培品种。对不同向日葵品种进行花期调控、矮化盆栽、拼栽试验。播期从 3—9 月,观赏期从 6 月上旬至 11 月下旬,还可作切花,直销花卉市场,又可成为景区插花艺术体验花材。已建 3 个示范基地,吸引大量游客,丰富了休闲农业内涵。

2. "北果南移"成为休闲农业新亮点

蓝莓是蓝紫色小浆果,野生蓝莓主要在我国大兴安岭中部,经过引种繁育,作为休闲农业主导产业观光、采摘是近几年农业企业的新宠,呈现越向南越值钱的态势(见表 7.59)。

表 7.59　蓝莓采摘期与经济效益　　　　　　　　　　　　　单位:元/斤①

地　点	大兴安、岭辽宁	吉林	山东	浙江金华
采摘期	7—8 月	6 月中旬	6 月初	5 月中旬
市场价	6～7	10	30～40	50～80

浙江省师范大学陈文龙博士从 40 多个品种中筛选出 6 个需冷量低,适应浙江暖湿气候的成果期长、效益不错的高丛蓝莓,形成当地休闲农业的水果产业。休闲采摘供不应求,得益于科技带来的旅游产品差异化。浙江省桐乡市石门镇"北梨南种"的成功,引种皇冠梨,根据南方

---

① 　1 斤=500 g,下同。

气候培训的北方梨,比当地别的品种先上市 2 个月,6—8 月采摘,汁多、脆、甜,除休闲采摘,余下的销往日本。宁夏大果枸杞,比传统枸杞大二倍,并作为鲜果食用,已经在北京、上海、广州进行区试,作为采摘旅游产品反应极好,每斤鲜果市场价 100~200 元,每亩产值 30~40 万元。

3.“南瓜北种”设施栽培技术成为甘肃省兰州市休闲农业新亮点

海南西瓜进兰州市榆中县家湾村大棚,利用这里光照好,日夜温差大的气候优势冬季种出了西瓜,差异化竞争占市场 80% 份额。

4.“南猪北养”为山东省青岛市餐桌文化增加了新食材

在海南岛热带山地雨林中生长的“五指山香猪”突然北上四季分明的青岛,这是山东省青岛市某综合态农业有限公司和青岛农业大学合作引进的项目。经过一系列训化,培育实现了规模化生产。通过一年四季让它们白天在野外奔跑,晚上回家休息的散养、圈养模式,保持了原有的天性、抗病性,得到了高钙、低脂、芳香的动物新食材。

7.6.3.5　彩色农业:彩化林木建设观光大道、观光园、彩化餐桌

1.观光大道(步行绿道)

以彩色林木春、夏、秋、冬或一年四季有花样美丽为特色。绿化、彩化、香化为建设环境的时尚追求。我国彩色林木在环境绿化中所占比例仅为 2.7%,与国外的 15%~20% 相比,有巨大商业潜力和碳汇生态效益。四川省环境绿化中还需要加强彩化力度。

(1)中华全红杨:又名中国红杨、全红杨。其生物特性:在河南,从 3 月份发芽展叶到 6 月底,叶面呈紫红色。7 月初至 11 月初为紫红色,逐渐变为浅红色、暗红色,但叶柄叶脉和嫩梢为紫红色,11 月初至落叶前鲜红色,色彩亮丽,观赏价值高。但叶面颜色随气候不同而有差异。中华全红杨不但彩色,而且具有速生、侧枝多、发芽早、落叶晚的特点。树杆通直,圆满挺拔,生长迅速,一年苗 3~4 m,两年平茬苗 4~6 m,胸径度 4~6 cm,三年苗建房可做檩条,五年赛水桶。

全红杨属彩色高大乔木速生树种,5~6 a 可成材,集绿化、彩化、净化多功能于一体。最适合城市环境绿化,更适合旅游景点、公路、园林、森林及乡村道路建设,不但可“立地成景”,而且可迅速形成大面积、高档次园林景观。先后进入南阳—信阳高速,作为国家高速路绿化示范工程,北京奥运会等重大园林绿化工程。2010 年 3 月进入上海世博会作景观树,取得极佳效果。

(2)北美海棠:是优秀的观赏乔木树种,它耐寒适应性广。春天开花、座果,秋天叶子由绿—黄—红,叶、果挂在树上全年可观赏。等次年春季新叶再生,老叶才落下。可以美化公路、乡村道路、观光园。

2.发展彩色种养业,走高端个性化特点,使餐桌增色保健,使旅游者获得知识

(1)五颜六色的天然农产品含花青素,有力消除人体内自由基,增加免疫力。彩色薯:马铃薯(白皮白心、黄皮黄心、紫皮紫心、黑皮黑心、红皮红心、花心土豆)、甘薯(紫、黑、红、黄、白色)。黑小米。五彩米(红香米、黑珍珠、紫香糯、绿香糯、银香米),彩叶水稻(红色、黄色……)。七彩小麦有 80 个系列,有黑色、红色、紫色、蓝色、绿色…,应用冰草、黑麦草、大麦草…远缘杂交,不但突破了产量,而且含微量元素、营养价值不同,加工食品不要人工色素。彩色玉米:彩色甜糯(黄、银白、紫色籽相间;紫、白、黄籽相间;黑)。彩色花生:墨香(紫黑色)、紫玉(紫红色)、红钰(珍珠红)、红豆(红色)、圣洁(白色)、彩纹(浅橙红色)、雪宝(白色带大红斑)、粉玉(粉色)

黑番茄原产南美洲在温差大、光照强的环境下,先绿—红色—黑色时成熟,维生素 C 是普

通番茄的 2 倍,肉厚多汁,有市场竞争力,塑料大棚一年四季可生产。红色的梨。金黄色的小西瓜又甜又沙,每个 10～20 元还抢着买。搭配卖的五彩葡萄(红色、红紫色、紫黑色、绿色、淡黄色)。

彩色花椰菜形状与常见的白色花椰菜没多少区别,在颜色上有所不同。除了橙球花椰菜外,还有绿球花椰菜、紫球花椰菜等品种。属于白色花椰菜的近缘种,是十字花科芸薹属甘蓝种的一个变种,为一年两生草本植物,学名为彩色花椰菜。它具有外观美丽、营养丰富、管理简单、产量稳定等特点,非常适宜煎、炒及配制各种冷盘。彩色花椰菜原产于欧洲。近几年来,在我国北方的广大地区主要以种植橙球花椰菜为主,橙球的彩色花椰菜值得炫耀的地方不仅仅是它美丽的外表,还有它所富含的丰富维生素,特别是胡萝卜素的含量也是普通白色花椰菜的 10 倍。

乌兔、黑山羊、乌骨鸡、咽脂鱼、红鲤鱼、五彩鸡蛋……

(2)五彩林木观光园

以人们忠于太阳节律为主题,义于一切和谐为境界,建五彩林木观光园。乔木、灌木、地被立体彩化,树下设计一定数量的观光小区,配置防腐木艺术椅凳,观光四季彩林(见表 7.60)。

表 7.60　品种和色彩(中国网络电视,2009)

	美国改良红枫	秋色娇艳
	美国彩叶树	10 月至次年 2 月秋季五彩缤纷
	乡土橡树	秋季粉红色、亮红色或红褐色,最后为红色
	挪威槭—红黄后	紫红色
	复叶槭—纯金	可乔木、灌木、金黄色
乔木	金叶刺槐	春季金黄色、夏季黄绿色、秋季橙黄色
	复叶槭—火烈鸟	叶子 2～3 种颜色:粉、白、绿
	金森女贞色	常绿小乔木,一年三季新梢金黄
	河南中红杨	一年三季四变色
	喜马拉雅白桦	树干特白
	美国红栌	春夏秋叶面为红色或紫色
	红叶石楠	常绿小乔木或多枝丛生温灌木,一年三季新梢鲜红,花期 4—5 月
	金禾女贞	一年三季新梢呈油菜花亮黄色
灌木	金枝国槐	秋季枝叶金黄色
	小丑火棘	高温季节绿白相间、冷色花纹;低温季节转为粉、红相间,暖色花纹
	花叶六月雪	叶片黄白绿色,6 月开花
	金叶国槐	生长季节叶片一直保持金黄色
地被	金叶景天	叶金黄色
	花叶燕麦	叶片中肋绿色,两侧黄色

3. 美叶花木、香型花木养生园

观光旅游成为当下人们的视觉上的遐想。馨香四溢的桂花、傲霜励雪的腊梅,以习习香气缓冲现代人生活之混乱:降血压、缓解痛苦、矫正过敏、减轻头痛和助人睡眠(见表 7.61)。

表 7.61　美叶花木、香型花木(李少球,1998)

花木类型	品 种
美叶花木	巴西铁、散尾葵、绿萝、棕竹、肾蕨、朱焦、发财树、变叶木、枫叶、花叶万年青
香型花木	春季:梅花;夏季:栀子花、含笑;秋冬季:腊梅、桂花
	四季桂:日香桂、月月桂、天香台阁,
	8-10 月花期:金桂(金球桂、丛中笑、红艳凝香、万点金)丹桂(贵妃红、状元红)银桂(纯白银桂、青山银桂)

7.6.3.6　创意农业创新旅游产品(张传伟,2008;杨祥禄,2012)

创意农业创新旅游产品,是"绿色经济"大背景下的自然选择。起源于 20 世纪 90 年代后期,由于农业技术的创新发展,观光农业、休闲农业、精致农业和生态农业相继发展;与此同时,创意产业的理念在英国、澳大利亚等地区形成并迅速在全球扩展。荷兰模式—高科技创汇型,德国模式—社会生活功能型,英国模式—旅游环保型。自 2004 年首届上海国际创意产业论坛以来,创意农业成为一种推动经济发展方式转变的策动力。在创意经济时代,农业同样需要创意,乡村旅游更需要创意。创意农业是科技创新与文化创意并举的"双创"战略。有效地利用自然、文化和科技融入农业生产,把传统农业生产发展为融生产、生活、生态的"三生"为一体的现代农业。它以市场为导向,将农产品、文化和艺术创意结合,是农业的新型发展模式,应用到乡村旅游农业,使其具有高文化品位、高知识化、高盈利性、高附加值。以智能化、特色化、差异化的旅游农业产品,实现当地农业资源化配置的一种新型农业经营方式,其特色和优势在于能够构建多层次的全景产业链,通过创意把农业技术、农产品、农耕活动、市场需求和文艺活动有机连接起来,形成良性互动的产业价值体系,进而实现农业产业价值最大化。实现农业经济发展方式的转变、实施现代农业、促进社会主义新农村建设、让农民增收,做实城乡一体化的重大举措,效益不可估量。

1. 艺术农业走俏市场

紫薇树是乔木吉祥物,满堂红,百日红,代表吉利、吉祥,是首选绿化树种,夏天开花,有粉、白、红、紫红、深红……从 4 月中旬至 9 月中旬,半年花。江苏紫薇大王宋和平 2000 多亩紫薇树,几万棵 200~500 岁树桩成天价艺术树,其中一棵 500 多岁的紫薇树长 6.6 m,命为"中华一条龙",大部分树杆在地下,龙身上长出多色紫薇树,多个企业几次出价从 300~500 万均未果,宋和平希望把它放在紫砂盆里,作为镇园之宝,万人领养、万人呵护的"中华龙"。从景德镇青花瓷得到启发,选择可作花瓶的品种,用 10 多棵紫薇树枝条做成一个花瓶,如今是几百个各式艺术花瓶走进千家万户。另外,经过嫁接,一棵紫薇树上可开出 4 色。还有紫薇树房子(严健勇 等,2005;程永安,2005)。

艺术瓜果举不胜举:天价方形西瓜,一个西瓜两个色;观赏南瓜长廊;瓜果观光长廊;南瓜餐具;红薯树;蔬菜树;新、奇、特、怪蔬菜博览园……。

2. 体验农业园

旅客以体验农业为主题,感受农业生产过程的乐趣。在专业人员的指导下,动手制作旅游产品,送亲人、朋友作纪念。参与农业生产某环节的劳作,享受农业成果快乐。参与趣味农业之中,回归自然其乐无穷。旅游景区为游客安排不同季节,不同特色的体验内容动态公示。室内:插花艺术,干花画(押花),麦秆画,笋壳画,玉米壳玩偶制作,豆贴画,粮食画,鱼骨画,羽毛工艺制作,果艺花道礼篮制作,树叶(枫叶,银杏叶)贺卡制作,葫芦雕刻工艺等。室外:割稻子,打谷子,磨米;挖花生,挖甘薯,挖土豆;水果采摘;蔬菜,水果,花卉盆景制作;西瓜贴字画;南瓜刻字、绘画,掰玉米比赛;滚铁环,推鸡公车,垂钓比赛;推豆腐、点豆花。周末农民趣味运动会、体育旅游等。"网络农民"产业园(QQ农场):市民通过网上承包"自留地",当"遥控"的"网络农民"。通过当地"旅游网"租地,及时了解自己地里植物生长阶段,当植物收获时,业主可以前来采摘,也可委托产业园相关人员送货上门或卖掉。玉米田迷宫:玉米定植时,按事先设计的"迷宫"种植,当玉米长到形成绿障时开始卖门票进入,可采摘玉米。玉米桔可作青饲料,干玉米可由种子供应商回收,或自己加工。选用早、中、晚不同熟性的玉米品种,建造不同季节迷宫。另外,品种间差别可建造不同迷宫进行展示,例如:水果玉米可生吃;发甜玉米一年可种3~4茬。因以嫩玉米为产品,可作为早餐制成玉米茶食用。产量高,经济效益可达每亩2万元。

7.6.3.7　旅游景区品牌化、标准化、信息化

蓬勃发展的休闲农业已成为农村经济新的增长点。我国GDP的重要组成部分,乡村旅游成为城市"闲人"向往自然放松心情的最佳去处。客源市场对产品的需求不断升级,而客观现实滞后之间的矛盾,无疑加大科技成果的转化和资金投入的力度是第一要素。

1. 加强科技成果转化力度,使休闲农业成为现代农业的示范产业

休闲农业与乡村旅游发展态势和旅游者求新、求异和综合性需求,今后休闲农业发展趋势可认为:向生态旅游、特色化旅游、农耕文化的参与与体验、休闲农业的现代化、产业化、规模化和品牌化方面发展。显然,科学技术成为休闲农业可持续发展的第一要务。

(1)构建农业循环经济发展模式,推进绿色消费

休闲农业有传承农耕文化的职责。应变传统经济的"资源－产品－污染排放"单向流动的线性经济转变为"资源－产品－再生能源"的循环流动经济系统。目前我国的农业大系统中,化肥利用率低,大量的N、P、K营养元素流失,入地下水造成硝酸盐含量过高,进入地表水造成水体富营养化。据报导,我国七大水系有一半属不安全用水。农田白色污染严重,我国每年用非降解地膜100万t,有些地方地膜随处可见,最严重的地方每公顷土20 cm厚地含500 kg地膜。各种农作物秸秆每年6.87亿t资源未得合理有效利用,造成浪费与污染。畜禽粪便未能有效利用造成对环境污染。因此,发展农业循环经济,才能有效解决资源的大量浪费、环境污染和农产品污染问题。

循环经济的发展,需要技术进步推进,如信息技术、资源重复利用技术、能源综合利用技术、替代技术、运输保鲜技术、环境监测技术等。建设粮食转化循环经济产业链条:走"粮食－饲养牲畜－粪肥还田发展种植业－农产品饲养牲畜"循环模式。建设秸秆转化循环经济产业链条:建设"秸秆饲养牲畜－粪便还田发展科植业－秸秆再饲养牲畜"的链条、"秸秆饲养牲畜－粪便菌类生产或生产沼气－沼渣还田"的链条。建设绿色生态型循环经济产业链条:建设绿色无公害蔬菜产业链条、建设"林－草－牧－菌－肥"的立体种养模式。

随科技发展,产学研结合,变废为宝的事例层出不穷。福建省漳州市平和县是"世界柚都",企业把原来扔掉的柚子皮加工成美食,还提取柚皮苷、柚皮精油,解决了世界难题,震撼世界。把小麦秸秆制成一次性餐具,秸秆制作成型燃料技术,羽毛作成工艺品,枇杷花制茶等。产学研结合,把休闲农业建成科技成果转化与推广的前沿阵地。

(2)生态发展、绿色发展,达到低碳旅游的发展方向

休闲农业担负着环境保护改善生态环境的功能。从地址选择时的空气、水质、土壤是否生

态达标,到产业发展中的每个环节应精心设计、科学把关。不少企业在产业成长过程中经历了种养环境恶化,水质富营养被污染,导致农产品产值下降等残酷教训。付出了不该付出的代价,而多少企业又经历了实验-失败-再实验的历程。经过几年后才成功,大大提高了成本。当下物流业的发展,大大拓展了市场空间,但相关的科技问题需要专门研究,特别是鲜活农产品在运输、存库中的损耗可观,企业只能在实践中摸索,不但增加了成本,并因实践条件有限,其保鲜指标的可靠性能不能推广还得让时间来证明。旅游农业要成为现代农业的样板,应该走科技先行的道路,提高科技成果的转化率,尽量降低不必要的损失。

(3)水肥混施滴灌,实施节水农业技术

我国是缺水国家,人均拥有水量只有世界平均水平的28%,而自动喷灌、滴灌技术已很成熟,不少企业大量依靠地下水漫灌,不但浪费水资源,而且不利作物生长。近几年用于智能化立体栽培的气雾栽培技术,作为休闲农业科技创新是一个范例。浙江省丽水县"黑番茄气雾栽培方法"是现代农业的代表。番茄种在立体栽培槽中,根在空气中,通过计算机、传感器、通过水处理器喷雾到番茄根部,多余的水又回到营养液中,结果使番茄产量提高45%,易裂果减少1%~5%,糖度提高,口感极佳。节省土地,肥料循环使用,大大减少栽培环节。此方法在观光农业科技旅游上有大的发展空间。水肥混施滴灌技术是最近发展的节水、节肥农业技术。

(4)发展立体种养业是发展循环经济的可推模式

推广合理的轮作、套种、套养技术,是实施循环经济的有力方法,还是提高农产品质量、保证餐桌安全的得力举措,在产业发展过程中自然形成了具有当地特色的农产品品牌。浙江省温州市妙西村"竹林+鸡"生态竹园种养模式。绿色竹林杂草丛生,虫多,竹螟一年四代,大发生时严重减产,通过养鸡,林下草不长了,第二年虫明显减少,鸡粪含氮肥,提高地温,春笋产量从每亩500~600 kg提高到1000~1200 kg。夏季鞭笋产量、质量也提高了。鸡为竹林除草、除虫、增肥,自身长得更好,脸红、毛亮、脚粗壮,每千克40元比一般肉鸡贵一倍,一年出栏二批,当地无鸡不成宴,把这竹林鸡叫"笋子鸡"供不应求。一亩竹林四份收入,比原来增加一倍。福建省武夷山市吴屯乡后乾村"稻田十鱼"套养模式,鱼在稻田里吃草、吃虫、吃稻花,不另喂饲料,稻田不施农药,在厦门市商贸洽谈会上,卖出高价:"稻花鱼"每斤40元,稻米每斤10元,发展两万亩,产值上千万元。山东省济阳区"莲藕+水蛭+田螺"生态高效模式。北京市张山营都市型现代农业示范基地"葡萄园十鸡"高效生态模式。江苏省张家港市"葡萄园+黄鳝"立体种养模式。黑龙江省齐齐哈尔市"稻田+林蛙"种养模式。浙江省新康县"菱白+麻鸭"共作模式。天津市宝砥区"稻田+泥鳅""稻田+甲鱼"共作模式。生态高效种养模式是当地科研成果转化的实例,带来了一方的生态效益、经济效益。在专家指导下选址、选种,确定种养时间,种养密度,生长期。利用生物之间相生相克原理,提高了土地利用率,降低了生态成本,提高了农产品质量,"火了"一方经济。运用休闲农业与乡村旅游中科技效应产生的市场空间将不可低估。吉林省、黑龙江省等地林下散养特种野猪,生态、旅游一体化,产品销往全国,经济效益可喜。

我国是渔业大国,2000多万亩水面资源。江苏省射阳县通威企业渔业专家找到新的发展模式,提出"渔光一体"模式,即在开阔水面上用光伏板多发电,下面养好鱼,即"上面发电、下面养鱼",充分利用水面,应用智能配套技术,养出绿色安全水产品。高效、生态、环保,该项目推广到全国 CCTV7、《科技园》。

2. 加强《农作物病虫害绿色防控技术》的思考与建议

随着人们生活水平的提高、环保意识的增强和食品工业的发展,人们对食品安全性越来越重视。残酷的环境现实,人们对食品安全的渴望成为天大的民生问题。全面提高食品安全水平是国家大事。从农田—餐桌的每个环节达到绿色控制,将成为新常态,即在农产品生产过程中,在确保农产品目标产量、质量、生态环境安全的前提下,以减少化学农药的使用为目的,优先采用农业生态防治、物理防治、生物防治等综合技术措施,达到控制病虫害的行为。走产出高效、产品安全、资源节约、环境友好的道路。

食品安全是天大的民生。2015 年 3 月 5 日十二届全国人民代表大会第三次会议"政府工作报告"指出:"环境污染是民生之患、民心之痛、要铁腕治理。综合治理农药兽药残留等问题,全面提高农产品质量和食品安全水平。"近年来,农业生物灾害一直对农业生产安全、农业增效、农民增收,构成严峻威胁,单靠灾害发生后的化学防治,会防治不够及时而增加损失,同时也会额外投入人力、物力。我国单位面积化肥和农药使用量分别达到世界平均水平的 3.6 倍和 2.5 倍(李莎莎,2014)。

2006 年 8 月—2013 年 12 月,四川省根据国务院决定采用统一的方法、标准,对 21 个市(州),开展了首次全省土壤污染状况调查。2014 年 11 月 28 日,省环保厅和省国土资源厅联合发布《四川省土壤污染状况调查公报》,结果显示(李莎莎,2014):全省土壤环境状况不容乐观,攀西地区、成都平原区、川西地区的部分区域土壤污染问题突出。耕地土壤的点位超标率为 34.3%,其中轻微、轻度、中度和重度污染点位比例分别为 27.8%,3.95%,1.37%,1.20%。污染类型以无机为主,无机污染物超标点位占全部超标点位的 93.9%,主要污染物为镉和镍。这与成土母质、大气排放的烟尘等背景值有关。必须高度警惕土壤污染的扩大和加重,重视其防控和修复。

据报道:世界癌症报告估计,2012 年中国癌症发病 306 万人,约占全球发病的五分之一;癌症死亡 220.5 万人,约占全球癌症死亡人数的四分之一。国家癌症中心肿瘤流行病学研究员代敏介绍,今后 20 年,我国癌症发病率和死亡率将持续上升。国家癌症中心发布的《2012 年中国肿瘤登记年报》显示:全国肿瘤地区登记地区恶性肿瘤发病第一位的是肺癌,其次是胃癌、结直肠癌。2013 年 1 月 14 日报道:四川省每年新增 20 万癌症患者,肺癌发病率最高。其次是肝癌、胃癌。全省每年 15 万人死于癌症,这个数字还在呈逐渐上升趋势。

2014 年,科技进步对我国农业的贡献率为 56%,比发达国家低 20 个百分点,依靠科技进步提高农业全要素生产率还有很大潜力。今后不能再靠增加化肥和农药使用量来提高农业产量。如能在灾害发生前,实施准确预测,并采取相应行之有效的防控措施,才能达到以较小成本投入而有效控制灾害的目的。走产出高效、产品安全、资源节约、环境友好的道路。

绿色防控是一种新的病虫害防治理念,主要目的是为了减少化学农药的使用量,确保农产品中不存在化学农药或化学农药残留不超标,使农产品的内在质量提高。即农产品生产过程中,在确保农产品目标产量、质量、生态环境安全的前提下,以减少化学农药的使用为目的,优先采用:农业生态防治、物理防治、生物防治等综合技术措施,达到控制病虫害的行为。

①农业生态防治措施技术:选用抗病品种,科学轮作,改进栽培方式,栽培无病虫害植株,创造不利于病虫害生长发育的田间环境。

②物理防治措施技术:利用太阳能高温闷棚消毒,用防虫网阻隔害虫,挂色板诱杀害虫。

③生物防治措施技术——主要利用天敌防治:以虫治虫;以螨治螨;以菌治菌。不同作物、同一作物不同发育期,对不同病、虫害使用不同的防控技术。

参考文献

陈莹峰,2012.我国发展休闲农业和乡村旅游的调查与思考[J].中国乡镇企业,(4):54-57.

程永安,2005.特种南瓜栽培技术[M].西安:西北农林科技大学出版社.

范子文,2016.休闲农业与乡村旅游升级——背景、路径与对策[J].北京农业职业学院学报,(1):5-10.

冯天哲,于述,周华,1992.新编实用养花大全[M].北京:农业出版社.

贺宝通,尚久印,崔佳音,2005.气候环境对植物秋色叶形成的影响[J].花卉,(11):22-22.

姬君兆,黄玲燕,1985.花卉栽培学讲义[M].北京:中国林业出版社.

柯炳生,2005.对新农村建设的若干思考和认识[J].山东农业大学学报:社会科学版,(4):1-5.

李莎莎,2014.四川省土壤污染状况调查公报[N].四川日报,2014-11-29.

李少球,1998.美叶花木[M].广州:广东科技出版社.

刘聪,张陆,罗凤,2005.乡村旅游发展思路的新思考[R].休闲农业与乡村旅游发展学术研讨会.

刘明芝,2012.辽宁省本溪县枫叶变红与气象条件的关系分析[J].安徽农业科学,40(33):16279-16379.

马剑锋,孙素仪,2010.海阳市苹果和桃树开花期间气象条件分析[J].安徽农业科技,38(23):12598-12600.

农业部,2010.国家旅游局关于开展全国休闲农业与乡村旅游示范县和全国休闲农业与乡村旅游示范点创建活动的意见[J].湖南农业科学,(8):1-19.

农业部,2015.国家旅游局关于公布 2015 年全国休闲农业与乡村旅游示范县和示范点的通知[DL].http://jiuban.moa.gov.cn/zwllm/tzgg/tz/201512/t20151222_4959527.htm.

森姚,2017.彭山葡萄惹人醉[DL].中国质量新闻网.http://www.cqn.com.cn/.

石林君,2011.荷花栽培技术[J].河北业科技,36(3):26-28.

王小磊,张兆胤,王征兵,2007.试论乡村旅游与农业旅游[J].经济问题探索,(2):5-8.

王志成,肖宏伟,2014.关于乡村旅游可持续发展的思考[N].中国旅游报,2014-03-05(11).

魏淑秋,1994.中国与世界生物气候相似研究[M].北京:海洋出版社.

许昌燊,等,2004.农业气象指标大全[M].北京:气象出版社.

鄢和琳,邱云志,汪治宏,2004.打造中国第一生态桃园——成都市龙泉驿区生态农业旅游开发构想[J].资源开发与市场,(10):399-400.

严健勇,高兵,2005.迷你南瓜[M].北京:科学技术文献出版社.

杨祥禄,2012.发展创意农业助推休闲农业与乡村旅游[R].全国休闲农业创意理论研究与实践探讨学术研究会.

叶兴庆,2015.农业发展需要加快培育接续力量[N].人民日报,2015-3-16.

张传伟,2008.创意农业如何点土成金[M].郑州:河南人民出版社.

周惠文,2004.桃树丰产栽培[M].北京:金盾出版社.

第8章 四川省城市旅游与旅游适宜季

在讨论城市旅游的时候,我们必须注意,"城市"在旅游活动中的两个侧面:它既是旅游客源的发生地,也是旅游游客的接待地(集散地和目的地)。无论从需求方面,还是从供应方面来考察,"大城市旅游"(或称"都市旅游")的命题蕴涵着强烈的时代特征和巨大的市场价值。城市在旅游活动中的这些作用不仅在过去存在,而且现在、将来也仍然不可动摇。但是,当城市以其自身的引力使旅游者和旅游经营者不能不把城市作为旅游目标的时候,城市就不仅仅是游客集散中心和服务支持中心,而且是不折不扣的旅游目的地了。

目前,"城市旅游"尚无公认的定义,但对于城市旅游的特征已基本达成共识:

(1)以都市风貌、风光、风物、风情为特色的旅游活动;

(2)以城市为目的地的旅游活动;

(3)旅游者在城市中的旅游活动;

(4)利用城市服务设施提供专业化的旅游服务。

总之,城市旅游是以城市为旅游目的地的旅游活动。四川省拥有众多城市,有不少城市风格独特,对游客有很大的吸引力。

8.1 雅安市气候特征与旅游适宜季

雅安,位于四川盆地西缘、邛崃山东麓,东靠成都、西连甘孜、南界凉山、北接阿坝,距成都仅 115 km,素有"川西咽喉""西藏门户""民族走廊"之称,是四川旅游西环线和香格里拉环线上的客源枢纽,交通枢纽和重要门户。雅安山川秀美,生态良好,是天然氧吧,是四川省历史文化名城、四川省环境优美示范城市,因年均降雨量 1800 mm 左右,有"雨城"之称,是四川降雨量最多的区域,雅雨、雅鱼、雅女并称为"雅安三绝"。同时,雅安也是中国新兴的优秀旅游城市、CCTV 2006 十佳中国魅力城市、世界自然遗产——大熊猫栖息地(卧龙—四姑娘山—夹金山),是成都平原向青藏高原的地形、生态、气候的自然过渡地带和汉民族向藏、羌、彝民族的人文过渡地带,自然风光、历史人文独具特色,地缘优势明显,生态资源优势突出,旅游资源得天独厚。雅安的上里古镇、望鱼古镇等还是南丝绸之路上的重要驿站,茶马古道上的重镇,四川十大古镇之一。

8.1.1 雅安的旅游景观资源

雅安市拥有自然生态和人文生态两种旅游资源。这两种资源都非常丰富,且资源分布十分广泛。自然生态和人文生态两种旅游资源在雅安市是相互交叉、相互融合在一起的,存在着密不可分的关系。在地质景观的旅游资源方面,雅安市拥有两处主要的并且正在开发利用的地质景观资源:一是汉源县的"四川大渡河峡谷国家地质公园",二是芦山县的"龙门溶洞"。位于汉源县的"四川大渡河峡谷国家地质公园"被国家地质公园评审委员会于 2001 年 12 月正式列为第二批国家地质公园。国土资源部于 2002 年 2 月 28 日在北京为"四川大渡河峡谷国家地质公园"举行了命名仪式。"大渡河峡谷国家地质公园"地处于雅安市汉源县、乐山市金口河区和凉山州甘洛县三个地区的交汇处,其占有面积超过 90 km²,地质公园对于地方开展地学科研和旅游具有重大的意义,因为其内包含有非常丰富的地质遗迹。2005 年,由《中国国家地理》杂志评选的"中国最美的十大峡谷"之中就有汉源县大渡河大峡谷。"龙门溶洞"是位于雅安市芦山县的一个典型的喀斯特山地洞穴,该洞穴位于雅安市芦山县的东北部,是我国甚至亚洲发现的白垩纪砾岩地质景观中唯一一个被开发旅游的洞穴,经中、英、美等多国的国际洞穴专家考察后,认为"龙门溶洞"为亚洲最大的洞穴群。洞穴的面积约 80 km²,长度约有 100 km,是位于亚洲第一,并且世界都罕见的洞穴。它在世界上同类岩层中是独一无二的,是一个的洞穴的博物馆,而且规模宏大。在洞穴群中密集分布着地表漏斗和峰岭,其中拥有世界上最大,并且能在卫星照片上清晰可见的地表漏斗——"围塔漏斗"。洞穴群中的洞穴相互交织在一起,而且洞内有暗河、沙滩、钟乳石、奇石等奇异景观,可谓集世界洞穴的一个博物展览馆。

雅安市的旅游资源非常丰富。例如:现有 2 个国家级自然保护区:宝兴蜂桶寨和贡嘎山南坡石棉县管理处;3 个省级自然保护区:有天全喇叭河、石棉栗子坪和天全河;有 3 个国家森林公园:夹金山、龙苍沟和二郎山;有 1 个省级森林公园:雨城区周公山;有 2 个国家 4A 级旅游区:碧峰峡和蒙顶山(世界茶文化发源地);有 1 个国家 2A 级旅游区:天全喇叭河;更有夹金山、田湾河、二郎山、灵鹫山大雪峰 5 个省级风景名胜区;有 2 个市级风景名胜区天河和双龙峡;还有周公山温泉、中国最大的保护大熊猫研究中心(雅安碧峰峡)等旅游景区。另外还有发达的水系,拥有各种各样大小河流、湖泊等众多水体生态旅游资源。还有一点是雅安市位于一个特殊的地理位置——雅安市地处川藏、川滇的要道之中,是古南丝绸之路西线"牦牛道"的重要地段,也是茶马古道通道。这造就了雅安丰富的文化旅游资源。另外就是雅安古代属于青衣羌国,在境内存在着非常丰富人类文化遗产,具有十分有特色的文物景点。全市现有的文物保护单位有 108 处,保护点 1300 多处之多,博物馆藏有各类文物 3 万余件,其中珍贵文物就有3000 余件,其中尤其是以汉代的文物最为珍贵。在此之中数汉代碑阙和石刻文物最为有影响力,雅安市拥有汉代石兽 12 具,超过了全国存有此类石兽总数的一半之多;雅安还拥有汉代墓刻的精华——高颐阙、芦山樊敏阙及石刻,这些乃是国家的瑰宝。雅安市现有 3 个省级历史文化名城:雨城区、芦山县和荥经县;有 2 个省级历史文化名镇:安顺场和上里古镇;其中还有被列为国家级、省级、县级各类重点文物保护单位 107 处之多。

雅安市具有种类多样,并且类型齐全的旅游景观资源。自然景观和人文景观在雅安市基本为均衡分布的,并且每个景观各自都拥有自己独特的特色。雅安市旅游景观资源基本可以归纳为以下几个特点:(1)资源的类型和储量多而丰富。雅安市旅游景观拥有地文景观、水域景观、生物景观三个大类的资源,在此之中尤其是水域景观资源和生物生态景观资源这两大类资源非常丰富。且雅安市境内的旅游景观资源一般都是自然风光和人文景观两者相联系在一起的复合旅游景观资源。(2)生态景观的资源丰富。从雅安市整体的景观资源来看,雅安市的自然景观主要以山体森林资源为主体,水系资源为辅,并且这些资源分布广泛,形成雅安市特有的山水景观资源。除此之外,雅安市森林资源不仅丰富而且保存的也非常的完好,森林覆盖率是四川省的第一名,全市拥有多处国家级和省级森林公园。因此综合来看,自然生态景观资源是雅安市景观资源最大的特征之一。(3)雅安市具有文化多元化的特点。拥有丰富多样的人文景观,并且在这些人文景观中包含的有大量的历史文化,这是雅安市吸引国内外游客的点之一。雅安市也拥有自己独特的汉代文化、茶文化、三雅(雅雨、雅鱼、雅女)文化、熊猫文化、红军文化等各种各样的文化,这些文化相互交叠,构造成了整个雅安市人文景观的立体结构,为文化资源建立了一个坚实的基础。雅安市丰富多样的人文景观,满足各种阶层各类游客需求,其中就包括了对国外游客有较强吸引力的熊猫文化。雅安市以往深厚的文化积淀为人文景观的发展提供了良好的基础和发展的条件,再综合以各类自然文化资源为雅安市的旅游奠定了一定的基础(见表 8.1)。

由于雅安市的地理位置和交通的优势造就了雅安市发展旅游业的优势较为明显。①雅安市交通的地理优势十分突出,雅安市处于四川省规划的"阳光之旅""文化之旅""冰川之旅"和"生态之旅"等黄金旅游线的交叉点上,具有独特的黄金旅游口岸价值。②雅安市距离四川省省会成都市仅有 120 km,并且与京昆高速公路的成雅段相连;距西南航空物流中心四川省成都市双流国际机场仅 50 min 车程;雅安市境内贯穿着国道 318,108 等公路干线,市内有便捷的交通,这些都为雅安市的旅游发展奠定了坚实的交通基础。

表 8.1　雅安市境内重要旅游景区

类别	级别	名称	数量
自然保护区	国家级	宝兴蜂桶寨、贡嘎山南坡石棉县管理处	2
	省级	天全喇叭河、石棉栗子坪、天全河	3
大熊猫保护	国家级	中国保护大熊猫研究中心碧峰峡基地	1
地质公园	国家级	大渡河峡谷、芦山县龙门溶洞及"围塔漏斗"	2
森林公园	国家级	龙苍沟、夹金山、二郎山	3
	省级	周公山	1
风景名胜	省级	碧峰峡、蒙顶山、夹金山、田湾河、二郎山、灵鹫山大雪峰、喇叭河	7
旅游区	4A 级	碧峰峡	1
	4A 级	蒙顶山	1
	2A 级	喇叭河	1
文物保护单位	国家级	高颐墓阙及石刻、樊敏墓阙及石刻、开善寺、何君尊楗阁石刻、平襄楼、青龙寺大殿、中国工农红军强渡大渡河指挥楼	7
	省级	雅安白马泉及石刻、双节孝牌坊、邓池沟天主教堂、芦山姜庆楼、芦山青龙寺天殿、芦山王晖石棺及石刻、荥经开善寺、荥经云峰寺、荥经严道古城遗址、石棉强渡大渡河遗址、汉源清溪文庙、汉源九襄石牌坊、天全"西湖胜景"石牌坊	13
历史文化名城	省级	雅安市(雨城区)、芦山县、荥经县	3
历史文化名镇	省级	上里古镇、安顺场	2
红色旅游点	国家级	安顺场、夹金山	2
茶树良种繁育地	国际级	中锋茶场	1
原产地保护区域	国家级	蒙顶山茶叶、汉源花椒、雅鱼	3

8.1.2　雅安市的气候特征

雅安位于四川省西部,东邻川西平原,西接青藏高原,地处高原东南麓陡峭坡地边缘。独特的地理地形,造就了雅安市独特的气候:冬无严寒、夏无酷热、气温日较差小、四季分明、雨量充沛、雨热同步、无霜期长、热量充足;春季回暖早、冬季霜雪少等(彭贵康 等,2010)。

8.1.2.1　气温

1. 气温的年际变化特征

由统计得出,雅安市 1951—2013 年平均气温为 16.30 ℃,历史最高出现在 2013 年,为 17.45 ℃,最低出现在 1974 年,为 15.43 ℃,相差 2.02 ℃。1951—1960 年低于平均气温的有 8 a,占 80%,为相对冷期。2001—2013 年低于平均气温的只有 1 a,高于平均气温的年份占百分之九十以上,为相对暖期。统计分析 1951—2013 年的气温资料,可知雅安 60 a 来气温是明显的上升趋势的,如图 8.1,根据房伟的研究(房伟,2013),其增长的速度是高于全国的。在 1951—2013 年雅安市的平均气温基本在 15.5~17.5 ℃,年均温较低,气温的年较差 19.67 ℃,属于较小的范围,是属于比较舒适的温度。

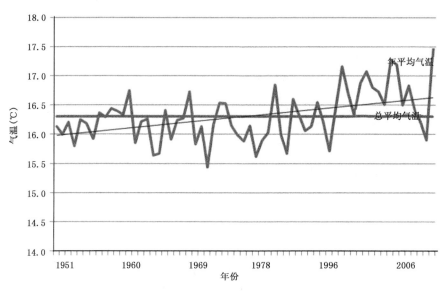

图 8.1　雅安市 1951—2013 年气温变化

2. 四季气温

图 8.2 为雅安市各个季节的平均气温。由图 8.2 可以看出,1951—2013 年雅安市四季气温均呈上升的趋势。春、夏上升的趋势相近。秋、冬上升趋势较快。总体特点是:冬冷夏暖、春秋两季气温相近,终年气温较低。

8.1.2.2　降水

1. 降水的时空分布特征

雅安市作为川西暴雨中心,其降水有明显时空分布不均特点。根据房伟的研究(房伟,2013),降水主要集中在雅安的中部县区,除宝兴、汉源、石棉多年平均降水量不足 1000 mm 外,其余县、区均超过 1000 mm,其中雨城区最多,达到了 1690.6 mm,天全县次之,为 1624.3 mm,名

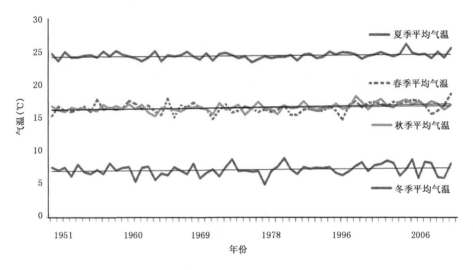

图 8.2　雅安市四季气温的年际变化

山县 1446.8 mm，位居第三，这充分体现了雅安市的降水空间分布不均。雅安市的降水时间分布也不均匀，降水主要集中在夏秋两季，占全年降水的比重超过了 80%（见表 8.2）。

表 8.2　雅安市各县、区不同季节降水　　　　　　　　　　　　单位：mm

	雨城	名山	天全	芦山	宝兴	荥经	汉源	石棉
冬季	99.1	78.5	115.3	55.9	18.6	37.8	17.3	16.2
春季	175.0	145.4	209.8	133.3	86.5	110.2	74.1	77.6
夏季	667.6	610.7	634.4	537.2	446.3	525.9	349.8	406.5
秋季	749.0	612.2	664.8	535.0	388.3	516.1	296.2	326.2
夏秋两季占全年比重	84.5	80.0	85.0	88.8	87.6	87.6	87.6	88.7

2. 降水量变化趋势

（1）降水量的年际特征

1951—2013 年雅安市年平均降水量为 1429.46 mm，年平均降水量最多 1972.25 mm，出现在 1966 年，最低 1003.25 mm，出现在 1974 年，相差达到了 969.00 mm，为年降水量平均值的 67.79%。年降水量大于平均值的年份有 30 a，占 47.62%；年降水量小于平均值的有 33 a，占 52.83%。图 8.3 是 1951—2013 年雅安市年降水量曲线图。由此图可以看出 1951—2013 年雅安呈现出逐渐减少的趋势。在 1970 年之前，正距平占了 60%，负距平占了 40%，这些时段年降水量较多，为相对丰水期；1971—1990 年，正距平占 50%，负距平占 50%，这些时段年降水量开始呈减少趋势，但是在这期间旱涝分布不均。1991—2013 年，负距平占了 65.22%，正距平占 34.78%，年降水量相对偏少，为相对枯水期，在这期间年降水量明显减少。

从雅安市不同年代降水量统计（见表 8.3）可以看出，就总降水量来看变化不大，有小幅度的下降。在季节上，降水主要集中在夏季、秋季，超过降水量的 80% 以上，春、秋降水最少。

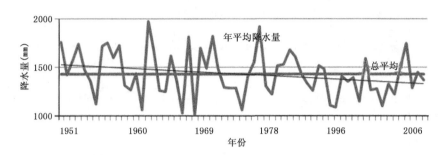

图 8.3　1951—2013 年雅安市降水量的年际变化特征

表 8.3　雅安市不同年代降水量统计(房伟,2013)　　　　　　　　单位:mm

时间(年份)	全年	春季	夏季	秋季	冬季
1961—1970	1290.4	122.3(9.5%)	538.2(41.7%)	570.5(44.2%)	59.4(4.6%)
1971—1980	1219.3	114.9(9.4%)	535.5(43.9%)	521.2(42.7%)	59.9(4.9%)
1981—1990	1230.6	128.6(10.4%)	523.0(42.5%)	506.8(41.2%)	54.0(4.4%)
1991—2000	1150.1	130.9(11.4%)	501.3(43.6%)	471.1(41.0%)	46.8(4.1%)
2001—2010	1182.5	135.7(11.5%)	490.9(41.5%)	497.3(42.1%)	54.2(4.6%)

注:表中括号内为各季节降水量占全年降水量的比例。

(2)降水量的四季特征

图 8.4 是 1951—2013 年雅安市各个季节降水量曲线图。就季节降水量而言,冬季降水量呈增加趋势,春、夏、秋季呈减少趋势,秋季的减少趋势最为明显。

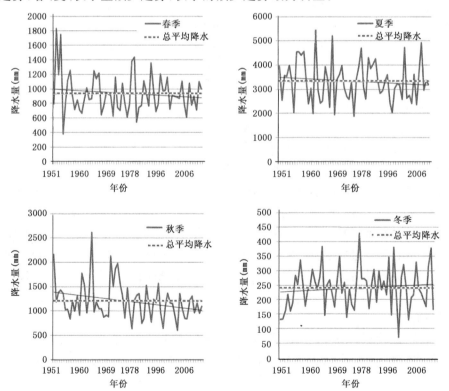

图 8.4　1951—2013 年雅安市各季降水量的年际变化特征

8.1.2.3　日照时数

1. 日照时数的分布特征

由统计发现:1961—2010 年雅安市年均日照时数存在时空分布不均的特点。空间上,根据房伟的研究,以南部二县(汉源、石棉)为最,分别达 1412.7 h 和 1227.0 h,宝兴县最少为 768.7 h,其余县区在 900 h 左右。时间上,夏季最多(319.8 h),占全年的 31.7%,春、秋季相当,占全年的 25% 左右,冬季最少(186.3 h),占全年的 18.4%。

2. 日照时数的年际变化特征

1954—2013 年雅安市年均日照时数为 980.3 h,年日照时数最多出现在 1978 年,为 1257.4 h,年日照时数最低出现在 1989 年,为 729.7 h,两者相差 527.7 h。年日照时数大于平均值得年份有 28 a,占 46.7%;年日照数小于平均值得年份有 32 a,占 53.3%。从 1954—2013 年雅安市日照时数曲线可以看出(见图 8.5),1954—2013 年雅安市日照时数呈现出逐渐递减的趋势。1954—2013 年雅安市日照时数变化大致可以分为两个阶段,以 1985 年为界,在这之前为日照时数相对偏多时段,之后为相对偏少时段。

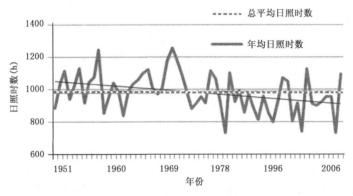

图 8.5　雅安市年平均日照时数

3. 四季日照时数的变化特征

由统计得出,雅安市秋、冬季的日照时数均为 160 h 左右,春季稍多为 285.2 h,夏季为 372.6 h,是全年日照时数最多的时段。由图 8.6 看出,除春季外,雅安市夏、秋、冬季的日照时数呈减少趋势。

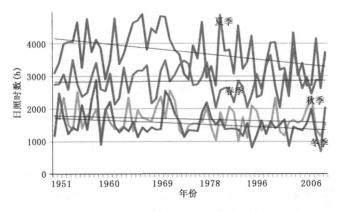

图 8.6　1954—2013 年雅安市四季日照时数的变化特征

8.1.3　雅安市旅游适宜季分析

为了方便整理,在气候资料的统计上,我们通常以公历3,4,5月为春季;6,7,8月为夏季;9,10,11月为秋季;12月和次年1,2月为冬季;并以4,7,10,1月分别代表春、夏、秋和冬季。

根据人体舒适度指数和温湿指数的计算公式算出雅安市1951—2013年每月的人体舒适度指数(I)和温湿指数(THI)的值。

根据I和THI感觉程度的对应关系可以确定出综合的适宜旅游度,其中原则如下:适宜旅游度总共分为适宜旅游、较适宜旅游和不适宜旅游;适宜旅游,当I处于55~70,THI在15.0~26.9,即使I指数为舒适、非常舒适,THI指数为暖、舒适、凉时;较适宜旅游,当I指数在45~55和70~75,THI在15.0~26.9,即I指数为较不舒适,THI指数为暖、舒适、凉时;不适宜旅游,当I小于45或者大于75,THI大于27或者小于15时,即I指数为不舒适、极不舒适,THI指数为炎热、热、冷时(张玉兰,2007)。

根据统计分析1951—2013年雅安市的舒适度指数(I)和温湿指数(THI)可以看出,雅安市春、秋两季的平均舒适度为61.5左右,为非常舒适,而且达到这个范围的年份为63 a达到了100%;而春、秋两季的平均温湿指数在16.4左右为凉,春季达到这个范围的年份达到了60 a占95.2%,秋季达到这个范围的年份为63 a达到了100%;因此雅安市的春秋两季的适宜旅游度为"适宜旅游"。雅安市夏季的平均舒适为73.9偏热,达到偏热的年份有59 a占93.7%,剩下的4 a的舒适度都在75~76,并没有超过76的年份,所以雅安市夏季的舒适度基本可以定为偏热;雅安市夏季的平均温湿指数为23.3为舒适,而达到舒适这个范围的年份达到了100%,所以雅安市夏季的温湿指数基本可以定为舒适;因此综合这两项指数,雅安市夏季的适宜旅游度为"较适宜旅游"。雅安市冬季的平均舒适度为46.6为偏冷,冬季达到这个范围的年份有56 a占88.9%,剩下的有5 a的舒适度在42~45,并没有低于40的年份出现,所以雅安市冬季的舒适度基本可以定为偏冷;雅安市冬季的平均温湿指数为8.1为冷,全部年份的平均温湿指数都小于15.0,所以雅安市冬季的温湿指数基本可以定为冷;因此综合这两项指数,且综合雅安市的总体气候偏冷的特点,雅安市冬季的适宜旅游度为"不适宜旅游"(见表8.4)。

表8.4　1951—2013年雅安市平均舒适度和温湿指数

	舒适度指数(I)	温湿指数(THI)
春季	61.3(非常舒适)	16.3(凉)
夏季	73.9(偏热)	23.3(舒适)
秋季	61.7(非常舒适)	16.5(凉)
冬季	46.6(偏冷)	8.1(冷)

根据上述不难得出,春季适宜旅游,夏季较适宜旅游,秋季适宜旅游,冬季不适宜旅游。

8.2　西昌市气候特征与旅游适宜季

在祖国的神州大地上,何处观看月亮最佳呢? 恐怕就是四川省的西昌了。西昌市,位于川西高原的安宁河平原(四川第二大平原)腹地,是凉山彝族自治州的州府所在地,也是攀西地区的政治、经济、文化及交通中心,川滇结合处的重要城市。西昌,古称月亮城,因为这里海拔高,空气洁净,一年四季碧空如洗,全年日照多达 320 d,所以是观月的绝好去处。也正因如此,西昌拥有了发射卫星的良好"窗口",再加上西昌所处的纬度较低,发射地球同步卫星时,能充分利用地球自转产生的离心力,可大大节省火箭升空的燃料,所以,西昌又成了我国发射地球同步卫星的好地方,境内有中国四大航天基地之一的西昌卫星发射中心。西昌市是一个少数民族聚居的城市,有汉、彝、回、藏等 28 个民族,以汉族人口居多,少数民族占总人口的 18.77%。境内拥有国家 4A 级风景区螺髻山旅游风景区、四川省第二大淡水湖邛海。

8.2.1　西昌市的旅游景观资源

西昌市坐落于川西高原(海拔 1500～2500 m)的安宁河平原腹地,是凉山彝族自治州州府、川滇结合处的重要城市,更是攀西地区政治、文化、经济、交通的中心。西昌市属于副热带高原季风气候,气候资源丰富,太阳辐射强,昼夜温差大,气候温和,冬暖夏凉,雨量充沛,日照充足,光热资源丰富,被称为"小春城"和"月城"。

西昌市境内自然景观和人文景观绚丽多彩,旅游资源优势得天独厚。近年来,在政府的大力支持下,西昌市的旅游业蓬勃发展。据 2012 年统计,目前西昌市内共有 2 个 2A～4A 级景区,分别是邛海、泸山、螺髻山国家级风景区(4A)、西昌卫星发射基地(3A)。

邛海、泸山、螺髻山国家级风景区与西昌市城区连在一起,形成了国内少见的山、水、城相依相融的独特自然景观,也为西昌市带来优美的宜居环境。邛海又名邛池,至今约 180 万年,属于更新世早期断陷湖,是四川省第二大淡水湖,位于西昌城东南方向 5 km 处,泸山东北麓、螺髻山北侧。其形状似蜗牛,周长 35 km,东西宽 5.5 km,南北长 11.5 km,水域面积 31 km²;湖水平均深 14 m,最深处 34 m;水面标高为 1507.14～1509.28 m;水位变幅小,集水面积约 30 km²。邛海水质清澄,盛产鱼虾,四季均适宜游泳、泛舟、垂钓,是有名的水上运动场和天然渔场。邛海具有高原湖景的特点,以恬静著称,周围群山环绕,绿树成荫,四季景色各异。春日水光激滟,上下一碧,一片浩瀚波光在苍山碧野中闪耀,岸边燕语呢喃,柳眉桃腮。夏日彩霞耀眼,湖水盈盈,起风时海浪奔涌,似白鹅嬉戏于波涛之上。秋日天高气爽,落霞孤鹜,秋水长天,使人流连忘返。冬季水明天净,翠柏红枫,倒映湖面。邛海畔赏明月,更有"月出邛池多"的诗意情怀。意大利旅行家马可·波罗在《马可·波罗游记》中对邛海景色大加赞叹,写道:"碧水秀色,草茂鱼丰,珍珠硕大,美不胜收,其气候与恬静远胜地中海,真是东方之珠啊。"

泸山卧于邛海之滨,海拔 2317 m,与邛海相对高度差 807 m。山峦奇秀,古木参天,是西昌市的天然绿色屏障。林中有多种珍稀动植物,十大"巴蜀树王"之一的九龙汉柏已有二千多年历史,树围 8.5 m,形态奇特。泸山灵气所钟,又被僧道赞为悟道灵山,汉、唐、明、清年代修建的光福寺、三教庵、蒙段祠、青羊宫、祖师殿、观音阁、玉皇殿、王母殿、五祖庵等 10 多座分别属于儒教、道教、佛教的古刹隐于密林深处,吸引着各地虔诚的信徒。其中泸山第一殿光福寺是最大的建筑群,寺内有中国四大碑林之一的西昌地震碑林,为我们今天研究历史地震提供了宝贵的原始资料。泸山北坡还有世界唯一反映奴隶社会形态的专题博物馆——凉山彝族奴隶社会博物馆,该馆收藏彝族文物 4196 件,占地 45 亩,总建筑面积 5000 m²,设有 8 个陈列厅,从纵向和横切面用实物、图片资料、文字叙述等形式展示了彝族奴隶社会制度中政治、经济、文化、宗教、军事、法律、历史、医药、历算、风俗等内容。

螺髻山因形似"少女头上青螺状之发髻"而得名,主峰海拔 4359 m。山中原始森林面积达 30 余万亩,植物种类共计 180 余科、2000 余种,包括副热带针叶林,副热带常绿阔叶林、高山针叶林、南亚热带植被等,其中属于国家首批保护的珍稀植物就有 30 余种。此外,螺髻山中保存着目前世界上最大的、完整的原始古冰川刻槽遗址,在我国已知的山地第四纪古冰川中也属罕见。缤纷多彩的冰川湖泊,壮观雄奇的冰川角峰刃脊,世界上最大的完整古冰川刻槽,姹紫嫣红的杜鹃花海,幽深奇险的温泉瀑布被称为"螺髻五绝",吸引着很多中外游客纷至沓来。

西昌卫星发射中心,又称"西昌卫星城"、中国的"休斯顿",位于西昌市西北约 60 km 处,始建于 1970 年,是亚洲规模最大、设备最先进、具有大功能发射航天器基地能力的新型卫星发射基地。发射场区内有技术测试中心、指挥控制中心以及被誉为"亚洲第一塔"的 2 号发射工位和新 3 号发射工位两个发射工位等配套设施,能完成多种型号的国内外卫星发射。自 1984 年第一颗实验通信卫星发射成功以来,十余年间先后通过"长征三号""长征二号 E""长征三号甲"运载火箭成功发射了二十余颗卫星。1988 年西昌卫星发射中心开始对外开放,至今已有数十万中外游客来到这里,了解卫星发射的精彩过程。

黄联土林位于黄联关镇,距离西昌市城区约 30 km,分布面积约 1.3 km²,海拔约 1500 m。在约一亿年前的冰河时期,由于地壳运动的影响,冰水流动沉淀,沙粒砾层经过几千万年的渗透和冲刷,形成了造型各异的自然雕塑。土林黄色沙砾岩土构成,顶部被胶质钙结,不易被风化冲刷,因此能长久挺立。土林以沟壑断崖为界,分成六大板块,主要景点有:狮驼迎宾、背新娘、通天门、八百罗汉、江山多娇、冲刺苍穹、擎天玉柱、千年一吻、待发火箭和金鸡报晓等 300 多个。有的状如宫殿庭院,有的形似山川河流;有的颜色红艳欲滴,有的色彩碧绿透明;千姿百态,栩栩如生,鬼斧神工,其景绚丽缤纷,宛若仙境。

安宁河漂流河段的航道最大宽度 80 m,最小宽度 40 m,曲率半径 20 m 以上,平均水深 1.2 m,无暗河、无大坝,河段中大小滩点 10 多处,落差 1 m 左右,平均流速 1.38 m/s。漂流中水流平缓时,随波逐流,悠闲惬意,欣赏安宁河两岸秀美的自然风光,于荡漾中感受温柔水乡的无限情趣;水流湍急时惊涛拍岸,浪花翻滚,充分体验跌宕起伏、大起大落的惊险刺激。两岸风光,时而高山峡谷,壁立千仞;时而林深草密,青翠欲滴;时而阡陌纵横,炊烟袅袅;时而水平川搁,云落天高。四面景色各异,舟行河上,人在画中游,使漂流者尽情享受自然,愉悦身心。

火把节是凉山彝族众多传统节日习俗中规模最大、内容最丰富、场面最壮观、参与人数最多、最具浓郁民族特色的世代相传的盛大节日,每年的 6 月 24—26 日举行,中国十大民俗节日和四川十大名节之一,中国第一批非物质文化遗产之一,已被联合国教科文组织列入"2010 年世界非物质文化遗产审批项目"。火把节分为祭火、传火、送火三天,有赛马、摔跤、斗牛、斗羊、选美、晚会等多项极具彝族特色的活动,人们载歌载舞,热情洋溢,连远道而来的游人也感染了节日喜庆的气氛(夏廉博,1981)。

8.2.2　西昌市气候特征

气温对人体调节机制和各项生理机能有重要作用,直接影响人体的舒适感觉。当气温偏高时,人体热量辐射受阻,感觉闷热;当气温偏低时,人体热量散失过快,感觉寒冷。因此气温对人们开展旅游活动至关重要,直接影响着旅游气候适宜期和适宜度。

8.2.2.1　气温

1. 气温的年际变化特征

如图 8.7,通过对西昌市 1951—2013 年的平均气温进行分析,气温上升速率为 0.10 ℃/10 a,相关系数为 0.393,通过了 $\alpha=0.01$ 的显著性检验,呈明显上升趋势,气候变暖趋势显著,与全球变暖的大背景相一致。气温年际波动较大,年平均气温最大差值 1.84 ℃。年平均气温的最高值为 18.10 ℃(2005 年),最低值为 16.23 ℃(1974 年),平均气温为 17.06 ℃。气温变化阶段性明显,1965—1974 年,平均气温值 16.73 ℃,为整个年代的最冷阶段;2004—2013 年平均气温值 17.60 ℃,为整个年代的最暖阶段。其 5 a 滑动曲线和气温变化趋势大体一致,可分为两个阶段。20 世纪 50 年代至 70 年代末,气温的逐年变化较为平稳;自 80 年代起,气温的升高幅度明显增大,升高趋势显著,1982—2013 年,年平均气温上升 0.97 ℃,预计未来将继续显著增温。

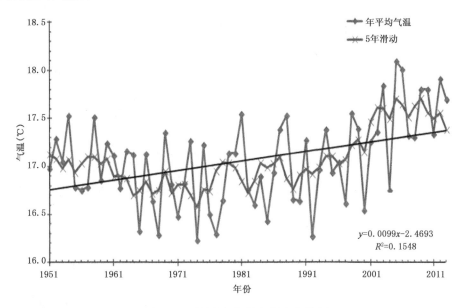

图 8.7　西昌市气温的年际变化特征

2. 气温的四季变化特征

按照天文季节的划分,3—5 月为春季,6—8 月为夏季,9—11 月为秋季,12 月至次年 2 月为冬季。从四季来看,春季平均气温如图 8.8。从图 8.8 看,63 a 来西昌市春季增温趋势不明显,增温速率为 0.012 ℃/(10 a),相关系数 0.025,未通过显著性检验。年际波动非常显著,最大差值 4.50 ℃。春季最高温度出现在 1958 年,为 21.37 ℃;最低温出现在 1974 年,为 16.87 ℃;春季平均温度 18.92 ℃,与年均气温较为接近。根据 5 a 滑动曲线,春季平均气温的变化可分为三个阶段。20 世纪 50 年代至 70 年代末,春季平均气温变化较不稳定,波动幅度较大,总体呈缓慢的下降趋势,80 年代至 90 年代末则一直处于缓慢的上升趋势阶段,且上升幅度比 80 年代之前下降的幅度略小,自 2000 年后,春季平均气温的升高幅度逐渐变大,气温的升高趋势也逐渐明显。春季气温的上升一定程度上有利于自然景观的生长发育,也给游客提供了一个温暖的旅游观光环境。

夏季平均气温的逐年变化呈明显上升趋势,如图 8.9 所示,气温每 10 a 升高 0.12 ℃,相关系数为 0.386,通过了 $\alpha=0.01$ 的显著性检验。夏季平均气温 22.10 ℃,其 5 年滑动曲线和气温变化趋势一致,但变化幅度和阶段性存在差异。1951—1973 年气温变化呈波动状态,1974 年出现了 63 a 中夏季平均气温的最低值 20.26 ℃,1975—2000 年气温变化恢复平稳,振幅较小,2000 年以后夏季平均气温的升高趋势逐渐明显,升高幅度逐渐变大,2000—2013 年夏

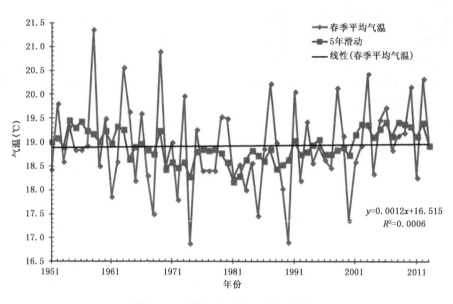

图 8.8　西昌市春季气温的变化特征

季平均气温升高 2 ℃,2013 年达到了夏季平均气温的历史最高值 23.80 ℃。炎热的夏季对游客出行造成一定的负面影响。

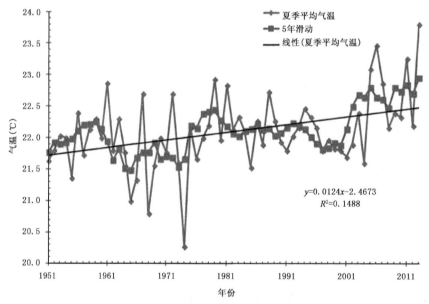

图 8.9　西昌市夏季气温变化的变化特征

　　秋季平均气温每 10 a 上升 0.10 ℃,相关系数为 0.293,通过了 $\alpha=0.01$ 的显著性检验,说明上升趋势非常明显,如图 8.10 所示。秋季平均气温最高值为 17.77 ℃(1983 年),秋季平均气温最低值 15.30 ℃(1979 年),平均气温为 16.61 ℃。20 世纪 50—80 年代初秋季气温呈现波动式的上升趋势但上升的幅度不大,90 年代至 00 年代中期上升趋势较为明显且上升幅度较大,2005 年往后略有下降。

　　冬季平均气温呈现上升趋势,增温速率为每 10 a 上升 0.13 ℃,相关系数为 0.293,仅仅通

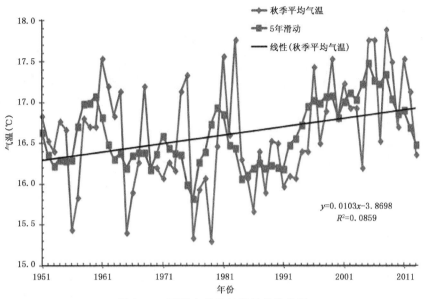

图 8.10　西昌市秋季气温的变化特征

过了 0.05 的显著性水平,如图 8.11 所示。冬季气温多年平均值 10.58 ℃,气温变化阶段性不明显,年际波动振幅大,总体呈振荡式上升趋势。期间在 1982 年出现了 63 a 来冬季平均气温的最低值 7.9 ℃,在 2012 年出现了最高值 12.53 ℃。冬季气温的升高为寒冷的冬天增加了一丝暖意,也将有利于人们外出旅游。

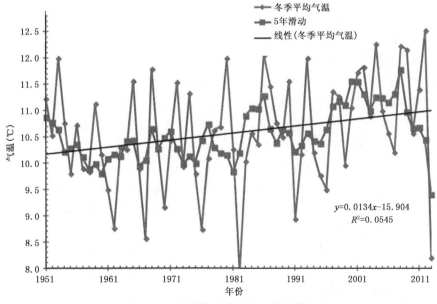

图 8.11　西昌市冬季气温的变化特征

由西昌市 63 a 来各月平均气温曲线图(见图 8.12)可知,一年中平均气温的最高点为 22.60 ℃(7 月),最低点为 9.64 ℃(1 月),总体呈年温差较小、冬暖夏凉的气候特征,适宜人类居住及开展旅游活动。

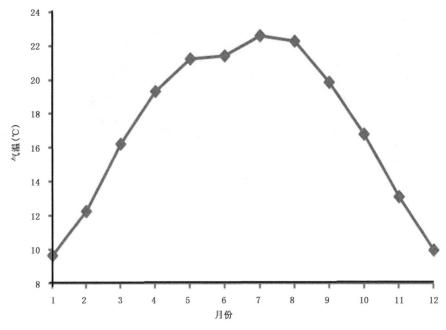

图 8.12　西昌市多年月平均气温的年内分布特征

8.2.2.2　相对湿度

相对湿度直接决定大气与人体表层的水汽梯度,从而影响人体的水盐代谢和热代谢。研究表明,人体感觉最为舒适的相对湿度范围为 40%～70%。若相对湿度过大,人们会感觉不透气,甚至诱使关节疼痛;而相对湿度过小,又会造成皮肤干裂、体内燥热等情况,从而引发一系列疾病。所以大气相对湿度对人体舒适感觉和开展活动也有重要影响(王华芳,2007)。

1. 相对湿度的年际变化特征

图 8.13 为西昌市 1951—2013 年年平均相对湿度的逐年变化曲线图。从线性趋势可知,近 63 a 西昌市年相对湿度下降趋势明显,倾向率为 -0.51%/10 a,相关系数为 0.387,通过了 $\alpha=0.01$ 的显著性检验。年相对湿度的平均值为 61.11%。从 5 a 滑动变化曲线看,西昌市的年相对湿度在 20 世纪 50 年代至 60 年代中期波动变化较大,特别是在 1951—1958 年这段时间,下降趋势明显,其中年相对湿度的 63 a 最高值 66.83% 出现在 1953 年;之后又呈现上升的趋势;60 年代中期至 90 年代末,年相对湿度的变化较为平稳,波动幅度也不大;2000 年后,年相对湿度明显下降,趋势显著且幅度大,并在 2012 年出现年相对湿度的历史最低值 54.75%。整体来说,年相对湿度虽然在某些时段呈现上升的趋势,但自 2000 年后,下降的趋势非常显著。再结合前面研究所得的气温上升、风速增强的气候变化特点,西昌市的干旱程度将增大,可能将对旅游环境景观造成一定影响。比如会影响西昌市的瀑布、温泉、漂流等特色旅游项目。

2. 四季相对湿度的年际变化特征

四季在相对湿度变化上有相同点,但也各具特色。春季(见图 8.14)相对湿度总体呈下降趋势,但下降幅度很小,趋势性不明显,倾向率为 -0.12%/10 a,相关系数为 0.049,未通过显著性检验。春季相对湿度的平均值为 47.95%,最大值为 58%(1974 年),最小值为 37%(1958年)。整体阶段性较为明显,年际波动振荡幅度大。在 20 世纪 50 年代中期呈现短暂的下降趋

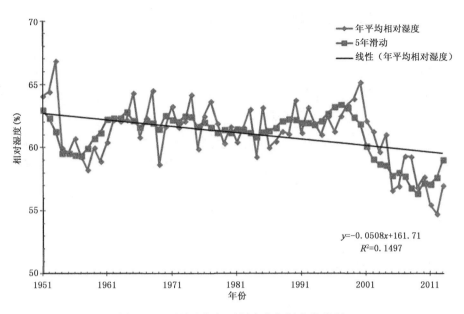

图 8.13　西昌市年相对湿度的年际变化特征

势,随后 1960 年附近出现回升;从 20 世纪 60 年代至 90 年代末春季相对湿度的逐年变化较为平稳;2000 年之后,下降趋势明显且幅度较大。

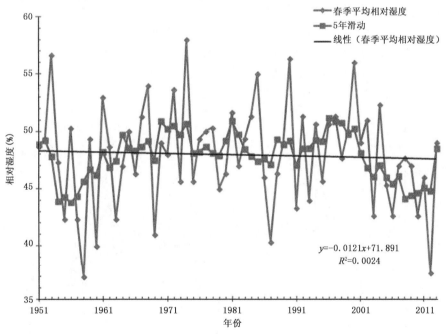

图 8.14　西昌市春季相对湿度的年际变化特征

　　夏季相对湿度的倾向率为 $-0.87\%/(10\ \mathrm{a})$,相关系数为 0.468,通过了 0.01 的显著性水平检验,表示下降趋势明显(见图 8.15)。夏季相对湿度的多年平均值为 73.44%,1998 年出现夏季相对湿度的最大值 80.00%,2011 年出现最小值 62.67%。就阶段性来说,下降的时段要比上升的时段长且幅度也更大,特别是 2000 年后,下降趋势非常明显。结合之前的研究,夏季相对湿度的降低与夏季平均气温的显著升高有关。

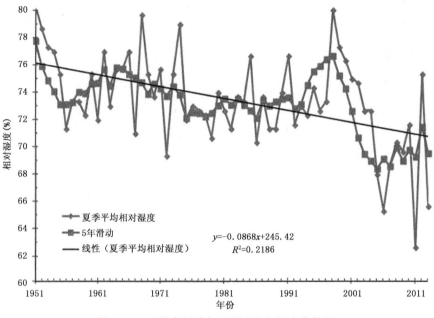

图 8.15 西昌市夏季相对湿度的年际变化特征

秋季相对湿度的逐年变化呈下降趋势,倾向率为一0.57%/10 a,相关系数为 0.312,通过了 $\alpha=0.05$ 的的显著性检验,下降趋势较为显著。秋季相对湿度多年平均值为 71.04%,63 年来的最大值出现在 1988 年(77.67%),最小值出现在 2009 年(62.00%)。从 5 年滑动变化曲线看,20 世纪 50 年代至 80 年代中期呈现下降—上升—平稳—下降——上升的趋势,80 年代中期以后呈缓慢的波动式下降趋势(见图 8.16)。

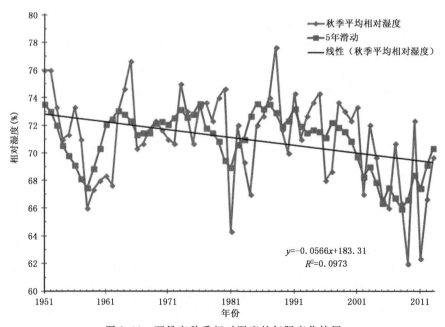

图 8.16 西昌市秋季相对湿度的年际变化特征

冬季相对湿度的变化总体呈现不明显的下降趋势,倾向率为－0.38%/(10 a),相关系数为 0.154,未通过显著性检验。20 世纪 50 年代至 80 年代末冬季相对湿度呈现波动式缓慢降低的趋势;90 年代后下降趋势明显且下降幅度逐渐增大。值得注意的是,2010 年附近冬季相对湿度的变化趋势似有回升迹象,2012 年冬季相对湿度是 63 a 来最低值 39%,2013 年迅速升高至 63 a 最高值 61%(见图 8.17)。

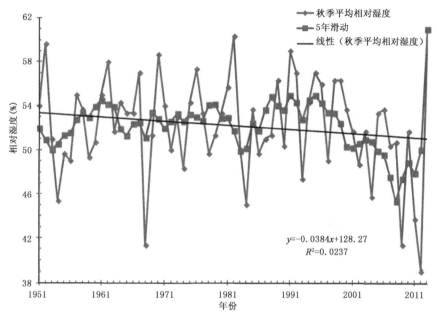

图 8.17　西昌市冬季相对湿度的年际变化特征

总体来说,四季平均相对湿度的逐年变化均呈现下降趋势,其阶段性变化趋势相似,但幅度不同,年际波动普遍较大。20 世纪 50 年代至 90 年代末四季相对湿度虽均有短暂的上升和下降阶段,但总体较为平稳,2000 年往后出现明显的大幅度下降。相对湿度的降低对西昌市夏季闷热、冬季潮湿阴冷的气候特征有所改善,一定程度上提高人们的舒适度体验。

西昌市 63 a 各月平均相对湿度曲线(见图 8.18)具有正弦变化特征,3 月相对湿度41.60%,为一年中的最低;6—10 月的相对湿度明显大于其他月份,其中 9 月相对湿度 75% 为一年中的最高点。1—5 月及 11—12 月的相对湿度分布在 40%～70%,处于适宜人类居住的相对湿度范围内。

8.2.2.3　降水量

降水与旅游活动有着密切的关系,降水使空气湿润,使大气中尘埃物质减少,但降水,特别是暴雨或者连绵阴雨为户外活动带来不便。但相对于前三个气候要素来说,降水量的变化对于旅游适宜度和旅游适宜期的影响较小。

1. 降水量的年际变化特征

图 8.19 为西昌市 1951—2013 年年降水量的时间序列变化图。从降水量的线性变化趋势来看,近 63 a 西昌市年降水量呈现缓慢减少趋势,倾向率为－6.65 mm/(10 a),相关系数为0.0626,未通过显著性检验。但年际波动性较强。63 a 的年平均降水量为 1014.13 mm,从 5年滑动变化曲线看,西昌市的年降水量在整个 20 世纪 50 年代处于明显的下降趋势且幅度较

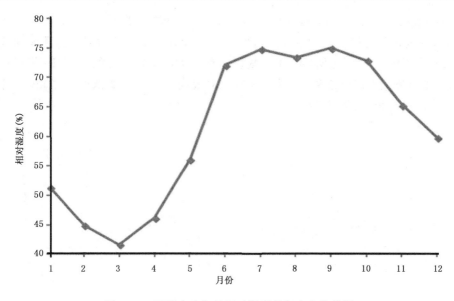

图 8.18　西昌市多年月相对湿度的年内变化特征

大,20 世纪 60 年代初期急剧上升,随后呈缓慢的波动式下降趋势,直至 80 年代又开始缓慢的波动式上升,此上升时段长于之前的下降时段且幅度也逐渐增大,直到 1998 年达到西昌市年降水量的 63 a 最大值 1549.2 mm,之后呈现明显的下降趋势,于 2011 年达到西昌市年降水量的 63 a 最小值 558.2 mm。结合之前研究所得的气温升高、相对湿度降低、风速增大的情况来看,西昌市的干旱程度增大,这将对原来生长在此地的动植物,特别是一些原始动植物的生存环境造成极大的影响,从而使旅游景观的吸引力下降,影响人们到该区旅游的动机。

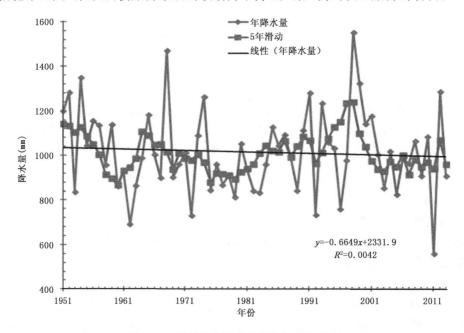

图 8.19　西昌市年降水量的年际变化特征

2. 四季降水量的年际变化特征

从四季来看,如图 8.20 所示,不同季节在降水量的变化上有很大差异。春季降水量呈弱增加趋势,倾向率为 4.13 mm/(10 a),相关系数 0.135;平均降水量 127.37 mm,年际波动性较强,逐年变化较为平稳,阶段性不明显,总体呈现上升—下降—上升的缓慢的波动式变化。春季最大降水量出现在 1974 年,269.90 mm;最小降水量出现在 1958 年,31.00 mm。夏季降水量呈弱的减少趋势,倾向率为 −1.47 mm/(10 a),相关系数 0.0173;平均降水量 612.74 mm,其阶段性与年降水量的变化基本一致。夏季最大降水量出现在 1998 年,1119.90 mm;最小降水量出现在 2011 年,314.60 mm。秋季降水量呈不明显的减少趋势,倾向率为 −8.56 mm/(10 a),相关系数 0.214;平均降水量 258.14 mm,其阶段性不明显,呈平稳缓慢的波动式下降趋势,且振荡幅度大。秋季最大降水量出现在 1952 年,403.60 mm;最小降水量出现在 2002 年,114.00 mm。冬季降水量呈弱减少趋势,倾向率为 −1.00 mm/(10 a),相关系数 0.147;平均降水量 15.82 mm,波动性强,最大冬季降水量 50.4 mm 出现在 1979 年,最小冬季降水量 0.2 mm 出现在 1978 年;阶段性与年降水量及其他季节降水量的差别较大,总体呈波动式下降的趋势。总的来说,春季降水的增加有利于植物生长发育,但夏秋冬三季降水量的减少将使西昌市的干旱程度增大。

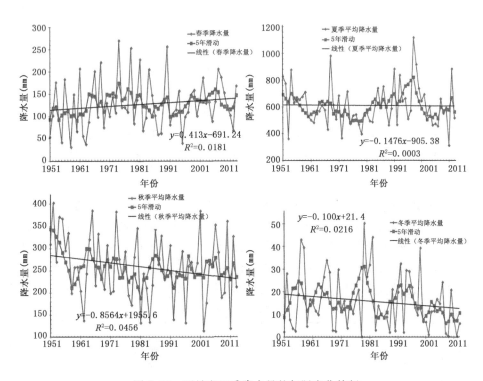

图 8.20　西昌市四季降水量的年际变化特征

由西昌市 63 a 来各月降水量曲线图(见图 8.21)可知,每年的降水集中在 6—9 月,其中 7 月是一年中降水最多的月份,平均降水量为 225.45 mm;而春、冬两季月降水量都在 50 mm 以下,1 月的平均降水量仅 5.01 mm。

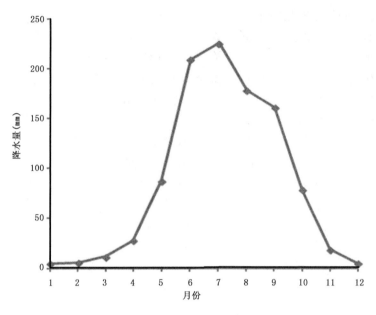

图 8.21　西昌市多年来各月降水量变化

8.2.3　西昌市旅游适宜季分析

　　人体舒适感觉反映气温、相对湿度、风速、日照等气象要素对人体的综合作用,衡量人体对气候环境的感觉舒适程度。气候的舒适程度直接影响着旅游者的心理和行为体验,决定着旅游活动的质量。温湿指数、风寒指数和人体舒适度指数是描述气温、相对湿度和风速对人体综合影响的主要指标因子,它表征了人体在某些气温、相对湿度和风速条件下对该环境的适应程度,因此,我们用温湿指数、风寒指数和人体舒适度指数来反映气候和旅游的关系。

8.2.3.1　温湿指数

　　温度和相对湿度直接影响人体与外界环境的热量交换,从而影响人体舒适感觉和人们的活动。表 8.5 为西昌市近 63 a 各月温湿指数表。从表 8.5 中可知,西昌市 3、4 月和 10 月温湿指数等级为 0,人的感觉非常舒适,最适合开展旅游活动;2 月、5 月、6 月、9 月、11 月温湿指数级别为 b 和 B,人的感觉较为舒适,是进行旅游活动的较适宜时期;7—8 月偏热,1 月和 12 月偏冷,感觉较不舒适,相对来说,不太适合旅游活动(任健美 等,2004)。

表 8.5　西昌市近 63 a 各月温湿指数

月份	1	2	3	4	5	6
温湿指数	51.67	55.26	60.15	64.18	67.26	68.65
感觉	偏冷	清凉	凉	凉	暖	暖
等别	c	b	A	A	B	B
旅游适宜度	较不舒适	舒适	非常舒适	非常舒适	舒适	舒适
月份	7	8	9	10	11	12
温湿指数	70.76	70.03	66.45	61.62	56.09	51.71
感觉	偏热	偏热	暖	凉	清	偏冷
等别	C	C	B	A	b	c
旅游适宜度	较不舒适	较不舒适	舒适	非常舒适	舒适	较不舒适

从四季的温湿指数表 8.6 来看,春季、秋季的温湿指数级别为 A,感觉非常舒适,是最适宜旅游的季节;其次为夏季,其温湿指数级别为 B,人体感觉较暖,比较适合开展旅游活动;冬季温湿指数级别为 c,人体感觉偏冷,不太适合进行旅游活动。总的来说,西昌市全年温湿指数级别为 A,是一个非常适合旅游的地区。其中 3 月、4 月、10 月气候最为适宜,最适合观光旅游,而西昌市又有"小春城"之称;2 月、5 月、6 月、9 月、11 月为较适宜旅游的时期,不同季节的特色景致值得一看。

表 8.6　四季温湿指数

时间	年	春	夏	秋	冬
温湿指数	61.71	63.75	69.77	61.28	52.93
感觉	凉	凉	暖	凉	偏冷
等别	A	A	B	A	c
旅游适宜度	非常舒适	非常舒适	舒适	非常舒适	较不舒适

8.2.3.2　人体舒适度指数

人体舒适指数,是综合以上气候因素中的气温、相对湿度、风速来衡量一个地区的旅游气候适宜程度,以反映气候对旅游的影响。由西昌市 63 a 各月人体舒适指数表 8.7 可知:4—9月适宜指数等级为 0,气候最为适宜,人的感觉最舒适,是最适合开展旅游活动的时间。3 月和10—11 月适宜指数等级为 -1,人体感觉凉,也是旅游的较好时期。1—2 月和 12 月,人体感觉稍冷,相对来说不太适合进行旅游。

表 8.7　各月人体舒适指数

月份	1	2	3	4	5	6
指数	47.67	50.67	55.29	59.6	63.01	65.24
感觉	偏冷	偏凉	偏凉	舒适	舒适	舒适
等级	-2	-1	-1	0	0	0
旅游适宜度	不舒适	舒适	舒适	舒适	舒适	舒适
月份	7	8	9	10	11	12
指数	67.35	66.72	63.23	58.42	52.63	48.23
感觉	最舒适	最舒适	最舒适	偏凉	偏凉	偏冷
等级	0	0	0	-1	-1	-2
旅游适宜度	舒适	舒适	舒适	舒适	舒适	不舒适

从四季人体舒适指数(见表 8.8)来看,春季和夏季的舒适指数等级为 0,气候条件最舒适,是最适宜旅游的时期。秋季的舒适指数等级为 -1,人体感觉凉,是进行旅游活动的较适宜时期。冬季人体感觉偏冷,相对来说不太适合开展旅游活动。整体来看,春季和夏季的气候条件最好,人体感觉最舒适,最适合进行旅游活动;秋季气候条件较为适宜,感觉较舒适,也可以开展旅游活动。

表 8.8　西昌市多年及四季人体舒适指数

时间	年	春	夏	秋	冬
指数	57.85	59.18	66.43	57.98	48.88
感觉	偏凉	偏凉	舒适	偏凉	偏冷
等级	-1	-1	0	-1	-2
旅游适宜度	舒适	舒适	舒适	舒适	不舒适

综合本地区的温湿指数、风寒指数和人体舒适指数来看,西昌市的旅游气候适宜度较高,旅游气候适宜期较长,开展旅游活动的最佳时期是 4 月和 9 月,最适宜季节是春季;较适宜期一般集中在 3—11 月,较适宜季节是夏季和秋季。但由于不同旅游景观对气候要素的需求不同,因此游客可以选择适宜的旅游时期、适合的旅游景观来开展适当的旅游活动。比如想体验"月出邛池液,空明彻九宵"的邛海月色,秋季去会比较适合。

参考文献

房伟,2013.1961—2010 年雅安市气候变化趋势[J].贵州气象,6(36):40-42.

彭贵康,康宁,李志强,等,2010.青藏高原东坡一座世界上最滋润的城市——雅安市生态旅游气候资源研究[J].高原山地气象研究,30(1):12-20.

任健美,牛俊杰,胡彩虹,等,2004.五台山旅游气候及其舒适度评价[J].地理研究,(6):856-862.

王华芳,2007.山西省旅游气候舒适度分析与评价研究[D].山西大学:15-22.

夏廉博,1981.人类生物气象学[M].北京:气象出版社.

张玉兰,2007.中卫沙坡头旅游气候资源及旅游气象服务指标试验研究[D].南京:南京信息工程大学.

第9章　体育旅游与气候

随着当代社会物质与精神生活水平的不断提高和余暇时间的增多,人们越来越崇尚有利于身心健康、追求休闲时尚、突出个性发展的生活方式。将体育和旅游融为一体的体育旅游,真正让人们亲近自然、放松身心、释放个性,提高生活质量。目前,已成为一个全球性的文化现象,是当前旅游与体育发展的一个重要项目,是一个新兴的旅游产品,并有着巨大的市场前景。体育旅游作为旅游产业与体育产业交叉融合又相互渗透产生的一个新领域,是以体育资源为基础,吸引人们参加与感受或体验体育活动和大自然情趣的一种新的旅游方式。是体育与旅游相结合的一种特殊的休闲生活方式,也是体育产业的一个重要组成部分。体育旅游作为旅游产业和体育产业交叉渗透产生的一个新的领域,一方面有益于拓展新的旅游产品,另一方面有益于开发旅游资源和拓展体育运动产品。使旅游者寓于参与体育与旅游之中,在旅游中寻找体育乐趣、强健体魄,在运动中观光赏景、陶冶情操。旅游业逐渐成为我国国民经济中新的增长点,而体育旅游又是旅游业的重要组成部分,对促进经济发展和社会的进步起着重要的作用。

9.1　体育旅游概述

9.1.1　体育旅游概念

关于体育旅游的概念,由于所涉及范畴很广,在国际、国内学术界目前尚未给出统一的定义。人们从不同角度给体育旅游于不同的定义:连桂红、刘建刚认为,体育旅游是指旅游者为了满足各种体育需求,借助于体育组织或其他中介机构进行的旅游活动。其具有五个方面基本特征,即专业性强、安全系数低、成本费用高、时效性突出、社会效益显著(连桂红 等,2005)。廉恩勇、张建忠(2006)认为,体育旅游是体育与旅游相互融合交叉的部分,它体现了体育的社会性与旅游的社会性。体育旅游属于社会体育的一个产业分支,也是旅游的重要组成部分,是特种旅游的一种,是人类社会生活中的一种新兴旅游活动,其概念有广义和狭义之分。从广义上讲,体育旅游是指旅游者在旅游中所从事的各种娱乐身心、锻炼身体、竞技竞赛、刺激冒险、康复保健、体育观赏及体育文化交流活动等,与旅游地、旅游企业、体育企业及社会之间关系的总和;从狭义上讲,则是为了满足和适应旅游者的各种专项体育需求,以体育资源和一定的体育设施为条件,以旅游商品的形式,为旅游者在施行旅游过程中提供融健身、娱乐、休闲、交际等于一体的服务,使旅游者的身心得到和谐发展,是促进社会物质文明和精神文明发展,丰富社会文化生活目的的一种社会活动(廉恩勇 等,2006)。邓文冲(2005)认为,从广义上可概括为,体育旅游是指旅游者在旅游中所从事的各种身心娱乐、身体锻炼、体育竞赛、体育康复及体育文化交流活动等与旅游地、体育旅游企业及社会之间关系的总和。闫中波,王满(2005)认为,体育旅游是指旅游者在旅游中所从事的各种体育娱乐、健身、竞技、康复、探险和观赏体育比赛等活动与旅游地、旅游企业及社会之间的关系总和。万怀玉等(2004)认为,体育旅游是指旅游者以参加或观赏各类健身娱乐、体育竞技、体育交流等为主要目的旅游,比如森林旅游、登山、攀岩、探险、参加体育比赛以及一些传统的民族体育项目等。

9.1.2 体育旅游分类

9.1.2.1 从体育旅游参与方式、时空特征及体育活动场所分类

1. 按体育旅游参与方式

参与型体育旅游:旅游者前往异地直接参与某项体育活动,出游目的地是参加体育活动。如打高尔夫球、滑雪、冲浪等。

观摩型体育旅游:旅游者前往异地观看某项体育赛事。如看奥运会、世界杯、欧锦赛等,又称赛事旅游。

2. 按体育旅游时空特征

周期性体育旅游:旅游者在特定体育活动的吸引下,前往某举办地进行旅游,这类体育活动举办时间有一定周期性,举办地不固定的特点。如奥运会和世界杯等大型赛事。

定点型体育旅游:旅游者前往某个固定旅游地参加或观看某项特定体育活动。分两种:一种是体育赛事旅游,如环法自行车比赛、达喀尔汽车拉力赛等,此类体育比赛在时间上是有周期性,而且地点选择相对固定,举办地基本不变,体育活动目的地固定;另一种是旅游者出于某项体育运动及其相关的运动场所特殊喜好,不定期的前往某一固定地或运动场所开展特定体育运动。如每年有大量韩国旅游者不定期前往我国海南三亚打高尔夫球。

季节性体育旅游:这类体育活动的开展受季节影响非常明显,在空间上指向性不明显,而在时间上具明显集中性。如户外滑雪运动,基本上冬季开展。

3. 按体育活动场所划分

陆地项目:包括山地项目、草原项目、沙漠项目、森林项目。山地项目主要依托山地资源开展体育活动,一般为登山、攀岩、越野、狩猎、高山速降、高山探险、秘境探险。一年四季可开展,选择范围广。草原项目一般包括骑马、滑雪、摔跤等。沙漠项目一般包括滑沙、骑骆驼、沙漠探险等。森林项目包括森林探险等。

水上项目:包括陆地水域或海上项目,主要依托水体资源开展体育旅游活动。旅游者多在夏季或者温热地区进行活动,主要有冲浪、滑水、潜水、帆船、漂流、溯溪、钓鱼等。海滩项目是利用陆地与大海之间的海滩开展活动,包括冲浪、潜水、游泳、帆船、海底探险等。

空中项目:主要包括滑翔伞、热气球等。危险性大,对器材要求高,参与者具有较高经济收入。

冰雪项目:以北方冬季的冰雪或人工冰雪场地为依托开展体育旅游活动,包括滑雪、溜冰、冰帆、雪橇等。

9.1.2.2 从体育旅游市场细分

朱红香(2008)对体育旅游市场细分为六个大类,如表9.1所示。

表 9.1 体育旅游市场细分(朱红香,2008)

体育旅游细分市场	细分市场产品
休闲体育旅游	钓鱼、登山、冲浪、骑马、打高尔夫球、跳舞、放风筝 汽车自驾游、游泳
健身体育旅游	打保龄球、网球、台球、羽毛球、健美、滑冰、潜水
体育观光旅游	观看奥运会、亚运会、世界杯、NBA、其他大型球赛、其他大型运动会
刺激体育旅游	探险旅游、海底旅游、沙漠旅游、狩猎旅游、激流旅游、攀岩 高山探险、森林探险、秘境探险
竞技体育旅游	帆船、射箭、滑翔伞
其他体育旅游	参加各种体育旅游赛事旅游、武术旅游、徒步旅游、热气球邀请赛旅游、 冰雕旅游、雪橇旅游、沙漠汽车拉力赛旅游

9.1.2.3 体育旅游资源概念及分类

体育旅游资源从狭义上讲,指体育旅游客体,即体育旅游吸引物和景点景区;从广义上讲,是在自然界或者人类社会中凡是能对旅游者产生经济、社会、生态效益的各种事物与因素的总和,包括为体育的产生、生存和发展提供适宜的自然空间与自然生物圈等自然环境,又包括有参与、观赏和健身价值的各种各样的体育文化、体育项目、体育游戏,同时还包括为旅游或体育旅游而兴建的服务实施。这些资源可为人们提供观赏、度假、娱乐、探险、康复、健身等。简而言之,这些资源一切为人们开展体育旅游和健身活动所提供的身体活动场所、项目和物质环境,并具有多样性、历史性和地域性特点。

随着社会发展、科技进步,体育资源的内涵和外在不断延伸,体育资源的种类越来越多。因此,依据不同的分类方法和分类体系有不同的分类(朱红香,2008):

遵循成因、主道因素、游憩价值、资源功能和人类动机等原则,参考大量国内文献,进行分类研究,从普通视觉、开发视觉对体育旅游资源进行分类。

1. 普通视觉

从普通视觉对体育旅游资源进行分类,结果见表 9.2。

表 9.2 普通视觉对体育旅游资源分类

标准	类型
按动机分类	体育型资源观赏型资源民族型资源
按成因分类	自然资源人工资源人文资源
按地况分类	海滨资源沙漠资源热带商量资源
按目的分类	参与型资源观赏型资源
按功能分类	娱乐型资源观光型资源探险型资源

2. 开发视觉

从体育旅游资源开发视觉,将体育旅游资源综合划分为主类型、亚类型和基本类型,见表 9.3。

表 9.3　开发视觉对体育旅游资源分类(柳伯力,2007)

主类	亚类	产品举例
休闲体育	公园、度假村、山体	垂钓、荡秋千、登山、打高尔夫球
健身体育	健身公园、疗养院	徒步、骑自行车
观光体育	体育场馆、花木	看比赛、赏鲜花、观牡丹
刺激体育	山、水、陆、空	探险、漂流、攀岩、蹦极、滑翔

9.1.3　四川省体育旅游资源的地理及气候概况

四川发展体育旅游的地理、气候优势在全国非常突出,丰富的自然资源和人文旅游资源为体育旅游的发展准备了丰富多彩的体育旅游项目基础。四川盆地、丘陵、山地和高原四大地貌,四川的山脉、水文、植物、动物、红色旅游民族文化等使四川成为全国旅游资源最丰富的省份之一,为开展体育旅游提供了十分优越的空间环境。

1. 地理资源概况

古人说,"天下山水之观在蜀",巴山蜀水,绚丽多姿。四川盆地四周山脉构造各异,景观独特,主要有:巫山山脉、盆地南缘山脉、龙门山、邛崃山、米仓山、大凉山、沙鲁里山、大雪山、岷山等。

四川河流众多,源远流长。四川境内大小河流 1419 条,其中流域面积 500 km² 以上的河流 345 条,1000 km² 以上的 22 条,号称"千水之省"。主要有岷江水系、金沙江水系、沱江水系、嘉陵江水系。岷江被誉为"天府之国"四川的母亲河。金沙江是长江的正源,在四川境内长 1375 km,拥有巨大的水能资源和生态资源。沱江全程 702 km,主要流经盆地的丘陵地区。沿途土地肥沃,人口集聚,文化悠远,古迹众多,是古蜀文化最集中的地域之一。嘉陵江是四川水路运输的主要河流,全长 1120 km,支流众多,嘉陵江流域是四川古蜀道遗址和三国蜀汉遗迹分布最集中的区域,是四川北部和东部的一条重要旅游线路。

四川的天然湖泊有 1000 多个,但一般水域面积多不大,在 1 km² 以下,相对比较大的有泸沽湖、永宁海、勒得海、邛海、新路海。四川的地下热水非常丰富,全省已发现温泉(群)354 处,其中水温 90 ℃以上的沸泉群有处,60～90 ℃的高温温泉有 40 处,40～60 ℃的中温温泉有 1304 处,25～40 ℃的低温温泉有 119 处。

这些自然资源为登山、攀岩、滑雪、滑草、滑翔、漂流、穿越、探险、水上运动、狩猎等体育旅游项目的开展提供了客观优秀的条件。

2. 气候资源概况

四川独特的地形地势形成立体气候多样性。大面积区域内地带性气候和垂直方向变化十分明显,东部和西部差异很大,高原山地气候和亚热带季风气候并存,东部冬暖、春早、夏热、多云雾、少日照、生长季长;西部则寒冷、冬长、基本无夏、日照充足、降水集中、干雨季分明,气候垂直变化大,气候类型多,有利农、林、牧综合发展。根据光、热、水条件,四川气候大致分为:四川盆地中亚热湿润气候,川西南山地亚热半湿润气候区和川西北高山高原高寒气候区。

独特的地形、地势造就多姿多彩气候类型,为发展体育旅游的多样性、立体性、观光时长性具备了得天独厚的外部条件。

3. 民族体育活动特色

四川历史悠久，文化源远流长，世居有彝族、藏族、羌族、土家族、苗族、回族、傈僳族、纳西族、蒙古族、满族、布依族、傣族、壮族、白族等 14 个民族，主要居住在四川西部的阿坝藏族羌族自治州、甘孜藏族自治州、凉山彝族自治州，并且形成以汉族为主的四川盆地和少数民族聚居的四川西部高原两大人文地理生态系统。同时自然地理特点、经济条件、生活、宗教习俗形成了具有民族特点的体育项目，某一个民族或者几个民族在一定范围开展的体育活动。常见的体育活动有：摔跤、扯手、推杆、大象拔河、格吞、射击、爬杆、赛马、跳火绳、蹲斗、荡秋千、扯保打沙、搭底板、火炬接力赛跑、顶头、顶拳头、跳沙朗、大歌庄、小歌庄、板凳龙舞、鹿子灯舞、火咧、披毡舞、对脚舞等。这些民族体育资源被体育旅游业发展利用，旅游者可以前往参与、观看，体验少数民族体育文化的魅力。

四川省为配合国家旅游局 2001 年"体育健身游"活动，继"南国冰雪节"之后，又举办了"剑门蜀道徒步旅游""金沙江国际漂流节""四川首届高尔夫之旅"邀请赛等一系列体育旅游专题活动和比赛。2005 年 6 月，根据四川省委、四川省政府"关于加强体育强省的决定"要求，四川省旅游局启动了体育产业品牌培养工程。"西岭雪山滑雪运动""攀枝花万里长江第一漂""四姑娘山登山运动"被确定为四川省三大体育旅游品牌。四川省已经有多家体育旅行社、体育旅游公司和体育旅游俱乐部。目前，四川省依据资源优势，重点发展具有代表性的体育旅游项目有：滑雪项目、漂流项目、登山项目、民族体育项目与创新和深化的体育项目—自驾车旅游，已经形成以成都为中心比较成熟的 10 条自驾车旅游线路。

9.2　气象条件与体育运动

不论大型国际体育赛事还是小规模运动会，或是日常运动训练，都要受到气象条件的制约和影响。越是大型体育活动，越需要准确及时有效的气象预报服务保障和某些特殊的专项服务。首先，良好的气象条件和较完善的气象服务，历来是大型体育盛会开幕和闭幕式成功与否的关键性因素之一。遇有暴雨、雷击、冰雹等恶劣天气，会给运动员与观众的安全带来极大的危害，至少会给赛事日程和文体活动效果带来不利影响。如第五届全运会在上海召开时遇到了台风，从早晨开始下大雨持续约两昼夜，开幕式只得推迟举行。第六届全运会在广州举行时，开幕日上午天气还好，晚上入场式时下起了小雨，浇湿了宾客与观众。气象条件又是关系到能否创出优异成绩的敏感性因素之一，对田径、跳伞、航模海模、网球、足球、赛车、帆船、赛艇等运动的影响尤其大。在大型体育比赛中，"天时、地利、人和"是运动员创造好成绩的至关重要的条件，"天时"指的就是天气气候状况。专家研究表明，各种气象要素，例如温度、降水、相对湿度、风等天气现象都可能影响体育比赛的场地、过程甚至引发运动员的心理和生理变化。天气气候信息对人们的体育运动和休闲活动关系密切，人们已越来越重视天气和体育之间的关系。以奥运会所需的气象保障为例，提前数年就要由常规的国家预测网提供奥运会申办城市的一般气候信息；一旦承办城市选定，便立即开始研究整理当地的特殊气候信息，确定对各种不同比赛项目至关重要的天气要素，为每一个运动会场提供详细的气候资料，作为运动员备战训练时的参考。使用好气象、抓住有利天气时机，就能够取得较理想的成绩。在北京亚运会上，我国女选手周玲美在雨过天晴、空气清新、气温适中、人感适宜的天气背景下，超水平发挥，打破了女子 1 km 计时赛世界纪录。

在运动员日常训练中更需要掌握和应用好气象知识。"马家军"教练马俊仁在谈到他们训练情况时专门指出:在海拔高度较高、空气相对稀薄、气压较低、氧气含量较少的高原气候条件下训练,有利于队员肌体对缺氧的适应,提高耐力和心肺功能等,促进和改善了运动员的身体素质。他们还逐渐摸索出许多利用高原气象训练来提高成绩的经验,多次在比赛中为祖国赢得荣誉(刘文静,2014)。

9.2.1　气温对体育运动的影响

空气温度通常是对运动员的植物神经系统、内分泌功能以及血压等有影响,不同的气温条件会对运动员产生不同影响。温度适宜则能使运动员的体能效率高;温度过高或湿度过大不仅影响人体排汗,影响体热散发,还使运动员呼吸的氧量明显减少,从而影响二氧化碳的代谢,或者影响体能发挥等。径赛运动员发挥水平最适宜的气温为 17~20 ℃。田赛运动员发挥水平最适宜的气温通常为 20~22 ℃。室内气温、湿度与气流同样影响体育赛事。气流要符合以下三个原则:一是不影响运动员的舒适度;二是不影响观众的舒适度;三是不影响球和箭的弹性和投射。例如,美国体育协会根据长期实践和分析,对许多项目规定了一个适宜的气温范围。室内比赛的射箭、拳击、网球、柔道、射击等项目的适宜气温为 13~16 ℃,篮球、垒球为 10~13 ℃,羽毛球为 7 ℃。据后人深入研究,发现体操运动员在室内比赛初级者最适宜气温为 17 ℃,对高级者最适宜气温则是 13~14 ℃等。运动员在 35 ℃以上高温酷暑下进行运动会造成中暑休克。据统计,世界上平均每年约有 5 名足球运动员在高温下训练或比赛时丧生。

9.2.2　降水对体育运动的影响

1995 年中国全国甲 A 足球赛进行至第 16 轮,连续 5 轮未尝胜果的广州太阳神队处降级边缘,第 17 轮对天津三星队如能获胜,则护级有望。在关键时刻,教练、足球界人士及记者都想起了“天时”,有的记者直奔广州中心气象台询问天气情况,当得知比赛当天有雨的预报之后,教练、运动员喜出望外。结果,比赛当天阴雨连绵,场地湿滑,善于水战的广州队以 5∶1 大胜不善水战的天津队。

9.2.3　空气相对湿度对体育运动的影响

空气相对湿度对人体的影响主要是在热代谢和水盐代谢方面。湿度大会使体内汗液蒸发困难,妨碍散热过程。湿度太大,运动员会感到烦恼郁闷,不利于长跑运动员排汗,会影响耐力。湿度偏大时,有利短跑运动员产生爆发力;湿度太小又有干渴烦躁的感觉。湿度较低时,有利于跳跃运动员发挥水平。空气相对湿度往往与气温相互依存。据研究:(1)气温 40 ℃,相对湿度 30%,(2)气温 38 ℃,相对湿度 50%;(3)气温 30~31 ℃,相对湿度 85% 以上时,运动员的调节机能就无法充分发挥作用(百度文库,2011)。

9.2.4　风对体育运动的影响

风在影响人体的热代谢、神经系统和精神状态外,风向、风速对许多运动项目有较大影响。没有风时帆船帆板失去了动力,无法比赛;风太大时会有危险,也不能比赛。跳伞运动中驾驶员要根据高空风向风速、能见度等条件计算和修正飞机航向,运动员要视风的情况调整和控制好合适的飘落速度、修订落点靶标的偏差等。世界田径比赛规定,比赛赛场风速不超过 2 m/s,则可确认世界纪录。1970 年在华沙的一次田径比赛中,特雷扎在 100 m 跨栏比赛中的成绩为 12′6″,

该成绩优于当时的世界纪录,但是,随后测风仪指示为 2.8 m/s 的平均风速,结果,这个世界纪录被否认。风对自行车运动有强烈的影响,波兰一位专家曾向波兰国家男子自行车队的 50 名运动员进行调查,认为一个接一个地排队行驶(队式赛)可能使逆风时来自正面的阻力降 20%～50%,因此,为节省体力用于最后冲刺,各国纷纷采用队式赛的战术。风对短跑影响很大,逆风使短跑成绩降低,顺风则使成绩提高。另外,在风速不超过 2 m/s 规则范围内,顺风可提高成绩。据计算,风速 2 m/s 时跑百米,要比无风时快 0.16s。马拉松比赛在风速小于 5 m/s,气温在 12～14 ℃条件下举行最为理想。据试验研究,外逆风可使投掷成绩提高,会提高标枪和铁饼的投掷距离。标枪在逆风时最佳投掷角一般为 33°～35°,在顺风时最佳投掷角(风速≤2 m/s)为 35°。在顺风风速≤2 m/s 时,男子铁饼的最佳起始投掷角 33°～34°,逆风时应为 21°～31°;女子铁饼在顺风时的最佳投掷角应为 37°～45°。气象条件对射击、射箭、飞碟等瞄靶项目的影响也十分突出。我国女子手枪队教练董湘玉和射箭队教练李淑兰等人在谈到应用气象时说:射手们极为关心气象情况,几乎每天早晚都要按时收听与收看广播和电视的天气预报节目,以便安排好训练。特别是赛前,更要反复了解气象情况,以进行射击标尺与射箭瞄靶修正。一个优秀选手,要随时运用好平日里在顶风、顺风、侧风、下雨等不同气象环境下练就的过硬本领,临场比赛才能赛出技术水平。据体育科研人员分析:在短跑、跨栏等田径项目中,在顺风和逆风的不同气象条件下,运动员的成绩差别是明显的。通常顺风风速每秒 2 m 时跑百米要比无风时快 0.16 s。正因为如此,国际田联规定在 200 m 以下的径赛及跳远、三级跳远等项目比赛均测定风向风速。凡顺风时平均风速超过每秒 2 m 者,只计算成绩,所创纪录不予承认。遇有运动员刷新全国或世界纪录者,在申报所创纪录时,必须严格填写场地、器材与风、温度、湿度等气象数据。在各类全国比赛及世界大赛中,多次出现过因超过风速致使所创成绩不能算做新纪录的遗憾。像马拉松比赛也因考虑到每次比赛的气象条件及道路等情况。

体育活动是积极的典型的生命活动,天气、气候条件是包括体育在内的生命活动的必要条件和充分条件。气象条件对体育赛事的影响归纳起来,大致可分为三类:第一类是限制性的,比如狂风暴雨限制了各项室外赛事进行;第二类是影响运动员的比赛成绩;第三类是影响体能的,使运动员发挥不出或者"超水平"发挥其体能。研究气象和体育的关系,使天气预报考虑到人体生命活动的特点,考虑到气候、天气对人体抗逆性、可塑性的影响,并做好长中短服务的针对性和气象服务的效益。据此对某一些地区的气候和天气情况进行鉴定,可以评价该地区的体育气象资源条件,也可以合理安排具体项目以及各项运动最合适比赛时间、地点,为使运动员的体能得到最佳发挥提供科学依据。随着体育运动的发展,一门新的边缘学科——"体育气象学"正在兴起,引起越来越多的体育界、气象界人员的关注。

9.3　滑雪体育旅游季与气象条件关联分析

9.3.1　四川冰雪旅游资源优势与分布

四川省横跨青藏高原和四川盆地,自然生态环境结构复杂多样,使得冰雪资源较为丰富。近年来四川在利用有利资源对旅游和景点开发上做了很多的工作,现已形成了一些有特色和影响力的景区,如:西岭雪山,峨眉山滑雪场,海螺沟冰川森林公园,瓦屋山,是观光旅行,体验冰雪世界的绝佳胜地。还可以在景点里进行各种活动,有雪橇、滑雪板等雪上项目。

　　2001 年年初,四川省还举行了中国(四川)首届南国冰雪节,主会场就设在西岭雪山滑雪场。同时还在九寨沟、瓦屋山、峨眉山、海螺沟、卧龙设立了五个分会场。西岭雪山从 1998 年建设至今 17 年时间,就从一座荒山雪原变成了一座著名的滑雪旅游胜地,成为四川省体育旅游的"招牌"(柳伯力 等,2003),吸引了大量国内滑雪资源缺乏地区(如广州、深圳、福州、厦门、海南及印度尼西亚等)国内外滑雪爱好者,创造了不菲的社会效益和经济效益。此外,四川省境内拥有滑雪旅游资源的如:米亚罗、瓦屋山、峨眉山、四姑娘山、龙池等,近年来都开发了滑雪旅游项目。与瓦屋山并称"蜀中二绝"的峨眉山很好地利用了冰雪资源,从 1998 年开始,每年都举办冰雪节,每年至少接待各地游客 30 万以上(柳伯力 等,2007),提高了自身的知名度和美誉度。

9.3.2　西岭雪山滑雪旅游资源优势

　　西岭雪山滑雪场位于四川省成都市大邑县境内,距成都仅 95 km,是中国目前规模最大、设施最好的大型高山滑雪场、大型雪上游乐场。优越的地理位置使其成为四川乃至我国南方地区开展滑雪和雪上大型娱乐活动项目的绝佳之地(蒲继铭,2001)。选择一个滑雪场不同于选择一个网球场、滑冰场等。为了能更好地滑雪,选择场地时主要考虑安全、方便、滑雪效率高等因素(单兆鉴 等,2005)。西岭雪山的滑雪场是一个占地为 7 km² 的高山台地,海拔 2200~2400 m,冬季最低气温为 -10 ℃。该地区常年多雾,一年中有雾时间超 500 h,其中相对湿度低于 90% 的时间超 200 h,其余时间相对湿度均大于 90%。全年降雨(雪)超 200 d,为人工造雪、自然降雪和雪资源的有效保存提供了有利的环境条件。每年 11 月底到次年 3 月底为积雪期,积雪厚度能达 60~80 cm,雪质优良。

　　西岭雪山有着得天独厚的滑雪资源优势。设备设施完善,滑雪场现拥有 2000 套世界名牌滑雪工具,十条国际标准滑雪道,可容纳 2000 人同时滑雪。从加拿大,日本进口了 35 辆雪地摩托,从欧洲进口全地形车、蛇形滑雪车、雪上滑车、雪上飞碟等设施,形成了 20 余个雪地游乐项目,成为国内唯一的大型雪上游乐场(蒲继铭,2011)。现阶段,西岭雪山正在为游客打造"三个平台":一平台建设为度假小镇,供游客休憩;二平台建设为娱乐场地,也就是我们熟知的滑雪场;三平台为观景台,西岭雪山不仅有丰富的冰雪资源,还有其他独特的自然风景、气象景观可供欣赏。

　　西岭雪山人工造雪设备齐全。目前造雪设备公司有从国外进口的两台压雪机,19 台移动造雪机(造雪炮),10 个固定造雪机(造雪枪),还有在国内首次使用的先进的管网造雪系统。在 0 ℃ 左右时,就可以开展人工降雪。人工降雪并非没有雪才开展。自然降雪质地松软,不适合游客在上面展开活动,要混合着人工造的雪,配合压雪机,形成厚实的雪才能保证安全活动的可能性。经调查发现,-2 ℃ 以上造出的雪质量并不好,只能供游客赏玩。-2 ℃ 以下造出来的雪质地上乘,游客可在上面尽情开展滑雪等体育旅游活动。

9.3.3　西岭雪山滑雪季节气候分析

　　1. 大邑县气候概况

　　大邑县隶属于四川省成都市,位于四川省中西部成都平原西部边缘,辖地面积 1548 km²。距成都市中心约 41 km。境内地貌形态多样,有平原、丘陵、低山、中高山、高山、极高山,自东向西依序分别形成阶梯状。该地区属于亚热带湿润季风气候,日照较少,气候温和,无霜期长,具有"冬无严寒,夏无酷暑,雨量充沛,四季分明"的特点。年平均气温 16.6 ℃,年平均无霜期 284 d,年均总降水量为 1052.9 mm,年均日照时数 1076.5 h,年均相对湿度 85%。受地势变化影响,自东南向西北,气温逐渐降低,日照逐渐减少,降水量逐渐增多,无霜期逐渐缩短,形成了多种多样的气候区。

2. 冬季气候特征

西岭雪山冰雪资源只存在于冬季。因此,需要对大邑县冬季起、止日期进行气候统计分析。由于西岭雪山自动气象站资料较少,不具备代表性,因此只对冬季起、止日期进行统计。

(1)大邑县冬季起、止日期、持续时间及年变化趋势

根据张宝堃四季划分标准,连续 5 d 日平均温度低于 10 ℃的首日,是冬季的开始。连续 5 d 日平均气温大于或等于 10 ℃,且之后不能有连续 5 d 的日平均气温均低于 10 ℃,这样的第一天则是冬季的结束(张宝堃,1934)。利用大邑县 1984—2013 年逐日平均气温资料,统计每年冬季起、止时间、持续天数,并绘制随年份变化趋势,结果如图 9.1、9.2、9.3。

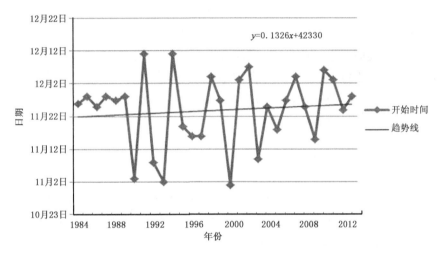

图 9.1　冬季开始日期年变化趋势

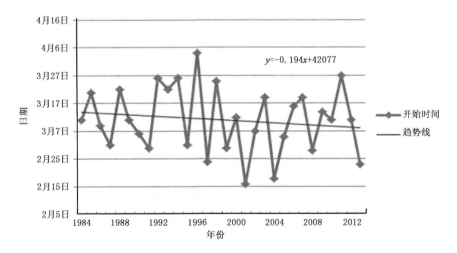

图 9.2　冬季结束日期年变化趋势

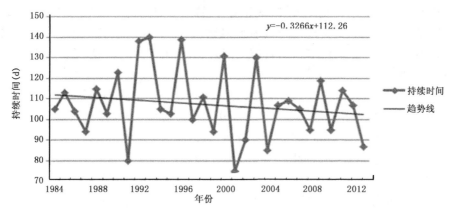

图 9.3　冬季持续天数年变化趋势

图 9.1、图 9.2 表明：大邑县冬季开始时间随年份呈波动上升趋势，1990 年开始波动较大，该趋势线表征冬季开始时间有延后的趋势，其气候倾向率 1.3 d/(10 a)，即冬季开始时间每 10 a 推迟 1.3 d；而结束时间随年份呈波动下降趋势，整体波动较大，该趋势线表征冬季结束时间有提前的趋势，其气候倾向率−1.9 d/(10 a)，即冬季结束时间每 10 a 提前 1.9 d；而从图 9.3 可知：冬季持续时间随年份呈波动下降趋势，气候倾向率为−3.2 d/(10 a)，即每 10 a 冬季持续时间减少 3.2 d，表明冬季持续时间在缩短，而 1990—1993 年、2000—2004 年波动较大。

（2）西岭雪山冬季起、止日期年变化

由张宝堃(1934)对气象季节划分原则，根据西岭雪山自动气象站 2010—2014 年日平均气象资料，对西岭雪山每年冬季起、止时间和持续天数进行统计分析，并与大邑县作比较，结果见表 9.4。

表 9.4 表明：西岭雪山冬季开始最早于 9 月 12 日，最晚于 10 月 11 日，平均为 9 月 25 日；冬季结束最早于 4 月 23 日，最晚于 5 月 17 日，平均为 5 月 3 日；冬季持续时间最少 197 d，最多达 239 d，平均 220 d 处于冬季，冬季较长。

表 9.4　冬季起、止日期及持续天数　　　　　　　　　　　　　单位：d

年份	开始日期	结束日期	持续时间
2010	9 月 25 日	4 月 23 日	210
2011	9 月 19 日	5 月 2 日	225
2012	9 月 12 日	5 月 9 日	239
2013	9 月 30 日	5 月 17 日	229
2014	9 月 11 日	4 月 26 日	197
最早(少)	9 月 12 日	4 月 23 日	197
最晚(多)	9 月 11 日	5 月 17 日	239
平均	9 月 25 日	5 月 3 日	220

为了比较大邑县、西岭雪山冬季起、止、持续时间，根据 2010—2013 年每天气温资料进行比较，结果见表 9.5。

表 9.5　大邑县、西岭雪山冬季起、止、持续时间对比

年份	开始日期		结束日期		持续时间 (d)		开始日期 间隔(d)	结束日期 间隔(d)	持续时间 间隔(d)
	大邑	西岭	大邑	西岭	大邑	西岭			
2010	12 月 6 日	9 月 25 日	3 月 11 日	4 月 23 日	95	210	72	43	115
2011	12 月 3 日	9 月 19 日	3 月 27 日	5 月 2 日	114	225	75	36	111
2012	11 月 24 日	9 月 12 日	3 月 11 日	5 月 9 日	107	239	73	59	132
2013	11 月 28 日	9 月 3 日	2 月 23 日	5 月 17 日	87	229	59	83	142
平均	12.1	9.15	3.15	5.6	100.8	225.8	69.8	55.3	125

表 9.5 表明:2010—2013 年大邑县冬季平均开始于 12 月 1 日,结束于 3 月 15 日;西岭雪山冬季开始于 9 月 15 日,结束于 5 月 6 日,总之:西岭雪山比大邑县冬季早开始 59~75 d,平均 69.8 d,延后 36~83 d,平均 55.3 d。西岭雪山整个冬季比大邑县多了 111~142 d,平均 125 d。

3. 西岭雪山冬季适宜人工造雪气象条件优势

为探究西岭雪山冰雪资源优势,对大邑县和西岭雪山冬季日平均气温低于 0 ℃ 的天数进行统计。大邑县仅在 1991 年有 2 d 气温低于 0 ℃,且分别为 −0.9 ℃ 和 −1.2 ℃。根据西岭雪山技术人员经验,环境温度 −2 ℃ 是人工造雪最佳温度,因此,对西岭雪山冬季日均气温进行普查,结果见表 9.6。

表 9.6 表明:西岭雪山 −2 ℃≤气温≤0 ℃ 天数最多有 28 d,最少有 7 d,平均有 21.3 d。≤−2 ℃ 天数最多有 75 d,最少有 14 d,平均有 46.5 d。与大邑县 1984—2013 年仅有 2 d 日平均温度在 −2 ℃≤气温≤0 ℃ 之间形成明显对比,说明了西岭雪山冰雪资源优势得天独厚。

表 9.6　西岭雪山气温低于 0 ℃ 天数统计

年份	≤−2 ℃ 天数(d)	−2 ℃≤气温≤0 ℃ 天数(d)
2010	14	7
2011	75	26
2012	49	26
2013	55	23
2014	56	28
2015	30	18
最少	14	7
最多	75	28
平均	46.5	21.3

9.3.4　寒潮天气过程降温时间与强度统计分析

西岭雪山人工造雪主管部门多年经验认为,寒潮天气过程最有利人工造雪。为此,对大邑县寒潮天气过程造成的降温时间与强度作统计分析。

9.3.4.1　大邑县过程降温时间与强度统计分析

　　寒潮天气过程是一种强烈的大规模冷空气活动过程。一般是指盘踞在高纬度地区上的冷空气,在特定的天气形势下突然离开源地,大规模的南下,造成沿途剧烈降温,并伴有偏北大风、霜冻、雨雪、风沙等天气现象,这类天气过程称为寒潮(朱乾根 等,2000)。对西岭雪山人工造雪有非同一般的意义。在强冷空气来临的时候,温度骤降,结合西岭雪山独特的地形与气候背景,一般会开始自然降雪,预示着人工降雪也可启动,西岭雪山以冰雪资源开展的旅游娱乐活动可以正式开始。据西岭雪山人工造雪相关技术人员介绍,每当降温过程开始,西岭雪山也就开始准备开展人工降雪活动。温度的骤降有利于人工降雪活动的顺利开展,且人工降雪的时间在11月底持续到次年1月底,鉴于此,只选取大邑县11,12,1月每日气温资料进行研究,对做好西岭雪山降温的研究具有相当重要的意义。

　　根据中央气象台的寒潮标准规定,以过程降温与温度负距平相结合来划定冷空气的活动强度。过程降温是指冷空气影响过程的始末,日平均气温的最高值与最低值之差。而温度负距平是指冷空气影响过程中最低日平均气温与该日所在旬的多年旬平均气温之差。单站冷空气强度等级标准如表9.7所示(朱乾根 等,2000)。

表 9.7　单站冷空气强度等级标准

过程降温 (℃)	温度负距平绝对值 (℃)	冷空气强度等级
≥10	≥5	寒潮
7～10	4	强冷空气
5～7	≤3	一般冷空气

1. 过程降温

　　根据表9.8,对大邑县1984—2013年每年11,12,1月逐日气温资料进行72 h内降温普查,结果表明:大邑县一般冷空气降温过程较多,20世纪80年代7次,90年代8次,21世纪00年代9次、10年代1次,共25次。强冷空气共6次,80年代1次,90年代3次,00年代2次。寒潮仅1987年一次。可见,过程降温过程次数随强度的增加在减少。

2. 过程降温频率

表 9.8　降温过程各旬出现频率统计

月份	11			12			1		
旬	上	中	下	上	中	下	上	中	下
频次	2	2	0	6	5	5	5	6	1
频率(%)	6.3	6.3	0	18.8	15.6	15.6	15.6	18.8	3.2

　　表9.8表明:降温过程出现在12月频率较高,共计16次,出现频率达50%,占近30 a来总数32次的一半,其次是1月,30 a中共出现12次,占37.5%,出现频率最少的是11月,只有4次,30 a中仅占12.5%。

　　11月至次年1月份中,12月上旬、1月中旬出现冷空气的频率为30 a之冠,均达18.8%,12月上旬至1月中旬出现次数较接近,分别为6,5次,频率18.8%,15.6%。11月上、中旬和1月下旬出现频率最小,只有1～2次,其频率只有3.2%～6.3%。总之,12月降温次数最多,最有利于进行人工造雪。

9.3.4.2 西岭雪山过程降温时间与强度统计分析

根据表 9.8,对西岭雪山 2010—2015 年每年 11,12,1 月逐日气温资料进行 72 h 内降温普查,结果于表 9.9。

表 9.9 降温强度及时间

降温强度	强冷空气		一般冷空气	
年份	2010	2011	2014	2015
日期	12 月 13 日	11 月 28 日	12 月 9 日	1 月 26 日
			1 月 6 日	

表 9.9 表明:西岭雪山 2010—2015 年 11 月至次年 1 月共发生 5 次大型降温过程,其中强冷空气降温 2 次,一般冷空气降温 3 次。强冷空气发生在 2010 年和 2011 年。对比表 9.5 与表 9.9 可知:2010 年 12 月 13 日的降温过程在西岭雪山和大邑县均有发生,且强度均为强冷空气级别。

9.3.5 西岭雪山滑雪季节温度日变化特征

根据西岭雪山技术人员经验,环境温度 −2 ℃ 是人工造雪最佳温度。为此,以 −2 ℃ 为气象标准来探究西岭雪山滑雪季节最佳滑雪旅游时间。

9.3.5.1 环境气温月变化

依据西岭雪山自动气象站 2010 年 6 月 16 日—2015 年 5 月 20 日每时气温资料,求出日平均气温后进行月变化的统计,如图 9.4 所示。

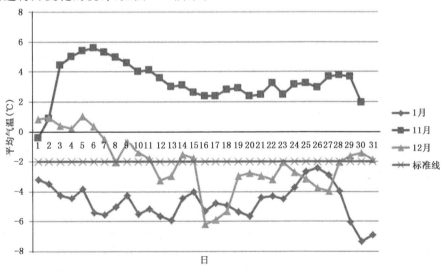

图 9.4 日平均气温月变化

图 9.4 表明:11 月日平均气温几乎都处在 2 ℃ 以上,这不利于人工造雪和人造雪的维持。1 月日平均气温全部处于 −2 ℃ 标准线以下,人工造雪机造出的雪质量优良,且利于雪的维持。12 月 6 日以后,西岭雪山的日平均气温基本处于 0 ℃ 以下,但 0 ℃ 只是刚刚达到冰点,人

工造雪机造出的雪品质并非最佳。12月中旬和下旬,日平均气温几乎都处于－2 ℃标准线以下,人工造雪机造出的雪质量优良,且利于雪的维持。在未达到－2 ℃标准线之下的期间,即11月和12月上旬,冰雪资源仅可供观赏。

9.3.5.2　各旬气温日变化数学模型比较

为了探究一天中西岭雪山冰雪旅游最适宜时间,根据自动气象站每小时气温资料,分别对11,12,1月中的气温日变化逐旬进行算术平均,并尝试用曲线拟合的方式找出每旬平均日温度变化规律,绘制出图9.5。

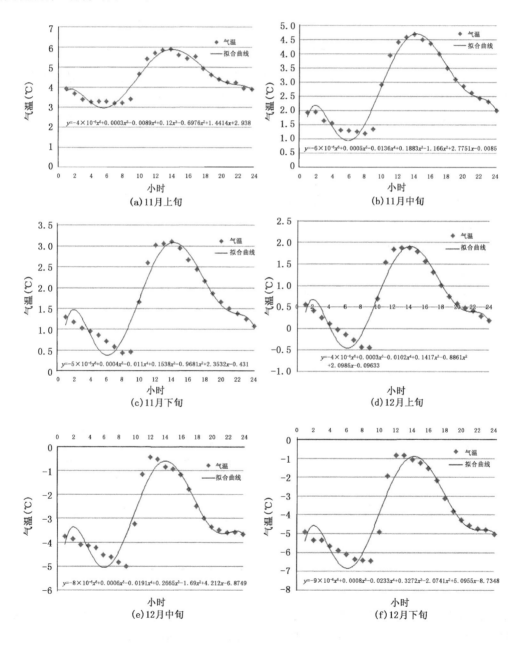

(a)11月上旬　　　　　　　(b)11月中旬

(c)11月下旬　　　　　　　(d)12月上旬

(e)12月中旬　　　　　　　(f)12月下旬

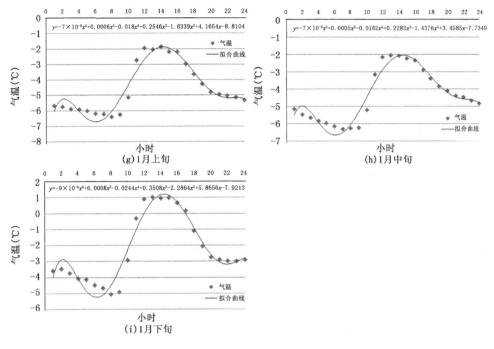

图 9.5　各旬气温的日变化

图 9.5 表明:拟合曲线高度相似,日最高气温均出现在 13—14 时,最低气温出现时间并不一致,11 月在 07—08 时,12 月上旬至 1 月上旬在 09 时,1 月下旬在 08 时。

为了比较上述 9 旬气温日变化特征,将 9 旬气温日变化综合绘制成图 9.6,并作平均气温日变化曲线拟合,更好概括西岭雪山滑雪季节温度日变化的规律函数。

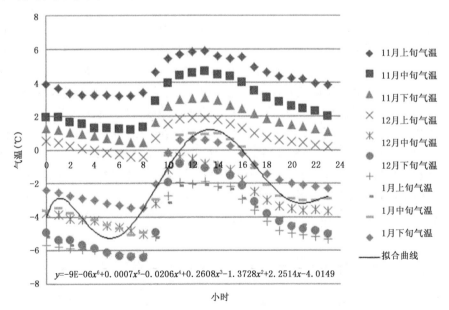

图 9.6　滑雪季节温度日变化综合

其拟合结果可近似看为：

$$y = -9 \times 10^{6}x^{6} + 0.0007x^{5} - 0.02x^{4} + 0.26x^{3} - 1.4x^{2} + 2.25x - C$$

其中，C 为一常数，为每旬 00 时平均气温，所以 C 会因旬的不同而不同，具体参照表 9.10。

表 9.10 不同时间（月、旬）C 值

月份	11			12			1		
旬	上	中	下	上	中	下	上	中	下
C 值	3.9	2	1.3	0.6	−3.8	−4.9	−5.7	−5.2	−3.6

9.3.5.3 气温低于 0 ℃和 −2 ℃的时段分析

环境气温低于 0 ℃和 −2 ℃的时段是西岭雪山滑雪旅游，进行人工造雪理想气象条件，根据图 9.5，统计出不同时间理想的气象条件出现时段，结果如表 9.11 所示.

表 9.11 气温低于 0 ℃和 −2 ℃的时段

月	12			1		
旬	上	中	下	上	中	下
−2 ℃≤气温≤0 ℃时段	5—10 时	10—16 时	10—13 时	无	9—10 时	16—18 时
≤−2 ℃时段	无	17 至次日 10 时	17 至次日 10 时	全天	全天	19 至次日 10 时

从表 9.11 中可看出：由于夜间视野不好，不方便运动，滑雪旅游最佳时期应在 12 月中下旬 07—10 时，1 月上中旬全天，下旬 07—10 时。在 12 月上旬 07—10 时，12 月中下旬和 1 月上中旬全天及 1 月下旬 07—10 时，可享受冰雪资源带来的快乐和体验其他冰雪项目。

9.4 漂流体育旅游与气候、气象指数评价

漂流——搭乘在无动力小舟上，随着时而陡峭湍急、时而平静如波的水流沿河而下，间或运用船桨控制好方向。简言之，漂流——漂于水上，随水流动。漂流运动是一种有惊无险，旅游者直接参与的水上户外运动，是一项与自然环境交融的自助旅游活动，介于探险旅游与生态旅游之间的专项旅游活动。所谓经营性漂流旅游活动是指漂流经营企业组织旅游者在特定的水域，乘坐船只、木筏、竹筏、橡皮艇等工具进行的各种旅游活动。为了满足不同旅游者的要求，很多漂流景区根据河段特点，分别开设了水上探险漂流、水上休闲漂流。水上探险漂流具有刺激性但有惊无险，适合青年人参与（柳伯力，2007）。水上休闲漂流在水流缓慢、两岸有自然风光的环境中进行，具有抒情、浪漫的气氛，适合老人、孩子、情侣参与。在漂流过程中，人们能在跌宕起伏的水流中获取一种全新的体验，满足其亲近自然、释放压力、挑战自我、锻炼意志、寻求刺激、获得感受等的心理需要，被国际旅游界测定为 21 世纪时兴的旅游形式（李纯等，2010）。

9.4.1 四川漂流旅游资源优势与分布

四川省的水蕴藏量为全国第一位。金沙江、岷江、大渡河、雅砻江从海拔四五千米的青藏高原、横断山脉的崇山峻岭中跌落到海拔仅 260 m 的四川盆地，落差达 4000 m。丰富的水量与极高的落差带来了巨大的水能资源，为水上运动等体育旅游项目的开展提供了佳地（柳伯力

等,2003)。目前已形成了多种水上体育旅游产品:漂流探险、冲浪、垂钓、游泳、划船、龙舟赛、江河溯源、国际长江漂流节等。其中,四川近几年漂流旅游活动发展较快。都江堰、乐山、雅安、攀枝花、虹口、汶川三江等地都充分利用金沙江、青衣江、岷江、大渡河等丰富的江河资源,开展漂流探险项目。根据调查,四川省目前能够开展漂流体育旅游的景点有 30 个左右,见表 9.12。

表 9.12　四川省漂流旅游地

所在地	漂流景点	所在地	漂流景点
成都市	都江堰市虹口	广元市	五峰峡
	西岭峡谷		明月峡潜溪河
	平乐		菖溪河
	九龙沟		唐家河
	忘忧谷	达州市	龙潭河
	花水湾		百里峡
阿坝州	毕棚沟	巴中市	诺水洞
	汶川三江	南充市	鹭乡长滩坝
	四姑娘山	甘孜州	康定
	甘海子	攀枝花市	金沙江
绵阳市	小寨子沟	宜宾市	竹海
	青龙峡	广安市	白龙峡
	平通	眉山市	柳江古镇
	北川恩达	乐山市	蜀南茉莉香都
	罗浮山	雅安市	青衣江
遂宁市	大英		

选用四川省内两个最具代表性的漂流景区:都江堰市虹口漂流、攀枝花市金沙江漂流,进行漂流旅游与气候、旅游舒适度的评价。

9.4.2　成都市都江堰虹口漂流体育旅游资源特色与旅游舒适度评价

9.4.2.1　漂流旅游资源特色与优势

虹口漂流景区位于龙溪—虹口国家级自然保护区内,属国家 4A 级景区,地处四川盆地向青藏高原的过渡带上。幅员 364 km²,原始生态区面积占自然保护区总面积的 2/3。境内最高峰(光光山)从四川盆地边缘突兀而起,海拔 4582 m,常年积雪,虹口的白沙河水主要由光光山冰雪融化之雪水和地下水组成,矿物质含量丰富,无任何污染,与国家一类地面水的标准相吻合。最低点(白沙河谷)海拔 920 m。因这里负离子含量丰富,故是名副其实的“天然氧吧”(付业勤 等,2009),2012 年 6 月被国家水上运动管理中心授予了“中国漂流小镇”的称号。

据成都飞来峰虹口漂流旅游公司介绍,漂流开放时间是每年的 5 月 1 日—10 月 7 日,全年长达 150 d 左右。漂流时段控制在每天的 09:00—19:30,日接待量能达到 10000 人次。全程可漂河段 24.2 km,正式投入运营的有 15.2 km,整个河道蜿蜒曲折,水流缓急交错,多处落差 1 m,常年平均水流量 15 m³/s。据公司水文观察站近几年的经验统计,水流速度在 4.0～4.5 m/s,水深在 0.5～1.5 m 最宜进行漂流活动。

1. 优越的地理位置和便捷的交通条件

保护区距成都仅 70 km,约 1 h 30 min 车程,距都江堰市 18 km,青城山 35 km。就成都将近 1500 万的常住人口来说,景区对其极具吸引力,成为节假日短途周边旅游和夏季 7—8 月避暑胜地中的热门选择。

2. 丰富的旅游特色产品和活动

景区凭借本身可观与出色的自然生态资源,打造了水中麻将、河滩品茗、露天卡拉 OK、篝火锅庄等旅游产品,已成功举办了多届都江堰(虹口)国际漂流节等大小活动,贯穿虹口景区的旅游旺季。

3. 天然的漂流河道让游客的体验性更强

漂流能更好地感受人与自然的完美融合,感受真正自然河道本身的纯洁与灵动。

9.4.2.2 有利夏季漂流的气候资源优势

都江堰市位于成都平原西北部,属中亚热带湿润气候。年平均气温 15.6 ℃,四季分明,夏无酷暑,最热的 7 月平均气温 24.9 ℃,平均最高气温 28.9 ℃;冬无严寒,最冷的 1 月平均气温 5.0 ℃,平均最低气温 2.5 ℃。雨量充沛,平均年降水量 1142.2 mm,80% 以上的年份年降水量可达 992.8 mm。年雨天平均 180.9 d,占全年日数的 50%;中雨以上日数 27.8 d(全年分级降水日数见表 9.13)。气候湿润,年平均相对湿度 79%。一年中 7—10 月较大,能达到 84%。春季和初夏相对湿度稍小,也超过 72%。年平均风速 1.3 m/s。

表 9.13 全年分级降水日数统计表

24 小时降水量(mm)	0.1～9.9	9.0～24.9	25.0～49.9	50.0～99.9	100.0～249.9	≥250.0
降水量等级	小雨	中雨	大雨	暴雨	大暴雨	特大暴雨
日数(d)	153.1	17.8	6.9	2.5	0.6	0.0

9.4.2.3 漂流旅游舒适度的模糊综合评判

影响漂流舒适度的因素颇多:如气温、降水、水流速度、河流径流量、蒸发量等都将对漂流过程产生影响,且具有不确定性和波动性,但各因素之间又相互联系,不同因素带来的影响程度也不尽相同。且舒适度的定义边界不清楚,是一种模糊量度,难以用清楚概念"属于"或"不属于"来表达(曹鸿兴 等,1988)。

这里只对气候条件的主要因素进行讨论。为了有效地反映通过某种组合关系的各因素共同作用的特征,采取旅游舒适度的模糊判别对影响漂流舒适度各主导因素进行数据处理。比之于一般经验方法,有利于舒适度气象信息服务产品更定量化和客观化(曹鸿兴 等,1988)。

参与评定舒适指数的主导因素的集合:U＝{气温,相对湿度,风速}

评判舒适度的四个等级:A＝{非常适宜,比较适宜,基本适宜,不适宜}

根据前人研究结果,该方法认定漂流应具备的最佳气象条件:日平均气温 t＝26 ℃、相对湿度 f＝70%、风速 v＝2 m/s(彭洁 等,2011)。

据此,对这三个要素分别建立相应的隶属函数方程:

$$\mu_t = \begin{cases} 1 & t = 26℃ \\ \dfrac{1}{1+a(t-26)^2} & t \neq 26℃ \end{cases} \tag{9.1}$$

其中，$a=0.0476$；

$$\mu_f = \begin{cases} 1 & f = 70\% \\ \dfrac{1}{1+b(f-70)^2} & f \neq 70\% \end{cases} \tag{9.2}$$

其中，$b=0.0117$；

$$\mu_v = \begin{cases} 1 & v = 2\mathrm{m/s} \\ \dfrac{1}{1+c(v-2)^2} & v \neq 2\mathrm{m/s} \end{cases} \tag{9.3}$$

其中，$c=0.1678$。

由于每年 12 月至次年 2 月为都江堰市冬季，气温太低无法漂流，所以在这里只对 3—11 月进行讨论。

(1)将都江堰市 1984—2013 年 3—11 月的日平均气温 t、相对湿度 f、风速 v 分别带入隶属函数方程(9.1)、(9.2)、(9.3)，得到相应的隶属函数值 μ_t、μ_f、μ_v。依照表 9.13 中 μ 的对应意义，分别统计出各月相应舒适等级的天数，列于表 9.14—9.17。

表 9.14　各要素隶属函数值 μ 的意义对应

隶属函数值 μ	对应意义
$\mu<0.60$	不适宜
$0.60\leqslant\mu<0.75$	基本适宜
$0.75\leqslant\mu<0.85$	比较适宜
$\mu\geqslant0.85$	非常适宜

表 9.15　μ_t 大小对应的舒适等级相应的天数　　单位:d

月份	非常适宜	比较适宜	不适宜
3	0.00	0.00	30.97
4	0.53	0.33	28.60
5	3.03	1.70	22.77
6	9.33	3.80	9.37
7	20.00	3.97	3.00
8	15.97	4.70	5.23
9	3.10	1.53	22.20
10	0.00	0.03	30.77
11	0.00	0.00	30.00

表 9.16　μ_f 大小对应的舒适等级相应的天数　　　　　　　　单位:d

月份	非常适宜	比较适宜	基本适宜	不适宜
3	4.50	2.70	2.80	21.00
4	5.00	2.20	2.93	19.87
5	4.63	3.83	3.40	19.13
6	5.13	3.03	2.90	18.93
7	3.97	2.67	2.87	21.50
8	5.00	2.37	2.13	21.50
9	2.90	1.67	2.17	23.27
10	2.40	1.30	1.50	25.80
11	3.03	1.93	2.77	22.27

表 9.17　μ_v 大小对应的舒适等级相应的天数　　　　　　　　单位:d

月份	非常适宜	比较适宜	基本适宜	不适宜
3	16.63	6.33	6.40	1.63
4	17.30	5.67	4.87	2.17
5	18.90	5.50	4.40	2.20
6	17.20	5.40	5.23	2.17
7	16.93	6.30	5.43	2.33
8	17.63	4.87	5.73	2.77
9	12.77	6.63	7.10	3.50
10	9.97	7.20	9.37	3.47
11	9.43	6.57	9.07	3.93

(2)由上表计算出在各月中舒适等级对应的比例,分别列于矩阵的第 1,2,3 行。将得出每个月关于三个主要因子的 3×4 的模糊评判矩阵 $\boldsymbol{R}_i (i = 3, 4, \cdots, 11$ 月):

$$\boldsymbol{R}_3 = \begin{pmatrix} 0.00 & 0.00 & 0.00 & 1.00 \\ 0.15 & 0.09 & 0.09 & 0.68 \\ 0.54 & 0.20 & 0.21 & 0.05 \end{pmatrix} \quad \boldsymbol{R}_4 = \begin{pmatrix} 0.02 & 0.01 & 0.02 & 0.95 \\ 0.17 & 0.07 & 0.10 & 0.66 \\ 0.58 & 0.19 & 0.16 & 0.07 \end{pmatrix}$$

$$\boldsymbol{R}_5 = \begin{pmatrix} 0.10 & 0.05 & 0.11 & 0.73 \\ 0.15 & 0.12 & 0.11 & 0.62 \\ 0.61 & 0.18 & 0.14 & 0.07 \end{pmatrix} \quad \boldsymbol{R}_6 = \begin{pmatrix} 0.34 & 0.13 & 0.18 & 0.35 \\ 0.17 & 0.10 & 0.10 & 0.63 \\ 0.57 & 0.18 & 0.17 & 0.07 \end{pmatrix}$$

$$\boldsymbol{R}_7 = \begin{pmatrix} 0.65 & 0.13 & 0.13 & 0.10 \\ 0.13 & 0.09 & 0.09 & 0.69 \\ 0.55 & 0.20 & 0.18 & 0.08 \end{pmatrix} \quad \boldsymbol{R}_8 = \begin{pmatrix} 0.52 & 0.15 & 0.16 & 0.37 \\ 0.16 & 0.08 & 0.07 & 0.69 \\ 0.57 & 0.16 & 0.18 & 0.09 \end{pmatrix}$$

$$R_9 = \begin{pmatrix} 0.10 & 0.05 & 0.11 & 0.74 \\ 0.10 & 0.06 & 0.07 & 0.78 \\ 0.43 & 0.22 & 0.24 & 0.12 \end{pmatrix} \quad R_{10} = \begin{pmatrix} 0.00 & 0.00 & 0.01 & 0.99 \\ 0.08 & 0.04 & 0.05 & 0.83 \\ 0.35 & 0.23 & 0.30 & 0.11 \end{pmatrix}$$

$$R_{11} = \begin{pmatrix} 0.00 & 0.00 & 0.00 & 1.00 \\ 0.10 & 0.06 & 0.09 & 0.74 \\ 0.35 & 0.22 & 0.30 & 0.13 \end{pmatrix}$$

（3）因为多种因子的集中体现影响着人体对外界的感受，且对作用于人体舒适感觉的各因子来说，它们并非处于同等的举足轻重的位子，故综合性评判必不可少。根据彭洁等（2011）的研究，将气温、湿度、风速三因素的权重分配为 $\phi = (0.57, 0.20, 0.23)$，故综合评判为 $B = \phi \cdot R_i$（彭洁 等，2011），利用矩阵计算，得出最终的关于虹口漂流的模糊综合评判结果于表 9.18。

表 9.18　虹口漂流景区每月舒适度评价结果

月份	非常适宜 B_1	比较适宜 B_2	基本适宜 B_3	不适宜 B_4	$B_1+B_2+B_3$
3	0.15	0.06	0.07	0.72	0.28
4	0.18	0.06	0.07	0.69	0.31
5	0.23	0.10	0.12	0.56	0.44
6	0.36	0.13	0.16	0.34	0.66
7	0.52	0.14	0.13	0.21	0.79
8	0.46	0.14	0.15	0.26	0.74
9	0.18	0.09	0.13	0.60	0.40
10	0.10	0.06	0.08	0.76	0.24
11	0.10	0.06	0.09	0.75	0.25

可见，每年 5—9 月虹口景区气候条件适宜（即 $B_1+B_2+B_3$）的概率均在 40% 以上，其中最适宜漂流的是 7 月，79% 的时间；其次是 6,8 月，均在 66% 以上，而 3 月和 11 月由于气温偏低，导致人体感觉湿冷，热量容易散失，因此 75% 以上的时间都不适宜进行漂流。

9.4.2.4　漂流季节受降水影响天数的年际变化

降水是漂流项目得以开展的必要条件。它虽然有助增加水流速度、流量，但过程降水总会对旅游带来或多或少的负面影响，从而降低人们的舒适度。且绝大多数漂流项目在山上开展，每下一次暴雨，都可能引发山洪、泥石流、河道阻塞等灾害性地破坏。小雨以上，都不适宜开展野外活动，且一般在中雨以上，根据水位的高低，景区就要进行停漂。

根据上述，作如下处理，以消除降水影响，结果于表 9.19。

表 9.19　降水强度对漂流的影响

24 h 降水量 R(mm)	等级	不适宜时段
$9.0 \leqslant R < 25.0$	中雨	当日
$25.0 \leqslant R < 100.0$	大雨至暴雨	直到 $R < 9.0$ 后 1 d 内
$100.0 \leqslant R < 250.0$	大暴雨	直到 $R < 9.0$ 后 2 d 内
$R \geqslant 250.0$	特大暴雨	直到 $R < 9.0$ 后 3 d 内

对都江堰市 1984—2013 年 5—10 月的日降水量进行统计，结果见表 9.20。

从 1984—2013 年 30 a 每月受降水影响日数的变化可看出:5 月一般为 3.33 d,6—10 月分别为 4.43 d、9.03 d、9.63 d、6.77 d、1.70 d。7,8 月降水对漂流旅游的影响最大,均在 9 d 以上。根据年代际分布结果,5 月受降水影响最多为 8 d,分别出现在 80s(1984 年)和 00s(2006 年);6 月在 00s(1992 年)为 12 d;2013 年 7 月和 2003 年 8 月分别达到了 22 d、17 d,这对漂流的开展是极其不利的。2001 年 9 月竟也有 15 d 受降水影响不适宜漂流。

表 9.20　虹口漂流季每月受降水影响日数的年际分布　　　　　　　　单位:d

年代		5 月	6 月	7 月	8 月	9 月	10 月
20 世纪 80 年代	最多	8	10	16	15	11	1
	最少	1	1	3	5	2	0
	平均	4.0	4.9	9.6	9.9	6.9	0.6
90 年代	最多	6	12	15	14	14	3
	最少	0	0	5	6	0	0
	平均	2.1	4.9	8.7	9.7	7.3	1.3
21 世纪 00 年代	最多	8	7	14	17	15	5
	最少	1	1	4	3	2	1
	平均	3.6	3.5	7.2	9.5	6.4	2.8
10 年代	最多	7	9	22	8	8	4
	最少	3	2	6	6	3	0
	平均	5.0	5.0	12.7	7.0	6.0	2.0
最多		8	12	22	17	15	5
最少		0	0	3	3	0	0
平均每月受降水影响的天数		3.33	4.43	9.03	9.63	6.77	1.70

9.4.2.5　综合结果分析

在消除降水影响的月平均舒适天数于表 9.21,以 5—8 月为最多,都在 10 d 以上,特别是在 6,7 月高达 15.5 d。

表 9.21　处理后的月平均舒适天数　　　　　　　　单位:d

月份	5	6	7	8	9	10
天数	9.36	15.38	15.42	13.45	5.12	5.81

9.4.3　攀枝花市金沙江——漂流体育旅游资源特色与气象指数评价

长江国际漂流基地位于西区格里坪镇,宽广俊秀的金沙滩被环绕其中。攀西大裂谷是漂流的必经之地,地质天然、地貌独特、韵致风采层现迭出。"万里长江第一漂"——金沙江项目就在这里开办并注册,随着五届国际漂流节(见表 9.22)的成功举办,现已成为国内规模最大、影响最大的漂流比赛,被四川省政府确定为省级旅游活动项目。

表 9.22 国际漂流节历年举办时间

届数	一	二	三	四	五
年份	2001	2002	2003	2005	2011
时间	5月1—4日	5月1—10日	12月6—10日	12月17—20日	1月15日

9.4.3.1 漂流旅游资源特色与优势

攀枝花市特别适宜冬季避寒旅游,其冬季综合温暖指数仅稍微不及海南。其开发的金沙江漂流,是全国最理想的冬季漂流区域。其知名度大、发展势头良好。外文期刊《国家地理》在20世纪90年代后期,将它评为21世纪最惊险、最具吸引力的旅游项目之一。天然的血缘,长江是中华民族的"母亲"河,且"万里长江第一漂"是国内独创的竞技项目。

9.4.3.2 气候资源优势有利冬季漂流

攀枝花市位于中国西南川滇交界部,金沙江与雅砻江交汇于此,属南亚热带亚湿润气候。年平均气温20.9 ℃,是四川省内年平均气温最高的城市。全年中6月最热,平均气温26.2 ℃;12月最冷,为13.0 ℃。平均年降水量817.95 mm。年平均相对湿度57%,相对省内其他漂流地来说,气候干燥。云量少而光照充足,全年日照时数长达2300~2700 h。

根据攀枝花市1988—2013年逐年日平均气温(根据张宝堃四季划分法),连续5 d日平均气温稳定>22 ℃(即夏季)的日数为179.9 d;连续5 d平均气温稳定<10 ℃(即冬季)的日数只有1.5 d,表现出夏季长、四季不明显的特点。

攀枝花市冬季只要天气晴朗,每天11时30分—16时30分的时段,气温可高达25 ℃,且能持续4 h以上,完全满足漂流的需求。而此时,北方天寒地冻,南方也因冻雨变得阴冷,漂流无法开展。广东、海南等地,降水量急剧减少使得河水断流,只保留有人工抽水保障部分区域。

对1988—2013年逐年各月的日最高气温作月平均统计,得月平均最高气温(见图9.7)

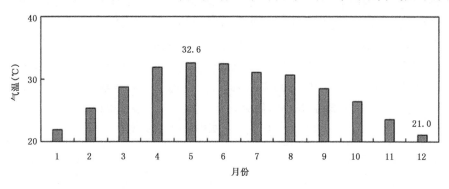

图9.7 月平均最高气温比较

由图9.7可看出:5月常年平均最高气温为全年之冠达32.6 ℃,其中2012年5月达到历史峰值,为36.5 ℃;12月至次年1月常年平均最高气温在21 ℃以上,2009年12月都有22.5 ℃。可知,攀枝花市丰沛的热量资源十分有利冬季漂流,弥补省内漂流季的空当区。

9.4.3.3 雨季开始、结束日期及持续日数年变化特征

根据2006年3月27日发布的四川省地方标准气候术语,高原雨季:①前5 d降水总量≥25.0 mm,此后10 d降水总量≥25.0 mm时,以前5 d内第一个日雨量≥9.0 mm的雨日为雨

季开始日。②最后一次日雨量≥9.0 mm 的日期为雨季结束日。

对 1988—2013 年日降水量资料进行候平均统计,结果见表 9.23。

表 9.23　雨季开始、结束期及持续日数的年际变化

年代	年份	开始期	结束期	持续日数 (d)	占全年比例 (%)
20 世纪 80 年代	最早(短)	5 月 1 日	9 月 16 日	141	38.6
	最晚(长)	6 月 19 日	11 月 19 日	189	51.8
	平均	5 月 29 日	11 月 6 日	161	44.1
90 年代	最早(短)	5 月 8 日	9 月 11 日	119	32.6
	最晚(长)	6 月 27 日	11 月 26 日	177	48.5
	平均	6 月 1 日	9 月 31 日	143	39.2
21 世纪 00 年代	最早(短)	4 月 4 日	9 月 17 日	104	28.5
	最晚(长)	6 月 29 日	11 月 28 日	238	65.0
	平均	5 月 23 日	9 月 18 日	144	39.5
10 年代	最早(短)	6 月 7 日	9 月 15 日	99	27.1
	最晚(长)	6 月 22 日	9 月 29 日	144	39.5
	平均	6 月 12 日	9 月 8 日	118	32.2

表 9.23 表明:攀枝花市雨季开始于 5 月下旬至 6 月上旬、结束于 10 月 22 日、年均持续 142.6 d,占全年日数的 39.1%。雨季各指标随年代呈波动变化,最早进入雨季变化于 4 月上旬至 6 月上旬,最晚变化于 6 月中至下旬,平均日期变化于 5 月下旬至 6 月上旬;雨季结束最早从 20 世纪 80 年代的 10 月中旬逐渐提前到 10 年代的 9 月中旬,最晚结束日期从 80 年代的 11 月中旬推迟到 90 年代的 11 月下旬,平均日期从 80 年代的 11 月上旬逐渐提前到 10 年代的 10 月上旬,这与当地降水量逐渐减少有关。26 年中最早进入雨季是 21 世纪 00 年代的 2004 年 4 月 4 日,最晚进入雨季是 2010 年 6 月 29 日;最早结束雨季是 10 年代的 2011 年 9 月 15 日,最晚是 00 年代的 2004 年 11 月 28 日;雨季持续日数最短是 10 年代 2011 年,仅 99 d,只占全年日数的 27.1%,最长是 00 年代 2004 年,历时 238 d,占了全年日数的 65.2%。

为了更清楚地说明其雨季的开始与结束,经汇总,结果见表 9.24、9.25。

表 9.24　4—6 月各旬雨季开始期次数

4 月			5 月			6 月		
上旬	中旬	下旬	上旬	中旬	下旬	上旬	中旬	下旬
1	0	0	3	3	3	4	5	7

由表 9.24 可知:攀枝花市 26 a 中,雨季开始期主要集中在 5 月上旬至 6 月下旬,占总数的 96% 左右,同时以 6 月下旬最多,为 7 次。4 月上旬出现的 1 次,只是气候异常年份的反应(黄旭 等,2000)。

表 9.25 9—11 月各旬雨季结束期次数

	9 月			10 月			11 月	
上旬	中旬	下旬	上旬	中旬	下旬	上旬	中旬	下旬
2	1	3	4	7	3	4	2	

其雨季结束期主要出现在 10 月上旬至 11 月中旬,占总数的 80% 左右,同时以 10 月下旬最多,为 7 次。综上所述,雨季:6—10 月;干季:11 月至次年 5 月。处于"干季"的攀西裂谷,降水变得稀少,致使金沙江水位下降,近 30 亩的浅滩随之浮现出来,江水也变得清澈,是漂流的绝佳时机。

9.4.3.4 漂流旅游舒适度评价

由于漂流对气温的要求比一般的旅游活动高,这里用夏季游泳气象指数探讨旅游者的舒适程度比人体舒适度指数更加合适。根据 1988—2013 年逐年 11 月至次年 5 月每日夏季游泳气象指数的计算,再统计得到各月的指数值,计算结果见表 9.26,其中每月的适宜天数为每月指数>60 的天数。

表 9.26 月平均舒适指数与舒适天数　　　　单位:d

月份	11	12	1	2	3	4	5
指数	60.6	56.0	56.9	61.4	65.7	69.6	72.5
适宜天数	11.4	0.6	2.4	15.9	27.8	29.0	30.0

表 9.26 表明,11 月至次年 5 月,只有 12,1 月不太适宜,其余的 11,2—5 月,指数大于 60,为 3 级,属于特别适宜,特别是 3—5 月指数都大于 65,适宜游泳在 28 d 以上,是漂流的好季节。

9.5 登山体育旅游资源特色与气象指数评价

9.5.1 四川省登山旅游景区资源特色与分布

自古就有"天下山水之观在蜀"的说法。四川省横跨青藏高原和四川盆地,自然生态环境结构复杂多样,自然资源储量巨大。盆地四周山脉构造各异,景观独特。境内山峰众多而秀丽,具有丰富的登山探险资源。有海拔 6000 m 以上的高峰 45 座,是中国最早开展登山运动的地区之一(郝革宗,1985)。自 1979 年开始,就对外开放,吸引国内外大量的登山运动爱好者。现在全国热门的 30 处登山地中四川就占了 9 个,分别是四姑娘山、雪宝顶、雪隆包、大雪塘、雀儿山、骆驼峰、半脊峰、田海子山和三奥雪山(柳伯力 等,2003)。

这里以四川省三大体育旅游品牌之一的四姑娘山登山体育旅游为例,研究其资源特色与优势、适宜登山旅游季节及气象指数评价。

9.5.2 四姑娘山登山旅游风景区概况

四姑娘山位于四川省阿坝藏族羌族自治州小金县境内,地处小金县与汶川县交界处(本节研究小金县和汶川县相关气候条件),邛崃山脉中段,毗邻卧龙国家级自然保护区,在川西高原向东急速过渡到成都平原交接带。自中生代以来,以天迭纪的印支运动为主,经历了多次构造变动。区内褶皱强烈,山体抬升,地层变质,老断裂复活,河流下切,这一切内外力的作用,造成了四姑娘山岭谷高差悬殊复杂地形特征(曹俊,2004)。

四姑娘山被当地藏民崇敬,当作神仙。相传为四位美丽善良的姑娘,为了保护她们心爱的大熊猫,与凶猛的金钱豹作英勇斗争,最终化成了四座挺拔秀美的山峰,即四姑娘山。它由海拔 6250 m、5355 m、5276 m、5035 m 的四座毗连的山峰组成,坐落在横断山脉的东北部,为邛崃山脉的最高峰区。

主峰幺妹峰,海拔 6250 m,是邛崃山的最高峰。山峰主要由石灰岩构成,由于大自然常年的风化剥蚀,使山体十分陡峻,刃脊上多是悬崖峭壁。主峰南坡挂着数条冰川,冰川舌直指山脚。西坡和北坡是令人望而生畏的好几百米高的陡岩,然而,陡岩之下却是绿草茵茵,森林繁茂,谷溪清澈的高山地带。

9.5.2.1　四姑娘山登山旅游资源特色与优势

四姑娘山曾先后于 1994 年,1996 年被国务院批准建立"四姑娘山国家重点风景名胜区""小金四姑娘山国家级自然保护区""国家 4A 级旅游景区和国家地质公园",属世界自然遗产"四川大熊猫栖息地"的重要组成部分。

山区气候变化无常,昼夜温差较大,是中亚热带季风气候向大陆性高原气候过渡的地区。四姑娘山特殊的气候条件、地理位置、显著的垂直高差,为各类动植物提供了理想的生存环境。动植物资源非常丰富,除盛产红豆杉、红杉等珍贵树种外,还出产天麻、冬虫夏草、贝母等名贵药材。在这里,兽类不下 60 种,鸟类多达 2300 种,是大熊猫、小熊猫、金丝猴等 30 多种国家保护动物的活动场所,著名的大熊猫故乡——卧龙自然保护区就设在这里。

四姑娘山群峰巍峨,风光旖旎。地表主要由中生代的大理石、砂岩、板岩、石灰岩和结晶岩组成,这些岩石多耐风化剥蚀,山峰尖削陡峭,是旅游、登山的好去处。

根据户外运动资源的分布,四姑娘山分为不同的几个区,其中就有登山区。又根据攀登难度不同,同时为了适应不同人群的需要,可将四姑娘山景区内的山峰划分为体验型登山区、拓展型登山区、专业型登山区三个区域(余志勇 等,2014)。

1. 体验型登山区

主要针对刚入门的登山爱好者群体,难度不大,安全性较高,目前对外开放的有大峰、二峰、三峰等山峰可作为体验型山峰。

大峰位于海子沟内,顶峰海拔 5035 m,营地海拔 4200 m。二峰位于海子沟内,与大峰相邻,顶峰海拔 5276 m,营地海拔 4280 m。两峰营地均建有营房、厨房、垃圾堆放点、厕所等基础设施,登山路线沿途设有安全防护栏。三峰位于长坪沟内,与大峰、二峰相邻,顶峰海拔 5355 m,营地海拔 4380 m。营地目前建有垃圾堆放点和厕所等基础设施。

2. 拓展型登山区

拓展型登山区主要针对具备一定登山技能的登山爱好者群体,对登山者的体能、技术、装备都有较高要求,具有较高的风险。目前对外开放的有婆绕峰、骆驼峰、5700 峰、五色山、日月宝镜、玄武峰、阿妣山等山峰。作为拓展型山峰。

婆绕峰位于长坪沟内,顶峰海拔 5413 m,南壁营地(木骡子方向)海拔 3850 m,距离四姑娘山镇 17 km,北壁营地(两河口方向)海拔 3800 m,距离四姑娘山镇 18 km,目前无相关基础设施建设。骆驼峰位于长坪沟内,顶峰海拔 5484 m,羊满台大本营海拔 3800 m,距离四姑娘山镇

23 km,冲锋营地海拔 4300 m,距离羊满台大本营 4 km,目前在羊满台大本营建有垃圾堆放点,暂无其他相关设施建设。5700 峰位于长坪沟内,顶峰海拔 5700 m,营地海拔 4200 m,距离四姑娘山镇 19 km,目前无基础设施建设。五色山位于双桥沟内,顶峰海拔 5400 m,营地海拔 4400 m,距离双桥沟口 13 km,目前无基础设施建设。日月宝镜山位于双桥沟内,与五色山相邻,顶峰海拔 5600 m,营地海拔 4500 m,距离双桥沟口 13 km,目前无基础设施建设。玄武峰位于双桥沟内,顶峰海拔 5390 m,营地海拔 4500 m,距离双桥沟口 21 km,目前无基础设施建设。阿妣山位于双桥沟内,顶峰海拔 5690 m,营地海拔 4500 m,距离双桥沟口 40 km,阿妣山攀登难度较大,冰岩混合地带较多,是西藏登山学校珠峰模拟攀登训练基地,目前无基础设施建设。

3. 专业型登山区

专业型登山区主要针对具有专业水平的极限攀登爱好者群体,对攀登者的攀冰、攀岩、冰岩混合技术、体能等综合实力具有极高要求,而且具有极高的风险,目前对外开放的有幺妹峰、布达拉峰、色尔登普等山峰。

幺妹峰位于长坪沟内,顶峰海拔 6250 m,是国内公认的攀登难度极大的山峰之一,曾有多支国内外登山队尝试攀登,到目前为止,只有 18 人(其中国内 7 人)登顶,营地海拔 4800 m,距离长坪沟口 16 km,目前无基础设施建设,攀登幺妹峰因受气候、温度、攀登队员个人状况等因素影响,无法确定攀登时间,一般攀登周期在 15 d 左右。

布达拉峰位于双桥沟内,顶峰海拔 5428 m,因其山体与布达拉宫相似而得名,是典型的高海拔大岩壁攀登型山峰,从岩壁根部到顶峰落差达 1200 m,曾有多支登山队尝试攀登,目前登顶者不超过 10 人。营地海拔 4400 m,距离双桥沟口 27 km,目前无基础设施建设,攀登时间一般在 5 d 左右。色尔登普峰又称野人峰,位于双桥沟内,顶峰海拔 5592 m,是国内典型的技术型山峰,营地海拔 4300 m,距离双桥沟口 28 km,目前无基础设施建设,攀登时间一般在 5 d 左右。

境内有四姑娘山风景区,夹金山国家森林公园等景区。随着四姑娘山在国内外的知名度与日俱增,独特的旅游资源尤其引人注目,在四姑娘山外围交通不畅,可进入性极差的条件下,前来参与登山活动的游客依旧逐年递增(见表 9.27)。

表 9.27　四姑娘山登山旅游者年变化

年份	2004	2005	2006	2007	2008	2009	2010	2011	2012	2013	2014
人数	1000	1200	1480	1800	2600	3000	4100	4700	6400	7500	10194

20 年来,四姑娘山风景区共接待游客 150 多万人次,实现门票收入 7500 余万元。阿坝州十分重视四姑娘山景区的发展,投入大量资金发展景区,建立基础户外活动设施,救援保护设施并组织建立了高山救援队。在小金县委、县政府和省州各个相关部门的大力关心支持下,景区在开发、建设、保护、管理等各方面得到了长足发展。四姑娘山正以其优美的风景和独特的地貌在登山旅游这条道路上高速发展。

9.5.2.2　小金县登山旅游人体舒适度、登山气象指数统计分析

1. 小金县气候概况

小金县位于四川西北部阿坝藏族羌族自治州与青藏高原东部边缘过渡带,海拔 2400 m。小金县属于亚热带季风气候区,冬寒夏凉,常年干燥,晴朗少云,日照长,雨量少,多阵性大风,气温变化剧烈,四季不是很明显。常年平均气温 12.2 ℃,年平均降雨量 629.8 mm,无霜期有 220 d,年均相对湿度 51%,全年光照时长 2214 h。

2. 人体舒适度指数年变化

根据小金县 1984—2013 年逐年逐日环境气温、相对湿度,逐月计算平均人体舒适度并统计得出 30 a 月平均舒适度,对小金县 1984—2013 年每月平均舒适度指数进行分级,结果见表 9.28。

表 9.28　月平均人体舒适度指数年变化

月份	平均舒适度指数	等级	人体舒适感描述
1	44.1	−3	寒冷,不舒适
2	48.3	−2	偏冷,较不舒适
3	52.3	−2	偏冷,较不舒适
4	56.4	−1	较凉爽,舒适
5	60.1	0	非常凉爽,非常舒适
6	63.2	0	非常凉爽,非常舒适
7	65.5	1	比较凉爽,舒适
8	65.2	1	比较凉爽,舒适
9	61.2	0	非常凉爽,非常舒适
10	55.5	−1	较凉爽,舒适
11	49.4	−2	偏冷,较不舒适
12	44.3	−3	寒冷,不舒适

对 1984—2013 年每年最舒适(舒适等级为 0)天数进行累积统计,分析年变化,结果见图 9.8。

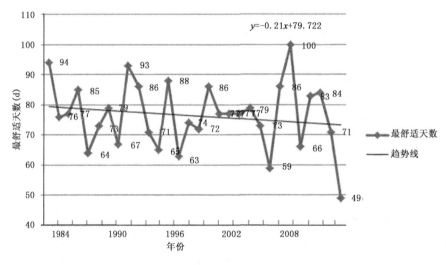

图 9.8　最舒适天数年际变化

表 9.29 表明:5,6,9 月是人体感觉最舒服,月平均舒适度等级为 0,属于非常舒适,累积最舒适天数多达 433 d、470 d、412 d,30 a 平均每月分别有 14.4 d,15.7 d,13.7 d 是最适合出游的时间。7,8 月比较凉爽,舒适,累积最舒适天数分别为 351 d 和 384 d,年平均每月最舒适天数 11.7 d 和 12.8 d,相对比较多,比较适宜出游的时间。因此,最佳户外出游时间为 5—9 月比较适宜出游。1—3 月、11—12 月人体感觉偏冷,平均每月最舒适天数近乎为 0,不宜出游。4,10 月感觉较凉爽,舒适,但 30 a 累积最舒适天数分别为 157 d 和 83 d,平均每月最舒适天数 5.2 d 和 2.8 d,较少,也不适合出游。此外,从图 9.8 可看出:除 2008 年最适宜出游天数较多之

外,30 a 来每年最舒适天数总数呈一种波动且缓慢下降趋势。趋势线倾向率为 -2.1 d/(10 a),即每 10 a 最舒适天数减少 2.1 d(胡毅 等,2005)。

表 9.29　月最舒适天数累计年变化

月份	累积天数(d)	平均天数(d)
1	0	0
2	0	0
3	4	0.1
4	157	5.2
5	433	14.4
6	470	15.7
7	351	11.7
8	384	12.8
9	412	13.7
10	83	2.8
11	0	0
12	0	0

3. 体验型登山区登山指数年变化

对小金县 1984—2013 年逐年逐日气温、相对湿度,统计月均气温、相对湿度,利用公式得出月登山气象指数(降水等现象出现均视为不适宜登山,剔除有降水的日子),绘制出 1984—2013 年登山气象指数年变化,如图 9.9 所示。

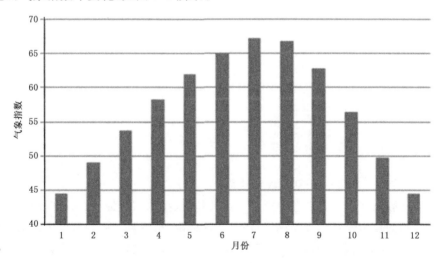

图 9.9　登山气象指数年内变化

同理,统计小金县 1984—2013 年每年非常适宜登山天数,并分析年变化趋势,结果于图 9.10。又统计每月非常适宜登山天数累积统计,结果于表 9.30。

图 9.9 和表 9.29 表明:5—9 月非常适宜登山;3,4,10 月适宜登山;1,2,11,12 月基本适宜登山。图 9.10 显示,非常适宜登山天数随年份呈上升趋势,倾向率为 8.3 d/(10 a),即每 10 a 非常适宜登山天数增加 8.3 d。表 9.30 表明 5—9 月 30 a 累计非常适宜登山的天数分别达167 d、125 d、233 d、281 d 和 206 d,月平均分别为 5.6 d、4.2 d、7.8 d、9.4 d 和 6.9 d。总之,四川省小金县 5—9 月是最佳体验型登山时间。

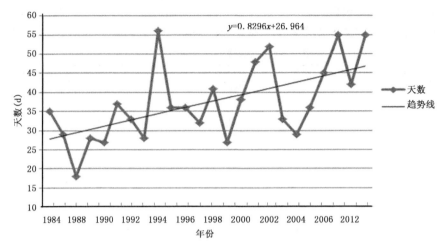

图 9.10　非常适宜登山天数年变化

表 9.30　非常适宜登山天数统计

月份	累积天数（d）	平均天数（d）
1	0	0
2	0	0
3	4	0.1
4	95	3.2
5	167	5.6
6	125	4.2
7	233	7.8
8	281	9.4
9	206	6.9
10	52	1.7
11	0	0
12	0	0

4. 拓展型、专业型登山区气象指数年变化

由于拓展型登山区和专业型登山区对登山者体能、技术和装备等有较高要求,在此类登山区进行登山活动的登山爱好者多为挑战自我,体验极限,有着与在体验型登山区的大众游客不同的需求。因此,登山指数对他们并没有太大的意义,应该另选其他气象指数来研究。从四姑娘山登山管理处资料得知:—10～0 ℃是最好的拓展型登山环境温度,在这个温度下能保证山峰有积雪,不容易产生落石,威胁人身安全。因此,以这个温度范围作为气象指标研究最适宜进行拓展型和专业型登山时间。

小金县海拔为 2400 m。取上述拓展型登山区和专业型登山区几座山峰营地海拔平均在 4205 m,即 4200 m,海拔差为 1800 m,根据地球大气对流层气温平均垂直递减率,每 1000 m 下降 6.5 ℃计算,营地温度比山下低 11.7 ℃,即小金县气温在 1.7～11.7 ℃时段,为最适宜进行拓展型、专业型登山时间。根据小金县 1984—2013 年日平均气温和降水日气象资料,对该时段进行筛选,并排除雨日的天数,逐月、逐年统计可进行拓展型、专业型登山天数,并分析年变化趋势,结果于图 9.11 和表 9.31。

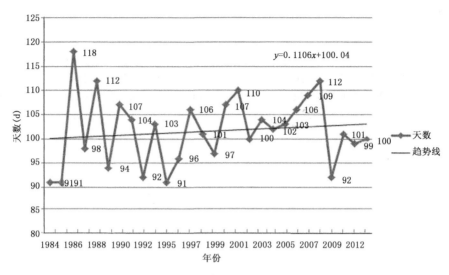

图 9.11　最适宜拓展型登山和专业型登山总天数年变化

图 9.11 表明:1984—2013 年最适宜进行拓展型登山、专业型登山年总天数基本稳定在 100 d 左右,且随年份有增加趋势,但幅度不大。倾向率 1.1 d/(10 a),即每 10 a 增加 1.1 d。表 9.31 表明:最适宜进行拓展型和专业型登山在 1—3、10—12 月。特别是 1,2,11,12 月,30 a 每月累计最适宜进行拓展型和专业型登山天数达到 600 d 以上,以 12 月最多,累积天数达 698 d,30 年平均每月最适宜进行拓展型、专业型登山天数均达到 20 d 以上,3 月亦达 10 d 以上。5—9 月均为 0 d。因此,1,2,11,12 月为小金县最适宜进行拓展型登山和专业型登山时间。

表 9.31　最适宜拓展型登山和专业型登山天数统计

月份	累积天数(d)	平均天数(d)
1	607	20.3
2	632	21.0
3	308	9.2
4	41	1.3
5	0	0
6	0	0
7	0	0
8	0	0
9	1	0
10	111	3.7
11	671	22.3
12	698	23.2

9.5.3　汶川县登山旅游人体舒适度指数、登山气象指数统计分析

9.5.3.1　汶川县气候概况和旅游资源特色

汶川县位于四川省西北部和青藏高原东部边缘的过渡带,地势东南向西北上升,呈较为完整的垂直分为八个不同的自然气候区。南湿北旱趋势明显,光、热、水分布不均,利于发展农业

多种经营生产。在 2000 m 以下地区,年均气温 13.5 ℃(北部)~14.1 ℃(南部),年均相对湿度 66.7%,无霜期 247~269 d,雨量 528.7~1332.2 mm,日照 1693.9~1042.2 h,适宜各类动植物生长。

主要的旅游景点有卧龙大熊猫保护基地、巴朗山、正河、邓生原始森林等。七盘沟位于阿坝藏族羌族自治州汶川县城南,距县城约 7 km。沟长约 30 km,沟口海拔 1500 m,沟顶的白龙池 4020 m,沟宽处超过 300 m,窄处仅 1 m 左右。沟内雨量充沛,植被茂密,是一处以自然风光为主的山地风景区。

9.5.3.2　人体舒适度指数年变化

根据四川省汶川县 1984—2013 年逐年逐日平均气温、相对湿度资料,用公式进行逐日人体舒适度指数计算,并进行月平均舒适度指数统计,结果如表 9.32。对每年出现最舒适天数(舒适等级 0)进行统计,并分析年变化趋势,结果见图 9.12。每月最舒适天数进行 30 a 累积统计,结果于表 9.32。

表 9.32　月平均舒适度指数

月份	平均舒适度指数	等级	人体舒适感描述
1	42.7	−3	寒冷,不舒适
2	46.0	−2	偏冷,较不舒适
3	51.5	−2	偏冷,较不舒适
4	58.6	−1	较凉爽,舒适
5	63.8	0	非常凉爽,非常舒适
6	67.7	1	比较凉爽,舒适
7	71.0	2	偏热,较不舒适
8	70.7	2	偏热,较不舒适
9	65.3	1	比较凉爽,舒适
10	58.5	−1	较凉爽,舒适
11	51.9	−2	偏冷,较不舒适
12	44.8	−3	寒冷,不舒适

表 9.32、表 9.33、图 9.12 表明:汶川县 4—5 月、9—10 月人体舒适等级为 0~1 级,人体感到舒适,其中 5 月感觉非常舒适,且 30 a 累积月舒适天数达 443 d,月平均为 14.8 d。4,10 月月平均舒适度等级为 −1 级,较凉爽,人体感觉舒适,累积舒适天数分别为 299 d 和 265 d,月平均舒适天数分别为 9.0 d 和 8.8 d,相对较多;6,9 月月平均舒适度分级为 1 级,比较凉爽,人体感觉舒适,累积舒适天数分别为 158 d 和 369 d,月平均最舒适天数分别为 5.3 d 和 12.3 d,其中 9 月月平均最舒适天数相对较多;7,8 月月平均舒适度等级为 2,偏热,人体感觉较不舒适,月平均最舒适天数不足 1 d;2,3,11 月偏冷,人体感觉较不舒适,月平均最舒适天数几乎为 0。1 月和 12 月平均舒适度等级为寒冷,人体感觉不舒适,月平均舒适天数为 0。因此,5 月是到汶川旅游的最适合月份。4,9,10 月比较适合出游。此外,近 30 a 来汶川年最舒适天数总数呈一种波动上升趋势。倾向率为 2.1 d/10 a,即每 10 a 最舒适天数增加 2.1 d。

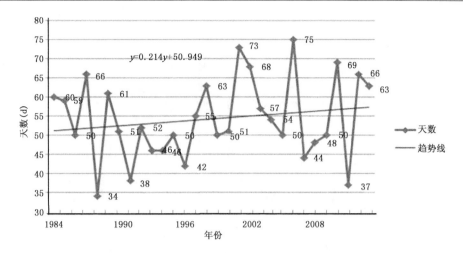

图 9.12 最舒适天数年际变化

表 9.33 月最舒适天数累计年变化

月份	累积天数(d)	平均天数(d)
1	0	0
2	0	0
3	50	1.7
4	299	9.0
5	443	14.8
6	158	5.3
7	14	0.5
8	27	0.9
9	369	12.3
10	265	8.8
11	3	0.1
12	0	0

9.5.3.3 登山气象指数年内变化

汶川县主要为体验型登山区,利用汶川县 1984—2013 逐年逐日平均气温和相对湿度,依据公式计算并统计月平均登山气象指数,结果见图 9.13。

图 9.13 与表 9.32 表明:4—6 月、9 月舒适等级达 1 级,非常适宜登山。3,7,8,10,11 月为 2 级,适宜登山。1,2,12 月为 3 级,基本适宜登山。

汶川县 1984—2013 年非常适宜登山天数年变化趋势如图 9.14。每月非常适宜登山天数 30 a 累积统计,结果见表 9.34。

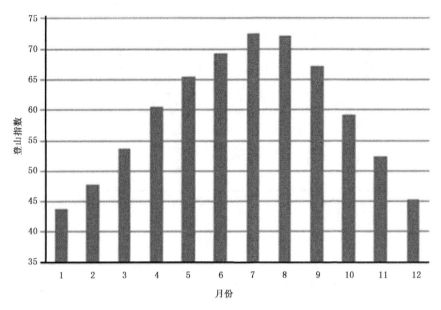

图 9.13　月平均登山指数年内变化

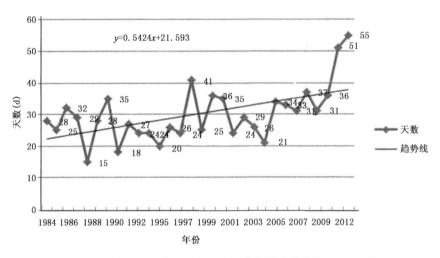

图 9.14　非常适宜登山天数年际变化趋势

表 9.34　非常适宜登山天数统计

月份	累积天数(d)	平均天数(d)
1	0	0
2	0	0
3	37	1.2
4	152	5.2
5	207	6.9
6	110	3.7

续表

月份	累积天数（d）	平均天数（d）
7	39	1.3
8	61	2.0
9	180	6.0
10	111	3.7
11	3	0.1
12	0	0

图 9.14 表明：非常适宜登山天数随年份呈波动上升趋势，1988 年为 30 a 中最少，只有 15 d，2013 年为 30 a 之冠，达 55 d。趋势变化倾向率为 5.4 d/10 a，即每 10 a 平均增加 5.4 d。表 9.34 显示，4—6 月、9—10 月非常适宜登山的累积天数较多，分别有 152 d、207 d、110 d、180 d 和 111 d，平均每月分别有 5.2 d、6.9 d、3.7 d、6.0 d 和 3.7 d 非常适宜登山。综上所述，汶川县最适宜登山的月份是 4—6 月、9—10 月。

9.6　水上体育运动气象条件利弊的季节特征

9.6.1　四川省水上体育运动及旅游资源概况

水上运动包含五个项目：游泳、帆船、赛艇、皮划艇、水球。国际游泳联合会于 1908 年成立后，水上运动项目一直是奥运会的金牌大项，但我国的水上运动项目起步较晚。为推进中国水上运动的发展，国家体育总局实施了重点突破田径、游泳和水上三个大项的"122"工程。我国水上运动项目既包括赛艇、皮划艇（静水、激流）、帆船、帆板等奥运会和全运会比赛项目，也有摩托艇、滑水、蹼泳、龙舟等非奥运会项目。在北京筹办及举办奥运会过程中气象工作者通过对关键气象要素的统计分析、精密监测与预报，取得了奥运会期间的气象保障服务工作的圆满成功。

四川省河流众多，源远流长，境内大小河流 1419 条，其中流域面积 500 km² 以上河流有 345 条，1000 km² 以上的有 22 条，号称"千水之省"。天然湖泊有 1000 多个，其中比较大的有泸沽湖、邛海、马湖、新路海等，还有几处大的水库可作为水上体育运动资源。目前已经开发建成和建设中的主要有下面几处。

9.6.1.1　新津县水上运动休闲产业核心区域

1. 四川省水上运动学校

四川省水上运动学校于 1985 年 7 月正式成立，坐落在成都市新津县。隶属于四川省体育局，是培养高水平运动竞技型人才的体育专业学校，是四川省重要的训练基地之一。学校的建立是省体委为实施人才战略基地目标的重大决策。在省政府的关怀和新津县政府支持下，四川省有了一个全国一流、可以进行国际最高级别比赛的水上运动训练、比赛基地，是亚洲最大，世界第二的水上运动训练基地。占地 719026 m²（1078 亩），建筑面积约为 25000 m²，主要供赛艇、皮划艇项目国家队和各省市优秀运动队进行训练。基地主要设施及配套服务，可以同时接纳 2～4 个皮划艇或赛艇运动队进行训练，可为高水准运动队提供一块训练场地。该场地长

15000 m。

四川省水上运动学校,承办过洲际等大型比赛及体育项目,是当今国际、国内赛艇、皮划艇等多项水上运动训练和比赛的理想场地,可开展游泳、跳水、水球、花样游泳等国际、国内重大赛事。新津打造一流规模的水上竞技运动基地的基础设施条件更加完备。

2. 新津县水上运动休闲产业核心区域

随着新津董河坝拦河闸重大建设项目的实施,新津县水上运动水域面积达到 6.5 km²,成为西部地区一流规模的天然水域和水上运动休闲产业核心区域。目前,新津已建造水上运动休闲产业功能区,要把水上运动休闲产业功能区建设作为第三产业优化升级的路径,已经连年成功举办龙舟赛,发展以传统龙舟会、国际名校赛艇挑战赛为主要内容的水上竞技运动和休闲运动。与此同时,由国家体育总局水上运动中心与成都市人民政府联合主办的"2010 中国新津国际名校赛艇挑战赛"于 8 月 7 日在新津隆重举行,哈佛、剑桥、耶鲁、牛津四大国际顶级名校赛艇队齐聚中国参与竞技,这在国内尚属首次,

水上运动休闲产业功能区为水城新津演绎出更加丰富精彩的内涵,赋予更多的时尚、现代和国际元素。以南河、西河、金马河、羊马河、杨柳河五河为轴,串联起了"水城新津"时尚水城、风情水城、欢乐水城三大片区,为大力发展水上竞技、运动项目以及亲水休闲产业,打造全国一流的四季水上运动中心奠定了坚实的基础,这对于新津做好水文章,应该说正当其时。上游—时尚水城、中游—风情水城、下游—欢乐水城。各片区以重点建设项目为支撑,带动新津县水上运动休闲产业的发展。时尚水城片区:以南河两岸为重点大力发展亲水休闲产业。依托丰富的水资源,新津县休闲旅游等第三产业日益发展,新津龙舟会、河鲜美食节也已成为成都休闲旅游、美食产业的靓丽名片。风情水城片区:启动"两湖三带"的水上公园和滨水空间建设,作为水上运动休闲产业发展的先行项目。依托碧潭湖、纯阳湖、电厂沟、葛碾沟、林碾沟等资源优势,塑造景观湖泊,营造"两湖三带"的水上公园和滨水空间,作为水上运动休闲产业发展的重要组成部分。欢乐水城片区:推进水上运动学校项目建设,打造全国一流的水上竞技运动基地。

一系列文化旅游产业项目也正在如火如荼地建设中。丰富多彩的运动休闲项目是产业发展的动力,能使水上运动休闲旅游充满活力。树立特色形象,打造精品项目,将水上休闲、水上运动项目开发作为产业发展的重点和突破口,引进水上运动俱乐部或类似的投资商,大力发展水上运动、健身、休闲项目。开展国际和国内龙舟、滑水、赛艇、皮划艇、摩托艇等重大赛事,以及水上摩托、水上自行车、游泳、水上气球、游艇器、水上高尔夫等群众性体育活动等集休闲、娱乐为一体的水上项目,着力塑造"水上运动天堂"。加之白鹤滩湿地公园丰富的生态湿地滩涂,可发展湿地观光、水上漂流等水上运动休闲项目。配套完善服务设施。依托水资源,在河滨两岸配套诸如主题公园、养生水疗、休闲酒店、多功能会议场馆、沙滩球场等旅游休闲服务设施,满足不同人群、不同年龄游客的需要。新津将力争用 5～8 a 的时间,将水上运动休闲产业功能区打造成为集观光旅游、水上运动休闲和民俗文化体验为一体的全国一流短期旅游休闲目的地,为"现代山水田园城市"建设提供功能支撑。建成后的水上运动休闲产业功能区,将充分呈现人文自然景观优美、产业项目齐备、业态布局科学、就业机会充足、百姓安居乐业的和谐景象。

9.6.1.2　西昌市邛海水上运动训练基地

邛海水上运动训练学校,是四川省水上运动训练队的直属基地。在西昌开发水上运动训

练基地,具有得天独厚的条件:①气候条件——西昌有"太阳城","小春城"美称,年平均气温 18 ℃,年日照时数达 2500 h 以上,冬季大多数为晴天,晴天的白天气温大约 15～20 ℃,水温 为 8 ℃左右,气温和水温都适宜水上运动。11 月至次年 4 月在温暖如春的西昌市邛海水上运动训练基地,常有水上运动队先后到来训练,西昌成为冬季"戏水的天堂"。②地理条件——西昌市地处亚高原地带,平均海拔 1500 m。而高原训练对于提高训练成绩则非常有帮助。③交通条件——距城区不远,仅 3 km,非常利于承办各种赛事,并且西昌开通北京、上海、广州、重庆等城市航班。这很有利于西昌水上运动训练基地举办各种大型水上运动赛事。环境幽静、无污染、负氧离子含量高,是理想的休闲避暑区。④水文条件——安宁河道由北向南流淌,长约 8 km,宽约 100 m,最大落差约 11 m,整个河道可以因地制宜规划开发出皮划艇、赛艇的静水训练比赛水道和激流皮划艇的动水训练比赛水道。河水水质良好,对水上运动设备不容易腐蚀。邛海的水质很好,达到了二类饮用水的标准。2003 年国家体育总局水上运动管理中心专家亲自考察了西昌场址。西昌水上运动训练基地的选址和规划受到过国内外规划、体育、环保等多个专项部门专家的多次审核和论证通过。

9.6.1.3 攀枝花市米易县皮划艇激流回旋竞训基地

该基地被国家体育总局水上运动管理中心授予两块牌匾:一块是"2008 年奥运会前指定皮划艇激流回旋训练基地",另一块是"国家体育总局皮划艇激流回旋竞训基地"。米易县激流回旋竞训基地位于安宁河河谷,依山傍水。安宁河引水渠开闸放水,水流以 18 m³/s 个流量沿 S 型赛道奔泻而下,在多个障碍点形成激流回旋。皮划艇激流回旋是奥运会项目,也是中国水上运动新发展的项目。因这个项目对赛道和水流量有特殊要求,因此中国皮划艇激流回旋运动长期受训练场地的困扰。国家体育总局水上运动管理中心副主任辛群英说:"米易县皮划艇激流回旋竞训基地是中国第一、亚洲第一,从赛道建设和水源保证来说也是国际一流的。有了这样的训练基地,中国皮划艇激流回旋队完成备战 2008 年奥运会任务就有了坚实的基础。"米易县皮划艇激流回旋竞训基地的建设充分利用了这里的地源优势,为保证充足的水流量和 7 m 的落差,从安宁河上游修引水渠 2400 m。赛道建设是参考了悉尼奥运会和雅典奥运会赛场要求,按国际一流水准设计的。S 型赛道长 310 m,宽 14 m,水底宽 9.1 m,设置可移动障碍,水流量可保证达到 18 m³/s。更难得的是这里处于亚高原,气候温和,现在虽是北方的严冬,可这里仍是温暖如春,一年四季都可训练和比赛。

9.6.1.4 温江水世界国际体育休闲城

温江水世界国际体育休闲城是西南地区首个生态水上运动休闲胜地,共分九大区域,分别是:中国国家潜水训练基地、中国滑水和索道滑水训练基地、水上高尔夫训练基地、天然浴场、阳光沙滩、浮桥休闲区、VIP 会员区、豪华游轮停靠区以及水上运动国际国内赛事区,极具观赏性和刺激性的中国特技滑水表演。

滑水运动是一项惊险刺激而又优美的水上运动,分为竞技滑水和艺术滑水两大类。目前,中国的竞技滑水在亚洲处于领先地位,艺术滑水已达到世界最高水平。艺术滑水表演将竞技滑水高难度技巧与艺术滑水的优美动作相结合融合,极具观赏价值。温江水世界国际体育休闲城集绿色生态回归、水上运动训练、沙滩娱乐、游园嬉水、休闲度假于一体,在丰富本身经营内容的同时,增加更多的娱乐项目,提高亲水文化内涵,形成"可览、可游、可参与"的环境景观,构筑"城市—郊区—大自然"空间休闲系统,带动温江金马镇乃至成都市的整体规划和文化发展、婚庆、滑水及索道滑水训练基地。

9.6.1.5 南部县升钟湖风景区水上运动中心

四川省南部县升钟湖风景区水上运动中心,项目涉及综合训练馆、运动员公寓、别墅码头、环岛公路、绿化工程和环境景观工程。2009 年 10 月,升钟湖钓鱼大奖赛成功举行,赛事被上海大世界吉尼斯总部认证为目前国内"规模最大的野钓竞赛活动",升钟湖也被作为中国青年滑水队、中国特技滑水队的水上训练基地。以钓鱼大赛为契机,南部县确立了"中国钓鱼旅游基地、中国西部水上欢乐谷、中国西部水上森林公园"的升钟湖风景区开发主题。目前,除水上运动中心建设加快推进外,为力争升钟湖风景区 2010 年成功创建国家 4A 级旅游风景区,各旅游项目建设也得到快速推进

9.6.1.6 内江市国际水上运动休闲基地

随着内江市对沱江河的改造,沱江流域内江段已经形成了美丽的"甜城湖"。为了充分发挥"甜城湖"得天独厚的自然资源,内江市委、市政府正在打造"国际水上运动休闲基地"。拟在内江三桥至四桥之间打造赛艇、皮划艇训练基地。一是用于开展业余训练,提升内江竞技体育的整体实力,力争为国家培养更多的优秀体育后备人才;二是用于高校的教学、训练和科研,为高校服务地方打下良好基础,进一步推进"校体结合",为内江师范学院申办高水平赛艇、皮划艇运动队创造条件;三是用于群众体育活动的开展,在"甜城湖"形成一条亮丽的风景线,为观光、游乐、健身的人们展现一幅生机勃勃的自然景观。

9.6.1.7 屏山县金沙江皮划艇项目训练基地

宜宾市屏山县书楼镇宝宁村,将规划打造金沙江水上运动和旅游地产综合开发项目。未来,游客可乘坐豪华游艇、皮划艇等设备,畅游金沙江,观赏高峡平湖的壮丽景观。自然资源得天独厚,丰富的水上运动资源,水体清澈、空气质量良好,这里有着适用水域面积能够达到国家级水上运动项目比赛要求,有较好的交通运输条件和运动员生活条件。2014 年 5 月,四川水上运动学校将皮划艇项目训练基地落户于此,同年 6 月中旬至 9 月下旬训练队便进驻该县书楼镇向家坝库区,正式开展集中训练。屏山县旅游局相关负责人表示,该地水上运动开发条件十分成熟,将着力打造集餐饮、住宿、休闲、娱乐、运动、观光于一体的旅游综合体。按照项目规划,库区将引进豪华游艇、快艇、钓鱼艇、摩托艇、皮划艇等设备,同步建设水岸码头、临江观景步道、水上游客集散中心等。不仅如此,配套步游道还将形成 4.5 km 的旅游环线,打造生态旅游综合体。在水上乐园周边,还分布有金沙江洞穴温泉、鸡罩山、中坝水库、回龙湾等辅助景点,意味着市民在游艇上要够了,还能到周边去泡泡温泉,登登山,感受林深水阔、山幽鸟鸣、清新自然的悠闲快意。

9.6.2 水上体育运动气象条件分析

9.6.2.1 赛事气象指标探讨

通过对四川水上运动学校实地考察,并与资深老教练、运动员探讨,水上运动(赛艇、皮划艇)训练有利、不利气象条件列于表 9.35。

表 9.35　水上运动气象条件

	气象条件	等级	对水上运动的影响
有利条件	多云或昙天	日均总云量(4～8)	有利于水面风平浪静
	风速	4级以下	
不利条件	夏天晴天	日均总云量 $N<1$	易使水面水温过高过烫
	中雨以上	日降水量≥10 mm	影响能见度
	冰雹		影响能见度或直接砸运动员
	雷暴天气		影响运动员安全
	风速	≥5～6级(≥8 m/s)	影响航向
	风向		与船身垂直或大夹角时易翻船

9.6.2.2　不利气象条件分析

利用新津县 1997—2006 年的平均风速、总云量、降水量等资料做如下统计工作。

1. 日降水量(≥10 mm)出现天数季节特征分析

表 9.36　日降水量中雨以上(≥10 mm)出现的天数　　　　　单位:d

年份\月份	3	4	5	6	7	8	9	10	11	合计
1997	0	2	2	3	4	2	0	3	0	16
1998	0	2	2	5	4	6	4	0	0	23
1999	0	2	2	5	3	7	4	0	0	23
2000	0	2	2	3	5	8	7	1	1	29
2001	0	1	1	1	6	4	7	7	0	27
2002	0	2	2	5	5	1	1	2	0	18
2003	0	1	1	2	3	8	2	2	0	17
2004	2	1	3	4	6	5	0	3	1	25
2005	1	1	5	5	7	7	1	0	1	28
2006	0	0	2	3	6	3	0	1	0	15
合计	3	14	22	34	49	51	26	19	3	221
平均	0.3	1.4	2.2	3.4	4.9	5.1	2.6	1.9	0.3	22.1

从表 9.36 分析表明:新津县 1997—2006 年的降水量在中雨以上的天数平均每年为 22～23 d。主要集中在 4—10 月,其中夏季 6—8 月共 134 d,占 10 a 总天数的 61%,8 月最多,平均有 5.1 d,3,4,10,11 月这四个月份降水量在中雨以上的天数都不超过两天,因此,可认为春、秋季较有利于水上运动(赛艇、皮划艇)的训练或比赛,冬季应选择异地进行训练比赛。

2. 晴天出现天数季节特征统计分析

晴天也是水上运动的不利气象条件之一。夏季的晴天(日均总云量 $N<1$)出现,易使水温过高过烫从而影响赛艇、皮划艇训练与比赛的正常进行。表 9.37 表明:新津县 10 a 中晴天出现机会较少,共有 53 次,平均每年只有 5.3 d 出现晴天,其中夏季平均晴天数为 2.5 d,说明新津夏季发生晴天的概率较小,有利于水上运动的进行。

表 9.37　晴天(总云量 N<1)出现天数　　　　　　　单位:d

年份\月份	3	4	5	6	7	8	9	10	11	合计
1997	0	0	0	1	0	2	4	1	0	8
1998	0	1	1	0	0	0	0	0	0	2
1999	1	0	0	0	1	0	1	0	0	3
2000	1	0	1	0	1	0	0	0	2	5
2001	0	0	0	1	2	1	0	0	0	5
2002	0	1	0	1	4	3	1	0	0	10
2003	0	0	0	0	0	0	0	0	1	1
2004	0	2	1	0	0	0	0	0	0	3
2005	0	2	0	0	0	0	0	1	0	3
2006	1	1	3	2	4	2	0	0	0	13
合计	3	7	6	5	12	8	7	1	3	53
平均	0.3	0.7	0.6	0.5	1.2	0.8	0.7	0.1	0.3	5.3

3. 雷暴出现天数季节特征统计分析

雷暴是由于对流性天气形成的不安全的天气现象。因为水是导体,在发生雷暴的天气条件下进行水上体育运动比赛很容易危及运动员的生命安全。利用新津县 1997—2006 年雷暴发生实录资料(08—20 时),对雷暴逐月发生的次数及初终日进行统计,结果见表 9.38。

表 9.38　雷暴(08—20 时)发生天数　　　　　　　单位:d

年份\月份	3	4	5	6	7	8	9	10	11	合计	(月—日)	(月—日)
1997	0	2	2	0	8	7	0	0	0	19	4 月 20 日	8 月 29 日
1998	0	7	4	2	3	3	2	0	0	21	4 月 6 日	9 月 17 日
1999	0	2	0	0	5	9	3	1	0	20	4 月 11 日	10 月 2 日
2000	0	3	1	4	9	5	2	0	0	24	4 月 19 日	9 月 20 日
2001	0	0	0	1	4	2	0	0	0	7	6 月 10 日	8 月 10 日
2002	0	1	0	0	2	4	1	0	0	9	4 月 4 日	9 月 13 日
2003	0	1	0	0	3	3	2	0	0	9	4 月 1 日	9 月 28 日
2004	0	2	1	1	2	6	0	0	0	12	4 月 6 日	8 月 15 日
2005	0	0	1	1	6	1	1	0	0	10	5 月 31 日	9 月 20 日
2006	0	1	2	1	7	3	1	0	0	15	4 月 9 日	9 月 1 日
合计	0	19	11	12	48	43	12	1	0	146		

分析表明:10 a 中雷暴日共有 146 d,其中 7 月的雷暴日数占全年最多共 48 d,平均每年发生 4.8 d。10 a 中雷暴初日出现最早是 2003 年 4 月 1 日,最晚是 2001 年的 6 月 10 日,平均 4 月 24 日;雷暴终日结束最早是 2001 年 8 月 10 日,最晚是 1999 年 10 月 2 日,平均 9 月 10 日。初终日时间间隔最短的 2001 年只有 62 d,最长的是 2003 年 181 d,平均为 139 d。夏季的 7,8 月雷暴发生最频繁,占全年的 62.3%。实际活动时根据当地天气预报选择安全时段进行水上活动。

因比赛持续时间一般只需 7~8 min,需对雷暴在白天发生时段进行详细分析。利用 1997—2006 年雷暴发生资料(08—20 时)逐时发生的次数进行统计,结果见图 9.15。

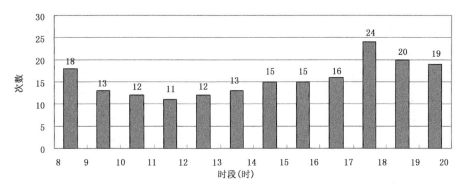

图 9.15　雷暴逐时发生次数(08—20 时)

如图 9.15 所示,雷暴在白天发生的次数呈波动性变化,平均每个时段发生 15.7 次,其中 17—18 时时段雷暴发生次数最多为 24 次,占雷暴发生总次数的 13%,11—12 时是雷暴发生次数最少的时段为 11 次,占雷暴发生总次数的 6%。总之,09—16 时雷暴发生的次数较少,为适宜训练比赛的时段。

4. 风速、风向对水上运动的影响分析

水上运动训练或比赛时,风速和风向是两个很重要的不利因素。风向或风速的突变,会给比赛增加很大的难度,不但会影响运动员把握航向,消耗体力,而且会直接影响比赛的成绩,甚至中断比赛。特别是当风向与航向垂直或成较大夹角时及当风速达到或超过 8 m/s 时比赛就不能正常举行。对 1997—2006 年 3—11 月日均风速变化范围进行统计分析,结果见表 9.39。

表 9.39　1997—2006 年 3—11 月日均风速变化范围统计　　　　　　单位:m/s

年份\月份	3	4	5	6	7	8	9	10	11
1997	0.0~3.3	0.0~3.3	0.3~3.3	0.0~3.0	0.0~3.0	0.0~2.3	0.0~3.3	0.0~2.7	0.0~2.3
1998	0.0~4.3	0.0~2.7	0.0~3.0	0.0~3.0	0.0~2.3	0.0~3.0	0.0~3.7	0.0~2.0	0.0~2.7
1999	0.0~3.3	0.3~3.7	0.0~3.0	0.0~3.0	0.0~2.3	0.0~3.7	0.0~2.0	0.0~3.3	0.0~1.7
2000	0.0~3.0	0.0~3.0	0.0~3.7	0.0~2.7	0.0~2.3	0.0~1.7	0.0~2.7	0.0~2.0	0.0~2.0
2001	0.0~3.0	0.0~3.0	0.0~3.0	0.0~3.0	0.0~2.3	0.0~3.0	0.0~3.0	0.0~3.0	0.0~2.7
2002	0.0~2.0	0.0~2.7	0.0~2.7	0.0~2.3	0.3~2.3	0.0~4.0	0.0~1.7	0.0~2.3	0.0~3.3
2003	0.0~3.0	0.0~2.0	0.0~1.7	0.0~1.7	0.0~1.7	0.0~1.7	0.0~1.3	0.0~1.3	0.0~0.7
2004	0.0~2.0	0.0~1.7	0.0~1.7	0.0~1.7	0.0~2.3	0.0~2.7	0.0~1.7	0.0~2.0	0.0~1.0
2005	0.0~1.3	0.0~2.0	0.0~2.0	0.0~1.7	0.0~1.7	0.0~3.0	0.0~1.7	0.0~1.7	0.0~1.3
2006	0.7~2.7	0.0~3.7	0.7~3.3	0.3~3.3	0.0~4.0	0.0~2.3	0.0~3.0	0.0~3.0	0.3~2.3
变化范围	0.0~4.3	0.0~3.7	0.0~3.7	0.0~3.3	0.0~4.0	0.0~4.0	0.0~3.7	0.0~3.3	0.0~3.3
≥8 m/s 次数	0	0	0	0	0	0	0	0	0

表 9.39 表明:10 a 中 3—11 月日均风速最大值为 4.3 m/s,3 月的日均风速变化范围 0.0～4.3 m/s 为全年最大,7,8 月风速变化范围 0.0～4.0 m/s 较大,6,10,11 月风速变化范围较小。各月日均风速都在四级(5.5～7.9 m/s)以下,没有出现日均风速超过 8 m/s 的不利气象条件。统计结果符合盆地内气候特点,四川盆地边界层内风速小,地面小风和静风频率较高,大气层结以中性为主,多辐射逆温。所以基本没有出现对比赛或训练不利的较大风速天气,各月出现静风的频率也较高。

对 10 a 内各月的风向累积出现频率统计。综合分析 9 个月的风向频率玫瑰图(图略)得到结论:各月静风出现频率最大,一般在 50% 以上,东北风(NE)和东南风(SE)是除静风外出现频率较大的风向。1997—2006 年 3—11 月的各风向出现频率结果见表 9.40。

表 9.40　各风向累积出现频率统计　　单位:%

风向	N	NNE	NE	ENE	E	ESE	SE	SSE	S	SSW	SW	WSW	W	WNW	NW	NNW	C
出现频率	3	1.9	6.5	1.4	1.8	1.6	4.6	1.9	2.6	2.1	3.9	2	2.4	1	3.6	1.5	59

表 9.40 表明:10 a 中 3—11 月各风向累积频率中静风频率最大,占总频率的 59.0%;东北风向的频率次大,占 6.5%;SE(东南)、SW(西南)与 NW(西北)风向出现频率较大,都在 3.5% 以上。结合四川省水上运动学校实况分析,按照国际体委规定航道方向一般为南北向,故出现频率较大的风向与航道夹角都小于 90°,并且静风出现频率最大有利于水上运动的训练或比赛的进行。

9.6.2.3　有利气象条件分析

有利于水上运动项目训练或比赛的气象条件包括:多云、阴天、四级以下风速。统计 1997—2006 年 3—11 月多云或阴天出现天数,结果见表 9.41。

表 9.41　多云或晴天(总云量 4～8)出现的天数　　单位:d

年份\月份	3	4	5	6	7	8	9	10	11	合计
1997	3	5	6	4	5	9	1	8	5	46
1998	5	9	5	5	6	7	5	4	7	53
1999	3	5	7	3	6	10	8	3	3	50
2000	4	6	9	8	8	6	4	3	0	48
2001	4	8	8	8	10	5	0	7	6	56
2002	9	4	6	6	6	6	3	7	7	54
2003	9	7	5	7	9	6	2	5	3	53
2004	10	10	7	2	11	12	3	3	9	67
2005	8	14	9	6	7	3	4	3	2	56
2006	9	8	8	10	8	9	3	6	8	69
合计	64	76	71	58	78	73	33	49	50	552
平均	6.4	7.6	7.1	5.8	7.8	7.3	3.3	4.9	5	55.2

　　表 9.41 表明:新津县总云量 4～8 出现的天数年平均为 55.2 d,占全年总天数的 15.1％,
4 月、5 月、7 月和 8 月出现的平均天数都在 7 d 以上,可知春季和夏季的多云或阴天的平均出
现天数相对较多,有利于水上运动训练或比赛。

　　四级风速范围是 5.5～7.9 m/s。据表 9.41 有利气象条件要求,风速在四级以下,即风速
应小于 5.5 m/s。利用不利气象条件中对风速的列表统计分析,由表 9.41 统计结果表明:10 a
中 3—11 月日平均风速最大值为 4.3 m/s,故各月的日均风速都在四级(5.5～7.9 m/s)以下,
有利于水上运动训练与比赛的进行。由于水上体育运动是某天中的某个时段,应及时与当地
气象部门取得联系,达到安全运动的目的,

参考文献

百度文库,2011.气象与运动[DL]. https://wenku. baidu. com/view/1a3e3c5bbe23482fb4a4ced. html(2011).

曹鸿兴,陈国范,1988.模糊方法及其在气象中的应用[M].北京:气象出版社.

曹俊,2004.四川四姑娘山风景名胜区地貌特征[J].四川地质学报,(12):237-240.

邓文冲,2005.我国体育旅游发展现状与前景[J].西南民族大学学报(人文社科版),(6):5-6.

付业勤,田言付,佟彬,2009.户外漂流游客体验的实证研究—以虹口自然保护区漂流为例[J].北京第二外国
　　语学院学报,31(5):81-90

郝革宗,1985.我国山地的旅游资源[J].山地研究,2(2):102-107.

胡毅,李萍,杨建功,等,2005.应用气象学[M].北京:气象出版社.

黄旭,张玉琴,董文林,等,2000.攀枝花市雨季开始期的气候分析及长期预报方法研究[J].四川气象,71(1):
　　19-21.

李纯,许春晓,邓昭明,等,2010.旅游者人格特质与漂流体验满意度关系研究[J].旅游研究,2(3):33-38.

廉恩勇,张建忠,2006.对体育旅游现况的分析[J].泰山学院学报,(6):20-23.

连桂红,刘建刚,2005.论体育旅游及其举办特征[J].首都体育学院学报,(6):10-12.

柳伯力,2007.休闲视觉中的体育旅游[M].成都:电子科技大学出版社.

柳伯力,陶宇平,2003.体育旅游导论[M].北京:人民体育出版社.

刘文静,2014.气象条件与体育密不可分[N].中国气象报社,02,06.

蒲继铭,2001.世界级旅游精品西岭雪山滑雪场[N].四川政报(14).

彭洁,宗志平,黄小玉,等,2011.湖南猛洞河漂流气候舒适度评价及预报方程的建立[J].气象,37(6):
　　771-776.

单兆鉴,等,2005.滑雪去:跟着冠军学滑雪[M].北京:农村读物出版社.

万怀玉,朴勇慧,刘政军,等,2004.我国体育旅游业发展对策研究[J],沈阳体育学院学报,(2):8-9.

闫忠波,王满,2005.体育旅游与体育保健结合之浅析[J].中国西部科技,(8):33-36.

余志勇,王蓉,2014.四姑娘山户外运动旅游 SWOT 分析与开发对策研究[J].资源开发与市场,15-17.

张宝堃,1934.中国季节之分配[J].地理学报,1(1):29-74.

朱红香,2008.体育旅游资源相关概念及开发原则初探[J].山东体育学院学报,24(2):48-52.

朱乾根,林锦瑞,寿绍文,等,2000.天气学原理和方法[M].北京:气象出版社.

第 10 章　学会看懂天气预报

10.1　天气预报

10.1.1　定义

天气预报就是应用大气变化的规律,根据当前及近期的天气形势,对某一地未来一定时期内的天气状况进行预测,包括天气形势预报和气象要素预报两种。天气形势预报是指对高压、低压、槽脊、锋面等天气系统未来的移动、强度变化及生消变化的预报。它是根据对卫星云图和天气图的分析,结合有关气象资料、地形和季节特点、群众经验等综合研究后作出的。如我国中央气象台的卫星云图,就是我国制造的风云系列气象卫星摄取的。利用卫星云图照片进行分析,能提高天气预报的准确率。

天气预报的主要内容是一个地区或城市未来一段时期内的阴晴雨雪、最高最低气温、风向和风力及特殊的灾害性天气。就中国而言,气象台准确预报寒潮、台风、暴雨等自然灾害出现的位置和强度,就可以直接为工农业生产和群众生活服务。

天气预报是根据气象观测资料,应用天气学、动力气象学、统计学的原理和方法,对某区域或某地点未来一定时段的天气状况作出定性或定量的预测,它是大气科学研究的一个重要目标,对人们生活有重要意义。

10.1.2　天气形势、天气系统、天气

天气的变化与天气系统及其空间分布密切相关,天气系统及天气形势预报是天气预报的基础。天气演变是在一定的天气形势下发生和发展的,天气形势能显示未来一定时间内的天气变化趋势。因此,天气形势预报是天气预报的基础。天气系统是天气现象的制造者,同时又是天气现象的传播者(朱乾根 等,2007)。

10.1.3　诞生背景

如今人们外出,只要收听或观看天气预报,就可以决定是否带雨具,而在过去,则要顾虑天气情况。那么,气象台每天最重要的工作——天气预报是怎样诞生的呢?

公元前 650 年左右巴比伦人利用云的特点来预测天气。公元前 340 年左右亚里士多德在他的《天象论》中描写了不同的天气状态。中国人至少在公元前 300 年左右就有进行天气预报的纪录。古代天气预报主要是依靠一定的天气现象,比如人们观察到晚霞之后往往有好天气。这样的观察积累多了形成了天气谚语。不过许多这些谚语后来被证明预报天气是不准确的。

从 17 世纪开始科学家开始使用科学仪器(比如气压表)来测量天气状态,并使用这些数据

来做天气预报。但很长时间里人们只能使用当地的气象数据来做天气预报,因为当时人们无法快速地将数据传递到远处。1837 年电报被发明后人们才能够使用大面积的气象数据来做天气预报。

20 世纪气象学发展迅速。人类对大气过程的了解也越来越明确。20 世纪 70 年代数值天气预报随电脑硬件的出现进展迅速,成为今天天气预报最主要的方式。

1853—1856 年,为争夺巴尔干半岛,沙皇俄国同英法两国爆发了克里木战争,结果沙俄战败,正是这次战争,导致了天气预报的出现。

这是一场规模巨大的海战。1854 年 11 月 14 日,当双方在欧洲的黑海展开激战时,风暴突然降临,且最大风速超过 30 m/s,海上掀起了万丈狂澜,使英法舰队险些全军覆没。事后,英法联军仍然心有余悸,法军作战部要求法国巴黎天文台台长勒佛里埃仔细研究这次风暴的来龙去脉。那时还没有电话,勒佛里埃只有写信给各国的天文、气象工作者,向他们收集 1854 年 11 月 12—16 日 5 d 内当地的天气情报。他一共收到 250 封回信。勒佛里埃根据这些资料,经过认真分析、推理和判断,查明黑海风暴来自茫茫的大西洋,自西向东横扫欧洲,出事前两天,即 1854 年 11 月 12—13 日,欧洲西部的西班牙和法国已先后受到它的影响。勒佛里埃望着天空飘忽不定的云层,陷入了沉思:"这次风暴从表面上看来得突然,实际上它有一个发展移动的过程。电报已经发明了,如果当时欧洲大西洋沿岸一带设有气象站,及时把风暴的情况电告英法舰队,不就可避免惨重的损失吗?"于是,1855 年 3 月 16 日,勒佛里埃在法国科学院作报告说,假如组织气象站网,用电报迅速把观测资料集中到一个地方,分析绘制成天气图,就有可能推断出未来风暴的运行路径。勒佛里埃的独特设想,在法国乃至世界各地引起了强烈反响。人们深刻认识到,准确预测天气,不仅有利于行军作战,而且对工农业生产和日常生活都有极大的好处。由于社会上各方面的需要,在勒佛里埃的积极推动下,1856 年,法国成立了世界上第一个正规的天气预报服务系统。

天气预报的诞生历史说明,气象条件可以影响局部战争或战役的胜败,而由于战争的需要,又推动和发展了气象事业。

10.1.4　发展历史

天气预报随着时代的进步,预报的方法也得到了长足发展。

1. 气象站

17 世纪以前人们通过观测天象、物象的变化,编成天气谚语,据以预测当地未来的天气。17 世纪以后,温度表和气压表等气象观测仪器相继出现,地面气象站陆续建立,这时主要根据单站气压、气温、风、云等要素的变化来预报天气。

2. 天气图

1851 年,英国首先通过电报传送观测资料,绘制成地面天气图,并根据天气图制作天气预报。20 世纪 20 年代开始,气团学说和极锋理论先后被应用在天气预报中。30 年代,无线电探空仪的发明、高空天气图的出现、长波理论在天气预报上的广泛应用,使天气演变的分析,从二维发展到了三维。40 年代后期,天气雷达的运用,为降水以及台风、暴雨、强风暴等灾害性天气的预报,提供了有效的工具。

3. 数值天气

数值天气预报是利用大气运动方程组,在一定的初值和边值条件下对方程组进行积分,预报未来的天气。1921 年,Richardson 第一次尝试用数值的方法预报天气。因为计算工作量极为庞大,他组织了大量人力,设计了详细的计算表格,才得以完成,然而得出的预报结果却与实际大气的变化不符,其原因是没有处理好大气中高频波的作用。1950 年,Charney 基于滤去高频波后的大气运动方程组,利用世界上第一台计算机 ENIAC 成功制作了 24 h 数值预报。随着计算机技术的发展、观测手段的进步,以及对大气物理过程认识的深入,数值天气预报已取得很大进步,成为天气预报的主要手段。尤其是 20 世纪 60 年代发射气象卫星以来,卫星的探测资料弥补了海洋、沙漠、极地和高原等地区气象资料不足的缺陷,使天气预报的水平显著提高。

10.2　预报分类概念

1. 形势预报

即预报未来某时段内各种天气系统的生消、移动和强度的变化。它是气象要素预报的基础。形势预报的方法可分为两大类:一类是数值预报方法,即直接积分大气方程组或其简化方程组,按所得结果对未来的气压场、温度场和风场作出预报;另一类是天气图方法。后者有以下几种作法:

(1)经验外推法

又称趋势法,是根据天气图上各种天气系统过去的移动路径和强度变化趋势,推测它们未来的位置和强度。这种方法,在天气系统的移动和强度无突然变化或无天气系统的新生、消亡时,效果较好;而当其发生突然变化或有天气系统的新生、消亡时,预报往往不符合实际。

(2)相似形势法

又称模式法,是从大量历史的天气图中,找出一些相似的天气形势,归纳成一定的模式。如当前的天气形势与某种模式的前期情况相似,则可参照该模式的后期演变情况进行预报。由于相似总是相对的,完全相同是不可能的,因此,用此法也往往出现误差。

(3)统计资料法

又称相关法,是用历史资料,对历史上不同季节出现的各种天气系统的发生、发展和移动,进行统计,得出它们的平均移速,寻找预报指标(如气旋生成、台风转向的指标等),进行预报。对历史上未出现过的或移动很快及很慢的例子,则此法不能应用。

(4)物理分析法

首先分析天气系统的生消、移动和强度变化的物理因素,在此基础上制作天气预报,此法通常效果比较好。但当对反映这些物理因素的运动方程所进行的简化和假定不大符合实际时,就常常造成预报误差,甚至远远偏离实际情况。

上述四种方法各有优缺点,使用时需相互补充,取长补短,综合考虑,才能获得较好的效果。

2. 要素预报

即预报气温、风、云、降水和天气现象等在未来某时段的变化。形势预报是要素预报的基础。

要素预报有以下几种方法:

(1)经验预报方法

　　在天气图形势预报的基础上,根据天气系统的未来位置和强度,对未来的天气分布作出预测。例如低压移来并得到加强时,可预报未来将有阴雨天气或较大的降水。这种方法的准确性,在很大程度上取决于预报员的经验,又由于天气系统和天气现象并非一一对应,故预报效果不够稳定。

　　(2)统计预报方法

　　分析天气的历史资料,寻求大气状态的变化同前期气象因子的相关性,用回归方程和概率原理,筛选预报因子,建立预报方程。即得所需的预报值。这种方法的效果主要取决于因子的正确选择。

　　(3)动力统计

　　将数值预报方法算出的未来气象参数作为预报因子,用回归方程求得一组预报公式,作出要素预报。随着数值模式的改进,此法的准确率可能稳定提高。

　　3. 时间范围

　　也就是按天气预报的时效长短,可分为:

　　(1)短时预报。根据雷达、卫星探测资料,对局地强风暴系统进行实况监测预报未来 1~6 小时的动向。

　　(2)短期预报。预报未来 24~72 小时天气情况。

　　(3)中期预报。预报 3 天以上至 2~3 周,我国一般 4~10 天。

　　(4)长期预报。指 1 个月到 1 年的预报,我国实际是月预报。

　　(5)超长期预报。预报时效 1~5 年。

　　(6)气候展望。10 年以上的。

　　主要应用统计方法,根据各月气象要素平均值与多年平均值的偏差进行预报。用数值预报方法制作长期预报的方法正在试验之中,已有了一定的进展。

　　4. 覆盖地区

　　根据覆盖地区来预报范围,可将天气预报分为:

　　(1)大范围预报。一般指全球预报、半球预报、大洲或国家范围的预报,主要由世界气象中心、区域气象中心及国家气象中心制作。

　　(2)中范围预报。常指省(区)、州和地区范围的预报,由省、市或州气象台和地区气象台制作。

　　(3)小范围预报。如一个县范围的预报、城市预报、水库范围的预报和机场、港口的预报等,这些预报由当地气象台站制作。

　　5. 预报服务

　　如何将天气预报及时提供使用部门和人民群众,是预报服务的中心环节。最广泛而有效的服务手段有:报刊登载,电台广播,电视播送,天气电话咨询等。此外,还通过专线电话、电传和书面等形式,为专门部门服务。天气预报的专用收音机,是一种可随时打开收到当时的天气预报广播的收音机,在即将发生灾害性天气时,专用的气象广播电台可用一定波长的信号,使这种收音机自动开启呼叫,这样,入睡的人也能被其信号唤醒,收听到灾害性天气警报,这对及时采取预防措施提供了可能性。

　　气象台制作好了天气预报,就通过各种途径将天气预报向社会公布。传播天气预报的途径主要有电视、报纸、互联网、手机短信、气象电话等。通过互联网获取气象预报信息将是未来的趋势。比较有名的气象预报网站有天气在线、中国天气网、中国气象台等,中国气象台网站提供全国各大城市和地区实时天气预报信息及一周天气预报预测信息。

10.3 预报过程

现代天气预报有五个组成部分。

1. 收集数据

最传统的数据是在地面或海面上通过专业人员、爱好者、自动气象站或者浮标收集的气压、气温、风速、风向、湿度等数据。世界气象组织协调这些数据采集的时间,并制定标准。这些测量分每小时一次(METAR)或者每六小时一次(SYNOP)。

气象卫星的数据越来越重要。气象卫星可以采集全世界的数据。它们的可见光照片可以帮助气象学家来检视云的发展。它们的红外线数据可以用来收集地面和云顶的温度。通过监视云的发展可以收集云的边缘的风速和风向。不过由于气象卫星的精确度和分辨率还不够好,因此地面数据依然非常重要。

2. 数据同化

在数据同化的过程中被采集的数据与用来做预报的数值模型结合在一起来进行气象分析。

3. 数据天气

按照物理学和流体力学的结果来计算大气随时间的变化。

4. 输出处理

模型计算的原始输出一般要经过加工处理后才能成为天气预报。这些处理包括使用统计学的原理来消除已知的模型中的偏差,或者参考其他模型计算结果进行调整。

5. 重要工具

天气预报的重要工具是天气图。天气图主要分地面图和高空图两种。天气图上密密麻麻地填满了各式各样的天气符号,这些符号都是根据各地传来的气象电码翻译后填写的。

10.4 常用术语

晴:天空云量不足 3 成。

阴:天空云量占 9 成或以上。

雾:近地面空中浮游大量微小的水滴或冰晶,水平能见度下降到 1 km 以内,影响交通运输。

小雨:日降水量不足 10 mm。

大雨:日降水量 25.0～49.9 mm。

雷阵雨:忽下忽停并伴有电闪雷鸣的阵性降水。

冰雹:小雹核随着积雨云中激烈的垂直运动,反复上升凝结、下降融化,成长为透明层和不透明层相间的小冰块降落,对农作物有影响。

冻雨:雨滴冻结在低于 0 ℃的物体表面的地面上,又称雨凇(由雾滴冻结的,称雾凇),常压断电线,使路面结冰,影响通信、供电、交通等。

雨夹雪:近地面气温略高于 0 ℃,湿雪或雨和雪同时下降。

小雪:日降雪量(融化成水)不足 2.5 mm。

中雪:日降雪量(融化成水)2.6～4.9 mm。

大雪:日降雪量(融化成水)达到或超过 5.0 mm。

霜冻:温度低于 0 ℃的地面和物体表面上有水汽凝华成白色结晶的是白霜,水汽含量少没结霜称黑霜对农作物都有冻害,称霜冻。

低压槽和高压脊:呈波动状的高空西风气流上,波谷对应着低压槽,槽前暖空气活跃,多雨雪天气,槽后冷空气控制,多大风降温天气;波峰与高压脊对应,天空晴朗。

冷锋和暖锋:冷锋即冷空气的前锋,在冷、暖气团交界处、冷空气向暖空气推进。冷锋上多风雨激烈的天气,锋后多大风降温天气;反之为暖锋,锋上多阴雨天气、锋后转多云和晴天,气温回升。

风:按照蒲福风级标准,当风力达到 8 级,平均风速 17.2～20.7 m/s 即为大风。

常用天气符号如图 10.1。

现象名称	符号	现象名称	符号	现象名称	符号	现象名称	符号	现象名称	符号
雨	●	霰	×	雨凇	∽	沙尘暴	⩫	飑	∀
阵雨	▽	米雪	△	雾	≡	扬沙	⑁	龙卷	)(
毛毛雨	❾	冰粒	⬓	轻雾	=	浮尘	S	尘卷风	§
雪	×	冰雹	△	吹雪	┼	雷暴	↜	冰针	↔
阵雪	⛇	露	Ω	雪暴	⊹	闪电	≺	积雪	⊠
雨夹雪	⁂	霜	⊔	烟幕	⌐	极光	⋓	结冰	⊔
阵性雨夹	⛢	雾凇	V	霾	∞	大风	⸞		

图 10.1　常用天气符号

10.5　四川省天气预报

天气预报通常只会报道各时段的降雨、云况、温度、风速及风光等。例如下面四川省气象局在 2016 年 9 月 21 日发布的预报:

今天晚上到明天白天:雅安、乐山、眉山、成都、德阳、绵阳、宜宾、自贡、内江、资阳、遂宁、广元 12 市阴天有小雨,其中雅安、眉山、成都、德阳、绵阳 5 市部分地方有中雨,盆地其余地方阴天间多云;川西高原及攀西地区阴天间多云有阵雨,其中甘孜州西北部及阿坝州南部有中雨。

22 日晚上到 23 日白天:巴中、达州 2 市阴天间多云,盆地其余各市有阴天小到中雨,其中雅安、乐山、眉山、自贡、宜宾 5 市部分地方有大雨;川西高原及攀西地区阴天多云有阵雨,其中甘孜州西北部、东部有中雨,凉山州东北部有中到大雨。

23 日晚上到 24 日白天:盆地各市阴天有小雨,其中广元、德阳、绵阳、遂宁、巴中、达州、南充、广安 8 市有中雨;川西高原及攀西地区阴天有阵雨,其中川西高原北部及攀西地区西部有中雨。

24 小时内,盆地最低气温:17～19 ℃,最高气温:西部 22～24 ℃,东部 26～29 ℃。

参考文献

朱乾根,林锦瑞,寿绍文,等,2007.天气学原理和方法—4版[M].北京:气象出版社.